Schaum's Outline
Überblicke / Aufgaben

MATRIZEN

Theorie und Anwendung

FRANK AYRES, JR., Ph.D.
Formerly Professor and Head,
Department of Mathematics
Dickinson College

Übersetzung und deutsche Bearbeitung:
Dipl.-Volkswirt Reginald Schramm
Wissenschaftlicher Mitarbeiter an der Universität Frankfurt am Main

McGraw-Hill International (UK) Ltd.

London • New York • San Francisco • St. Louis • Auckland • Bogotà • Caracas • Lisbon • Madrid • Mexico City • Milan • Montreal • New Delhi • San Juan • Singapore • Sydney • Tokyo • Toronto

Titel der Originalausgabe:
Schaum's Outline of Theory and Problems of Matrices, SI (Metric) Edition
First edition
Frank Ayres

McGraw-Hill
A Division of The McGraw-Hill Companies

The McGraw-Hill Publishing Company – Regionalbüro für Deutschland, Österreich, die deutschsprachige Schweiz und Osteuropa
Emil-von-Behring-Strasse 2
D-6O439 Frankfurt am Main, Deutschland
Tel. 0049-69-5801-05; Fax 0049-69-58011-02

ISBN 3-89028-929-0
Printed in Italy

VORWORT

Die elementare Matrixalgebra ist zu einem wesentlichen Bestandteil der mathematischen Grundlagen geworden, die nicht nur in der reinen Mathematik, sondern auch in anderen Gebieten, wie z. B. in der Elektrotechnik, Erziehungswissenschaft, Chemie, Soziologie und Statistik benötigt werden. Das vorliegende Buch ist hauptsächlich als Ergänzung zu anderen Texten und als Nachschlagewerk für alle Benutzer gedacht, die für ihre Arbeit grundlegende Kenntnisse der Matrixtheorie benötigen. Darüber hinaus kann der Band als ein eigenständiges Nachschlagewerk verwendet werden, weil der Text auch die dazu notwendigen theoretischen Sätze und grundlegenden Bemerkungen enthält.

Der Lehrstoff ist in 26 Kapitel unterteilt. Durch diese Gliederung wird der Wert des Bandes als Nachschlagewerk noch erhöht. Auch die für die meisten Leser bedeutsame getrennte Behandlung von reellen Matrizen und die Darstellung der Matrizen mit komplexen Elementen wird auf diese Weise ermöglicht. Jedes Kapitel beginnt mit einer Darstellung der einschlägigen Definitionen, Begriffe und Sätze, ergänzt durch umfangreiche Beispiele. Es folgen sorgfältig zusammengestellte Aufgaben mit Lösungen und zahlreiche Ergänzungsaufgaben.

Der Leser, der sich mit Matrixalgebra vertraut machen möchte, merkt schnell, daß numerische Beispiele rasch und einfach zu lösen sind. Schwierigkeiten entstehen wahrscheinlich in den Bereichen Definition, Satz und Beweis. Die Ursache ist meist ein Mangel an mathematischen Kenntnissen, was nicht überraschend ist, weil sich der Student im Rahmen seiner mathematischen Ausbildung gewöhnlich zunächst mit der Lösung numerischer Probleme beschäftigt, während die präzise Formulierung von Grundsätzlichem und das Beweisen von Sätzen größtenteils späteren Kursen vorbehalten wird. Das Ziel des vorliegenden Bandes ist es, dem Leser zu einer gewissen „Selbstsicherheit“ gegenüber dem Lehrstoff zu verhelfen, nachdem er die einführenden Paragraphen und Aufgaben mit Lösungen in jedem Kapitel durchgearbeitet hat.

Die Aufgaben mit Lösungen bieten eine zusätzliche Abwechslung zu den Beispielen, die die Sätze illustrieren. Unter den Beweisen besitzen einige eine beträchtliche Länge, während andere ausgesprochen kurz sind. Die Ergänzungsaufgaben behandeln die Lösung numerischer Übungen und die Beweise. Bei einigen der späteren Aufgaben sind oft nur entsprechende Änderungen der Beweise nötig, die bereits früher dargestellt wurden. Darüber hinaus gibt es, was noch wichtiger ist, zahlreiche Sätze, deren jeweiliger Beweis lediglich einige wenige mathematische Schritte erfordert. Manche sind von der Art, die man fälschlicherweise „augenscheinlich“ nennt, während andere eine gewisse mathematische „Findigkeit“ verlangen. Kein Beweis darf jedoch nur oberflächlich betrachtet werden. Die große Menge solcher Sätze soll dem Leser ausreichende Übungsmöglichkeiten geben, damit er die größtmögliche Sicherheit beim Lösen solcher Probleme erreicht. Wenn auch nicht alle Aufgaben gelöst werden, so sollte man doch die Ergänzungsaufgaben der ersten beiden Kapitel besonders beachten. Das Beherrschen der Lösungswege dieser Aufgaben wird viel dazu beitragen, dem Leser die notwendigen Fertigkeiten zum selbständigen Arbeiten zu vermitteln.

Der Autor möchte den Mitarbeitern der Schaum Publishing Company für die gute Zusammenarbeit danken.

Frank Ayres, Jr.

VORWORT ZUR DEUTSCHEN AUSGABE

Die vorliegende deutsche Übersetzung des englischsprachigen Bandes „Matrices" setzt die erfolgreiche Paperback-Reihe „Schaum's Outline – Überblicke/Aufgaben" fort. Matrizen spielen im Bereich der Linearen Algebra eine zentrale Rolle. Kenntnisse der Matrixtheorie werden heute in vielen theoretischen und angewandten Wissenschaften benötigt. Der durch diesen Band angesprochene Leserkreis umfaßt nicht nur Mathematiker und Physiker, sondern auch Studenten naturwissenschaftlicher und ingenieurwissenschaftlicher Fachrichtungen sowie Dozenten und Forscher aus vielen Bereichen.

Aufgrund seiner didaktischen Qualitäten ist dieser Band, wie alle Bände der Schaum-Serie, hervorragend dazu geeignet, dem Leser mit Hilfe zahlreicher ausführlich durchgerechneter Beispiele mathematische Verfahren und Methoden nahezubringen. Die Ergänzungsaufgaben geben die Möglichkeit, den dargebotenen Stoff weiter zu vertiefen. Der Band kann nicht nur als Ergänzung zu Mathematikveranstaltungen dienen, sondern bietet sich auch als Nachschlagewerk und Repetitorium an.

Ich möchte Herrn Hans-Alfred Herchen, HAAG + HERCHEN Verlagsbüro GmbH, Frankfurt am Main, für die gute Zusammenarbeit bei der Herausgabe der deutschen Ausgabe danken.

Reginald Schramm

INHALTSVERZEICHNIS

KAPITEL 1

Matrizen

EIN RECHTECKSCHEMA VON ZAHLEN, das durch ein Klammerpaar eingeschlossen ist, so zum Beispiel

$$(a)\quad \begin{bmatrix} 2 & 3 & 7 \\ 1 & -1 & 5 \end{bmatrix} \quad \text{und} \quad (b)\quad \begin{bmatrix} 1 & 3 & 1 \\ 2 & 1 & 4 \\ 4 & 7 & 6 \end{bmatrix},$$

mit gewissen Rechenregeln, wie sie unten angegeben werden, wird eine **Matrix** genannt. Die Matrix (*a*) könnte man als **Koeffizientenmatrix** des Systems homogener linearer Gleichungen $\begin{cases} 2x + 3y + 7z = 0 \\ x - y + 5z = 0 \end{cases}$ oder als die **erweiterte** Matrix des Systems inhomogener linearer Gleichungen $\begin{cases} 2x + 3y = 7 \\ x - y = 5 \end{cases}$ betrachten. Später werden wir sehen, wie die Matrix benutzt werden kann, um Lösungen dieser Systeme zu erhalten. Der Matrix (*b*) könnte man eine ähnliche Interpretation geben, oder man könnte ihre Zeilen einfach als die Koordinaten der Punkte (1, 3, 1), (2, 1, 4) und (4, 7, 6) im gewöhnlichen Raum betrachten. Später wird die Matrix benutzt, um solche Fragen zu stellen, ob die drei Punkte in der gleichen Ebene mit dem Ursprung oder auf der gleichen Geraden durch den Ursprung liegen.

In der Matrix

$$\text{(1.1)}\qquad \begin{bmatrix} a_{11} & a_{12} & a_{13} & \cdots & a_{1n} \\ a_{21} & a_{22} & a_{23} & \cdots & a_{2n} \\ \cdots & \cdots & \cdots & \cdots & \cdots \\ \cdots & \cdots & \cdots & \cdots & \cdots \\ a_{m1} & a_{m2} & a_{m3} & \cdots & a_{mn} \end{bmatrix}$$

werden die Zahlen oder Funktionen a_{ij} ihre **Elemente** genannt. Bei der doppelten Indizierung bezieht sich der erste Index auf die Zeile und der zweite Index auf die Spalte, in der das Element steht. Alle Elemente in der zweiten Zeile besitzen folglich eine 2 als ersten Index, und alle Elemente in der fünften Spalte besitzen eine 5 als zweiten Index. Eine Matrix mit *m* Zeilen und *n* Spalten heißt der Ordnung „*m* mal *n*" oder $m \times n$.

(Um eine Matrix zu bezeichnen, benutzt man gelegentlich ein Paar runder Klammern ( ) oder ein Paar doppelter senkrechter Striche || ||. Wir werden durchgängig die Notation mit Doppelklammern verwenden.)

Gelegentlich heißt die Matrix (1.1) „die $m \times n$ Matrix $[a_{ij}]$" oder „die $m \times n$ Matrix $A = [a_{ij}]$". Wenn die Ordnung festgelegt wurde, werden wir einfach „die Matrix *A*" schreiben.

QUADRATISCHE MATRIZEN. Wenn $m = n$ gilt, dann ist (1.1) quadratisch und wird eine **quadratische Matrix** von der Ordnung *n* oder eine n-quadratische Matrix genannt.

Die Elemente $a_{11}, a_{22}, \ldots, a_{nn}$ in einer quadratischen Matrix heißen ihre **Diagonalelemente.**

Die Summe der Diagonalelemente einer quadratischen Matrix *A* heißt die **Spur** von *A*.

GLEICHE MATRIZEN. Zwei Matrizen $A = [a_{ij}]$ und $B = [b_{ij}]$ heißen dann und nur dann **gleich** $(A = B)$, wenn sie von der gleichen Ordnung sind und jedes Element der einen dem korrespondierenden Element der anderen entspricht, das heißt, dann und nur dann heißen sie gleich, wenn

$$a_{ij} = b_{ij}, \qquad (i = 1, 2, \ldots, m;\ j = 1, 2, \ldots, n)$$

gilt. Demgemäß sind zwei Matrizen dann und nur dann gleich, wenn eine ein Vielfaches der anderen ist.

NULLMATRIX. Eine Matrix heißt **Nullmatrix**, wenn jedes ihrer Elemente Null ist. Wenn A eine Nullmatrix ist und keine Unklarheit über ihre Ordnung besteht, werden wir $A = 0$ anstelle des $m \times n$ Schemas von Nullelementen schreiben.

SUMMEN VON MATRIZEN. Wenn $A = [a_{ij}]$ und $B = [b_{ij}]$ zwei $m \times n$ Matrizen sind, dann ist ihre Summe (Differenz), $A \pm B$, definiert als die $m \times n$ Matrix $C = [c_{ij}]$, wobei jedes Element von C die Summe (Differenz) der korrespondierenden Elemente von A und B ist. Demgemäß gilt $A \pm B = [a_{ij} \pm b_{ij}]$.

Beispiel 1. Wenn $A = \begin{bmatrix} 1 & 2 & 3 \\ 0 & 1 & 4 \end{bmatrix}$ und $B = \begin{bmatrix} 2 & 3 & 0 \\ -1 & 2 & 5 \end{bmatrix}$ gelten, dann folgen

$$A + B = \begin{bmatrix} 1+2 & 2+3 & 3+0 \\ 0+(-1) & 1+2 & 4+5 \end{bmatrix} = \begin{bmatrix} 3 & 5 & 3 \\ -1 & 3 & 9 \end{bmatrix}$$

und

$$A - B = \begin{bmatrix} 1-2 & 2-3 & 3-0 \\ 0-(-1) & 1-2 & 4-5 \end{bmatrix} = \begin{bmatrix} -1 & -1 & 3 \\ 1 & -1 & -1 \end{bmatrix}$$

Für zwei Matrizen der gleichen Ordnung sind **Addition und Subtraktion definiert.** *Zwei Matrizen verschiedener Ordnung können nicht addiert oder subtrahiert werden.* Die obigen Matrizen (*a*) und (*b*) können zum Beispiel nicht addiert oder subtrahiert werden.

Die Summe von k Matrizen A ist eine Matrix der gleichen Ordnung wie A und jedes ihrer Elemente ist k-mal das korrespondierende Element von A. Wir definieren: Ist k ein beliebiger **Skalar** (wir nennen k einen Skalar, um ihn von $[k]$, einer 1×1 Matrix, zu unterscheiden), dann ist mit $kA = Ak$ die Matrix gemeint, die man aus A durch Multiplikation jedes ihrer Elemente mit k erhält.

Beispiel 2. Wenn $A = \begin{bmatrix} 1 & -2 \\ 2 & 3 \end{bmatrix}$, gilt, dann folgen

$$A + A + A = \begin{bmatrix} 1 & -2 \\ 2 & 3 \end{bmatrix} + \begin{bmatrix} 1 & -2 \\ 2 & 3 \end{bmatrix} + \begin{bmatrix} 1 & -2 \\ 2 & 3 \end{bmatrix} = \begin{bmatrix} 3 & -6 \\ 6 & 9 \end{bmatrix} = 3A = A \cdot 3$$

und

$$-5A = \begin{bmatrix} -5(1) & -5(-2) \\ -5(2) & -5(3) \end{bmatrix} = \begin{bmatrix} -5 & 10 \\ -10 & -15 \end{bmatrix}$$

Insbesondere wird mit $-A$, genannt die **negative Matrix**, die Matrix gemeint, die man aus A durch Multiplikation jedes ihrer Elemente mit -1 oder einfach durch Wechsel der Vorzeichen **aller** ihrer Elemente erhält. Für jedes A gilt $A + (-A) = 0$, wobei 0 die Nullmatrix der gleichen Ordnung wie A darstellt.

Nimmt man an, die Matrizen A, B und C sind von der gleichen Ordnung, dann gelten:

(*a*) $A + B = B + A$ (Kommutativgesetz)

(*b*) $A + (B + C) = (A + B) + C$ (Assoziativgesetz)

(*c*) $k(A + B) = kA + kB = (A + B)k$, wobei k ein Skalar ist

(*d*) Es existiert eine Matrix D derart, daß $A + D = B$ gilt.

Diese Gesetze sind ein Ergebnis der Gesetze der elementaren Algebra bezüglich der Addition von Zahlen und Polynomen. Sie zeigen darüber hinaus:

1. Matrizen gleicher Ordnung unterliegen den gleichen Gesetzen der Addition wie die Elemente dieser Matrizen.

MULTIPLIKATION. Mit dem Produkt AB **(in dieser Reihenfolge)** der $1 \times m$ Matrix $A = [a_{11}\ a_{12}\ a_{13} \ldots a_{1m}]$ und der $m \times 1$ Matrix $B = \begin{bmatrix} b_{11} \\ b_{21} \\ b_{31} \\ \cdot \\ \cdot \\ \cdot \\ b_{m1} \end{bmatrix}$ ist die 1×1 Matrix $C = [a_{11}\, b_{11} + a_{12}\, b_{21} + \ldots + a_{1m}\, b_{m1}]$ gemeint.

Das heißt, es gilt $[a_{11}\ a_{12} \ldots a_{1m}] \cdot \begin{bmatrix} b_{11} \\ b_{21} \\ \cdot \\ \cdot \\ \cdot \\ \cdot \\ b_{m1} \end{bmatrix} = [a_{11} b_{11} + a_{12} b_{21} + \cdots + a_{1m} b_{m1}] = \left[\sum_{k=1}^{m} a_{1k} b_{k1}\right]$.

Beachte, daß die Operation **Zeile mal Spalte** abläuft; jedes Element der Zeile wird mit dem korrespondierenden Element der Spalte multipliziert und danach werden die Produkte aufsummiert.

Beispiel 3. (*a*) $[2\ \ 3\ \ 4] \begin{bmatrix} 1 \\ -1 \\ 2 \end{bmatrix} = [2(1) + 3(-1) + 4(2)] = [7]$

(*b*) $[3\ \ -1\ \ 4] \begin{bmatrix} -2 \\ 6 \\ 3 \end{bmatrix} = [-6 - 6 + 12] = 0$

Mit dem Produkt AB **(in dieser Reihenfolge)** der $m \times p$ Matrix $A = [a_{ij}]$ mit der $p \times n$ Matrix $B = [b_{ij}]$ ist die $m \times n$ Matrix $C = [c_{ij}]$ gemeint, wobei gilt

$$c_{ij} = a_{i1} b_{1j} + a_{i2} b_{2j} + \cdots + a_{ip} b_{pj} = \sum_{k=1}^{r} a_{ik} b_{kj}, \quad (i = 1, 2, \ldots, m;\ j = 1, 2, \ldots, n).$$

Beachte, daß A aus m Zeilen und B aus n Spalten besteht. Wenn man $C = AB$ bildet, wird jede Zeile von A einmal und nur einmal mit jeder Spalte von B multipliziert. Das Element c_{ij} von C ist dann das Produkt der i-ten Zeile von A mit der j-ten Spalte von B.

Beispiel 4.

$$A\ B = \begin{bmatrix} a_{11} & a_{12} \\ a_{21} & a_{22} \\ a_{31} & a_{32} \end{bmatrix} \begin{bmatrix} b_{11} & b_{12} \\ b_{21} & b_{22} \end{bmatrix} = \begin{bmatrix} a_{11} b_{11} + a_{12} b_{21} & a_{11} b_{12} + a_{12} b_{22} \\ a_{21} b_{11} + a_{22} b_{21} & a_{21} b_{12} + a_{22} b_{22} \\ a_{31} b_{11} + a_{32} b_{21} & a_{31} b_{12} + a_{32} b_{22} \end{bmatrix}$$

Das Produkt AB ist **bezüglich der Multiplikation** nur **definiert** oder man sagt, A ist mit B in der Reihenfolge AB nur **verkettbar**, wenn die Anzahl der Spalten von A gleich der Anzahl der Zeilen von B ist. Wenn AB definiert ist, dann kann das Produkt BA definiert sein oder nicht. Siehe Aufgaben 3–4.

Nimmt man an, daß die jeweiligen Summen und Produkte für A, B und C definiert sind, erhält man:

(*e*) $A(B + C) = AB + AC$ (erstes Distributivgesetz)

(*f*) $(A + B)C = AC + BC$ (zweites Distributivgesetz)

(*g*) $A(BC) = (AB)C$ (Assoziativgesetz)

Gleichwohl gelten:

(*h*) $AB \neq BA$ allgemein,

(*i*) aus $AB = 0$ folgt nicht notwendigerweise $A = 0$ oder $B = 0$,

(*j*) aus $AB = AC$ folgt nicht notwendigerweise $B = C$. Siehe Aufgaben 3–8.

PRODUKTE DURCH AUFTEILUNG. Es sei $A = [a_{ij}]$ von der Ordnung $m \times p$, und $B = [b_{ij}]$ sei von der Ordnung $p \times n$. Bei Bildung des Produktes AB wird die Matrix A tatsächlich in m Matrizen der Ordnung $1 \times p$ und B in n Matrizen der Ordnung $p \times 1$ aufgeteilt. Es können auch andere Aufteilungen verwendet werden. A und B seien zum Beispiel in Matrizen der bezeichneten Ordnung durch das Einzeichnen punktierter Linien wie folgt aufgeteilt:

$$A = \left[\begin{array}{c|c|c} (m_1 \times p_1) & (m_1 \times p_2) & (m_1 \times p_3) \\ \hline (m_2 \times p_1) & (m_2 \times p_2) & (m_2 \times p_3) \end{array}\right], \qquad B = \left[\begin{array}{c|c} (p_1 \times n_1) & (p_1 \times n_2) \\ \hline (p_2 \times n_1) & (p_2 \times n_2) \\ \hline (p_3 \times n_1) & (p_3 \times n_2) \end{array}\right]$$

oder

$$A = \left[\begin{array}{c|c|c} A_{11} & A_{12} & A_{13} \\ \hline A_{21} & A_{22} & A_{23} \end{array}\right], \qquad B = \left[\begin{array}{c|c} B_{11} & B_{12} \\ \hline B_{21} & B_{22} \\ \hline B_{31} & B_{32} \end{array}\right]$$

Bei jeder solchen Aufteilung müssen die Spalten von A und die Zeilen von B in genau gleicher Weise aufgeteilt werden. Gleichwohl müssen m_1, m_2, n_1, n_2 beliebige, nicht negative, ganze Zahlen (einschließlich der Null) derart sein, daß $m_1 + m_2 = m$ und $n_1 + n_2 = n$ gelten. Dann gilt

$$AB = \begin{bmatrix} A_{11}B_{11} + A_{12}B_{21} + A_{13}B_{31} & A_{11}B_{12} + A_{12}B_{22} + A_{13}B_{32} \\ A_{21}B_{11} + A_{22}B_{21} + A_{23}B_{31} & A_{21}B_{12} + A_{22}B_{22} + A_{23}B_{32} \end{bmatrix} = \begin{bmatrix} C_{11} & C_{12} \\ C_{21} & C_{22} \end{bmatrix} = C$$

Beispiel 5. Berechne AB, wobei $A = \begin{bmatrix} 2 & 1 & 0 \\ 3 & 2 & 0 \\ 1 & 0 & 1 \end{bmatrix}$ und $B = \begin{bmatrix} 1 & 1 & 1 & 0 \\ 2 & 1 & 1 & 0 \\ 2 & 3 & 1 & 2 \end{bmatrix}$ gegeben sind. Teilt man folgendermaßen auf,

$$A = \begin{bmatrix} A_{11} & A_{12} \\ A_{21} & A_{22} \end{bmatrix} = \left[\begin{array}{cc|c} 2 & 1 & 0 \\ 3 & 2 & 0 \\ \hline 1 & 0 & 1 \end{array}\right] \quad \text{und} \quad B = \begin{bmatrix} B_{11} & B_{12} \\ B_{21} & B_{22} \end{bmatrix} = \left[\begin{array}{ccc|c} 1 & 1 & 1 & 0 \\ 2 & 1 & 1 & 0 \\ \hline 2 & 3 & 1 & 2 \end{array}\right],$$

erhält man

$$AB = \begin{bmatrix} A_{11}B_{11} + A_{12}B_{21} & A_{11}B_{12} + A_{12}B_{22} \\ A_{21}B_{11} + A_{22}B_{21} & A_{21}B_{12} + A_{22}B_{22} \end{bmatrix}$$

$$= \begin{bmatrix} \begin{bmatrix} 2 & 1 \\ 3 & 2 \end{bmatrix}\begin{bmatrix} 1 & 1 & 1 \\ 2 & 1 & 1 \end{bmatrix} + \begin{bmatrix} 0 \\ 0 \end{bmatrix}[2 \ 3 \ 1] & \begin{bmatrix} 2 & 1 \\ 3 & 2 \end{bmatrix}\begin{bmatrix} 0 \\ 0 \end{bmatrix} + \begin{bmatrix} 0 \\ 0 \end{bmatrix}[2] \\ [1 \ 0]\begin{bmatrix} 1 & 1 & 1 \\ 2 & 1 & 1 \end{bmatrix} + [1][2 \ 3 \ 1] & [1 \ 0]\begin{bmatrix} 0 \\ 0 \end{bmatrix} + [1][2] \end{bmatrix}$$

$$= \begin{bmatrix} \begin{bmatrix} 4 & 3 & 3 \\ 7 & 5 & 5 \end{bmatrix} + \begin{bmatrix} 0 & 0 & 0 \\ 0 & 0 & 0 \end{bmatrix} & \begin{bmatrix} 0 \\ 0 \end{bmatrix} + \begin{bmatrix} 0 \\ 0 \end{bmatrix} \\ [1 \ 1 \ 1] + [2 \ 3 \ 1] & [0] + [2] \end{bmatrix} = \begin{bmatrix} \begin{bmatrix} 4 & 3 & 3 \\ 7 & 5 & 5 \end{bmatrix} & \begin{bmatrix} 0 \\ 0 \end{bmatrix} \\ [3 \ 4 \ 2] & [2] \end{bmatrix} = \begin{bmatrix} 4 & 3 & 3 & 0 \\ 7 & 5 & 5 & 0 \\ 3 & 4 & 2 & 2 \end{bmatrix}$$

Siehe auch Aufgabe 9.

$A, B, C, \ldots$ seien n-quadratische Matrizen. Es sei A in Matrizen von der bezeichneten Ordnung aufgeteilt,

$$\left[\begin{array}{c|c|c|c} (p_1 \times p_1) & (p_1 \times p_2) & \ldots & (p_1 \times p_s) \\ \hline (p_2 \times p_1) & (p_2 \times p_2) & \ldots & (p_2 \times p_s) \\ \hline \ldots\ldots & \ldots\ldots & \ldots & \ldots\ldots \\ \hline (p_s \times p_1) & (p_s \times p_2) & \ldots & (p_s \times p_s) \end{array}\right] = \begin{bmatrix} A_{11} & A_{12} & \ldots & A_{1s} \\ A_{21} & A_{22} & \ldots & A_{2s} \\ \ldots & \ldots & \ldots & \ldots \\ A_{s1} & A_{s2} & \ldots & A_{ss} \end{bmatrix},$$

und es seien $B, C, \ldots$ in genau gleicher Art aufgeteilt. Dann können Summen, Differenzen und Produkte unter Verwendung der Matrizen $A_{11}, A_{12}, \ldots; B_{11}, B_{12}, \ldots; C_{11}, C_{12}, \ldots$ gebildet werden.

AUFGABEN MIT LÖSUNGEN

1. (*a*) $\begin{bmatrix}1 & 2 & -1 & 0\\4 & 0 & 2 & 1\\2 & -5 & 1 & 2\end{bmatrix} + \begin{bmatrix}3 & -4 & 1 & 2\\1 & 5 & 0 & 3\\2 & -2 & 3 & -1\end{bmatrix} = \begin{bmatrix}1+3 & 2+(-4) & -1+1 & 0+2\\4+1 & 0+5 & 2+0 & 1+3\\2+2 & -5+(-2) & 1+3 & 2+(-1)\end{bmatrix} = \begin{bmatrix}4 & -2 & 0 & 2\\5 & 5 & 2 & 4\\4 & -7 & 4 & 1\end{bmatrix}$

(*b*) $\begin{bmatrix}1 & 2 & -1 & 0\\4 & 0 & 2 & 1\\2 & -5 & 1 & 2\end{bmatrix} - \begin{bmatrix}3 & -4 & 1 & 2\\1 & 5 & 0 & 3\\2 & -2 & 3 & -1\end{bmatrix} = \begin{bmatrix}1-3 & 2+4 & -1-1 & 0-2\\4-1 & 0-5 & 2-0 & 1-3\\2-2 & -5+2 & 1-3 & 2+1\end{bmatrix} = \begin{bmatrix}-2 & 6 & -2 & -2\\3 & -5 & 2 & -2\\0 & -3 & -2 & 3\end{bmatrix}$

(*c*) $3\begin{bmatrix}1 & 2 & -1 & 0\\4 & 0 & 2 & 1\\2 & -5 & 1 & 2\end{bmatrix} = \begin{bmatrix}3 & 6 & -3 & 0\\12 & 0 & 6 & 3\\6 & -15 & 3 & 6\end{bmatrix}$

(*d*) $-\begin{bmatrix}1 & 2 & -1 & 0\\4 & 0 & 2 & 1\\2 & -5 & 1 & 2\end{bmatrix} = \begin{bmatrix}-1 & -2 & 1 & 0\\-4 & 0 & -2 & -1\\-2 & 5 & -1 & -2\end{bmatrix}$

2. Wenn $A = \begin{bmatrix}1 & 2\\3 & 4\\5 & 6\end{bmatrix}$ und $B = \begin{bmatrix}-3 & -2\\1 & -5\\4 & 3\end{bmatrix}$ gelten, gib $D = \begin{bmatrix}p & q\\r & s\\t & u\end{bmatrix}$ derart an, daß $A + B - D = 0$.

Wenn $A + B - D = \begin{bmatrix}1-3-p & 2-2-q\\3+1-r & 4-5-s\\5+4-t & 6+3-u\end{bmatrix} = \begin{bmatrix}-2-p & -q\\4-r & -1-s\\9-t & 9-u\end{bmatrix} = \begin{bmatrix}0 & 0\\0 & 0\\0 & 0\end{bmatrix}$ gilt, dann folgen $-2-p = 0$ und

$p = -2$, $4-r = 0$ und $r = 4$, ... Dann folgt $D = \begin{bmatrix}-2 & 0\\4 & -1\\9 & 9\end{bmatrix} = A + B$.

3. (*a*) $\begin{bmatrix}4 & 5 & 6\end{bmatrix}\begin{bmatrix}2\\3\\-1\end{bmatrix} = \begin{bmatrix}4(2) + 5(3) + 6(-1)\end{bmatrix} = \begin{bmatrix}17\end{bmatrix}$

(*b*) $\begin{bmatrix}2\\3\\-1\end{bmatrix}\begin{bmatrix}4 & 5 & 6\end{bmatrix} = \begin{bmatrix}2(4) & 2(5) & 2(6)\\3(4) & 3(5) & 3(6)\\-1(4) & -1(5) & -1(6)\end{bmatrix} = \begin{bmatrix}8 & 10 & 12\\12 & 15 & 18\\-4 & -5 & -6\end{bmatrix}$

(*c*) $\begin{bmatrix}1 & 2 & 3\end{bmatrix}\begin{bmatrix}4 & -6 & 9 & 6\\0 & -7 & 10 & 7\\5 & 8 & -11 & -8\end{bmatrix}$

$= \begin{bmatrix}1(4) + 2(0) + 3(5) & 1(-6) + 2(-7) + 3(8) & 1(9) + 2(10) + 3(-11) & 1(6) + 2(7) + 3(-8)\end{bmatrix}$

$= \begin{bmatrix}19 & 4 & -4 & -4\end{bmatrix}$

(*d*) $\begin{bmatrix}2 & 3 & 4\\1 & 5 & 6\end{bmatrix}\begin{bmatrix}1\\2\\3\end{bmatrix} = \begin{bmatrix}2(1) + 3(2) + 4(3)\\1(1) + 5(2) + 6(3)\end{bmatrix} = \begin{bmatrix}20\\29\end{bmatrix}$

(*e*) $\begin{bmatrix}1 & 2 & 1\\4 & 0 & 2\end{bmatrix}\begin{bmatrix}3 & -4\\1 & 5\\-2 & 2\end{bmatrix} = \begin{bmatrix}1(3) + 2(1) + 1(-2) & 1(-4) + 2(5) + 1(2)\\4(3) + 0(1) + 2(-2) & 4(-4) + 0(5) + 2(2)\end{bmatrix} = \begin{bmatrix}3 & 8\\8 & -12\end{bmatrix}$

4. Es sei $A = \begin{bmatrix}2 & -1 & 1\\0 & 1 & 2\\1 & 0 & 1\end{bmatrix}$. Dann gelten

$A^2 = \begin{bmatrix}2 & -1 & 1\\0 & 1 & 2\\1 & 0 & 1\end{bmatrix}\begin{bmatrix}2 & -1 & 1\\0 & 1 & 2\\1 & 0 & 1\end{bmatrix} = \begin{bmatrix}5 & -3 & 1\\2 & 1 & 4\\3 & -1 & 2\end{bmatrix}$ und $A^3 = A^2 \cdot A = \begin{bmatrix}5 & -3 & 1\\2 & 1 & 4\\3 & -1 & 2\end{bmatrix}\begin{bmatrix}2 & -1 & 1\\0 & 1 & 2\\1 & 0 & 1\end{bmatrix} = \begin{bmatrix}11 & -8 & 0\\8 & -1 & 8\\8 & -4 & 3\end{bmatrix}$

Zeige, daß $A^3 = A \cdot A^2$ und $A^2 \cdot A^3 = A^3 \cdot A^2$ gelten.

5. Zeige, daß gilt:

(a) $\sum_{k=1}^{2} a_{ik}(b_{kj}+c_{kj}) = \sum_{k=1}^{2} a_{ik}b_{kj} + \sum_{k=1}^{2} a_{ik}c_{kj}$.

(b) $\sum_{i=1}^{2}\sum_{j=1}^{3} a_{ij} = \sum_{j=1}^{3}\sum_{i=1}^{2} a_{ij}$.

(c) $\sum_{k=1}^{2} a_{ik}(\sum_{h=1}^{3} b_{kh}c_{hj}) = \sum_{h=1}^{3}(\sum_{k=1}^{2} a_{ik}b_{kh})c_{hj}$.

(a) $\sum_{k=1}^{2} a_{ik}(b_{kj}+c_{kj}) = a_{i1}(b_{1j}+c_{1j}) + a_{i2}(b_{2j}+c_{2j}) = (a_{i1}b_{1j}+a_{i2}b_{2j}) + (a_{i1}c_{1j}+a_{i2}c_{2j})$
$= \sum_{k=1}^{2} a_{ik}b_{kj} + \sum_{k=1}^{2} a_{ik}c_{kj}$.

(b) $\sum_{i=1}^{2}\sum_{j=1}^{3} a_{ij} = \sum_{i=1}^{2}(a_{i1}+a_{i2}+a_{i3}) = (a_{11}+a_{12}+a_{13}) + (a_{21}+a_{22}+a_{23})$
$= (a_{11}+a_{21}) + (a_{12}+a_{22}) + (a_{13}+a_{23})$
$= \sum_{i=1}^{2} a_{i1} + \sum_{i=1}^{2} a_{i2} + \sum_{i=1}^{2} a_{i3} = \sum_{j=1}^{3}\sum_{i=1}^{2} a_{ij}$.

Dies entspricht einfach der Feststellung, daß man, wenn man alle Elemente einer Matrix aufaddieren will, entweder zunächst die Elemente jeder Zeile oder die Elemente jeder Spalte aufaddieren kann.

(c) $\sum_{k=1}^{2} a_{ik}(\sum_{h=1}^{3} b_{kh}c_{hj}) = \sum_{k=1}^{2} a_{ik}(b_{k1}c_{1j} + b_{k2}c_{2j} + b_{k3}c_{3j})$
$= a_{i1}(b_{11}c_{1j} + b_{12}c_{2j} + b_{13}c_{3j}) + a_{i2}(b_{21}c_{1j} + b_{22}c_{2j} + b_{23}c_{3j})$
$= (a_{i1}b_{11} + a_{i2}b_{21})c_{1j} + (a_{i1}b_{12} + a_{i2}b_{22})c_{2j} + (a_{i1}b_{13} + a_{i2}b_{23})c_{3j}$
$= (\sum_{k=1}^{2} a_{ik}b_{k1})c_{1j} + (\sum_{k=1}^{2} a_{ik}b_{k2})c_{2j} + (\sum_{k=1}^{2} a_{ik}b_{k3})c_{3j}$
$= \sum_{h=1}^{3}(\sum_{k=1}^{2} a_{ik}b_{kh})c_{hj}$.

6. Beweise: Wenn $A = [a_{ij}]$ von der Ordnung $m \times n$ ist, und wenn $B = [b_{ij}]$ und $C = [c_{ij}]$ von der Ordnung $n \times p$ sind, dann gilt $A(B+C) = AB + AC$.

$a_{i1}, a_{i2}, \ldots, a_{in}$ sind die Elemente der i-ten Zeile von A, und $b_{1j}+c_{1j}, b_{2j}+c_{2j}, \ldots, b_{nj}+c_{nj}$ sind die Elemente der j-ten Spalte von $B+C$. Dann ist $a_{i1}(b_{1j}+c_{1j}) + a_{i2}(b_{2j}+c_{2j}) + \ldots + a_{in}(b_{nj}+c_{nj})$ $= \sum_{k=1}^{n} a_{ik}(b_{kj}+c_{kj}) = \sum_{k=1}^{n} a_{ik}b_{kj} + \sum_{k=1}^{n} a_{ik}c_{kj}$ das Element, das in der i-ten Zeile und j-ten Spalte von $A(B+C)$ steht; das Element entspricht der Summe der Elemente, die in der i-ten Zeile und j-ten Spalte von AB und AC stehen.

7. Beweise: Wenn $A = [a_{ij}]$ von der Ordnung $m \times n$ ist, wenn $B = [b_{ij}]$ von der Ordnung $n \times p$ ist und wenn $C = [c_{ij}]$ von der Ordnung $p \times q$ ist, dann gilt $A(BC) = (AB)C$.

$a_{i1}, a_{i2}, \ldots, a_{in}$ sind die Elemente der i-ten Zeile von A und $\sum_{h=1}^{p} b_{1h}c_{hj}, \sum_{h=1}^{p} b_{2h}c_{hj}, \ldots, \sum_{h=1}^{p} b_{nh}c_{hj}$ sind die Elemente der j-ten Spalte von BC. Folglich ist

$$a_{i1}\sum_{h=1}^{p} b_{1h}c_{hj} + a_{i2}\sum_{h=1}^{p} b_{2h}c_{hj} + \ldots + a_{in}\sum_{h=1}^{p} b_{nh}c_{hj} = \sum_{k=1}^{n} a_{ik}(\sum_{h=1}^{p} b_{kh}c_{hj})$$
$$= \sum_{h=1}^{p}(\sum_{k=1}^{n} a_{ik}b_{kh})c_{hj} = (\sum_{k=1}^{n} a_{ik}b_{k1})c_{1j} + (\sum_{k=1}^{n} a_{ik}b_{k2})c_{2j} + \ldots + (\sum_{k=1}^{n} a_{ik}b_{kp})c_{pj}$$

das Element von $A(BC)$, das in der i-ten Zeile und j-ten Spalte steht. Dies ist gleich dem Element, das in der i-ten Zeile und j-ten Spalte von $(AB)C$ steht; folglich gilt $A(BC) = (AB)C$.

8. Angenommen, für A, B, C und D seien Addition und Multiplikation definiert. Zeige auf zwei Wegen, daß gilt: $(A+B)(C+D) = AC + AD + BC + BD$.

Benutzt man (e) und (f), folgt $(A+B)(C+D) = (A+B)C + (A+B)D = AC + BC + AD + BD$.

Benutzt man (f) und (e), folgt $(A+B)(C+D) = A(C+D) + B(C+D) = AC + AD + BC + BD$
$= AC + BC + AD + BD$.

9. (*a*)
$$\left[\begin{array}{ccc|c}1&0&0&1\\0&1&0&2\\0&0&1&3\end{array}\right]\left[\begin{array}{ccc}1&0&0\\0&1&0\\0&0&1\\\hline 3&1&2\end{array}\right] = \begin{bmatrix}1&0&0\\0&1&0\\0&0&1\end{bmatrix}\begin{bmatrix}1&0&0\\0&1&0\\0&0&1\end{bmatrix}+\begin{bmatrix}1\\2\\3\end{bmatrix}[3\ 1\ 2] = \begin{bmatrix}1&0&0\\0&1&0\\0&0&1\end{bmatrix}+\begin{bmatrix}3&1&2\\6&2&4\\9&3&6\end{bmatrix} = \begin{bmatrix}4&1&2\\6&3&4\\9&3&7\end{bmatrix}$$

(*b*)
$$\left[\begin{array}{cc|cc|cc}1&0&0&0&0&0\\0&2&0&0&0&0\\\hline 0&0&3&0&0&0\\0&0&0&4&0&0\\\hline 0&0&0&0&5&0\\0&0&0&0&0&6\end{array}\right]\left[\begin{array}{cc|cc|cc}1&0&0&0&0&0\\0&1&0&0&0&0\\\hline 0&0&1&0&0&0\\0&0&0&3&0&0\\\hline 0&0&0&0&2&0\\0&0&0&0&0&3\end{array}\right] = \begin{bmatrix}\begin{bmatrix}1&0\\0&2\end{bmatrix}\begin{bmatrix}1&0\\0&1\end{bmatrix} & [0] & [0]\\ [0] & \begin{bmatrix}3&0\\0&4\end{bmatrix}\begin{bmatrix}1&0\\0&3\end{bmatrix} & [0]\\ [0] & [0] & \begin{bmatrix}5&0\\0&6\end{bmatrix}\begin{bmatrix}2&0\\0&3\end{bmatrix}\end{bmatrix}$$

$$= \begin{bmatrix}1&0&0&0&0&0\\0&2&0&0&0&0\\0&0&3&0&0&0\\0&0&0&12&0&0\\0&0&0&0&10&0\\0&0&0&0&0&18\end{bmatrix}$$

(*c*)
$$\left[\begin{array}{cc|ccc|c}1&1&0&0&0&0\\2&1&0&0&0&0\\\hline 0&0&3&1&2&0\\0&0&1&2&1&0\\0&0&0&1&1&0\\\hline 0&0&0&0&0&1\end{array}\right]\left[\begin{array}{cc|ccc|c}1&2&3&4&5&6\\2&3&4&5&6&7\\\hline 3&4&5&6&7&8\\4&5&6&7&8&9\\9&8&7&6&5&4\\\hline 8&7&6&5&4&1\end{array}\right] = \begin{bmatrix}\begin{bmatrix}1&1\\2&1\end{bmatrix}\begin{bmatrix}1&2\\2&3\end{bmatrix} & \begin{bmatrix}1&1\\2&1\end{bmatrix}\begin{bmatrix}3&4&5\\4&5&6\end{bmatrix} & \begin{bmatrix}1&1\\2&1\end{bmatrix}\cdot\begin{bmatrix}6\\7\end{bmatrix}\\ \begin{bmatrix}3&1&2\\1&2&1\\0&1&1\end{bmatrix}\begin{bmatrix}3&4\\4&5\\9&8\end{bmatrix} & \begin{bmatrix}3&1&2\\1&2&1\\0&1&1\end{bmatrix}\begin{bmatrix}5&6&7\\6&7&8\\7&6&5\end{bmatrix} & \begin{bmatrix}3&1&2\\1&2&1\\0&1&1\end{bmatrix}\cdot\begin{bmatrix}8\\9\\4\end{bmatrix}\\ [1]\cdot[8\ 7] & [1]\cdot[6\ 5\ 4] & [1]\cdot[1]\end{bmatrix}$$

$$= \begin{bmatrix}\begin{bmatrix}3&5\\4&7\end{bmatrix} & \begin{bmatrix}7&9&11\\10&13&16\end{bmatrix} & \begin{bmatrix}13\\19\end{bmatrix}\\ \begin{bmatrix}31&33\\20&22\\13&13\end{bmatrix} & \begin{bmatrix}35&37&39\\24&26&28\\13&13&13\end{bmatrix} & \begin{bmatrix}41\\30\\13\end{bmatrix}\\ [8\ \ 7] & [6\ \ 5\ \ 4] & [1]\end{bmatrix} = \begin{bmatrix}3&5&7&9&11&13\\4&7&10&13&16&19\\31&33&35&37&39&41\\20&22&24&26&28&30\\13&13&13&13&13&13\\8&7&6&5&4&1\end{bmatrix}$$

10. Es seien $\begin{cases}x_1 = a_{11}y_1 + a_{12}y_2\\ x_2 = a_{21}y_1 + a_{22}y_2\\ x_3 = a_{31}y_1 + a_{32}y_2\end{cases}$ drei lineare Formen in y_1 und y_2, und es sei $\begin{cases}y_1 = b_{11}z_1 + b_{12}z_2\\ y_2 = b_{21}z_1 + b_{22}z_2\end{cases}$ eine lineare Transformation der Koordinaten (y_1, y_2) in neue Koordinaten (z_1, z_2). Das Ergebnis der Anwendung der Transformation auf die gegebenen Formen ist die Menge der Formen

$$\begin{cases}x_1 = (a_{11}b_{11} + a_{12}b_{21})z_1 + (a_{11}b_{12} + a_{12}b_{22})z_2\\ x_2 = (a_{21}b_{11} + a_{22}b_{21})z_1 + (a_{21}b_{12} + a_{22}b_{22})z_2\\ x_3 = (a_{31}b_{11} + a_{32}b_{21})z_1 + (a_{31}b_{12} + a_{32}b_{22})z_2\end{cases}$$

Benutzt man die Matrixschreibweise, dann erhält man die drei Formen

$\begin{bmatrix}x_1\\x_2\\x_3\end{bmatrix} = \begin{bmatrix}a_{11}&a_{12}\\a_{21}&a_{22}\\a_{31}&a_{32}\end{bmatrix}\begin{bmatrix}y_1\\y_2\end{bmatrix}$ und die Transformation $\begin{bmatrix}y_1\\y_2\end{bmatrix} = \begin{bmatrix}b_{11}&b_{12}\\b_{21}&b_{22}\end{bmatrix}\begin{bmatrix}z_1\\z_2\end{bmatrix}$. Das Ergebnis der Anwendung der Transformation ist die Menge von drei Formen

$$\begin{bmatrix}x_1\\x_2\\x_3\end{bmatrix} = \begin{bmatrix}a_{11}&a_{12}\\a_{21}&a_{22}\\a_{31}&a_{32}\end{bmatrix}\begin{bmatrix}b_{11}&b_{12}\\b_{21}&b_{22}\end{bmatrix}\begin{bmatrix}z_1\\z_2\end{bmatrix}$$

Wenn eine Menge von m linearen Formen in n Variablen mit einer Matrix A einer linearen Transformation der Variablen mit einer Matrix B unterworfen wird, dann erhält man eine Menge von m linearen Formen mit einer Matrix $C = AB$.

ERGÄNZUNGSAUFGABEN

11. Gegeben sind $A = \begin{bmatrix} 1 & 2 & -3 \\ 5 & 0 & 2 \\ 1 & -1 & 1 \end{bmatrix}$, $B = \begin{bmatrix} 3 & -1 & 2 \\ 4 & 2 & 5 \\ 2 & 0 & 3 \end{bmatrix}$ und $C = \begin{bmatrix} 4 & 1 & 2 \\ 0 & 3 & 2 \\ 1 & -2 & 3 \end{bmatrix}$,

(*a*) Berechne: $A+B = \begin{bmatrix} 4 & 1 & -1 \\ 9 & 2 & 7 \\ 3 & -1 & 4 \end{bmatrix}$ und $A-C = \begin{bmatrix} -3 & 1 & -5 \\ 5 & -3 & 0 \\ 0 & 1 & -2 \end{bmatrix}$

(*b*) Berechne: $-2A = \begin{bmatrix} -2 & -4 & 6 \\ -10 & 0 & -4 \\ -2 & 2 & -2 \end{bmatrix}$ und $0 \cdot B = 0$

(*c*) Verifiziere: $A + (B - C) = (A + B) - C$.

(d) Gib die Matrix D derart an, daß $A + D = B$ gilt. Verifiziere, daß $D = B - A = -(A - B)$ gilt.

12. Gegeben sind $A = \begin{bmatrix} 1 & -1 & 1 \\ -3 & 2 & -1 \\ -2 & 1 & 0 \end{bmatrix}$ und $B = \begin{bmatrix} 1 & 2 & 3 \\ 2 & 4 & 6 \\ 1 & 2 & 3 \end{bmatrix}$. Berechne $AB = 0$ und $BA = \begin{bmatrix} -11 & 6 & -1 \\ -22 & 12 & -2 \\ -11 & 6 & -1 \end{bmatrix}$.

Folglich gilt $AB \neq BA$ allgemein.

13. Gegeben sind $A = \begin{bmatrix} 1 & -3 & 2 \\ 2 & 1 & -3 \\ 4 & -3 & -1 \end{bmatrix}$, $B = \begin{bmatrix} 1 & 4 & 1 & 0 \\ 2 & 1 & 1 & 1 \\ 1 & -2 & 1 & 2 \end{bmatrix}$ und $C = \begin{bmatrix} 2 & 1 & -1 & -2 \\ 3 & -2 & -1 & -1 \\ 2 & -5 & -1 & 0 \end{bmatrix}$. Zeige, daß $AB = AC$ gilt.

Aus $AB = AC$ folgt nicht notwendigerweise, daß $B = C$ gilt.

14. Gegeben sind $A = \begin{bmatrix} 1 & 1 & -1 \\ 2 & 0 & 3 \\ 3 & -1 & 2 \end{bmatrix}$, $B = \begin{bmatrix} 1 & 3 \\ 0 & 2 \\ -1 & 4 \end{bmatrix}$ und $C = \begin{bmatrix} 1 & 2 & 3 & -4 \\ 2 & 0 & -2 & 1 \end{bmatrix}$. Zeige, daß $(AB)C = A(BC)$ ist.

15. Unter Verwendung der Matrizen aus Aufgabe 11 zeige man, daß gilt: $A(B+C) = AB + AC$ und $(A+B)C = AC + BC$.

16. Erkläre, warum allgemein gilt: $(A \pm B)^2 \neq A^2 \pm 2AB + B^2$ und $A^2 - B^2 \neq (A - B)(A + B)$.

17. Gegeben sind $A = \begin{bmatrix} 2 & -3 & -5 \\ -1 & 4 & 5 \\ 1 & -3 & -4 \end{bmatrix}$, $B = \begin{bmatrix} -1 & 3 & 5 \\ 1 & -3 & -5 \\ -1 & 3 & 5 \end{bmatrix}$ und $C = \begin{bmatrix} 2 & -2 & -4 \\ -1 & 3 & 4 \\ 1 & -2 & -3 \end{bmatrix}$,

(*a*) Zeige, daß $AB = BA = 0$, $AC = A$ und $CA = C$ gelten.

(*b*) Zeige unter Verwendung von (*a*), daß gilt: $ACB = CBA$, $A^2 - B^2 = (A - B)(A + B)$ und $(A \pm B)^2 = A^2 + B^2$.

18. Gegeben ist $A = \begin{bmatrix} i & 0 \\ 0 & i \end{bmatrix}$ mit $i^2 = -1$. Gib eine Formel für A mit positiven, ganzen Exponenten an.

Antwort: $A^n = I, A, -I, -A$, je nachdem, ob jeweils $n = 4p, 4p+1, 4p+2$ bzw. $4p+3$ gilt, wobei $I = \begin{bmatrix} 1 & 0 \\ 0 & 1 \end{bmatrix}$ ist.

19. Zeige, daß das Produkt von zwei oder mehr beliebigen Matrizen der Menge $\begin{bmatrix} 1 & 0 \\ 0 & 1 \end{bmatrix}$, $\begin{bmatrix} 0 & 1 \\ -1 & 0 \end{bmatrix}$, $\begin{bmatrix} 0 & -1 \\ 1 & 0 \end{bmatrix}$, $\begin{bmatrix} -1 & 0 \\ 0 & -1 \end{bmatrix}$, $\begin{bmatrix} i & 0 \\ 0 & -i \end{bmatrix}$, $\begin{bmatrix} -i & 0 \\ 0 & i \end{bmatrix}$, $\begin{bmatrix} 0 & -i \\ -i & 0 \end{bmatrix}$, $\begin{bmatrix} 0 & i \\ i & 0 \end{bmatrix}$ eine Matrix der Menge ist.

20. Gegeben seien die Matrizen A der Ordnung $m \times n$, B der Ordnung $n \times p$ und C der Ordnung $r \times q$. Unter welchen Bedingungen für p, q und r ist jeweils die Matrizenmultiplikation definiert, und wie heißt jeweils die Ordnung des Produktes: (*a*) ABC, (*b*) ACB, (*c*) $A(B+C)$?

Antwort: (*a*) $p = r; m \times q$ (*b*) $r = n = q; m \times p$ (*c*) $r = n, p = q; m \times q$

21. Berechne AB; gegeben sind:

(a) $A = \left[\begin{array}{cc|c} 1 & 0 & 1 \\ 0 & 1 & 1 \\ \hline 0 & 0 & 1 \end{array}\right]$ und $B = \left[\begin{array}{cc|c} 1 & 0 & 0 \\ 0 & 1 & 0 \\ \hline 1 & 1 & 0 \end{array}\right]$ *Antwort:* $\begin{bmatrix} 2 & 1 & 0 \\ 1 & 2 & 0 \\ 1 & 1 & 0 \end{bmatrix}$

(b) $A = \left[\begin{array}{cc|c} 1 & 0 & 3 \\ 0 & 1 & 2 \end{array}\right]$ und $B = \left[\begin{array}{cc} 1 & 0 \\ 0 & 1 \\ \hline -1 & 2 \end{array}\right]$ *Antwort:* $\begin{bmatrix} -2 & 6 \\ -2 & 5 \end{bmatrix}$

(c) $A = \left[\begin{array}{cc|cc} 1 & 2 & 0 & 0 \\ 0 & 1 & 0 & 0 \\ \hline 0 & 0 & 0 & 1 \\ 0 & 0 & 2 & 2 \end{array}\right]$ und $B = \left[\begin{array}{cc|cc} 0 & 0 & 0 & 1 \\ 0 & 0 & 2 & 0 \\ \hline 1 & 0 & 0 & 0 \\ 0 & 1 & 0 & 0 \end{array}\right]$ *Antwort:* $\begin{bmatrix} 0 & 0 & 4 & 1 \\ 0 & 0 & 2 & 0 \\ 0 & 1 & 0 & 0 \\ 2 & 2 & 0 & 0 \end{bmatrix}$

22. Beweise: (a) Sp $(A + B)$ = Sp (A) + Sp (B), (b) Sp $(kA) = k$ Sp (A).

23. Wenn $\begin{cases} x_1 = y_1 - 2y_2 + y_3 \\ x_2 = 2y_1 + y_2 - 3y_3 \end{cases}$ und $\begin{cases} y_1 = z_1 + 2z_2 \\ y_2 = 2z_1 - z_2 \\ y_3 = 2z_1 + 3z_2 \end{cases}$, gelten, verifiziere, daß $\begin{bmatrix} x_1 \\ x_2 \end{bmatrix} = \begin{bmatrix} 1 & -2 & 1 \\ 2 & 1 & -3 \end{bmatrix}\begin{bmatrix} y_1 \\ y_2 \\ y_3 \end{bmatrix}$

$= \begin{bmatrix} 1 & -2 & 1 \\ 2 & 1 & -3 \end{bmatrix}\begin{bmatrix} 1 & 2 \\ 2 & -1 \\ 2 & 3 \end{bmatrix}\begin{bmatrix} z_1 \\ z_2 \end{bmatrix} = \begin{bmatrix} -z_1 + 7z_2 \\ -2z_1 - 6z_2 \end{bmatrix}$. gilt.

24. Wenn $A = [a_{ij}]$ und $B = [b_{ij}]$ der Ordnung $m \times n$ sind, und wenn $C = [c_{ij}]$ der Ordnung $n \times p$ ist, zeige, daß $(A + B)\,C = AC + BC$ gilt.

25. Es seien $A = [a_{ij}]$ und $B = [b_{jk}]$, wobei $(i = 1, 2, \ldots, m; j = 1, 2, \ldots, p; k = 1, 2, \ldots, n)$ gilt. Bezeichne die Summe der Elemente der j-ten Zeile von B mit β_j, das heißt, es sei $\beta_j = \sum_{k=1}^{n} b_{jk}$. Zeige, daß das Element in der i-ten Zeile von $A \cdot \begin{bmatrix} \beta_1 \\ \beta_2 \\ \cdot \\ \cdot \\ \cdot \\ \beta_p \end{bmatrix}$ gleich der Summe der Elemente ist, die in der i-ten Zeile von AB stehen. Benutze dieses Verfahren, um die Produkte, die in den Aufgaben 12 und 13 gebildet wurden, zu überprüfen.

26. Eine Beziehung (wie z. B. Parallelität oder Kongruenz), die die folgenden mathematischen Eigenschaften besitzt, wird eine **Äquivalenzrelation** genannt:

(i)	Determination	Entweder gibt es eine Relation zwischen a und b oder es gibt keine Relation zwischen a und b.
(ii)	Reflexion	Für alle a gilt: a steht in Relation mit a.
(iii)	Symmetrie	Wenn es eine Relation zwischen a und b gibt, dann gibt es eine Relation zwischen b und a.
(iv)	Transivität	Wenn es eine Relation zwischen a und b gibt, und wenn es eine Relation zwischen b und c gibt, dann gibt es eine Relation zwischen a und c.

Zeige, daß die Parallelität von Geraden, Ähnlichkeit von Dreiecken und Gleichheit von Matrizen Äquivalenzrelationen sind. Zeige, daß das aufeinander Senkrechtstehen von Geraden keine Äquivalenzrelation ist.

27. Zeige, daß die Übereinstimmung der Ordnung von Matrizen bezüglich der Addition von Matrizen eine Äquivalenzrelation ist, wogegen die Verkettung bezüglich der Multiplikation von Matrizen keine Äquivalenzrelation ist.

28. Beweise: Wenn A, B und C Matrizen derart sind, daß $AC = CA$ und $BC = CB$ gelten, dann gilt $(AB \pm BA)\,C = C(AB \pm BA)$.

KAPITEL 2

Einige Typen von Matrizen

DIE EINHEITSMATRIX. Eine quadratische Matrix A, für deren Elemente $a_{ij} = 0$ für alle $i > j$ gilt, heißt **obere Dreiecksmatrix**; eine quadratische Matrix A, für deren Elemente $a_{ij} = 0$ für alle $i < j$ gilt, heißt **untere Dreiecksmatrix**. Demgemäß ist

$$\begin{bmatrix} a_{11} & a_{12} & a_{13} & \dots & a_{1n} \\ 0 & a_{22} & a_{23} & \dots & a_{2n} \\ 0 & 0 & a_{33} & \dots & a_{3n} \\ \dots & \dots & \dots & \dots & \dots \\ 0 & 0 & 0 & \dots & a_{nn} \end{bmatrix}$$ eine obere Dreiecksmatrix und

$$\begin{bmatrix} a_{11} & 0 & 0 & \dots & 0 \\ a_{21} & a_{22} & 0 & \dots & 0 \\ a_{31} & a_{32} & a_{33} & \dots & 0 \\ \dots & \dots & \dots & \dots & \dots \\ a_{n1} & a_{n2} & a_{n3} & \dots & a_{nn} \end{bmatrix}$$ eine untere Dreiecksmatrix.

Die Matrix $D = \begin{bmatrix} a_{11} & 0 & 0 & \dots & 0 \\ 0 & a_{22} & 0 & \dots & 0 \\ 0 & 0 & a_{33} & \dots & 0 \\ \dots & \dots & \dots & \dots & \dots \\ 0 & 0 & 0 & \dots & a_{nn} \end{bmatrix}$, die sowohl eine obere als auch eine untere Dreiecksmatrix ist, heißt eine **Diagonalmatrix**. Sie wird häufig als

$$D = \text{Diag}\,(a_{11}, a_{22}, a_{33}, \dots, a_{nn})$$

geschrieben.

Siehe Aufgabe 1.

Wenn in der obigen Diagonalmatrix D $a_{11} = a_{22} = \dots = a_{nn} = k$ gilt, wird D eine **Skalarmatrix** genannt; gilt zusätzlich $k = 1$, dann heißt sie **Einheitsmatrix** und wird mit I_n bezeichnet. Zum Beispiel gelten

$$I_2 = \begin{bmatrix} 1 & 0 \\ 0 & 1 \end{bmatrix} \quad \text{und} \quad I_3 = \begin{bmatrix} 1 & 0 & 0 \\ 0 & 1 & 0 \\ 0 & 0 & 1 \end{bmatrix}$$

Wenn die Ordnung offensichtlich oder unwesentlich ist, wird die Einheitsmatrix mit I bezeichnet. Wird $I_n + I_n + \dots$ insgesamt p-mal aufaddiert, ergibt dies $p \cdot I_n = \text{Diag}\,(p, p, p, \dots, p)$, und $I^p = I \cdot I \dots$ läßt sich p-mal in I zerlegen. Einheitsmatrizen haben manche Eigenschaften der ganzen Zahl 1. Zum Beispiel gilt $I_2 \cdot A = A \cdot I_3 = I_2 A I_3 = A$, wenn $A = \begin{bmatrix} 1 & 2 & 3 \\ 4 & 5 & 6 \end{bmatrix}$ gilt, wie der Leser leicht sehen kann.

SPEZIELLE QUADRATISCHE MATRIZEN. Wenn A und B quadratische Matrizen derart sind, daß $AB = BA$ gilt, dann heißen A und B **vertauschbar**. Es ist eine einfache Sache zu zeigen, daß A mit sich selbst und gleichfalls mit I_n vertauschbar ist, wenn A eine beliebige n-quadratische Matrix ist.

Siehe Aufgabe 2.

Wenn $AB = -BA$ für A und B gilt, dann heißen die Matrizen A und B **nichtvertauschbar**.

Eine Matrix A für die $A^{k+1} = A$ gilt, wobei k eine positive ganze Zahl ist, heißt **periodisch**. Wenn k die kleinste positive ganze Zahl ist, für die $A^{k+1} = A$ gilt, dann heißt A von der **Periode** k.

Wenn $k = 1$ ist, so daß $A^2 = A$ gilt, dann heißt A **idempotent**. Siehe Aufgaben 3–4.

Eine Matrix A, für die $A^p = 0$ gilt, wobei p eine positive ganze Zahl ist, heißt **nilpotent**. Wenn p die kleinste positive ganze Zahl ist, für die $A^p = 0$ gilt, dann heißt A nilpotent vom **Index** p.

Siehe Aufgaben 5–6.

DIE INVERSE EINER MATRIX. Wenn A und B quadratische Matrizen derart sind, daß $AB = BA = I$ gilt, dann heißt B die **Inverse** von A, und wir schreiben $B = A^{-1}$ (B ist gleich A invers). Die Matrix B besitzt gleichfalls A als ihre Inverse und wir können $A = B^{-1}$ schreiben.

Beispiel 1. Weil $\begin{bmatrix} 1 & 2 & 3 \\ 1 & 3 & 3 \\ 1 & 2 & 4 \end{bmatrix} \begin{bmatrix} 6 & -2 & -3 \\ -1 & 1 & 0 \\ -1 & 0 & 1 \end{bmatrix} = \begin{bmatrix} 1 & 0 & 0 \\ 0 & 1 & 0 \\ 0 & 0 & 1 \end{bmatrix} = I$ gilt, ist jede Matrix in dem Produkt jeweils die Inverse der anderen.

Wir werden später herausfinden (Kapitel 7), daß nicht jede quadratische Matrix eine Inverse besitzt. Dennoch können wir hier zeigen, daß, wenn A eine Inverse besitzt, diese eindeutig ist.

Siehe Aufgabe 7.

Wenn A und B quadratische Matrizen derselben Ordnung mit den Inversen A^{-1} bzw. B^{-1} sind, dann gilt $(AB)^{-1} = B^{-1} \cdot A^{-1}$, das heißt:

I. Die Inverse des Produktes zweier Matrizen, die Inverse besitzen, ist das Produkt dieser Inversen in **umgekehrter Reihenfolge**.

Siehe Aufgabe 8.

Eine Matrix A mit der Eigenschaft $A^2 = I$ heißt **involutorisch**. Eine involutorische Matrix ist gleich ihrer eigenen Inverse.

Siehe Aufgabe 9.

DIE TRANSPONIERTE EINER MATRIX. Die Matrix der Ordnung $n \times m$, die man durch Vertauschen der Zeilen und der Spalten einer $m \times n$ Matrix A erhält, heißt **Transponierte** von A und wird mit A' („A transponiert") bezeichnet. Zum Beispiel ist $A' = \begin{bmatrix} 1 & 4 \\ 2 & 5 \\ 3 & 6 \end{bmatrix}$ die Transponierte von $A = \begin{bmatrix} 1 & 2 & 3 \\ 4 & 5 & 6 \end{bmatrix}$. Beachte, daß das Element a_{ij} in der i-ten Zeile und j-ten Spalte von A und j-ten Zeile und i-ten Spalte von A' steht.

Wenn A' und B' Transponierte von A bzw. B sind und wenn k ein Skalar ist, erhalten wir sofort

$$(a)\quad (A')' = A \qquad \text{und} \qquad (b)\quad (kA)' = kA'$$

In den Aufgaben 10 und 11 beweisen wir:

II. Die Transponierte der Summen zweier Matrizen ist gleich der Summe ihrer Transponierten, d. h., es gilt

$$(A + B)' = A' + B'$$

und

III. Die Transponierte des Produktes zweier Matrizen ist gleich dem Produkt ihrer Transponierten **in umgekehrter Reihenfolge**, d. h., es gilt

$$(AB)' = B' \cdot A'$$

Siehe Aufgaben 10–1

SYMMETRISCHE MATRIZEN. Eine quadratische Matrix A, für die $A' = A$ gilt, heißt **symmetrisch**. Demgemäß ist eine quadratische Matrix $A = [a_{ij}]$ symmetrisch, vorausgesetzt, $a_{ij} = a_{ji}$ gilt für alle Werte von i und j. Zum Beispiel ist $A = \begin{bmatrix} 1 & 2 & 3 \\ 2 & 4 & -5 \\ 3 & -5 & 6 \end{bmatrix}$ symmetrisch, und demgemäß gilt kA für einen beliebigen Skalar k.

In Aufgabe 13 beweisen wir:

IV. Wenn A eine n-quadratische Matrix ist, dann ist $A + A'$ symmetrisch.

Eine quadratische Matrix A, für die $A' = -A$ gilt, heißt **schiefsymmetrisch**. Demgemäß ist eine quadratische Matrix A schiefsymmetrisch, vorausgesetzt, $a_{ij} = -a_{ji}$ gilt für alle Werte von i und j. Folglich sind die Diagonalelemente Null. Zum Beispiel ist

$A = \begin{bmatrix} 0 & -2 & 3 \\ 2 & 0 & 4 \\ -3 & -4 & 0 \end{bmatrix}$ schiefsymmetrisch, und demgemäß gilt kA für einen beliebigen Skalar k.

Nach kleinen Änderungen in Aufgabe 13 können wir beweisen:

V. Wenn A eine beliebige n-quadratische Matrix ist, dann ist $A - A'$ schiefsymmetriscl

Aus den Sätzen **IV** und **V** folgt

VI. Jede quadratische Matrix A kann mal als die Summe einer symmetrischen Matrix $B = \frac{1}{2}(A+A')$ und einer schiefsymmetrischen Matrix $C = \frac{1}{2}(A-A')$ schreiben.

Siehe Aufgaben 14–15.

DIE KONJUGIERTE EINER MATRIX. Es seien a und b reelle Zahlen, und es sei $i = \sqrt{-1}$; dann wird $z = a + bi$ eine **komplexe Zahl** genannt. Die komplexen Zahlen $a + bi$ und $a - bi$ heißen **Konjugierte**, jede ist die **Konjugierte** der anderen. Wenn $z = a + bi$ gilt, dann bezeichnet man die Konjugierte von z mit $\bar{z} = \overline{a + bi}$.

Wenn $z_1 = a + bi$ und $z_2 = \bar{z}_1 = a - bi$ gelten, dann folgt $\bar{z}_2 = \bar{\bar{z}}_1 = \overline{a - bi} = a + bi$, das heißt, die Konjugierte einer Konjugierten einer komplexen Zahl z ist z selbst.

Wenn $z_1 = a + bi$ und $z_2 = c + di$ gelten, dann folgen

(i) $z_1 + z_2 = (a+c) + (b+d)i$ und $\overline{z_1 + z_2} = (a+c) - (b+d)i = (a-bi) + (c-di) = \bar{z}_1 + \bar{z}_2$,

das heißt, die Konjugierte der Summe zweier komplexen Zahlen ist gleich der Summe ihrer Konjugierten.

(ii) $z_1 \cdot z_2 = (ac-bd) + (ad+bc)i$ und $\overline{z_1 \cdot z_2} = (ac-bd) - (ad+bc)i = (a-bi)(c-di)$
$= \overline{z_1} + \overline{z_2}$

das heißt, die Konjugierte des Produktes zweier komplexer Zahlen ist gleich dem Produkt ihrer Konjugierten.

Wenn A eine Matrix ist, die als Elemente komplexe Zahlen besitzt, dann heißt die Matrix, die man aus A erhält, indem man jedes Element durch ihre Konjugierte ersetzt, die **Konjugierte** von A und wird mit A bezeichnet („A konjugiert").

Beispiel 2. Wenn $A = \begin{bmatrix} 1+2i & i \\ 3 & 2-3i \end{bmatrix}$ ist, dann gilt $\bar{A} = \begin{bmatrix} 1-2i & -i \\ 3 & 2+3i \end{bmatrix}$.

Wenn $\bar{A}$ und $\bar{B}$ die Konjugierten der Matrizen A und B sind, und wenn k ein beliebiger Skalar ist, erhalten wir sogleich

$$(c)\ (\bar{\bar{A}}) = A \quad \text{und} \quad (d)\ (\overline{kA}) = \bar{k} \cdot \bar{A}$$

Benutzt man **(i)** und **(ii)** aus den obigen Ausführungen, können wir beweisen:

VII. Die Konjugierte der Summe zweier Matrizen ist gleich der Summe ihrer Konjugierten, das heißt, es gilt $(\overline{A+B}) = \bar{A} + \bar{B}$.

VIII. Die Konjugierte des Produktes zweier Matrizen ist gleich dem Produkt ihrer Konjugierten **in der gleichen Reihenfolge**, das heißt, es gilt $(\overline{AB}) = \bar{A} \cdot \bar{B}$.

Die Transponierte von $\bar{A}$ wird mit $\bar{A}'$ bezeichnet („A konjugiert transponiert"). Manchmal wird sie auch als A^* geschrieben. Wir erhalten

IX. Die Transponierte der Konjugierten von A ist gleich der Konjugierten der Transponierten von A, das heißt es gilt $(\bar{A})' = (\overline{A'})$.

Beispiel 3. Aus Beispiel 2 folgt $(\bar{A})' = \begin{bmatrix} 1-2i & 3 \\ -i & 2+3i \end{bmatrix}$; aus $A' = \begin{bmatrix} 1+2i & 3 \\ i & 2-3i \end{bmatrix}$ folgt $(\overline{A'}) = \begin{bmatrix} 1-2i & 3 \\ -i & 2+3i \end{bmatrix} = (\bar{A})'$

HERMITESCHE MATRIZEN. Eine quadratische Matrix $A = [a_{ij}]$, für die $\bar{A}' = A$ gilt, heißt **hermitesch**. Demgemäß ist A hermitesch, vorausgesetzt, $a_{ij} = \bar{a}_{ji}$ gilt für alle Werte von i und j. Folglich sind die Diagonalelemente einer hermiteschen Matrix reelle Zahlen.

Beispiel 4. Die Matrix $A = \begin{bmatrix} 1 & 1-i & 2 \\ 1+i & 3 & i \\ 2 & -i & 0 \end{bmatrix}$ ist hermitesch.

Ist kA hermitesch, wenn k eine beliebige reelle Zahl oder eine beliebige komplexe Zahl ist?

Eine quadratische Matrix $A = [a_{ij}]$, für die $\bar{A}' = -A$ gilt, heißt **schiefhermitesch**. Demgemäß ist A schiefhermitesch, vorausgesetzt, $a_{ij} = -\bar{a}_{ji}$ gilt für alle Werte von i und j. Folglich sind die Diagonalelemente einer schiefhermiteschen Matrix entweder Null oder rein imaginär.

Beispiel 5. Die Matrix $A = \begin{bmatrix} i & 1-i & 2 \\ -1-i & 3i & i \\ -2 & i & 0 \end{bmatrix}$ ist schiefhermitesch. Ist kA schiefhermitesch, wenn k eine beliebige reelle Zahl, eine beliebige komplexe Zahl oder eine rein imaginäre Zahl ist?

Nach kleinen Änderungen in Aufgabe 13 können wir beweisen:

X. Wenn A eine n-quadratische Matrix ist, dann ist $A + \bar{A}'$ hermitesch und $A - \bar{A}'$ ist schiefhermitesch.

Aus Satz **X** folgt

XI. Jede quadratische Matrix A mit komplexen Elementen kann man als die Summe einer hermiteschen Matrix $B = ½(A+\bar{A}')$ und einer schiefhermiteschen Matrix $C = ½(A-\bar{A}')$ schreiben.

DIREKTE SUMME. Es seien $A_1, A_2, \ldots, A_s$ quadratische Matrizen der entsprechenden Ordnungen $m_1, m_2, \ldots, m_s$. Die Verallgemeinerung

$$A = \begin{bmatrix} A_1 & 0 & \ldots & 0 \\ 0 & A_2 & \ldots & 0 \\ \ldots & \ldots & \ldots & \ldots \\ 0 & 0 & \ldots & A_s \end{bmatrix} = \text{Diag}(A_1, A_2, \ldots, A_s)$$

der Diagonalmatrix heißt die **direkte Summe** der A_i.

Beispiel 6. Es seien $A_1 = [2]$, $A_2 = \begin{bmatrix} 1 & 2 \\ 3 & 4 \end{bmatrix}$ und $A_3 = \begin{bmatrix} 1 & 2 & -1 \\ 2 & 0 & 3 \\ 4 & 1 & -2 \end{bmatrix}$.

Die direkte Summe von A_1, A_2, A_3 ist $\text{Diag}(A_1, A_2, A_3) = \begin{bmatrix} 2 & 0 & 0 & 0 & 0 & 0 \\ 0 & 1 & 2 & 0 & 0 & 0 \\ 0 & 3 & 4 & 0 & 0 & 0 \\ 0 & 0 & 0 & 1 & 2 & -1 \\ 0 & 0 & 0 & 2 & 0 & 3 \\ 0 & 0 & 0 & 4 & 1 & -2 \end{bmatrix}$

Aufgabe 9 (*b*), Kapitel 1, zeigt

XII. Wenn $A = \text{Diag}(A_1, A_2, \ldots, A_s)$ und $B = \text{Diag}(B_1, B_2, \ldots, B_s)$ gelten, wobei A_i und B_i der gleichen Ordnung für $(i = 1,2, \ldots, s)$ sind, dann gilt $AB = \text{Diag}(A_1B_1, A_2B_2, \ldots, A_sB_s)$.

AUFGABEN MIT LÖSUNGEN

1. Weil $\begin{bmatrix} a_{11} & 0 & \cdots & 0 \\ 0 & a_{22} & \cdots & 0 \\ \cdots & \cdots & \cdots & \cdots \\ 0 & 0 & & a_{mm} \end{bmatrix} \begin{bmatrix} b_{11} & b_{12} & \cdots & b_{1n} \\ b_{21} & b_{22} & \cdots & b_{2n} \\ \cdots & \cdots & \cdots & \cdots \\ b_{m1} & b_{m2} & \cdots & b_{mn} \end{bmatrix} = \begin{bmatrix} a_{11}b_{11} & a_{11}b_{12} & \cdots & a_{11}b_{1n} \\ a_{22}b_{21} & a_{22}b_{22} & \cdots & a_{22}b_{2n} \\ \cdots & \cdots & \cdots & \cdots \\ a_{mm}b_{m1} & a_{mm}b_{m2} & \cdots & a_{mm}b_{mn} \end{bmatrix}$ gilt, erhält

man das Produkt AB einer m-quadratischen Diagonalmatrix $A = \text{Diag}(a_{11}, a_{22}, \ldots, a_{mm})$ mit einer beliebigen $m \times n$ Matrix B, indem man die erste Zeile von B mit a_{11} multipliziert, die zweite Zeile von B mit a_{22} und so weiter.

2. Zeige, daß die Matrizen $\begin{bmatrix} a & b \\ b & a \end{bmatrix}$ und $\begin{bmatrix} c & d \\ d & c \end{bmatrix}$ für alle Werte von a, b, c, d vertauschbar sind.

Dies folgt aus $\begin{bmatrix} a & b \\ b & a \end{bmatrix}\begin{bmatrix} c & d \\ d & c \end{bmatrix} = \begin{bmatrix} ac+bd & ad+bc \\ bc+ad & bd+ac \end{bmatrix} = \begin{bmatrix} c & d \\ d & c \end{bmatrix}\begin{bmatrix} a & b \\ b & a \end{bmatrix}$.

3. Zeige, daß $\begin{bmatrix} 2 & -2 & -4 \\ -1 & 3 & 4 \\ 1 & -2 & -3 \end{bmatrix}$ idempotent ist.

$$A^2 = \begin{bmatrix} 2 & -2 & -4 \\ -1 & 3 & 4 \\ 1 & -2 & -3 \end{bmatrix}\begin{bmatrix} 2 & -2 & -4 \\ -1 & 3 & 4 \\ 1 & -2 & -3 \end{bmatrix} = \begin{bmatrix} 2 & -2 & -4 \\ -1 & 3 & 4 \\ 1 & -2 & -3 \end{bmatrix} = A$$

4. Zeige, daß A und B idempotent sind, wenn $AB = A$ und $BA = B$ gelten.

Es gelten $ABA = (AB)A = A \cdot A = A^2$ und $ABA = A(BA) = AB = A$; dann gilt $A^2 = A$, und A ist idempotent. Man benutze BAB, um zu zeigen, daß B idempotent ist.

5. Zeige, daß $A = \begin{bmatrix} 1 & 1 & 3 \\ 5 & 2 & 6 \\ -2 & -1 & -3 \end{bmatrix}$ nilpotent von der Ordnung 3 ist.

$$A^2 = \begin{bmatrix} 1 & 1 & 3 \\ 5 & 2 & 6 \\ -2 & -1 & -3 \end{bmatrix}\begin{bmatrix} 1 & 1 & 3 \\ 5 & 2 & 6 \\ -2 & -1 & -3 \end{bmatrix} = \begin{bmatrix} 0 & 0 & 0 \\ 3 & 3 & 9 \\ -1 & -1 & -3 \end{bmatrix} \quad \text{und} \quad A^3 = A^2 \cdot A = \begin{bmatrix} 0 & 0 & 0 \\ 3 & 3 & 9 \\ -1 & -1 & -3 \end{bmatrix}\begin{bmatrix} 1 & 1 & 3 \\ 5 & 2 & 6 \\ -2 & -1 & -3 \end{bmatrix} = 0$$

6. Zeige, daß $A(I \pm A)^n = A$ für jede positive ganze Zahl n gilt, wenn A nilpotent vom Index 2 ist.

Weil $A^2 = 0$ ist, gilt $A^3 = A^4 = \ldots = A^n = 0$. Dann folgt $A(I \pm A)^n = A(I \pm nA) = A \pm nA^2 = A$.

7. Es seien A, B, C quadratische Matrizen derart, daß $AB = I$ und $CA = I$ gelten. Dann folgt $(CA)B = C(AB)$ derart, daß $B = C$ gilt.

Demgemäß ist $B = C = A^{-1}$ die **eindeutige** Inverse von A. (Was ist B^{-1}?)

8. Beweise: $(AB)^{-1} = B^{-1} \cdot A^{-1}$.

Gemäß Definition gilt $(AB)^{-1}(AB) = (AB)(AB)^{-1} = I$. Dann folgen

$$(B^{-1} \cdot A^{-1})AB = B^{-1}(A^{-1} \cdot A)B = B^{-1} \cdot I \cdot B = B^{-1} \cdot B = I$$

und

$$AB(B^{-1} \cdot A^{-1}) = A(B \cdot B^{-1})A^{-1} = A \cdot A^{-1} = I$$

Gemäß Aufgabe 7 ist $(AB)^{-1}$ eindeutig; folglich gilt $(AB)^{-1} = B^{-1} \cdot A^{-1}$.

9. Beweise: Eine Matrix A ist dann und nur dann involutorisch, wenn $(I-A)(I+A) = 0$ gilt.

Angenommen sei $(I-A)(I+A) = I - A^2 = 0$; dann folgt $A^2 = I$ und A ist involutorisch.

Angenommen sei, A ist involutorisch; dann folgen $A^2 = I$ und $(I-A)(I+A) = I - A^2 = I - I = 0$

10. Beweise: $(A+B)' = A' + B'$.

Es seien $A = [a_{ij}]$ und $B = [b_{ij}]$. Wir müssen nur überprüfen, ob das Element in der i-ten Zeile und j-ten Spalte von A', B' und $(A+B)'$ jeweils a_{ji}, b_{ji} bzw. $a_{ji} + b_{ji}$ ist.

11. Beweise: $(AB)' = B'A'$.

Es sei $A = [a_{ij}]$ der Ordnung $m \times n$, $B = [b_{ij}]$ sei der Ordnung $n \times p$; dann ist $C = AB = [c_{ij}]$ der Ordnung $m \times p$. Das Element, das in der i-ten Zeile und j-ten Spalte von AB steht, ist

$c_{ij} = \sum_{k=1}^{n} a_{ik} \cdot b_{kj}$, und dieses ist gleichfalls das Element, das in der j-ten Zeile und i-ten Spalte von $(AB)'$ steht.

Die Elemente der j-ten Zeile von B' sind $b_{1j}, b_{2j}, \ldots, b_{nj}$, und die Elemente der i-ten Spalte von A' sind $a_{i1}, a_{i2}, \ldots, a_{in}$. Dann ist $\sum_{k=1}^{n} b_{kj} \cdot a_{ik} = \sum_{k=1}^{n} a_{ik} \cdot b_{kj} = c_{ij}$

das Element in der j-ten Zeile und i-ten Spalte von $B'A'$.

Demgemäß gilt $(AB)' = B'A'$.

12. Beweise: $(ABC)' = C'B'A'$.

Schreibe $ABC = (AB)C$. Gemäß Aufgabe 11 folgt $(ABC)' = \{(AB)C\}' = C'(AB)' = C'B'A'$.

13. Zeige, daß $B = [b_{ij}] = A + A'$ symmetrisch ist, wenn $A = [a_{ij}]$ n-quadratisch ist.

Erster Beweis.

Das Element in der i-ten Zeile und j-ten Spalte von A ist a_{ij}, und das korrespondierende Element von A' ist a_{ji}; deshalb gilt $b_{ij} = a_{ij} + a_{ji}$. Das Element in der j-ten Zeile und i-ten Spalte von A ist a_{ji}, und a_{ij} ist das korrespondierende Element von A'; folglich gilt $b_{ji} = a_{ji} + a_{ij}$. Demgemäß gilt $b_{ij} = b_{ji}$, und B ist symmetrisch.

Zweiter Beweis.

Wegen Aufgabe 10 gilt $(A + A')' = A' + (A')' = A' + A = A + A'$ und $(A + A')$ ist symmetrisch.

14. Beweise: Wenn A und B n-quadratische, symmetrische Matrizen sind, dann ist AB dann und nur dann symmetrisch, wenn A und B vertauschbar sind.

Angenommen, A und B seien vertauschbar, so daß $AB = BA$ gilt. Dann gilt $(AB)' = B'A' = BA = AB$, und AB ist symmetrisch.

Angenommen, AB sei symmetrisch, so daß $(AB)' = AB$ gilt. Dann gilt $(AB)' = B'A' = BA$; folglich ist $AB = BA$ und die Matrizen A und B sind vertauschbar.

15. Beweise: Wenn die m-quadratische Matrix A symmetrisch (schiefsymmetrisch) ist und wenn P der Ordnung $m \times n$ ist, dann ist $B = P'AP$ symmetrisch (schiefsymmetrisch).

Wenn A symmetrisch ist, dann (siehe Aufgabe 12) gilt $B' = (P'AP)' = P'A'(P')' = P'A'P = P'AP$ und B ist symmetrisch.

Wenn A schiefsymmetrisch ist, dann gilt $B' = (P'AP)' = -P'AP$ und B ist schiefsymmetrisch.

16. Beweise: Wenn A und B n-quadratische Matrizen sind, dann sind A und B dann und nur dann vertauschbar, wenn $A - kI$ und $B - kI$ für jeden Skalar k vertauschbar sind.

Angenommen, A und B seien vertauschbar; dann folgen $AB = BA$ und

$$\begin{aligned}(A - kI)(B - kI) &= AB - k(A + B) + k^2 I \\ &= BA - k(A + B) + k^2 I = (B - kI)(A - kI)\end{aligned}$$

Demgemäß sind $A - kI$ und $B - kI$ vertauschbar.

Angenommen, $A - kI$ und $B - kI$ seien vertauschbar; dann folgt

$$\begin{aligned}(A - kI)(B - kI) &= AB - k(A + B) + k^2 I \\ &= BA - k(A + B) + k^2 I = (B - kI)(A - kI)\end{aligned}$$

Es gilt $AB = BA$, und A und B sind vertauschbar.

ERGÄNZUNGSAUFGABEN

17. Zeige, daß das Produkt von zwei oberen (unteren) Dreiecksmatrizen eine obere (untere) Dreiecksmatrix ist.

18. Entwickle eine Regel zur Bildung des Produktes BA einer $m \times n$ Matrix B mit $A = \text{Diag}(a_{11}, a_{22}, \ldots, a_{nn})$.

Hinweis: Siehe Aufgabe 1.

19. Zeige, daß die Skalarmatrix mit Diagonalelement k als kI geschrieben werden kann, und daß $kA = kIA = \text{Diag}(k, k, \ldots, k)\,A$ gilt, wobei die Anzahl der Zeilen von I der Anzahl der Zeilen von A entspricht.

20. Zeige, daß $A^p \cdot A^q = A^q \cdot A^p$ gilt, wobei p und q positive ganze Zahlen sind, wenn A n-quadratisch ist.

21. (*a*) Zeige, daß $A = \begin{bmatrix} 2 & -3 & -5 \\ -1 & 4 & 5 \\ 1 & -3 & -4 \end{bmatrix}$ und $B = \begin{bmatrix} -1 & 3 & 5 \\ 1 & -3 & -5 \\ -1 & 3 & 5 \end{bmatrix}$ idempotent sind.

(*b*) Unter Verwendung von A und B zeige man, daß die Umkehrung von Aufgabe 4 nicht gilt.

22. Zeige, daß $B = I - A$ idempotent ist und daß $AB = BA = 0$ gilt, wenn A idempotent ist.

23. (*a*) Zeige, daß $A^2 - 4A - 5I = 0$ gilt, wenn $A = \begin{bmatrix} 1 & 2 & 2 \\ 2 & 1 & 2 \\ 2 & 2 & 1 \end{bmatrix}$ ist.

(*b*) Zeige, daß $A^3 - 2A^2 - 9A = 0$ gilt, aber daß $A^2 - 2A - 9I \neq 0$ gilt, wenn $A = \begin{bmatrix} 2 & 1 & 3 \\ 1 & -1 & 2 \\ 1 & 2 & 1 \end{bmatrix}$ ist.

24. Zeige, daß gilt: $\begin{bmatrix} -1 & -1 & -1 \\ 0 & 1 & 0 \\ 0 & 0 & 1 \end{bmatrix}^2 = \begin{bmatrix} 0 & 1 & 0 \\ -1 & -1 & -1 \\ 0 & 0 & 1 \end{bmatrix}^3 = \begin{bmatrix} 0 & 1 & 0 \\ 0 & 0 & 1 \\ -1 & -1 & -1 \end{bmatrix}^4 = I.$

25. Zeige, daß $A = \begin{bmatrix} 1 & -2 & -6 \\ -3 & 2 & 9 \\ 2 & 0 & -3 \end{bmatrix}$ periodisch ist und zwar von der Periode 2.

26. Zeige, daß $\begin{bmatrix} 1 & -3 & -4 \\ -1 & 3 & 4 \\ 1 & -3 & -4 \end{bmatrix}$ nilpotent ist.

27. Zeige, daß (*a*) $A = \begin{bmatrix} 1 & 2 & 3 \\ 3 & 2 & 0 \\ -1 & -1 & -1 \end{bmatrix}$ und $B = \begin{bmatrix} -2 & -1 & -6 \\ 3 & 2 & 9 \\ -1 & -1 & -4 \end{bmatrix}$ vertauschbar sind,

(*b*) $A = \begin{bmatrix} 1 & 1 & 2 \\ 2 & 3 & 1 \\ -1 & 2 & 4 \end{bmatrix}$ und $B = \begin{bmatrix} 2/3 & 0 & -1/3 \\ -3/5 & 2/5 & 1/5 \\ 7/15 & -1/5 & 1/15 \end{bmatrix}$ vertauschbar sind.

28. Zeige, daß $A = \begin{bmatrix} 1 & -1 \\ 2 & -1 \end{bmatrix}$ und $B = \begin{bmatrix} 1 & 1 \\ 4 & -1 \end{bmatrix}$ nicht vertauschbar sind, und daß $(A + B)^2 = A^2 + B^2$ gilt.

29. Zeige, daß jede Matrix von $\begin{bmatrix} 0 & 1 \\ 1 & 0 \end{bmatrix}, \begin{bmatrix} 0 & -i \\ i & 0 \end{bmatrix}, \begin{bmatrix} i & 0 \\ 0 & -i \end{bmatrix}$ nicht mit den anderen vertauschbar ist.

30. Beweise: Die einzigen Matrizen, die mit jeder n-quadratischen Matrix vertauschbar sind, sind die n-quadratischen Skalarmatrizen.

31. (*a*) Gib alle Matrizen an, die mit $\text{Diag}(1, 2, 3)$ vertauschbar sind.
(*b*) Gib alle Matrizen an, die mit $\text{Diag}(a_{11}, a_{22}, \ldots, a_{nn})$ vertauschbar sind.

Antwort: (*a*) $\text{Diag}(a, b, c)$, wobei a, b, c willkürlich sind.

32. Zeige, daß (*a*) $\begin{bmatrix} 1 & 2 & 3 \\ 2 & 5 & 7 \\ -2 & -4 & -5 \end{bmatrix}$ die Inverse von $\begin{bmatrix} 3 & -2 & -1 \\ -4 & 1 & -1 \\ 2 & 0 & 1 \end{bmatrix}$ ist.

(*b*) $\begin{bmatrix} 1 & 0 & 0 & 0 \\ 2 & 1 & 0 & 0 \\ 4 & 2 & 1 & 0 \\ -2 & 3 & 1 & 1 \end{bmatrix}$ die Inverse von $\begin{bmatrix} 1 & 0 & 0 & 0 \\ -2 & 1 & 0 & 0 \\ 0 & -2 & 1 & 0 \\ 8 & -1 & -1 & 1 \end{bmatrix}$ ist.

33. Setze $\begin{bmatrix} 1 & 2 \\ 3 & 4 \end{bmatrix}\begin{bmatrix} a & b \\ c & d \end{bmatrix} = \begin{bmatrix} 1 & 0 \\ 0 & 1 \end{bmatrix}$, um die Inverse von $\begin{bmatrix} 1 & 2 \\ 3 & 4 \end{bmatrix}$ zu finden.

Antwort: $\begin{bmatrix} -2 & 1 \\ 3/2 & -1/2 \end{bmatrix}$

34. Zeige, daß die Inverse einer Diagonalmatrix A, deren sämtliche Diagonalelemente von Null verschieden sind, eine Diagonalmatrix ist, deren Diagonalelemente Inverse zu denen der Matrix A sind und die die gleiche Reihenfolge haben. Demnach ist I_n die Inverse von I_n.

35. Zeige, daß $A = \begin{bmatrix} 0 & 1 & -1 \\ 4 & -3 & 4 \\ 3 & -3 & 4 \end{bmatrix}$ und $B = \begin{bmatrix} 4 & 3 & 3 \\ -1 & 0 & -1 \\ -4 & -4 & -3 \end{bmatrix}$ involutorisch sind.

36. Es sei $A = \begin{bmatrix} 1 & 0 & 0 & 0 \\ 0 & 1 & 0 & 0 \\ a & b & -1 & 0 \\ c & d & 0 & -1 \end{bmatrix} = \begin{bmatrix} I_2 & 0 \\ A_{21} & -I_2 \end{bmatrix}$ durch Aufteilen in Untermatrizen. Zeige, daß $A^2 = \begin{bmatrix} I_2 & 0 \\ 0 & I_2 \end{bmatrix} = I_4$. gilt.

37. Beweise: (*a*) $(A')' = A$, (*b*) $(kA)' = kA'$, (*c*) $(A^p)' = (A')^p$ für eine positive ganze Zahl p.

38. Beweise: $(ABC)^{-1} = C^{-1}B^{-1}A^{-1}$. *Hinweis*: Schreibe $ABC = (AB)C$.

39. Beweise: (*a*) $(A^{-1})^{-1} = A$, (*b*) $(kA)^{-1} = \frac{1}{k}A^{-1}$, (*c*) $(A^p)^{-1} = (A^{-1})^p$ für eine positive ganze Zahl p.

40. Zeige, daß jede reelle symmetrische Matrix hermitesch ist.

41. Beweise: (*a*) $\overline{(\bar{A})} = A$, (*b*) $\overline{(A+B)} = \bar{A} + \bar{B}$, (*c*) $\overline{(kA)} = \bar{k}\bar{A}$, (*d*) $\overline{(AB)} = \bar{A}\,\bar{B}$.

42. Zeige: (*a*) $A = \begin{bmatrix} 1 & 1+i & 2+3i \\ 1-i & 2 & -i \\ 2-3i & i & 0 \end{bmatrix}$ ist hermitesch,

(*b*) $B = \begin{bmatrix} i & 1+i & 2-3i \\ -1+i & 2i & 1 \\ -2-3i & -1 & 0 \end{bmatrix}$ ist schiefhermitesch,

(*c*) iB ist hermitesch,

(*d*) $\bar{A}$ ist hermitesch, und $\bar{B}$ ist schiefhermitesch.

43. Wenn A n-quadratisch ist, zeige, daß (*a*) AA' und $A'A$ symmetrisch sind, (*b*) $A + \bar{A}'$, $A\bar{A}'$ und $\bar{A}'A$ hermitesch sind.

44. Beweise: $(\bar{A})'HA$ ist hermitesch, wenn H hermitesch ist und A eine beliebige Matrix ist, für die die Produktbildung definiert ist.

45. Beweise: Jede hermitesche Matrix A kann man als $B + iC$ schreiben, wobei B reell und symmetrisch ist und wobei C reell und schiefsymmetrisch ist.

46. Beweise: (*a*) Jede schiefhermitesche Matrix A kann man als $A = B + iC$ schreiben, wobei B reell und schiefsymmetrisch ist und wobei C reell und symmetrisch ist, (*b*) $\bar{A}'A$ ist dann und nur dann reell, wenn B und C nicht vertauschbar sind.

47. Beweise: Wenn A und B vertauschbar sind, so gilt das auch für A^{-1} und B^{-1}, für A' und B' und für $\bar{A}'$ und $\bar{B}'$.

48. Zeige, daß für positive, ganze Zahlen m und n gilt, und daß A^m und B^n vertauschbar sind, wenn A und B vertauschbar sind.

49. Zeige: (a) $\begin{bmatrix} \lambda & 1 \\ 0 & \lambda \end{bmatrix}^n = \begin{bmatrix} \lambda^n & n\lambda^{n-1} \\ 0 & \lambda^n \end{bmatrix}$. (b) $\begin{bmatrix} \lambda & 1 & 0 \\ 0 & \lambda & 1 \\ 0 & 0 & \lambda \end{bmatrix}^n = \begin{bmatrix} \lambda^n & n\lambda^{n-1} & \frac{1}{2}n(n-1)\lambda^{n-2} \\ 0 & \lambda^n & n\lambda^{n-1} \\ 0 & 0 & \lambda^n \end{bmatrix}$

50. Beweise: Wenn A symmetrisch oder schiefsymmetrisch ist, dann sind $AA' = A'A$ und A^2 symmetrisch.

51. Beweise: Wenn A symmetrisch ist, dann ist gleichfalls $aA^p + bA^{p-1} + \ldots + gI$ symmetrisch, wobei $a, b, \ldots, g$ Skalare sind und p eine positive ganze Zahl ist.

52. Beweise: Jede quadratische Matrix A kann so geschrieben werden: $A = B + C$, wobei B eine hermitesche und C eine schiefhermitesche Matrix ist.

53. Beweise: Wenn A reell und schiefhermitesch oder wenn A komplex und schiefhermitesch ist, dann sind $\pm iA$ hermitesche Matrizen.

54. Zeige, daß der Satz in Aufgabe 52 so aufgestellt werden kann:
Jede quadratische Matrix A kann so geschrieben werden: $A = B + iC$, wobei B und C hermitesche Matrizen sind.

55. Beweise: Wenn $AB = A$ und $BA = B$ für A und B gelten, dann folgt: (a) $B'A = A'$ und $A'B' = B'$, (b) A' und B' sind idempotent, (c) $A = B = I$, wenn A eine Inverse hat.

56. Zeige, daß $\frac{1}{2}(I+A)$ und $\frac{1}{2}(I-A)$ idempotent sind, und daß $\frac{1}{2}(I+A) \cdot \frac{1}{2}(I-A) = 0$ gilt, wenn A involutorisch ist.

57. Wenn die n-quadratische Matrix A eine Inverse A^{-1} hat, zeige:
(a) $(A^{-1})' = (A')^{-1}$, (b) $(\bar{A})^{-1} = \overline{A^{-1}}$, (c) $(\bar{A'})^{-1} = \overline{(A^{-1})'}$.
Hinweis: (a) Aus der Transponierten von $AA^{-1} = I$ erhält man $(A^{-1})'$ als die Inverse von A'.

58. Gib alle Matrizen an, die vertauschbar sind mit (a) Diag (1, 1, 2, 3), (b) Diag (1, 1, 2, 2).
Antwort: (a) Diag (A, b, c), (b) Diag (A, B), wobei A und B 2-quadratische Matrizen mit beliebigen Elementen sind und b und c Skalare sind.

59. Wenn $A_1, A_2, \ldots, A_s$ Skalarmatrizen der entsprechenden Ordnungen $m_1, m_2, \ldots, m_s$ sind, gib alle Matrizen an, die mit Diag $(A_1, A_2, \ldots, A_s)$ vertauschbar sind.
Antwort: Diag $(B_1, B_2, \ldots, B_s)$, wobei $B_1, B_2, \ldots, B_s$ von den entsprechenden Ordnungen $m_1, m_2, \ldots, m_s$ mit beliebigen Elementen sind.

60. Wenn $AB = 0$ gilt, wobei A und B von Null verschiedene n-quadratische Matrizen sind, dann heißen A und B **Nullteiler**. Zeige, daß die Matrizen A und B in Aufgabe 21 Nullteiler sind.

61. Wenn $A = \text{Diag}(A_1, A_2, \ldots, A_s)$ und $B = \text{Diag}(B_1, B_2, \ldots, B_s)$ sind, wobei A_i und B_i mit $(i = 1, 2, \ldots, s)$ der gleichen Ordnung sind, zeige, daß gilt:
(a) $A + B = \text{Diag}(A_1+B_1, A_2+B_2, \ldots, A_s+B_s)$
(b) $AB = \text{Diag}(A_1B_1, A_2B_2, \ldots, A_sB_s)$
(c) $\text{Sp}(AB) = \text{Sp}(A_1B_1) + \text{Sp}(A_2B_2) + \ldots + \text{Sp}(A_sB_s)$.

62. Beweise: Wenn A und B n-quadratische, schiefsymmetrische Matrizen sind, dann ist AB dann und nur dann symmetrisch, wenn A und B vertauschbar sind.

63. Beweise: Wenn A n-quadratisch ist und $B = rA + sI$ gilt, wobei r und s Skalare sind, dann sind A und B vertauschbar.

64. Es seien A und B n-quadratische Matrizen, und es seien r_1, r_2, s_1, s_2 Skalare derart, daß $r_1s_2 \neq r_2s_1$ gilt. Beweise, daß $C_1 = r_1A + s_1B$ und $C_2 = r_2A + s_2B$ dann und nur dann vertauschbar sind, wenn A und B vertauschbar sind.

65. Zeige, daß die n-quadratische Matrix keine Inverse hat, wenn (a) A eine Zeile (Spalte) mit Nullelementen hat oder (b) A zwei identische Zeilen (Spalten) besitzt oder (c) A eine Zeile (Spalte) hat, die die Summe von zwei anderen Zeilen (Spalten) darstellt.

66. Wenn A und B n-quadratische Matrizen sind und A eine Inverse besitzt, zeige, daß gilt:

$$(A + B)\,A^{-1}(A - B) = (A - B)\,A^{-1}(A + B)$$

KAPITEL 3

Determinante einer quadratischen Matrix

PERMUTATIONEN. Betrachte die $3! = 6$ Permutationen der ganzen Zahlen 1, 2, 3 in der Zusammenstellung

(3.1) 123 132 213 231 312 321

und acht der $4! = 24$ Permutationen der ganzen Zahlen 1, 2, 3, 4 in der Zusammenstellung

(3.2)
1234 2134 3124 4123
1324 2314 3214 4213

Wenn in einer gegebenen Permutation eine größere ganze Zahl einer kleineren vorangeht, so nennen wir dies eine **Inversion.** Wenn in einer gegebenen Permutation die Anzahl der Inversionen gerade (ungerade) ist, heißt die Permutation **gerade (ungerade).** Zum Beispiel ist die Permutation 123 in **(3.1)** gerade, weil sie keine Inversion ist, die Permutation 132 ist ungerade, weil in ihr die 3 der 2 vorangeht, die Permutation 312 ist gerade, weil in ihr die 3 sowohl der 1 als auch der 2 vorangeht. Die Permutation 4213 in **(3.2)** ist gerade, weil in ihr die 4 sowohl der 2, der 1 als auch der 3 und die 2 der 1 vorangeht.

DIE DETERMINANTE EINER QUADRATISCHEN MATRIX. Betrachte die n-quadratische Matrix

(3.3)
$$A = \begin{bmatrix} a_{11} & a_{12} & a_{13} & \cdots & a_{1n} \\ a_{21} & a_{22} & a_{23} & \cdots & a_{2n} \\ \cdots & \cdots & \cdots & \cdots & \cdots \\ a_{n1} & a_{n2} & a_{n3} & \cdots & a_{nn} \end{bmatrix}$$

und ein Produkt

(3.4)
$$a_{1j_1}\, a_{2j_2}\, a_{3j_3}\, \cdots\, a_{nj_n}$$

von n ihrer Elemente, derart ausgewählt, daß ein und nur ein Element von jeder Zeile und ein und nur ein Element von jeder Spalte kommt. In **(3.4)** sind aus Gründen der Bequemlichkeit die Faktoren so angeordnet, daß die Reihenfolge der ersten Indices in der natürlichen Reihenfolge $1, 2, \ldots, n$ steht; die Reihenfolge $j_1, j_2, \ldots, j_n$ der zweiten Indices ist eine der $n!$ Permutationen der ganzen Zahlen $1, 2, \ldots, n$. (Man erreicht eine Vereinfachung, wenn man hierzu parallel in diesem Abschnitt mit einem Produkt beginnt, das so angeordnet ist, daß auch die Reihenfolge der zweiten Indices eine natürliche ist.)

Für eine gegebene Reihenfolge $j_1, j_2, \ldots, j_n$ der zweiten Indices, definiere $\epsilon_{j_1 j_2 \ldots j_n} = +1$ oder -1, je nachdem, ob die Permutation gerade oder ungerade ist, und bilde das mit Vorzeichen versehene Produkt

(3.5)
$$\epsilon_{j_1 j_2 \ldots j_n}\, a_{1j_1}\, a_{2j_2} \cdots a_{nj_n}$$

Mit der **Determinante** von A, bezeichnet durch $|A|$, ist die Summe aller unterschiedlichen, mit Vorzeichen versehenen Produkte der Form **(3.5)**, genannt **Ausdrücke** von $|A|$, die man aus den Elementen von A bilden kann; demgemäß gilt

(3.6)
$$|A| = \sum_{\rho} \epsilon_{j_1 j_2 \ldots j_n}\, a_{1j_1}\, a_{2j_2} \ldots a_{nj_n}$$

wobei die Summation über $\rho = n!$ Permutationen $j_1 j_2 \ldots j_n$ der ganzen Zahlen $1, 2, \ldots, n$ läuft.

Die Determinante einer quadratischen Matrix der Ordnung n heißt Determinante der Ordnung n.

DETERMINANTEN DER ORDNUNG ZWEI UND DREI. Aus (3.6) erhält man für $n = 2$ und $n = 3$:

(3.7)
$$\begin{vmatrix} a_{11} & a_{12} \\ a_{21} & a_{22} \end{vmatrix} = \epsilon_{12}\, a_{11}a_{22} + \epsilon_{21}\, a_{12}a_{21} = a_{11}a_{22} - a_{12}a_{21}$$

und

(3.8)
$$\begin{aligned}
\begin{vmatrix} a_{11} & a_{12} & a_{13} \\ a_{21} & a_{22} & a_{23} \\ a_{31} & a_{32} & a_{33} \end{vmatrix} &= \epsilon_{123}\, a_{11}a_{22}a_{33} + \epsilon_{132}\, a_{11}a_{23}a_{32} + \epsilon_{213}\, a_{12}a_{21}a_{33} \\
&\quad + \epsilon_{231}\, a_{12}a_{23}a_{31} + \epsilon_{312}\, a_{13}a_{21}a_{32} + \epsilon_{321}\, a_{13}a_{22}a_{31} \\
&= a_{11}a_{22}a_{33} - a_{11}a_{23}a_{32} - a_{12}a_{21}a_{33} \\
&\quad + a_{12}a_{23}a_{31} + a_{13}a_{21}a_{32} - a_{13}a_{22}a_{31} \\
&= a_{11}(a_{22}a_{33} - a_{23}a_{32}) - a_{12}(a_{21}a_{33} - a_{23}a_{31}) + a_{13}(a_{21}a_{32} - a_{22}a_{31}) \\
&= a_{11}\begin{vmatrix} a_{22} & a_{23} \\ a_{32} & a_{33} \end{vmatrix} - a_{12}\begin{vmatrix} a_{21} & a_{23} \\ a_{31} & a_{33} \end{vmatrix} + a_{13}\begin{vmatrix} a_{21} & a_{22} \\ a_{31} & a_{32} \end{vmatrix}
\end{aligned}$$

Beispiel 1.

(a) $\begin{vmatrix} 1 & 2 \\ 3 & 4 \end{vmatrix} = 1\cdot 4 - 2\cdot 3 = 4 - 6 = -2$

(b) $\begin{vmatrix} 2 & -1 \\ 3 & 0 \end{vmatrix} = 2\cdot 0 - (-1)3 = 0 + 3 = 3$

(c) $\begin{vmatrix} 2 & 3 & 5 \\ 1 & 0 & 1 \\ 2 & 1 & 0 \end{vmatrix} = 2\begin{vmatrix} 0 & 1 \\ 1 & 0 \end{vmatrix} - 3\begin{vmatrix} 1 & 1 \\ 2 & 0 \end{vmatrix} + 5\begin{vmatrix} 1 & 0 \\ 2 & 1 \end{vmatrix}$

$= 2(0\cdot 0 - 1\cdot 1) - 3(1\cdot 0 - 1\cdot 2) + 5(1\cdot 1 - 0\cdot 2) = 2(-1) - 3(-2) + 5(1) = 9$

(d) $\begin{vmatrix} 2 & -3 & -4 \\ 1 & 0 & -2 \\ 0 & -5 & -6 \end{vmatrix} = 2\{0(-6) - (-2)(-5)\} - (-3)\{1(-6) - (-2)0\} + (-4)\{1(-5) - 0\cdot 0\}$

$= -20 - 18 + 20 = -18$

Siehe Aufgabe 1.

EIGENSCHAFTEN VON DETERMINANTEN. Für den ganzen Abschnitt wird angenommen, A sei eine quadratische Matrix, deren Determinante $|A|$ durch (3.6) gegeben ist.

Angenommen, jedes Element der i-ten Zeile (jedes Element der j-ten Spalte) ist Null. Weil jeder Ausdruck von (3.6) ein Element aus dieser Zeile (Spalte) enthält, ist jeder Ausdruck in der Summe Null, und wir erhalten

I. Wenn jedes Element einer Zeile (Spalte) einer quadratischen Matrix A Null ist, dann folgt $|A| = 0$.

Betrachte die Transponierte A' von A. Man sieht sofort, daß man jeden Ausdruck von (3.6) aus A' erhält, indem man genau die Faktoren in der Reihenfolge von der ersten, der zweiten, . . . Spalte auswählt. Demgemäß folgt

II. Wenn A eine quadratische Matrix ist, dann folgt $|A'| = |A|$; das heißt, zu jedem Satz, der die Zeilen einer Determinanten betrifft, gehört ein entsprechender Satz, der die Spalten betrifft und umgekehrt.

Bezeichne mit B die Matrix, die man erhält, indem man jedes der Elemente der i-ten Zeile von A mit einem Skalar k multipliziert. Weil jeder Ausdruck in der Erweiterung von $|B|$ ein und nur ein Element aus ihrer i-ten Zeile enthält, das heißt, ein und nur ein Element hat k als einen Faktor, gilt

$$|B| = k \sum_{\rho} \{\epsilon_{j_1 j_2 \ldots j_n} a_{1j_1} a_{2j_2} \ldots a_{nj_n}\} = k\,|A|$$

Demgemäß folgt

III. Wenn jedes Element einer Zeile (Spalte) einer Determinanten $|A|$ mit einem Skalar k multipliziert wird, wird die Determinante mit k multipliziert; wenn jedes Element einer Zeile (Spalte) einer Determinanten $|A|$ k als einen Faktor besitzt, dann besitzt die Determinante $|A|$ k als einen Faktor. Zum Beispiel gilt

$$\begin{vmatrix} a_{11} & ka_{12} & a_{13} \\ a_{21} & ka_{22} & a_{23} \\ a_{31} & ka_{32} & a_{33} \end{vmatrix} = k \begin{vmatrix} a_{11} & a_{12} & a_{13} \\ a_{21} & a_{22} & a_{23} \\ a_{31} & a_{32} & a_{33} \end{vmatrix} = \begin{vmatrix} a_{11} & a_{12} & a_{13} \\ a_{21} & a_{22} & a_{23} \\ ka_{31} & ka_{32} & ka_{33} \end{vmatrix}$$

Es bezeichne B die Matrix, die man aus A erhält, wenn man die i-te mit der $(i+1)$-ten Zeile vertauscht. Jedes Produkt in **(3.6)** von $|A|$ ist ein Produkt von $|B|$ und umgekehrt; folglich ist **(3.6)** eine Erweiterung von $|B|$, das gilt jedoch möglicherweise nicht für die Vorzeichen. Zählt man die Inversionen bezüglich der Indices jedes Ausdrucks von **(3.6)** als einen Ausdruck von $|B|$, dann ist i, wenn es vor $i+1$ in den Zeilenindices steht, eine Inversion; demgemäß ist jedes Produkt von **(3.6)** mit Vorzeichenwechsel ein Ausdruck von $|B|$, und daher gilt $|B| = -|A|$. Folglich:

IV. Erhält man B aus A, indem man zwei nebeneinanderstehende Zeilen (Spalten) vertauscht, dann gilt $|B| = -|A|$.

Als eine Konsequenz von Satz **IV** erhält man

V. Wenn man B aus A erhält, indem man **beliebige** zwei ihrer Zeilen (Spalten) vertauscht, dann gilt $|B| = -|A|$.

VI. Wenn man B aus A erhält, indem man ihre i-te Zeile (Spalte) über p Zeilen (Spalten) hinweg verschiebt, dann gilt $|B| = (-1)^p\,|A|$.

VII. Wenn zwei Zeilen (Spalten) von A identisch sind, dann ist $|A| = 0$.

Angenommen, jedes Element der ersten Zeile von A sei als ein Binom $a_{1j} = b_{1j} + c_{1j}$, $(j = 1, 2, \ldots, n)$, ausgedrückt. Dann folgt

$$\begin{aligned} |A| &= \sum_\rho \epsilon_{j_1 j_2 \ldots j_n} (b_{1j_1} + c_{1j_1}) a_{2j_2} a_{3j_3} \cdots a_{nj_n} \\ &= \sum_\rho \epsilon_{j_1 j_2 \ldots j_n} b_{1j_1} a_{2j_2} a_{3j_3} \cdots a_{nj_n} + \sum_\rho \epsilon_{j_1 j_2 \ldots j_n} c_{1j_1} a_{2j_2} a_{3j_3} \cdots a_{nj_n} \\ &= \begin{vmatrix} b_{11} & b_{12} & b_{13} & \cdots & b_{1n} \\ a_{21} & a_{22} & a_{23} & \cdots & a_{2n} \\ \cdots & \cdots & \cdots & \cdots & \cdots \\ a_{n1} & a_{n2} & a_{n3} & \cdots & a_{nn} \end{vmatrix} + \begin{vmatrix} c_{11} & c_{12} & c_{13} & \cdots & c_{1n} \\ a_{21} & a_{22} & a_{23} & \cdots & a_{2n} \\ \cdots & \cdots & \cdots & \cdots & \cdots \\ a_{n1} & a_{n2} & a_{n3} & \cdots & a_{nn} \end{vmatrix} \end{aligned}$$

Allgemein gilt

VIII. Wenn jedes Element der i-ten Zeile (Spalte) von A die Summe von p Ausdrücken ist, dann läßt sich $|A|$ als die Summe von p Determinanten ausdrücken. Die Elemente in den i-ten Zeilen (Spalten) dieser p Determinanten sind entsprechend die ersten, zweiten, . . ., p-ten Ausdrücke der Summen und alle anderen Zeilen (Spalten) sind solche von A.

Der am meisten gebrauchte Satz ist

IX. Wenn B aus A erhalten wird, indem man zu den Elementen ihrer i-ten Zeile (Spalte) ein skalares Vielfaches der entsprechenden Elemente einer anderen Zeile (Spalte) addiert, dann gilt $|B| = |A|$. Zum Beispiel gilt

$$\begin{vmatrix} a_{11} & a_{12} & a_{13} \\ a_{21} & a_{22} & a_{23} \\ a_{31} & a_{32} & a_{33} \end{vmatrix} = \begin{vmatrix} a_{11}+ka_{13} & a_{12} & a_{13} \\ a_{21}+ka_{23} & a_{22} & a_{23} \\ a_{31}+ka_{33} & a_{32} & a_{33} \end{vmatrix} = \begin{vmatrix} a_{11} & a_{12} & a_{13} \\ a_{21} & a_{22} & a_{23} \\ a_{31}+ka_{21} & a_{32}+ka_{22} & a_{33}+ka_{23} \end{vmatrix}$$

Siehe Aufgaben 2–7.

ERSTE MINOREN UND KOFAKTOREN. Es sei A eine n-quadratische Matrix **(3.3)**, deren Determinante $|A|$ durch **(3.6)** gegeben ist. Streicht man aus A die Elemente ihrer i-ten Zeile und j-ten Spalte, dann heißt die Determinante der übriggebliebenen $(n-1)$-quadratischen Matrix ein **erster Minor** von A oder von $|A|$ und wird mit $|M_{ij}|$ bezeichnet.

Häufig wird der erste Minor einfach **der Minor** von a_{ij} genannt. Der mit Vorzeichen versehene Minor $(-1)^{i+j}\,|M_{ij}|$ heißt der **Kofaktor** von a_{ij} und wird mit α_{ij} bezeichnet.

Beispiel 2. Wenn $A = \begin{vmatrix} a_{11} & a_{12} & a_{13} \\ a_{21} & a_{22} & a_{23} \\ a_{31} & a_{32} & a_{33} \end{vmatrix}$ gilt, dann gelten

$$|M_{11}| = \begin{vmatrix} a_{22} & a_{23} \\ a_{32} & a_{33} \end{vmatrix}, \quad |M_{12}| = \begin{vmatrix} a_{21} & a_{23} \\ a_{31} & a_{33} \end{vmatrix}, \quad |M_{13}| = \begin{vmatrix} a_{21} & a_{22} \\ a_{31} & a_{32} \end{vmatrix}$$

und

$$\alpha_{11} = (-1)^{1+1}|M_{11}| = |M_{11}|, \quad \alpha_{12} = (-1)^{1+2}|M_{12}| = -|M_{12}|,$$
$$\alpha_{13} = (-1)^{1+3}|M_{13}| = |M_{13}|$$

Wegen (3.8) gilt

$$\begin{aligned} |A| &= a_{11}|M_{11}| - a_{12}|M_{12}| + a_{13}|M_{13}| \\ &= a_{11}\alpha_{11} + a_{12}\alpha_{12} + a_{13}\alpha_{13} \end{aligned}$$

In Aufgabe 9 beweisen wir

X. Der Wert der Determinante $|A|$, wobei A die Matrix von (3.3) ist, ist gleich der Summe der Produkte, die man erhält, indem man jedes Element einer Zeile (Spalte) von $|A|$ mit seinem Kofaktor multipliziert, das heißt, es gilt

$$\textbf{(3.9)} \qquad |A| = a_{i1}\alpha_{i1} + a_{i2}\alpha_{i2} + \cdots + a_{in}\alpha_{in} = \sum_{k=1}^{n} a_{ik}\alpha_{ik}$$

$$\textbf{(3.10)} \qquad |A| = a_{1j}\alpha_{1j} + a_{2j}\alpha_{2j} + \cdots + a_{nj}\alpha_{nj} = \sum_{k=1}^{n} a_{kj}\alpha_{kj} \qquad (i, j, = 1, 2, \ldots, n)$$

Benutzt man Satz **VII**, kann man beweisen:

XI. Die Summe der Produkte, die gebildet werden, indem man die Elemente einer Zeile (Spalte) einer n-quadratischen Matrix A mit den entsprechenden Kofaktoren einer **anderen** Zeile (Spalte) von A multipliziert, ergibt Null.

Beispiel 3. Wenn A die Matrix von Beispiel 2 ist, erhält man

$$a_{31}\alpha_{31} + a_{32}\alpha_{32} + a_{33}\alpha_{33} = |A|$$

und

$$a_{12}\alpha_{12} + a_{22}\alpha_{22} + a_{32}\alpha_{32} = |A|$$

wobei gelten

$$a_{31}\alpha_{21} + a_{32}\alpha_{22} + a_{33}\alpha_{23} = 0$$

und

$$a_{12}\alpha_{13} + a_{22}\alpha_{23} + a_{32}\alpha_{33} = 0$$

Siehe Aufgaben 10–11.

MINOREN UND ALGEBRAISCHE KOMPLEMENTE. Betrachte die Matrix (3.3). Es seien $i_1, i_2, \ldots, i_m$ mit m, $(1 \leq m < n)$, nach der Reihenfolge der Größe der Zeilenindices $1, 2, \ldots, n$ angeordnet, und es seien $j_1, j_2, \ldots, j_m$ nach der Reihenfolge der m Spaltenindices angeordnet. Die übriggebliebenen Zeilen- und Spaltenindices, nach der Reihenfolge ihrer Größe angeordnet, seien $i_{m+1}, i_{m+2}, \ldots, i_n$ bzw. $j_{m+1}, j_{m+2}, \ldots, j_n$. Eine solche Aufteilung von Zeilen- und Spaltenindices bestimmt eindeutig zwei Matrizen

$$\textbf{(3.11)} \qquad A^{j_1, j_2, \ldots, j_m}_{i_1, i_2, \ldots, i_m} = \begin{bmatrix} a_{i_1, j_1} & a_{i_1, j_2} & \cdots & a_{i_1, j_m} \\ a_{i_2, j_1} & a_{i_2, j_2} & \cdots & a_{i_2, j_m} \\ \cdots & \cdots & \cdots & \cdots \\ a_{i_m, j_1} & a_{i_m, j_2} & \cdots & a_{i_m, j_m} \end{bmatrix}$$

und

(3.12) $$A^{j_{m+1},j_{m+2},\ldots,j_n}_{i_{m+1},i_{m+2},\ldots,i_n} = \begin{bmatrix} a_{i_{m+1},j_{m+1}} & a_{i_{m+1},j_{m+2}} & \cdots & a_{i_{m+1},j_n} \\ a_{i_{m+2},j_{m+1}} & a_{i_{m+2},j_{m+2}} & \cdots & a_{i_{m+2},j_n} \\ \cdots & \cdots & \cdots & \cdots \\ a_{i_n,j_{m+1}} & a_{i_n,j_{m+2}} & \cdots & a_{i_n,j_n} \end{bmatrix}$$

die Untermatrizen von A heißen.

Die Determinante jeder solcher Untermatrizen heißt ein **Minor** von A und das Paar der Minoren

$$\left| A^{j_1,j_2,\ldots,j_m}_{i_1,i_2,\ldots,i_m} \right| \quad \text{und} \quad \left| A^{j_{m+1},j_{m+2},\ldots,j_n}_{i_{m+1},i_{m+2},\ldots,i_n} \right|$$

heißt **komplementäre Minoren** von A, jeder ist das Komplement des anderen.

Beispiel 3. Für die 5-quadratische Matrix $A = [a_{ij}]$ sind $\left| A^{1,3}_{2,5} \right| = \begin{vmatrix} a_{21} & a_{23} \\ a_{51} & a_{53} \end{vmatrix}$

und $\left| A^{2,4,5}_{1,3,4} \right| = \begin{vmatrix} a_{12} & a_{14} & a_{15} \\ a_{32} & a_{34} & a_{35} \\ a_{42} & a_{44} & a_{45} \end{vmatrix}$

ein Paar komplementärer Minoren.

Es seien

(3.13) $$p = i_1 + i_2 + \ldots + i_m + j_1 + j_2 + \ldots + j_m$$

und

(3.14) $$q = i_{m+1} + i_{m+2} + \ldots + i_n + j_{m+1} + j_{m+2} + \ldots + j_n$$

Der mit Vorzeichen versehene Minor $(-1)^p \left| A^{j_1,j_2,\ldots,j_m}_{i_1,i_2,\ldots,i_m} \right|$ heißt das **algebraische Komplement** von $\left| A^{j_{m+1},j_{m+2},\ldots,j_n}_{i_{m+1},i_{m+2},\ldots,i_n} \right|$

und $(-1)^q \left| A^{j_{m+1},j_{m+2},\ldots,j_n}_{i_{m+1},i_{m+2},\ldots,i_n} \right|$ heißt das **algebraische Komplement** von $\left| A^{j_1,j_2,\ldots,j_m}_{i_1,i_2,\ldots,i_m} \right|$

Beispiel 4. Für die Minoren von Beispiel 3 gilt: $(-1)^{2+5+1+3} \left| A^{1,3}_{2,5} \right| = -\left| A^{1,3}_{2,5} \right|$ ist das algebraische Komplement von $\left| A^{2,4,5}_{1,3,4} \right|$, und $(-1)^{1+3+4+2+4+5} \left| A^{2,4,5}_{1,3,4} \right| = -\left| A^{2,4,5}_{1,3,4} \right|$ ist das algebraische Komplement von $\left| A^{1,3}_{2,5} \right|$. Beachte, daß das Vorzeichen der zwei komplementären Minoren das gleiche ist. Gilt dies immer?

Wenn $m = 1$ gilt, wird (3.11) zu $A^{j_1}_{i_1} = [a_{i_1 j_1}]$ und $\left| A^{j_1}_{i_1} \right| = a_{i_1 j_1}$, zu einem Element von A. Der komplementäre Minor $\left| A^{j_2,j_3,\ldots,j_n}_{i_2,i_3,\ldots,i_n} \right|$ ist $\left| M_{i_1,j_1} \right|$ in der Notation des obigen Abschnitts, und das algebraische Komplement ist der Kofaktor $\alpha_{i_1 j_1}$.

Ein Minor von A, dessen Diagonalelemente gleichfalls Diagonalelemente von A sind, heißt ein **Hauptminor** von A. Das Komplement eines Hauptminors von A ist gleichfalls ein Hauptminor von A; das algebraische Komplement eines Hauptminors ist sein Komplement.

Beispiel 5. Für die 5-quadratische Matrix $A = [a_{ij}]$ sind $|A_{1,3}^{1,3}| = \begin{vmatrix} a_{11} & a_{13} \\ a_{31} & a_{33} \end{vmatrix}$ und $|A_{2,4,5}^{2,4,5}| = \begin{vmatrix} a_{22} & a_{24} & a_{25} \\ a_{42} & a_{44} & a_{45} \\ a_{52} & a_{54} & a_{55} \end{vmatrix}$ ein Paar komplementärer Hauptminoren von A. Was ist das algebraische Komplement von jedem? Die Ausdrücke Minor, komplementärer Minor, algebraisches Komplement und Hauptminor, wie sie oben für eine quadratische Matrix A definiert wurden, werden ohne Änderung in Verbindung mit $|A|$ benutzt.

Siehe Aufgaben 12–13.

AUFGABEN MIT LÖSUNGEN

1. (a) $\begin{vmatrix} 2 & 3 \\ -1 & 4 \end{vmatrix} = 2 \cdot 4 - 3(-1) = 11$

(b) $\begin{vmatrix} 1 & 0 & 2 \\ 3 & 4 & 5 \\ 5 & 6 & 7 \end{vmatrix} = (1)\begin{vmatrix} 4 & 5 \\ 6 & 7 \end{vmatrix} - 0\begin{vmatrix} 3 & 5 \\ 5 & 7 \end{vmatrix} + 2\begin{vmatrix} 3 & 4 \\ 5 & 6 \end{vmatrix} = (1)(4 \cdot 7 - 5 \cdot 6) - 0 + 2(3 \cdot 6 - 4 \cdot 5) = -2 - 4 = -6$

(c) $\begin{vmatrix} 1 & 0 & 6 \\ 3 & 4 & 15 \\ 5 & 6 & 21 \end{vmatrix} = 1(4 \cdot 21 - 15 \cdot 6) + 6(3 \cdot 6 - 4 \cdot 5) = -18$

(d) $\begin{vmatrix} 1 & 0 & 0 \\ 2 & 3 & 5 \\ 4 & 1 & 3 \end{vmatrix} = 1(3 \cdot 3 - 5 \cdot 1) = 4$

2. Addiere zu den Elementen der ersten Spalte die korrespondierenden Elemente der anderen Spalten

$$\begin{vmatrix} -4 & 1 & 1 & 1 & 1 \\ 1 & -4 & 1 & 1 & 1 \\ 1 & 1 & -4 & 1 & 1 \\ 1 & 1 & 1 & -4 & 1 \\ 1 & 1 & 1 & 1 & -4 \end{vmatrix} = \begin{vmatrix} 0 & 1 & 1 & 1 & 1 \\ 0 & -4 & 1 & 1 & 1 \\ 0 & 1 & -4 & 1 & 1 \\ 0 & 1 & 1 & -4 & 1 \\ 0 & 1 & 1 & 1 & -4 \end{vmatrix} = 0$$

gemäß Satz **I**.

3. Addiere die zweite Spalte zu der dritten, entferne den gemeinsamen Faktor aus der dritten Spalte und wende Satz **VII** an.

$$\begin{vmatrix} 1 & a & b+c \\ 1 & b & c+a \\ 1 & c & a+b \end{vmatrix} = \begin{vmatrix} 1 & a & a+b+c \\ 1 & b & a+b+c \\ 1 & c & a+b+c \end{vmatrix} = (a+b+c)\begin{vmatrix} 1 & a & 1 \\ 1 & b & 1 \\ 1 & c & 1 \end{vmatrix} = 0$$

4. Addiere zu der dritten Zeile die erste und die zweite Zeile, dann entferne den gemeinsamen Faktor 2; subtrahiere die zweite Zeile von der dritten; subtrahiere die dritte Zeile von der ersten; subtrahiere die erste Zeile von der zweiten; schließlich verschiebt man die dritte Zeile an die Stelle der ersten Zeile und verschiebt die übrigen Zeilen jeweils um eine Stelle nach unten:

$$\begin{vmatrix} a_1+b_1 & a_2+b_2 & a_3+b_3 \\ b_1+c_1 & b_2+c_2 & b_3+c_3 \\ c_1+a_1 & c_2+a_2 & c_3+a_3 \end{vmatrix} = 2\begin{vmatrix} a_1+b_1 & a_2+b_2 & a_3+b_3 \\ b_1+c_1 & b_2+c_2 & b_3+c_3 \\ a_1+b_1+c_1 & a_2+b_2+c_2 & a_3+b_3+c_3 \end{vmatrix} = 2\begin{vmatrix} a_1+b_1 & a_2+b_2 & a_3+b_3 \\ b_1+c_1 & b_2+c_2 & b_3+c_3 \\ a_1 & a_2 & a_3 \end{vmatrix}$$

$$= 2\begin{vmatrix} b_1 & b_2 & b_3 \\ b_1+c_1 & b_2+c_2 & b_3+c_3 \\ a_1 & a_2 & a_3 \end{vmatrix} = 2\begin{vmatrix} b_1 & b_2 & b_3 \\ c_1 & c_2 & c_3 \\ a_1 & a_2 & a_3 \end{vmatrix} = 2\begin{vmatrix} a_1 & a_2 & a_3 \\ b_1 & b_2 & b_3 \\ c_1 & c_2 & c_3 \end{vmatrix}$$

5. Ohne Entwicklung zeige man, daß $|A| = \begin{vmatrix} a_1^2 & a_1 & 1 \\ a_2^2 & a_2 & 1 \\ a_3^2 & a_3 & 1 \end{vmatrix} = -(a_1-a_2)(a_2-a_3)(a_3-a_1)$ gilt.

Subtrahiere die zweite Zeile von der ersten; dann gilt $|A| = \begin{vmatrix} a_1^2-a_2^2 & a_1-a_2 & 0 \\ a_2^2 & a_2 & 1 \\ a_3^2 & a_3 & 1 \end{vmatrix}$

$= (a_1-a_2)\begin{vmatrix} a_1+a_2 & 1 & 0 \\ a_2^2 & a_2 & 1 \\ a_3^2 & a_3 & 1 \end{vmatrix}$ gemäß Satz **III**,

und $a_1 - a_2$ ist ein Faktor von $|A|$. Ähnlich sind $a_2 - a_3$ und $a_3 - a_1$ Faktoren. Nun ist $|A|$ der Ordnung drei; folglich gilt

(*i*) $$|A| = k(a_1-a_2)(a_2-a_3)(a_3-a_1)$$

Das Produkt der Diagonalelemente $a_1^2a_2$ ist ein Ausdruck von $|A|$, und wegen (i) lautet der Ausdruck $-ka_1^2a_2$. Demgemäß folgen $k = -1$ und $|A| = -(a_1-a_2)(a_2-a_3)(a_3-a_1)$. Beachte, daß $|A|$ dann und nur dann verschwindet, wenn zwei der a_1, a_2, a_3 gleich sind.

6. Beweise: Wenn A schiefsymmetrisch und der ungeraden Ordnung $2p - 1$ ist, dann gilt $|A| = 0$.

Weil A schiefsymmetrisch ist, gilt $A' = -A$; dann folgt $|A'| = |-A| = (-1)^{2p-1}|A| = -|A|$. Aber gemäß Satz **II** gilt $|A'| = |A|$; folglich gelten $|A| = -|A|$ und $|A| = 0$.

7. Beweise: Wenn A hermitesch ist, dann ist $|A|$ eine reelle Zahl.

Weil A hermitesch ist, gilt $\bar{A} = A'$, und $|\bar{A}| = |A'| = |A|$ folgt gemäß Satz **II**. Wenn aber

$$|A| = \sum_\rho \epsilon_{j_1j_2\ldots j_n} a_{1j_1}a_{2j_2}\ldots a_{nj_n} = a + bi$$

gilt, dann folgt

$$|\bar{A}| = \sum_\rho \epsilon_{j_1j_2\ldots j_n} \bar{a}_{1j_1}\bar{a}_{2j_2}\ldots \bar{a}_{nj_n} = a - bi$$

$|\bar{A}| = |A|$ erfordert, daß $b = 0$ ist; folglich ist $|A|$ eine reelle Zahl.

8. Für die Matrix $A = \begin{bmatrix} 1 & 2 & 3 \\ 2 & 3 & 2 \\ 1 & 2 & 2 \end{bmatrix}$ gelten

$$\alpha_{11} = (-1)^{1+1}\begin{vmatrix} 3 & 2 \\ 2 & 2 \end{vmatrix} = 2, \quad \alpha_{12} = (-1)^{1+2}\begin{vmatrix} 2 & 2 \\ 1 & 2 \end{vmatrix} = -2, \quad \alpha_{13} = (-1)^{1+3}\begin{vmatrix} 2 & 3 \\ 1 & 2 \end{vmatrix} = 1$$

$$\alpha_{21} = (-1)^{2+1}\begin{vmatrix} 2 & 3 \\ 2 & 2 \end{vmatrix} = 2, \quad \alpha_{22} = (-1)^{2+2}\begin{vmatrix} 1 & 3 \\ 1 & 2 \end{vmatrix} = -1, \quad \alpha_{23} = (-1)^{2+3}\begin{vmatrix} 1 & 2 \\ 1 & 2 \end{vmatrix} = 0$$

$$\alpha_{31} = (-1)^{3+1}\begin{vmatrix} 2 & 3 \\ 3 & 2 \end{vmatrix} = -5, \quad \alpha_{32} = (-1)^{3+2}\begin{vmatrix} 1 & 3 \\ 2 & 2 \end{vmatrix} = 4, \quad \alpha_{33} = (-1)^{3+3}\begin{vmatrix} 1 & 2 \\ 2 & 3 \end{vmatrix} = -1$$

Beachte, daß die Vorzeichen, mit denen die Minoren der Elemente versehen werden, um Kofaktoren zu bilden, dem Muster

$$\begin{matrix} + & - & + \\ - & + & - \\ + & - & + \end{matrix}$$

folgen, wobei jedes Vorzeichen in dem Muster genau die gleiche Position annimmt die das Element, dessen Kofaktor man braucht, in der Matrix A innehat. Zeichne das Muster für die Vorzeichen für eine 5-quadratische Matrix.

9. Beweise: Der Wert der Determinante $|A|$ einer n-quadratischen Matrix A ist gleich der Summe der Produkte, die man erhält, wenn man jedes Element einer Zeile (Spalte) von A mit **seinem** Kofaktor multipliziert.

Wir werden dies für eine Zeile beweisen. Die Ausdrücke von **(3.6)**, die a_{11} als einen Faktor besitzen, sind

(a) $$a_{11} \sum \epsilon_{1,\,j_2 j_3 \ldots j_n} a_{2j_2} a_{3j_3} \cdots a_{nj_n}$$

Nun ist $\epsilon_{1,j_2j_3\ldots j_n} = \epsilon_{j_2j_3\ldots j_n}$, weil in einer Permutation $1, j_1, j_2, \ldots j_n$ die 1 in natürlicher Reihenfolge steht. Dann kann man (a) schreiben als

(b) $$a_{11} \sum_{\sigma} \epsilon_{j_2 j_3 \ldots j_n} a_{2j_2} a_{3j_3} \cdots a_{nj_n}$$

wobei die Summation über die $\sigma = (n-1)!$ Permutationen der ganzen Zahlen $2, 3, \ldots, n$ läuft und folglich gilt

(c) $$a_{11} \begin{vmatrix} a_{22} & a_{23} & \cdots & a_{2n} \\ a_{32} & a_{33} & \cdots & a_{3n} \\ \cdots & \cdots & \cdots & \cdots \\ a_{n2} & a_{n3} & \cdots & a_{nn} \end{vmatrix} = a_{11}|M_{11}|$$

Betrachte die Matrix B, die man aus A erhält, wenn man ihre s-te Spalte an die Stelle der ersten Spalte verschiebt und die erste bis $(s-1)$-te Spalten jeweils um eine Stelle verschiebt. Gemäß Satz **VI** gilt $|B| = (-1)^{s-1}|A|$. Weiterhin ist a_{1s} das Element, das in der ersten Zeile und ersten Spalte von B steht, und der Minor von a_{1s} in B entspricht genau dem Minor $|M_{1s}|$ von a_{1s} in A. Gemäß dem Argument, das zu (c) führt, sind die Ausdrücke von $a_{1s}|M_{1s}|$ alle auch die Ausdrücke von $|B|$, die a_{1s} als einen Faktor besitzen, und demgemäß gilt für die Ausdrücke von $(-1)^{s-1}|A|$, daß sie a_{1s} als einen Faktor besitzen. Dann sind die Ausdrücke von $a_{1s}\{(-1)^{s-1}|M_{1s}|\}$ alle die Ausdrücke von $|A|$, die a_{1s} als einen Faktor besitzen. Demgemäß gilt

(3.15) $$\begin{aligned} |A| &= a_{11}\{(-1)^{1+1}|M_{11}|\} + a_{12}\{(-1)^{1+2}|M_{12}|\} \\ &\quad + \cdots + a_{1s}\{(-1)^{1+s}|M_{1s}|\} + \cdots + a_{1n}\{(-1)^{1+n}|M_{1n}|\} \\ &= a_{11}\alpha_{11} + a_{12}\alpha_{12} + \cdots + a_{1n}\alpha_{1n} \end{aligned}$$

weil $(-1)^{s-1} = (-1)^{s+1}$ ist. Wir erhalten **(3.9)** mit $i = 1$. Wir werden **(3.15)** die Entwicklung von $|A|$ nach ihrer ersten Zeile nennen.

Die Entwicklung von $|A|$ nach ihrer r-ten Zeile (das heißt, **(3.9)** für $i = r$) erhält man durch Wiederholung der obigen Argumente. Es sei B die Matrix, die man aus A erhält, indem man ihre r-te Zeile an die Stelle der ersten Zeile setzt und die erste bis $(r-1)$-te Zeile jeweils verschiebt und anschließend ihre s-te Spalte an die Stelle der ersten Spalte setzt und die erste bis $(s-1)$-te Spalte jeweils verschiebt. Dann gilt

$$|B| = (-1)^{r-1} \cdot (-1)^{s-1}|A| = (-1)^{r+s}|A|$$

Das Element, das in der ersten Zeile und der ersten Spalte von B steht, ist a_{rs}, und der Minor von a_{rs} in B ist genau der Minor von a_{rs} in A. Demgemäß sind die Ausdrücke von

$$a_{rs}\{(-1)^{r+s}|M_{rs}|\}$$

alle die Ausdrücke von $|A|$, die a_{rs} als einen Faktor haben. Dann gilt

$$|A| = \sum_{k=1}^{n} a_{rk}\{(-1)^{r+k}|M_{rk}|\} = \sum_{k=1}^{n} a_{rk}\alpha_{rk}$$

und wir erhalten **(3.9)** für $i = r$.

10. Wenn α_{ij} der Kofaktor von a_{ij} in der n-quadratischen Matrix $A = [\alpha_{ij}]$ ist, zeige man, daß gilt:

$$(i) \qquad k_1\alpha_{1j} + k_2\alpha_{2j} + \cdots + k_n\alpha_{nj} = \begin{vmatrix} a_{11} & a_{12} & \cdots & a_{1,j-1} & k_1 & a_{1,j+1} & \cdots & a_{1n} \\ a_{21} & a_{22} & \cdots & a_{2,j-1} & k_2 & a_{2,j+1} & \cdots & a_{2n} \\ \cdots & \cdots & \cdots & \cdots & \cdots & \cdots & \cdots & \cdots \\ a_{n1} & a_{n2} & \cdots & a_{n,j-1} & k_n & a_{n,j+1} & \cdots & a_{nn} \end{vmatrix}$$

Diese Gleichung folgt aus (**3.10**), indem man a_{1j} durch k_1, a_{2j} durch $k_2, \ldots,$ und a_{nj} durch k_n ersetzt. Indem man die Ersetzungen vornimmt, wird keiner der Kofaktoren $\alpha_{1j}, \alpha_{2j}, \ldots, \alpha_{nj}$, die erscheinen, betroffen, weil keiner ein Element aus der j-ten Spalte von A enthält.

Gemäß Satz **VII** ist die Determinante in (i) Null, wenn $k_r = a_{rs}$ mit $(r = 1, 2, \ldots, n$ und $s \neq j)$ gilt. Gemäß der Sätze **VIII** und **VII** ist die Determinante in (i) $|A|$, wenn $k_r = a_{rj} + ka_{rs}$ mit $(r = 1, 2, \ldots, n$ und $s \neq j)$ gilt.

Schreibe ähnlich wie bei (i) die Gleichung auf, die man aus (**3.9**) erhält, wenn man die Elemente der i-ten Zeile von A durch $k_1, k_2, \ldots, k_n$ ersetzt.

11. Berechne: $(a)\ |A| = \begin{vmatrix} 1 & 0 & 2 \\ 3 & 0 & 4 \\ 2 & -5 & 1 \end{vmatrix}$ $\quad (c)\ |A| = \begin{vmatrix} 3 & 4 & 5 \\ 1 & 2 & 3 \\ -2 & 5 & -4 \end{vmatrix}$ $\quad (e)\ |A| = \begin{vmatrix} 28 & 25 & 38 \\ 42 & 38 & 65 \\ 56 & 47 & 83 \end{vmatrix}$

$(b)\ |A| = \begin{vmatrix} 1 & 4 & 8 \\ -2 & 1 & 5 \\ -3 & 2 & 4 \end{vmatrix}$ $\quad (d)\ |A| = \begin{vmatrix} 2 & 3 & -4 \\ 5 & -6 & 3 \\ 4 & 2 & -3 \end{vmatrix}$

(a) Entwicklung nach der zweiten Spalte (siehe Satz **X**)

$$|A| = \begin{vmatrix} 1 & 0 & 2 \\ 3 & 0 & 4 \\ 2 & -5 & 1 \end{vmatrix} = a_{12}\alpha_{12} + a_{22}\alpha_{22} + a_{32}\alpha_{32} = 0\cdot\alpha_{12} + 0\cdot\alpha_{22} + (-5)\alpha_{32}$$

$$= -5(-1)^{3+2}\begin{vmatrix} 1 & 2 \\ 3 & 4 \end{vmatrix} = 5(4-6) = -10$$

(b) Zweimalige Subtraktion der zweiten Spalte von der dritten (siehe Satz **IX**)

$$|A| = \begin{vmatrix} 1 & 4 & 8 \\ -2 & 1 & 5 \\ -3 & 2 & 4 \end{vmatrix} = \begin{vmatrix} 1 & 4 & 8-2\cdot4 \\ -2 & 1 & 5-2\cdot1 \\ -3 & 2 & 4-2\cdot2 \end{vmatrix} = \begin{vmatrix} 1 & 4 & 0 \\ -2 & 1 & 3 \\ -3 & 2 & 0 \end{vmatrix} = 3(-1)^{2+3}\begin{vmatrix} 1 & 4 \\ -3 & 2 \end{vmatrix}$$

$$= -3(14) = -42$$

(c) Dreimalige Subtraktion der zweiten Zeile von der ersten und dreimalige Addition der zweiten Zeile zu der dritten

$$|A| = \begin{vmatrix} 3 & 4 & 5 \\ 1 & 2 & 3 \\ -2 & 5 & -4 \end{vmatrix} = \begin{vmatrix} 3-3(1) & 4-3(2) & 5-3(3) \\ 1 & 2 & 3 \\ -2+2(1) & 5+2(2) & -4+2(3) \end{vmatrix} = \begin{vmatrix} 0 & -2 & -4 \\ 1 & 2 & 3 \\ 0 & 9 & 2 \end{vmatrix} = -\begin{vmatrix} -2 & -4 \\ 9 & 2 \end{vmatrix}$$

$$= -(-4+36) = -32$$

(d) Subtraktion der ersten Spalte von der zweiten und weiteres Vorgehen wie in (c)

$$|A| = \begin{vmatrix} 2 & 3 & -4 \\ 5 & -6 & 3 \\ 4 & 2 & -3 \end{vmatrix} = \begin{vmatrix} 2 & 1 & -4 \\ 5 & -11 & 3 \\ 4 & -2 & -3 \end{vmatrix} = \begin{vmatrix} 2-2(1) & 1 & -4+4(1) \\ 5-2(-11) & -11 & 3+4(-11) \\ 4-2(-2) & -2 & -3+4(-2) \end{vmatrix}$$

$$= \begin{vmatrix} 0 & 1 & 0 \\ 27 & -11 & -41 \\ 8 & -2 & -11 \end{vmatrix} = -\begin{vmatrix} 27 & -41 \\ 8 & -11 \end{vmatrix} = -31$$

(*e*) Ausklammern des Faktors 14 aus der ersten Spalte, anschließend Anwendung von Satz **IX**, um die Elemente in den verbleibenden Spalten zu reduzieren

$$|A| = \begin{vmatrix} 28 & 25 & 38 \\ 42 & 38 & 65 \\ 56 & 47 & 83 \end{vmatrix} = 14\begin{vmatrix} 2 & 25 & 38 \\ 3 & 38 & 65 \\ 4 & 47 & 83 \end{vmatrix} = 14\begin{vmatrix} 2 & 25-12(2) & 38-20(2) \\ 3 & 38-12(3) & 65-20(3) \\ 4 & 47-12(4) & 83-20(4) \end{vmatrix}$$

$$= 14\begin{vmatrix} 2 & 1 & -2 \\ 3 & 2 & 5 \\ 4 & -1 & 3 \end{vmatrix} = 14\begin{vmatrix} 0 & 1 & 0 \\ -1 & 2 & 9 \\ 6 & -1 & 1 \end{vmatrix} = -14\begin{vmatrix} -1 & 9 \\ 6 & 1 \end{vmatrix} = -14(-1-54) = 770$$

12. Zeige, daß p und q, gegeben durch **(3.13)** und **(3.14)**, entweder beide gerade oder beide ungerade sind.

Weil jeder Zeilen (Spalten)-Index in p oder in q gefunden wird, jedoch nicht in beiden gleichzeitig.

$$p + q = (1+2+\cdots+n) + (1+2+\cdots+n) = 2\cdot\tfrac{1}{2}n(n+1) = n(n+1)$$

Nun ist $p + q$ gerade (entweder ist n oder $n + 1$ gerade); folglich sind p und q entweder beide gerade oder beide ungerade. Demgemäß gilt $(-1)^p = (-1)^q$, und nur einer von beiden muß errechnet werden.

13. Für die Matrix $A = [a_{ij}] = \begin{bmatrix} 1 & 2 & 3 & 4 & 5 \\ 6 & 7 & 8 & 9 & 10 \\ 11 & 12 & 13 & 14 & 15 \\ 16 & 17 & 18 & 19 & 20 \\ 21 & 22 & 23 & 24 & 25 \end{bmatrix}$ ist das algebraische Komplement von $|A_{2,3}^{2,4}|$

$$(-1)^{2+3+2+4}|A_{1,4,5}^{1,3,5}| = -\begin{vmatrix} 1 & 3 & 5 \\ 16 & 18 & 20 \\ 21 & 23 & 25 \end{vmatrix}$$

(siehe Aufgabe 12)

und das algebraische Komplement von $|A_{1,4,5}^{1,3,5}|$ ist $-|A_{2,3}^{2,4}| = -\begin{vmatrix} 7 & 9 \\ 12 & 14 \end{vmatrix}$.

ERGÄNZUNGSAUFGABEN

14. Zeige, daß die Permutation 12534 der ganzen Zahlen 1, 2, 3, 4, 5 gerade, 24135 ungerade, 41532 gerade, 53142 ungerade und 52314 gerade ist.

15. Liste die vollständige Menge der Permutationen von 1, 2, 3, 4 auf; zeige, daß die eine Hälfte davon gerade, die andere ungerade ist.

16. Die Elemente der Diagonale einer 5-quadratischen Matrix A seien a, b, c, d, e. Zeige unter Verwendung von (**3.6**), daß $|A| = abcde$ gilt, wenn A diagonal, eine obere Dreiecksmatrix oder eine untere Dreiecksmatrix ist.

17. Gegeben sind $A = \begin{bmatrix} 1 & 2 \\ 3 & 4 \end{bmatrix}$ und $B = \begin{bmatrix} 5 & 6 \\ 7 & 8 \end{bmatrix}$. Zeige, daß $AB \neq BA \neq A'B \neq AB' \neq A'B' \neq B'A'$ gilt, daß aber die Determinante jedes Produktes 4 ist.

18. Berechne analog zu Aufgabe 1:

(*a*) $\begin{vmatrix} 2 & -1 & 1 \\ 3 & 2 & 4 \\ -1 & 0 & 3 \end{vmatrix} = 27$ (*b*) $\begin{vmatrix} 2 & 2 & -2 \\ 1 & 2 & 3 \\ 2 & 3 & 4 \end{vmatrix} = 4$ (*c*) $\begin{vmatrix} 0 & 2 & 3 \\ -2 & 0 & 4 \\ -3 & -4 & 0 \end{vmatrix} = 0$

19. (*a*) Berechne $|A| = \begin{vmatrix} 1 & 2 & 10 \\ 2 & 3 & 9 \\ 4 & 5 & 11 \end{vmatrix} = -4.$

(*b*) Bezeichne mit $|B|$ die Determinante, die man aus $|A|$ erhält, indem man die Elemente ihrer zweiten Spalte mit 5 multipliziert. Berechne $|B|$, um Satz **III** zu verifizieren.

(*c*) Bezeichne mit $|C|$ die Determinante, die man aus $|A|$ erhält, indem man ihre erste und dritte Spalte vertauscht. Berechne $|C|$, um Satz **V** zu verifizieren.

(*d*) Zeige, daß $|A| = \begin{vmatrix} 1 & 2 & 7 \\ 2 & 3 & 5 \\ 4 & 5 & 8 \end{vmatrix} + \begin{vmatrix} 1 & 2 & 3 \\ 2 & 3 & 4 \\ 4 & 5 & 3 \end{vmatrix}$ gilt, verifiziere demgemäß Satz **VIII**.

(*e*) Man erhält aus $|A|$ die Determinante $|D| = \begin{vmatrix} 1 & 2 & 7 \\ 2 & 3 & 3 \\ 4 & 5 & -1 \end{vmatrix}$, indem man dreimal die Elemente der ersten Spalte von den korrespondierenden Elementen der dritten Spalte subtrahiert. Berechne $|D|$, um Satz **IX** zu verifizieren.

(*f*) In der Determinante $|A|$ subtrahiere zweimal die erste Zeile von der zweiten und viermal die erste Zeile von der dritten. Berechne die so gewonnene Determinante.

(*g*) In der Determinante $|A|$ multipliziere die erste Spalte mit drei, und subtrahiere davon die dritte Spalte. Rechne aus, um zu zeigen, daß $|A|$ sich verdreifacht hat. Vergleiche mit (*e*). Verwechsle nicht (*e*) mit (*g*).

20. Wenn A eine n-quadratische Matrix ist, und wenn k ein Skalar ist, benutze (3.6) um zu zeigen, daß $|kA| = k^n|A|$ gilt.

21. Beweise: (*a*) Wenn $|A| = k$ gilt, dann folgt $|\bar{A}| = \bar{k} = |\bar{A}'|$.
(*b*) Wenn A schiefhermitesch ist, dann ist $|A|$ entweder reell oder eine rein imaginäre Zahl.

22. (*a*) Zähle die Anzahl der Vertauschungen von nebeneinanderliegenden Zeilen (Spalten) auf, die nötig sind, um B aus A nach Satz **V** zu erhalten, und beweise demgemäß den Satz.
(*b*) Analog gehe für Satz **VI** vor.

23. Beweise Satz **VII**. Hinweis: Vertausche die identischen Zeilen und benutze Satz **V**.

24. Beweise: Wenn zwei beliebige Zeilen (Spalten) einer quadratischen Matrix A proportional sind, dann folgt $|A| = 0$.

25. Um Satz **IX** zu beweisen, benutze die Sätze **VIII**, **III** und **VII**.

26. Berechne die Determinanten der Aufgabe 18 so, wie in Aufgabe 11 angegeben.

27. Benutze (3.6), um $|A| = \begin{vmatrix} a & b & 0 & 0 \\ c & d & 0 & 0 \\ 0 & 0 & e & f \\ 0 & 0 & g & h \end{vmatrix}$ zu berechnen; prüfe, daß $|A| = \begin{vmatrix} a & b \\ c & d \end{vmatrix} \begin{vmatrix} e & f \\ g & h \end{vmatrix}$ gilt. Demgemäß folgt

$|A| = |A_1| \cdot |A_2|$, wenn $A = Diag(A_1, A_2)$ gilt, wobei A_1 und A_2 jeweils 2-quadratische Matrizen sind.

28. Zeige, daß der Kofaktor jedes Elementes von $\begin{bmatrix} -1/3 & -2/3 & -2/3 \\ 2/3 & 1/3 & -2/3 \\ 2/3 & -2/3 & 1/3 \end{bmatrix}$ genau dem jeweiligen Element entspricht.

29. Zeige, daß der Kofaktor eines Elementes einer beliebigen Zeile von $\begin{bmatrix} -4 & -3 & -3 \\ 1 & 0 & 1 \\ 4 & 4 & 3 \end{bmatrix}$ das korrespondierende Element der mit gleicher Nummer versehenen Spalte ist.

30. Beweise: (*a*) Wenn A symmetrisch ist, dann gilt $\alpha_{ij} = \alpha_{ji}$ für alle $i \neq j$.
(*b*) Wenn A n-quadratisch und schiefsymmetrisch ist, dann gilt $\alpha_{ij} = (-1)^{n-1}\alpha_{ji}$ für alle $i \neq j$.

31. Für die Matrix A der Aufgabe 8:

(a) zeige, daß $|A| = 1$ gilt.

(b) bilde die Matrix $C = \begin{bmatrix} \alpha_{11} & \alpha_{21} & \alpha_{31} \\ \alpha_{12} & \alpha_{22} & \alpha_{32} \\ \alpha_{13} & \alpha_{23} & \alpha_{33} \end{bmatrix}$, und zeige, daß $AC = I$ gilt.

(c) erkläre, warum das Resultat in (b) bekannt ist, sobald man das Resultat aus (a) kennt.

32. Multipliziere die Spalten von $|A| = \begin{vmatrix} bc & a^2 & a^2 \\ b^2 & ca & b^2 \\ c^2 & c^2 & ab \end{vmatrix}$ mit a, b bzw. c; entferne entsprechend den gemeinsamen Faktor aus jeder der Zeilen, um zu zeigen, daß $|A| = \begin{vmatrix} bc & ab & ca \\ ab & ca & bc \\ ca & bc & ab \end{vmatrix}$ gilt.

33. Ohne Berechnung zeige man, daß gilt:

$$\begin{vmatrix} a^2 & a & 1 & bcd \\ b^2 & b & 1 & acd \\ c^2 & c & 1 & abd \\ d^2 & d & 1 & abc \end{vmatrix} = \begin{vmatrix} a^3 & a^2 & a & 1 \\ b^3 & b^2 & b & 1 \\ c^3 & c^2 & c & 1 \\ d^3 & d^2 & d & 1 \end{vmatrix} = (a-b)(a-c)(a-d)(b-c)(b-d)(c-d).$$

34. Zeige, daß für die folgende n-quadratische Determinante gilt:

$$|A| = \begin{vmatrix} 0 & 1 & 1 & \dots & 1 \\ 1 & 0 & 1 & \dots & 1 \\ 1 & 1 & 0 & \dots & 1 \\ \dots & \dots & \dots & \dots & \dots \\ \dots & \dots & \dots & \dots & \dots \\ 1 & 1 & 1 & \dots & 0 \end{vmatrix} = (n-1)\begin{vmatrix} 0 & 1 & 1 & \dots & 1 & 1 \\ 1 & 0 & 1 & \dots & 1 & 1 \\ 1 & 1 & 0 & \dots & 1 & 1 \\ \dots & \dots & \dots & \dots & \dots & \dots \\ 1 & 1 & 1 & \dots & 0 & 1 \\ 1 & 1 & 1 & \dots & 1 & 1 \end{vmatrix} = (-1)^{n-1}(n-1).$$

35. Beweise: $$\begin{vmatrix} a_1^{n-1} & a_1^{n-2} & \dots & a_1 & 1 \\ a_2^{n-1} & a_2^{n-2} & \dots & a_2 & 1 \\ \dots & \dots & \dots & \dots & \dots \\ a_n^{n-1} & a_n^{n-2} & \dots & a_n & 1 \end{vmatrix} = \{(a_1-a_2)(a_1-a_3)\dots(a_1-a_n)\}\{(a_2-a_3)(a_2-a_4)\dots(a_2-a_n)\}\dots\{a_{n-1}-a_n\}.$$

36. Ohne Entwicklung zeige man, daß $$\begin{vmatrix} na_1+b_1 & na_2+b_2 & na_3+b_3 \\ nb_1+c_1 & nb_2+c_2 & nb_3+c_3 \\ nc_1+a_1 & nc_2+a_2 & nc_3+a_3 \end{vmatrix} = (n+1)(n^2-n+1)\begin{vmatrix} a_1 & a_2 & a_3 \\ b_1 & b_2 & b_3 \\ c_1 & c_2 & c_3 \end{vmatrix}$$ gilt.

37. Ohne Entwicklung zeige man, daß die Gleichung $\begin{vmatrix} 0 & x-a & x-b \\ x+a & 0 & x-c \\ x+b & x+c & 0 \end{vmatrix} = 0$ Null als eine Lösung hat.

38. Beweise: $$\begin{vmatrix} a+b & a & a & \cdots & a \\ a & a+b & a & \cdots & a \\ \dots & \dots & \dots & \dots & \dots \\ \dots & \dots & \dots & \dots & \dots \\ a & a & a & \cdots & a+b \end{vmatrix} = b^{n-1}(na+b).$$

KAPITEL 4

Berechnung von Determinanten

VERFAHREN ZUR BERECHNUNG von Determinanten der Ordnungen zwei und drei wurden in Kapitel 3 dargestellt. Zwei Anwendungen des Satzes **IX** wurden in Aufgabe 11 des Kapitels 3 illustriert: *(a)* wie man ein Element 1 oder -1 erhält, wenn die gegebene Determinante kein solches Element enthält, *(b)* wie man ein Element einer gegebenen Determinante durch Null ersetzt.

Für Determinanten höherer Ordnung muß mit einem allgemeinen Verfahren die gegebene Determinante $|A|$ nach wiederholter Verwendung des Satzes **IX** aus Kapitel 3 durch eine andere Determinante $|B| = |b_{ij}|$ ersetzt werden, die die Eigenschaft hat, daß alle Elemente bis auf eines in manchen Zeilen (Spalten) Null sind. Ist b_{pq} dieses von Null verschiedene Element, und ist β_{pq} der zugehörige Kofaktor, so gilt

$$|A| = |B| = b_{pq} \cdot \beta_{pq} = (-1)^{p+q} b_{pq} \text{ . Minor von } b_{pq}$$

Dann erhält man den Minor b_{pq} auf ähnliche Weise, und der Prozeß wird weitergeführt, bis man eine Determinante der Ordnung zwei oder drei erhält.

Beispiel 1.

$$\begin{vmatrix} 2 & 3 & -2 & 4 \\ 3 & -2 & 1 & 2 \\ 3 & 2 & 3 & 4 \\ -2 & 4 & 0 & 5 \end{vmatrix} = \begin{vmatrix} 2+2(3) & 3+2(-2) & -2+2(1) & 4+2(2) \\ 3 & -2 & 1 & 2 \\ 3-3(3) & 2-3(-2) & 3-3(1) & 4-3(2) \\ -2 & 4 & 0 & 5 \end{vmatrix} = \begin{vmatrix} 8 & -1 & 0 & 8 \\ 3 & -2 & 1 & 2 \\ -6 & 8 & 0 & -2 \\ -2 & 4 & 0 & 5 \end{vmatrix}$$

$$= (-1)^{2+3} \begin{vmatrix} 8 & -1 & 8 \\ -6 & 8 & -2 \\ -2 & 4 & 5 \end{vmatrix} = -\begin{vmatrix} 8+8(-1) & -1 & 8+8(-1) \\ -6+8(8) & 8 & -2+8(8) \\ -2+8(4) & 4 & 5+8(4) \end{vmatrix} = -\begin{vmatrix} 0 & -1 & 0 \\ 58 & 8 & 62 \\ 30 & 4 & 37 \end{vmatrix}$$

$$= -(-1)^{1+2}(-1) \begin{vmatrix} 58 & 62 \\ 30 & 37 \end{vmatrix} = -286$$

Siehe Aufgaben 1–3

Für Determinanten, die Elemente des Typs vom folgenden Beispiel 2 besitzen, kann man die folgende Variante benutzen: Dividiere die erste Zeile durch eines ihrer von Null verschiedenen Elemente und fahre fort, um Nullelemente in einer Zeile oder Spalte zu erhalten.

Beispiel 2.

$$\begin{vmatrix} 0.921 & 0.185 & 0.476 & 0.614 \\ 0.782 & 0.157 & 0.527 & 0.138 \\ 0.872 & 0.484 & 0.637 & 0.799 \\ 0.312 & 0.555 & 0.841 & 0.448 \end{vmatrix} = 0.921 \begin{vmatrix} 1 & 0.201 & 0.517 & 0.667 \\ 0.782 & 0.157 & 0.527 & 0.138 \\ 0.872 & 0.484 & 0.637 & 0.799 \\ 0.312 & 0.555 & 0.841 & 0.448 \end{vmatrix} = 0.921 \begin{vmatrix} 1 & 0.201 & 0.517 & 0.667 \\ 0 & 0 & 0.123 & -0.384 \\ 0 & 0.309 & 0.196 & 0.217 \\ 0 & 0.492 & 0.680 & 0.240 \end{vmatrix}$$

$$= 0.921 \begin{vmatrix} 0 & 0.123 & -0.384 \\ 0.309 & 0.196 & 0.217 \\ 0.492 & 0.680 & 0.240 \end{vmatrix} = 0.921(-0.384) \begin{vmatrix} 0 & -0.320 & 1 \\ 0.309 & 0.196 & 0.217 \\ 0.492 & 0.680 & 0.240 \end{vmatrix}$$

$$= 0.921(-0.384) \begin{vmatrix} 0 & 0 & 1 \\ 0.309 & 0.265 & 0.217 \\ 0.492 & 0.757 & 0.240 \end{vmatrix} = 0.921(-0.384) \begin{vmatrix} 0.309 & 0.265 \\ 0.492 & 0.757 \end{vmatrix}$$

$$= 0.921(-0.384)(0.104) = -0.037$$

DIE LAPLACESCHE ENTWICKLUNG. Die Entwicklung einer Determinanten $|A|$ der Ordnung n nach einer Zeile (Spalte) ist ein Spezialfall der Laplaceschen Entwicklung. Es seien m Zeilen mit den Nummern $i_1, i_2, \ldots, i_m$, angeordnet in der Reihenfolge ihrer Größe, anstelle einer Zeile von $|A|$ ausgewählt. Aus diesen m Zeilen können

$$\rho = \frac{n(n-1)\ldots(n-m+1)}{1\cdot 2 \ldots . m} \text{ Minoren } \left|A^{j_1, j_2, \ldots, j_m}_{i_1, i_2, \ldots, i_m}\right|$$

gebildet werden, wenn man alle Auswahlmöglichkeiten der m Spalten aus den n Spalten benutzt. Verwendet man diese Minoren und ihre algebraischen Komplemente, erhält man die Laplacesche Entwicklung

$$(4.1) \qquad |A| = \sum_{\rho} (-1)^s \left|A^{j_1, j_2, \ldots, j_m}_{i_1, i_2, \ldots, i_m}\right| \cdot \left|A^{j_{m+1}, j_{m+2}, \ldots, j_n}_{i_{m+1}, i_{m+2}, \ldots, i_n}\right|$$

wobei $s = i_1 + i_2 + \ldots + i_m + j_1 + j_2 + \ldots + j_m$ gilt und die Summation über die ρ ausgewählten Spaltenindices läuft.

Beispiel 3.

Berechne $|A| = \begin{vmatrix} 2 & 3 & -2 & 4 \\ 3 & -2 & 1 & 2 \\ 3 & 2 & 3 & 4 \\ -2 & 4 & 0 & 5 \end{vmatrix}$, unter Verwendung von Minoren der ersten zwei Zeilen.

Gemäß (4.1) erhält man

$$\begin{aligned} |A| &= (-1)^{1+2+1+2}\left|A^{1,2}_{1,2}\right|\cdot\left|A^{3,4}_{3,4}\right| + (-1)^{1+2+1+3}\left|A^{1,3}_{1,2}\right|\cdot\left|A^{2,4}_{3,4}\right| \\ &\quad + (-1)^{1+2+1+4}\left|A^{1,4}_{1,2}\right|\cdot\left|A^{2,3}_{3,4}\right| + (-1)^{1+2+2+3}\left|A^{2,3}_{1,2}\right|\cdot\left|A^{1,4}_{3,4}\right| \\ &\quad + (-1)^{1+2+2+4}\left|A^{2,4}_{1,2}\right|\cdot\left|A^{1,3}_{3,4}\right| + (-1)^{1+2+3+4}\left|A^{3,4}_{1,2}\right|\cdot\left|A^{1,2}_{3,4}\right| \\ &= \begin{vmatrix} 2 & 3 \\ 3 & -2 \end{vmatrix}\cdot\begin{vmatrix} 3 & 4 \\ 0 & 5 \end{vmatrix} - \begin{vmatrix} 2 & -2 \\ 3 & 1 \end{vmatrix}\cdot\begin{vmatrix} 2 & 4 \\ 4 & 5 \end{vmatrix} + \begin{vmatrix} 2 & 4 \\ 3 & 2 \end{vmatrix}\cdot\begin{vmatrix} 2 & 3 \\ 4 & 0 \end{vmatrix} \\ &\quad + \begin{vmatrix} 3 & -2 \\ -2 & 1 \end{vmatrix}\cdot\begin{vmatrix} 3 & 4 \\ -2 & 5 \end{vmatrix} - \begin{vmatrix} 3 & 4 \\ -2 & 2 \end{vmatrix}\cdot\begin{vmatrix} 3 & 3 \\ -2 & 0 \end{vmatrix} + \begin{vmatrix} -2 & 4 \\ 1 & 2 \end{vmatrix}\cdot\begin{vmatrix} 3 & 2 \\ -2 & 4 \end{vmatrix} \\ &= (-13)(15) - (8)(-6) + (-8)(-12) + (-1)(23) - (14)(6) + (-8)(16) \\ &= -286 \end{aligned}$$

Siehe Aufgaben 4–6.

DETERMINANTE EINES PRODUKTES. Wenn A und B n-quadratische Matrizen sind, dann gilt

$$(4.2) \qquad |AB| = |A|\cdot|B|$$

Siehe Aufgabe 7.

ENTWICKLUNG NACH DER ERSTEN ZEILE UND SPALTE. Wenn $A = [a_{ij}]$ n-quadratisch ist, dann gilt

$$(4.3) \qquad |A| = a_{11}\alpha_{11} - \sum_{i=2}^{n} \sum_{j=2}^{n} a_{i1} a_{1j} \alpha^{i1}_{1j}$$

wobei α_{11} der Kofaktor von a_{11} ist, und wobei α^{i1}_{1j} das algebraische Komplement des Minors $\begin{vmatrix} a_{11} & a_{1j} \\ a_{i1} & a_{ij} \end{vmatrix}$ von A ist.

ABLEITUNG EINER DETERMINANTEN. Die n-quadratische Matrix $A = [a_{ij}]$ habe als Elemente differenzierbare Funktionen in einer Variablen x. Dann gilt:

I. Die Ableitung $\frac{d}{dx}|A|$ von $|A|$ bezüglich x ist gleich der Summe von n Determinanten, die man erhält, wenn man auf jede mögliche Art die Elemente einer Zeile (Spalte) von $|A|$ durch ihre Ableitungen bezüglich x ersetzt.

Beispiel 4.

$$\frac{d}{dx}\begin{vmatrix} x^2 & x+1 & 3 \\ 1 & 2x-1 & x^3 \\ 0 & x & -2 \end{vmatrix} = \begin{vmatrix} 2x & 1 & 0 \\ 1 & 2x-1 & x^3 \\ 0 & x & -2 \end{vmatrix} + \begin{vmatrix} x^2 & x+1 & 3 \\ 0 & 2 & 3x^2 \\ 0 & x & -2 \end{vmatrix} + \begin{vmatrix} x^2 & x+1 & 3 \\ 1 & 2x-1 & x^3 \\ 0 & 1 & 0 \end{vmatrix}$$

$$= 5 + 4x - 12x^2 - 6x^5$$

Siehe Aufgabe 8.

AUFGABEN MIT LÖSUNGEN

1. $$\begin{vmatrix} 2 & 3 & -2 & 4 \\ 7 & 4 & -3 & 10 \\ 3 & 2 & 3 & 4 \\ -2 & 4 & 0 & 5 \end{vmatrix} = \begin{vmatrix} 2 & 3 & -2 & 4 \\ 7-2(2) & 4-2(3) & -3-2(-2) & 10-2(4) \\ 3 & 2 & 3 & 4 \\ -2 & 4 & 0 & 5 \end{vmatrix} = \begin{vmatrix} 2 & 3 & -2 & 4 \\ 3 & -2 & 1 & 2 \\ 3 & 2 & 3 & 4 \\ -2 & 4 & 0 & 5 \end{vmatrix} = -286$$ (Siehe Beispiel 1)

Es gibt selbstverständlich zahlreiche andere Wege, um ein Element +1 oder −1 zu erhalten; zum Beispiel: Subtrahiere die erste Spalte von der zweiten, die vierte Spalte von der zweiten, die erste Zeile von der zweiten usw.

2. $$\begin{vmatrix} 1 & 0 & -1 & 2 \\ 2 & 3 & 2 & -2 \\ 2 & 4 & 2 & 1 \\ 3 & 1 & 5 & -3 \end{vmatrix} = \begin{vmatrix} 1 & 0 & -1+1 & 2-2(1) \\ 2 & 3 & 2+2 & -2-2(2) \\ 2 & 4 & 2+2 & 1-2(2) \\ 3 & 1 & 5+3 & -3-2(3) \end{vmatrix} = \begin{vmatrix} 1 & 0 & 0 & 0 \\ 2 & 3 & 4 & -6 \\ 2 & 4 & 4 & -3 \\ 3 & 1 & 8 & -9 \end{vmatrix}$$

$$= \begin{vmatrix} 3 & 4 & -6 \\ 4 & 4 & -3 \\ 1 & 8 & -9 \end{vmatrix} = \begin{vmatrix} 3-2(4) & 4-2(4) & -6-2(-3) \\ 4 & 4 & -3 \\ 1-3(4) & 8-3(4) & -9-3(-3) \end{vmatrix} = \begin{vmatrix} -5 & -4 & 0 \\ 4 & 4 & -3 \\ -11 & -4 & 0 \end{vmatrix}$$

$$= 3\begin{vmatrix} -5 & -4 \\ -11 & -4 \end{vmatrix} = -72$$

3. Berechne $|A| = \begin{vmatrix} 0 & 1+i & 1+2i \\ 1-i & 0 & 2-3i \\ 1-2i & 2+3i & 0 \end{vmatrix}$.

Multipliziere die zweite Zeile mit $1+i$ und die dritte Zeile mit $1+2i$; dann folgt

$$(1+i)(1+2i)|A| = (-1+3i)|A| = \begin{vmatrix} 0 & 1+i & 1+2i \\ 2 & 0 & 5-i \\ 5 & -4+7i & 0 \end{vmatrix} = \begin{vmatrix} 0 & 1+i & 1+2i \\ 2 & 0 & 5-i \\ 1 & -4+7i & -10+2i \end{vmatrix} = \begin{vmatrix} 0 & 1+i & 1+2i \\ 0 & 8-14i & 25-5i \\ 1 & -4+7i & -10+2i \end{vmatrix}$$

$$= \begin{vmatrix} 1+i & 1+2i \\ 8-14i & 25-5i \end{vmatrix} = -6 + 18i$$

und $|A| = 6$.

4. Leite die Laplacesche Entwicklung für $|A| = |a_{ij}|$ der Ordnung n unter Verwendung von Minoren der Ordnung $m < n$ ab.

Betrachte den m-quadratischen Minor $\left|A^{j_1,j_2,\ldots,j_m}_{i_1,i_2,\ldots,i_m}\right|$ von $|A|$, in dem die Zeilen- und Spaltenindices in der Reihenfolge ihrer Größe angeordnet sind. Durch $i_1 - 1$ Vertauschungen nebeneinanderliegender Zeilen von $|A|$ kann die Zeile mit der Nummer i_1 an die Stelle der ersten Zeile gebracht werden, durch $i_2 - 2$ Vertauschungen nebeneinanderliegender Zeilen kann die Zeile mit der Nummer i_2 an die Stelle der zweiten Zeile gebracht werden, . . ., durch $i_m - m$ Vertauschungen nebeneinanderliegender Zeilen kann die Zeile mit der Nummer i_m an die Stelle der m-ten Zeile gebracht werden. Demgemäß besetzen nach $(i_1 - 1) + (i_2 - 2) + \ldots + (i_m - m) = i_1 + i_2 + \ldots + i_m - \frac{1}{2}m(m+1)$ Vertauschungen nebeneinanderliegender Zeilen die Zeilen mit den Nummern $i_1, i_2, \ldots, i_m$ die Position der ersten m Zeilen. Ähnlich besetzen nach $j_1 + j_2 + \ldots + j_m - \frac{1}{2}m(m+1)$ Vertauschungen nebeneinanderliegender Spalten die Spalten mit den Nummern $j_1, j_2, \ldots, j_m$ die Position der ersten m Spalten. Als ein Ergebnis der Vertauschungen nebeneinanderliegender Zeilen und nebeneinanderliegender Spalten besetzt der Minor, der oben ausgewählt wurde, die obere linke Ecke und sein Komplement besetzt die untere rechte Ecke der Determinante; weiterhin hat $|A|$ das Vorzeichen $\sigma = i_1 + i_2 + \ldots + i_m + j_1 + j_2 + \ldots + j_m - m(m+1)$-mal geändert, dies entspricht $s = i_1 + i_2 + \ldots + i_m + j_1 + j_2 + \ldots + j_m$ Änderungen. Demgemäß gilt:

$\left|A^{j_1,j_2,\ldots,j_m}_{i_1,i_2,\ldots,i_m}\right| \cdot \left|A^{j_{m+1},j_{m+2},\ldots,j_n}_{i_{m+1},i_{m+2},\ldots,i_n}\right|$ enthält $m!(n-m)!$ Ausdrücke von $(-1)^s|A|$ oder

(a) $(-1)^s\left|A^{j_1,j_2,\ldots,j_m}_{i_1,i_2,\ldots,i_m}\right| \cdot \left|A^{j_{m+1},j_{m+2},\ldots,j_n}_{i_{m+1},i_{m+2},\ldots,i_n}\right|$ enthält $m!(n-m)!$ Ausdrücke von $|A|$.

Jetzt seien $i_1, i_2, \ldots, i_m$ festgehalten worden. Aus diesen Zeilen werden $\rho = \dfrac{n(n-1)\ldots(n-m+1)}{1\cdot 2\ldots m} = \dfrac{n!}{m!(n-m)!}$ verschiedene m-quadratische Minoren ausgewählt. Wird jeder dieser Minoren mit seinem algebraischen Komplement multipliziert, erhält man $m!(n-m)!$ Ausdrücke von $|A|$. Wegen ihrer Anordnung gibt es keine doppelten Ausdrücke von $|A|$ in diesen Produkten.

$$|A| = \sum_{\rho}(-1)^s\left|A^{j_1,j_2,\ldots,j_m}_{i_1,i_2,\ldots,i_m}\right| \cdot \left|A^{j_{m+1},j_{m+2},\ldots,j_n}_{i_{m+1},i_{m+2},\ldots,i_n}\right|$$

wobei $s = i_1 + i_2 + \ldots + i_m + j_1 + j_2 + \ldots + j_m$ gilt, und die Summation über die ρ verschiedenen ausgewählten Spaltenindices $j_1, j_2, \ldots, j_m$ läuft.

5. Berechne $|A| = \begin{vmatrix} 1 & 2 & 3 & 4 \\ 2 & 1 & 2 & 1 \\ 0 & 0 & 1 & 1 \\ 3 & 4 & 1 & 2 \end{vmatrix}$ unter Verwendung von Minoren aus den ersten zwei Spalten.

$$|A| = (-1)^{1+2+1+2}\begin{vmatrix} 1 & 2 \\ 2 & 1 \end{vmatrix} \cdot \begin{vmatrix} 1 & 1 \\ 1 & 2 \end{vmatrix} + (-1)^{1+4+1+2}\begin{vmatrix} 1 & 2 \\ 3 & 4 \end{vmatrix} \cdot \begin{vmatrix} 2 & 1 \\ 1 & 1 \end{vmatrix} + (-1)^{2+4+1+2}\begin{vmatrix} 2 & 1 \\ 3 & 4 \end{vmatrix} \cdot \begin{vmatrix} 3 & 4 \\ 1 & 1 \end{vmatrix}$$

$$= (-3)(1) + (-2)(1) - (5)(-1)$$

$$= 0$$

6. Beweise $|P| = \begin{vmatrix} A & O \\ C & B \end{vmatrix} = |A| \cdot |B|$

wenn A, B und C n-quadratische Matrizen sind.

Aus den ersten n Zeilen von $|P|$ kann nur ein einziger von Null verschiedener n-quadratischer Minor $|A|$ gebildet werden. Sein algebraisches Komplement ist $|B|$. Folglich gilt $|P| = |A| \cdot |B|$ gemäß der Laplaceschen Entwicklung.

7. Beweise $|AB| = |A| \cdot |B|$

Angenommen sei, $A = [a_{ij}]$ und $B = [b_{ij}]$ sind n-quadratisch. Es sei $C = [c_{ij}] = AB$ derart, daß $c_{ij} = \sum_1^n a_{ik}b_{kj}$ gilt. Gemäß Aufgabe 6 gilt:

$$|P| = \begin{vmatrix} a_{11} & a_{12} & \cdots & a_{1n} & 0 & 0 & \cdots & 0 \\ a_{21} & a_{22} & \cdots & a_{2n} & 0 & 0 & \cdots & 0 \\ \cdots & \cdots & \cdots & \cdots & \cdots & \cdots & \cdots & \cdots \\ a_{n1} & a_{n2} & \cdots & a_{nn} & 0 & 0 & \cdots & 0 \\ -1 & 0 & \cdots & 0 & b_{11} & b_{12} & \cdots & b_{1n} \\ 0 & -1 & \cdots & 0 & b_{21} & b_{22} & \cdots & b_{2n} \\ \cdots & \cdots & \cdots & \cdots & \cdots & \cdots & \cdots & \cdots \\ 0 & 0 & \cdots & -1 & b_{n1} & b_{n2} & \cdots & b_{nn} \end{vmatrix} = |A| \cdot |B|$$

Zu der $(n+1)$-ten Spalte von $|P|$ addiere b_{11}-mal die erste Spalte, b_{21}-mal die zweite Spalte, . . ., b_{n1}-mal die n-te Spalte; man erhält

$$|P| = \begin{vmatrix} a_{11} & a_{12} & \cdots & a_{1n} & c_{11} & 0 & \cdots & 0 \\ a_{21} & a_{22} & \cdots & a_{2n} & c_{21} & 0 & \cdots & 0 \\ \cdots & \cdots & \cdots & \cdots & \cdots & \cdots & \cdots & \cdots \\ a_{n1} & a_{n2} & \cdots & a_{nn} & c_{n1} & 0 & \cdots & 0 \\ -1 & 0 & \cdots & 0 & 0 & b_{12} & \cdots & b_{1n} \\ 0 & -1 & \cdots & 0 & 0 & b_{22} & \cdots & b_{2n} \\ \cdots & \cdots & \cdots & \cdots & \cdots & \cdots & \cdots & \cdots \\ 0 & 0 & \cdots & -1 & 0 & b_{n2} & \cdots & b_{nn} \end{vmatrix}$$

Zu der $(n+2)$-ten Spalte von $|P|$ addiere als nächstes b_{12}-mal die erste Spalte, b_{22}-mal die zweite Spalte, . . ., b_{n2}-mal die n-te Spalte; man erhält

$$|P| = \begin{vmatrix} a_{11} & a_{12} & \cdots & a_{1n} & c_{11} & c_{12} & 0 & \cdots & 0 \\ a_{21} & a_{22} & \cdots & a_{2n} & c_{21} & c_{22} & 0 & \cdots & 0 \\ \cdots & \cdots & \cdots & \cdots & \cdots & \cdots & \cdots & \cdots & \cdots \\ a_{n1} & a_{n2} & \cdots & a_{nn} & c_{n1} & c_{n2} & 0 & \cdots & 0 \\ -1 & 0 & \cdots & 0 & 0 & 0 & b_{13} & \cdots & b_{1n} \\ 0 & -1 & \cdots & 0 & 0 & 0 & b_{23} & \cdots & b_{2n} \\ \cdots & \cdots & \cdots & \cdots & \cdots & \cdots & \cdots & \cdots & \cdots \\ 0 & 0 & \cdots & -1 & 0 & 0 & b_{n3} & \cdots & b_{nn} \end{vmatrix}$$

Setzt man diesen Prozeß fort, erhält man schließlich $|P| = \begin{vmatrix} A & C \\ -I_n & 0 \end{vmatrix}$. Aus den letzten n Zeilen von $|P|$ kann nur ein von Null verschiedener n-quadratischer Minor, nämlich $|-I_n| = (-1)^n$, gebildet werden. Sein algebraisches Komplement ist $(-1)^{1+2+\ldots+n+(n+1)+\ldots+2n}|C| = (-1)^{n(2n+1)}|C|$. Folglich gelten $|P| = (-1)^n(-1)^{n(2n+1)}|C| = |C|$ und $|C| = |AB| = |A| \cdot |B|$.

8. Es sei $A = \begin{bmatrix} a_{11} & a_{12} & a_{13} \\ a_{21} & a_{22} & a_{23} \\ a_{31} & a_{32} & a_{33} \end{bmatrix}$, wobei $a_{ij} = a_{ij}(x)$ mit $(i, j = 1, 2, 3)$ differenzierbare Funktionen bezüglich x sind. Dann gilt

$$|A| = a_{11}a_{22}a_{33} + a_{12}a_{23}a_{31} + a_{13}a_{32}a_{21} - a_{11}a_{23}a_{32} - a_{12}a_{21}a_{33} - a_{13}a_{22}a_{31}$$

und, bezeichnet man $\frac{d}{dx}a_{ij}$ mit a'_{ij}, gilt

$$\begin{aligned}\frac{d}{dx}|A| &= a'_{11}a_{22}a_{33} + a'_{22}a_{11}a_{33} + a'_{33}a_{11}a_{22} + a'_{12}a_{23}a_{31} + a'_{23}a_{12}a_{31} + a'_{31}a_{12}a_{23}\\ &\quad + a'_{13}a_{32}a_{21} + a'_{32}a_{13}a_{21} + a'_{21}a_{13}a_{32} - a'_{11}a_{23}a_{32} - a'_{23}a_{11}a_{32} - a'_{32}a_{11}a_{23}\\ &\quad - a'_{12}a_{21}a_{33} - a'_{21}a_{12}a_{33} - a'_{33}a_{12}a_{21} - a'_{13}a_{22}a_{31} - a'_{22}a_{13}a_{31} - a'_{31}a_{13}a_{22}\\ &= a'_{11}\alpha_{11} + a'_{12}\alpha_{12} + a'_{13}\alpha_{13} + a'_{21}\alpha_{21} + a'_{22}\alpha_{22} + a'_{23}\alpha_{23} + a'_{31}\alpha_{31} + a'_{32}\alpha_{32} + a'_{33}\alpha_{33}\\ &= \begin{vmatrix} a'_{11} & a'_{12} & a'_{13}\\ a_{21} & a_{22} & a_{23}\\ a_{31} & a_{32} & a_{33}\end{vmatrix} + \begin{vmatrix} a_{11} & a_{12} & a_{13}\\ a'_{21} & a'_{22} & a'_{23}\\ a_{31} & a_{32} & a_{33}\end{vmatrix} + \begin{vmatrix} a_{11} & a_{12} & a_{13}\\ a_{21} & a_{22} & a_{23}\\ a'_{31} & a'_{32} & a'_{33}\end{vmatrix}\end{aligned}$$

gemäß Aufgabe 10, Kapitel 3.

ERGÄNZUNGSAUFGABEN

9. Berechne:

(a) $\begin{vmatrix} 3 & 5 & 7 & 2\\ 2 & 4 & 1 & 1\\ -2 & 0 & 0 & 0\\ 1 & 1 & 3 & 4\end{vmatrix} = 156$ (c) $\begin{vmatrix} 1 & -2 & 3 & -4\\ 2 & -1 & 4 & -3\\ 2 & 3 & -4 & -5\\ 3 & -4 & 5 & 6\end{vmatrix} = -304$

(b) $\begin{vmatrix} 1 & 1 & 1 & 6\\ 2 & 4 & 1 & 6\\ 4 & 1 & 2 & 9\\ 2 & 4 & 2 & 7\end{vmatrix} = 41$ (d) $\begin{vmatrix} 1 & -2 & 3 & -2 & -2\\ 2 & -1 & 1 & 3 & 2\\ 1 & 1 & 2 & 1 & 1\\ 1 & -4 & -3 & -2 & -5\\ 3 & -2 & 2 & 2 & -2\end{vmatrix} = 118$

10. Zeige, daß $|\bar{A}'A|$ reell und nicht negativ ist, wenn A n-quadratisch ist.

11. Berechne die Determinante von Aufgabe 9 (*a*) unter Verwendung von Minoren aus den ersten zwei Zeilen; benutze gleichfalls Minoren aus den ersten zwei Spalten.

12. (*a*) Es seien $A = \begin{bmatrix} a_1 & a_2\\ -a_2 & a_1\end{bmatrix}$ und $B = \begin{bmatrix} b_1 & b_2\\ -b_2 & b_1\end{bmatrix}$.

Benutze $|AB| = |A|\cdot|B|$, um zu zeigen, daß $(a_1^2+a_2^2)(b_1^2+b_2^2) = (a_1b_1-a_2b_2)^2 + (a_2b_1+a_1b_2)^2$ gilt.

(*b*) Es seien $A = \begin{bmatrix} a_1+ia_3 & a_2+ia_4\\ -a_2+ia_4 & a_1-ia_3\end{bmatrix}$ und $B = \begin{bmatrix} b_1+ib_3 & b_2+ib_4\\ -b_2+ib_4 & b_1-ib_3\end{bmatrix}$.

Benutze $|AB| = |A|\cdot|B|$, um $(a_1^2+a_2^2+a_3^2+a_4^2)(b_1^2+b_2^2+b_3^2+b_4^2)$ als eine Summe von vier quadratischen Ausdrücken zu schreiben.

13. Berechne $\begin{vmatrix} 0 & 0 & 0 & 0 & 0 & 1\\ 0 & 0 & 0 & 0 & 2 & 1\\ 0 & 0 & 0 & 3 & 2 & 1\\ 0 & 0 & 4 & 3 & 2 & 1\\ 0 & 5 & 4 & 3 & 2 & 1\\ 6 & 5 & 4 & 3 & 2 & 1\end{vmatrix}$ unter Verwendung von Minoren aus den ersten drei Zeilen. *Antwort*: -720.

14. Berechne $\begin{vmatrix} 1 & 2 & 1 & 2 & 1 \\ 0 & 0 & 1 & 1 & 1 \\ 1 & 1 & 0 & 0 & 0 \\ 0 & 0 & 1 & 1 & 2 \\ 1 & 2 & 2 & 1 & 1 \end{vmatrix}$ unter Verwendung von Minoren der ersten zwei Spalten. *Antwort*: 2.

15. Benutze die Laplacesche Entwicklung, um zu beweisen, daß

$$|\text{Diag}(A_1, A_2, \ldots, A_s)| = |A_1| \cdot |A_2| \ldots |A_s|$$

gilt, wenn $A_1, A_2, \ldots, A_s$ quadratische Matrizen sind.

16. Entwickle $\begin{vmatrix} a_1 & a_2 & a_3 & a_4 \\ b_1 & b_2 & b_3 & b_4 \\ a_1 & a_2 & a_3 & a_4 \\ b_1 & b_2 & b_3 & b_4 \end{vmatrix}$ unter Verwendung von Minoren der ersten zwei Zeilen und zeige, daß gilt:

$$\begin{vmatrix} a_1 & a_2 \\ b_1 & b_2 \end{vmatrix} \cdot \begin{vmatrix} a_3 & a_4 \\ b_3 & b_4 \end{vmatrix} - \begin{vmatrix} a_1 & a_3 \\ b_1 & b_3 \end{vmatrix} \cdot \begin{vmatrix} a_2 & a_4 \\ b_2 & b_4 \end{vmatrix} + \begin{vmatrix} a_1 & a_4 \\ b_1 & b_4 \end{vmatrix} \cdot \begin{vmatrix} a_2 & a_3 \\ b_2 & b_3 \end{vmatrix} = 0$$

17. Benutze die Laplacesche Entwicklung, um zu zeigen, daß die n-quadratische Determinante $\begin{vmatrix} 0 & A \\ B & C \end{vmatrix}$ Null ist, wenn $k > \frac{1}{2}n$ gilt, wobei 0 k-quadratisch ist.

18. In $|A| = a_{11}\alpha_{11} + a_{12}\alpha_{12} + a_{13}\alpha_{13} + a_{14}\alpha_{14}$ entwickle jeden der Kofaktoren $\alpha_{12}, \alpha_{13}, \alpha_{14}$ nach der ersten Spalte, um zu zeigen, daß

$$|A| = a_{11}\alpha_{11} - \sum_{i=2}^{4} \sum_{j=2}^{4} a_{i1} a_{1j} \alpha_{1j}^{i1}$$

gilt, wobei α_{1j}^{i1} das algebraische Komplement des Minors $\begin{vmatrix} a_{11} & a_{1j} \\ a_{i1} & a_{ij} \end{vmatrix}$ von $|A|$ ist.

19. Wenn α_{ij} den Kofaktor von a_{ij} in der n-quadratischen Matrix $A = [a_{ij}]$ bezeichnet, zeige, daß für die geränderte Determinante gilt:

$$\begin{vmatrix} a_{11} & a_{12} & \cdots & a_{1n} & p_1 \\ a_{21} & a_{22} & \cdots & a_{2n} & p_2 \\ \cdots & \cdots & \cdots & \cdots & \cdots \\ a_{n1} & a_{n2} & \cdots & a_{nn} & p_n \\ q_1 & q_2 & \cdots & q_n & 0 \end{vmatrix} = \begin{vmatrix} 0 & q_1 & q_2 & \cdots & q_n \\ p_1 & a_{11} & a_{12} & \cdots & a_{1n} \\ \cdots & \cdots & \cdots & \cdots & \cdots \\ p_n & a_{n1} & a_{n2} & \cdots & a_{nn} \end{vmatrix} = -\sum_{i=1}^{n} \sum_{j=1}^{n} p_i q_j \alpha_{ij}$$

Hinweis: Benutze (4.3).

20. Gib die Ableitungen für jede der Determinanten $|A|$ an.

(a) $\begin{vmatrix} x^2 & x^3 \\ 2x & 3x+1 \end{vmatrix}$ (b) $\begin{vmatrix} x & 1 & 2 \\ x^2 & 2x+1 & x^3 \\ 0 & 3x-2 & x^2+1 \end{vmatrix}$ (c) $\begin{vmatrix} x^2-1 & x-1 & 1 \\ x^4 & x^3 & 2x+5 \\ x+1 & x^2 & x \end{vmatrix}$

Antwort: (a) $2x + 9x^2 - 8x^3$, (b) $1 - 6x + 21x^2 + 12x^3 - 15x^4$, (c) $6x^5 - 5x^4 - 28x^3 + 9x^2 + 20x - 2$

21. Beweise: Wenn A und B reelle n-quadratische Matrizen sind, wobei A nichtsingulär ist, und wenn $H = A + iB$ hermitesch ist, dann folgt:

$$|H|^2 = |A|^2 \cdot |I + (A^{-1}B)^2|$$

KAPITEL 5

Äquivalenz

DER RANG EINER MATRIX. Man sagt, eine von Null verschiedene Matrix A hat den **Rang** r, wenn mindestens einer ihrer r-quadratischen Minoren von Null verschieden ist, während jeder $(r + 1)$-quadratischer Minor, wenn er existiert, Null ist. Man sagt, eine Nullmatrix besitzt den Rang Null.

Beispiel 1. Der Rang von $A = \begin{bmatrix} 1 & 2 & 3 \\ 2 & 3 & 4 \\ 3 & 5 & 7 \end{bmatrix}$ ist $r = 2$, weil $\begin{vmatrix} 1 & 2 \\ 2 & 3 \end{vmatrix} = -1 \neq 0$ gilt, während $|A| = 0$ ist. Siehe Aufgabe 1.

Eine n-quadratische Matrix A wird **nichtsingulär** genannt, wenn ihr Rang $r = n$ ist, das heißt, wenn $|A| \neq 0$ gilt. Sonst heißt A **singulär**. Die Matrix des Beispiels 1 ist singulär.

Aus $|AB| = |A| \cdot |B|$ folgt

I. Das Produkt von zwei oder mehreren nichtsingulären n-quadratischen Matrizen ist nichtsingulär; das Produkt von zwei oder mehreren n-quadratischen Matrizen ist singulär, wenn wenigstens eine der Matrizen singulär ist.

ELEMENTARE TRANSFORMATIONEN. Die folgenden Operationen bezüglich einer Matrix, genannt **elementare Transformationen**, ändern weder ihre Ordnung noch ihren Rang:

(1) Das Vertauschen der i-ten mit der j-ten Zeile, bezeichnet mit H_{ij};
Das Vertauschen der i-ten mit der j-ten Spalte, bezeichnet mit K_{ij}.

(2) Die Multiplikation jedes Elementes der i-ten Zeile mit einem von Null verschiedenen Skalar k, bezeichnet mit $H_i(k)$;
Die Multiplikation jedes Elementes der i-ten Spalte mit einem von Null verschiedenen Skalar k, bezeichnet mit $K_i(k)$.

(3) Die Addition zu den Elementen der i-ten Zeile das k-fache der korrespondierenden Elemente der j-ten Zeile, bezeichnet mit $H_{ij}(k)$, wobei k ein Skalar ist;
Die Addition zu den Elementen der i-ten Spalte das k-fache der korrespondierenden Elemente der j-ten Spalte, bezeichnet mit $K_{ij}(k)$, wobei k ein Skalar ist.

Die Transformationen H heißen **elementare Transformationen in der Zeile**; die Transformationen K heißen **elementare Transformationen in der Spalte.**

Die elementaren Transformationen, die analog zu den obenstehenden Transformationen bezüglich der Zeilen (Spalten) einer Determinante durchgeführt werden, müssen nicht ausgearbeitet werden. Offensichtlich kann eine elementare Operation die Ordnung einer Matrix nicht ändern. In der Aufgabe 2 wird gezeigt, daß eine elementare Operation nicht ihren Rang ändert.

DIE INVERSE TRANSFORMATION ZU EINER ELEMENTAREN TRANSFORMATION. Die **inverse Transformation** zu einer elementaren Transformation ist eine Operation, die den Effekt einer elementaren Transformation auflöst; das heißt, wendet man auf A eine der elementaren Transformationen an und wendet man auf diese so erhaltene Matrix die inverse Transformation dieser elementaren Transformation an, so erhält man schließlich die Matrix A.

Beispiel 2. Es sei $A = \begin{bmatrix} 1 & 2 & 3 \\ 4 & 5 & 6 \\ 7 & 8 & 9 \end{bmatrix}$

Der Effekt der elementaren Transformationen in der Zeile $H_{21}(-2)$ ist die Herstellung der Matrix $B = \begin{bmatrix} 1 & 2 & 3 \\ 2 & 1 & 0 \\ 7 & 8 & 9 \end{bmatrix}$.

Der Effekt der elementaren Transformation in der Zeile $H_{21}(+2)$ auf B ist die Wiederherstellung der Matrix A.

Demgemäß sind $H_{21}(-2)$ und $H_{21}(+2)$ zueinander inverse elementare Transformationen in der Zeile.

Die elementaren Transformationen sind:

(1') $\quad H_{ij}^{-1} = H_{ij} \qquad K_{ij}^{-1} = K_{ij}$

(2') $\quad H_i^{-1}(k) = H_i(1/k) \qquad K_i^{-1}(k) = K_i(1/k)$

(3') $\quad H_{ij}^{-1}(k) = H_{ij}(-k) \qquad K_{ij}^{-1}(k) = K_{ij}(-k)$

Wir erhalten

II. Die inverse Transformation einer elementaren Transformation ist eine elementare Transformation gleichen Typs.

ÄQUIVALENTE MATRIZEN. Zwei Matrizen A und B heißen **äquivalent**, $A \sim B$, wenn eine aus der anderen durch eine Folge von elementaren Operationen gewonnen werden kann.

Äquivalente Matrizen sind von der gleichen Ordnung und haben den gleichen Rang.

Beispiel 3. Wendet man die elementaren Transformationen $H_{21}(-2), H_{31}(1), H_{32}(-1)$ an, erhält man

$$A = \begin{bmatrix} 1 & 2 & -1 & 4 \\ 2 & 4 & 3 & 5 \\ -1 & -2 & 6 & -7 \end{bmatrix} \sim \begin{bmatrix} 1 & 2 & -1 & 4 \\ 0 & 0 & 5 & -3 \\ -1 & -2 & 6 & -7 \end{bmatrix} \sim \begin{bmatrix} 1 & 2 & -1 & 4 \\ 0 & 0 & 5 & -3 \\ 0 & 0 & 5 & -3 \end{bmatrix} \sim \begin{bmatrix} 1 & 2 & -1 & 4 \\ 0 & 0 & 5 & -3 \\ 0 & 0 & 0 & 0 \end{bmatrix} = B$$

Der Rang von B ist 2, weil alle 3-quadratischen Minoren von B Null sind, während $\begin{vmatrix} -1 & 4 \\ 5 & -3 \end{vmatrix} \neq 0$ gilt; folglich ist der Rang von A gleich 2. Das Verfahren, aus A eine äquivalente Matrix B zu erhalten, deren Rang durch Untersuchung augenscheinlich ersichtlich ist, kann man vergleichen mit dem Verfahren, bei dem die verschiedenen Minoren von A errechnet werden.

Siehe Aufgabe 3.

ZEILENÄQUIVALENZ. Wenn eine Matrix A zu einer Matrix B ausschließlich durch die Anwendung von elementaren Operationen in der Zeile reduziert wird, dann sagt man, B ist **zeilenäquivalent** mit A und umgekehrt. Die Matrizen A und B aus Beispiel 3 sind zeilenäquivalent.

Jede von Null verschiedene Matrix A mit dem Rang r ist zeilenäquivalent mit einer **kanonischen Matrix** C, in der gilt

(*a*) ein Element oder mehrere Elemente jeder der ersten r Zeilen sind von Null verschieden, während alle anderen Zeilen ausschließlich Nullelemente besitzen.

(*b*) in der i-ten Zeile, $(i = 1, 2, \ldots, r)$, ist das erste von Null verschiedene Element 1; die Spalte, in welchem dieses Element steht, sei mit j_i numeriert.

(*c*) $j_1 < j_2 < \ldots . < j_r$.

(*d*) das einzige von Null verschiedene Element in der Spalte mit der Nummer j_i, $(i = 1, 2, \ldots, r)$, ist das Element 1 der i-ten Zeile.

Um A zu C zu reduzieren, nehme man an, j_1 sei die Nummer der ersten von Null verschiedenen Spalte von A.

(i_1) Wenn $a_{1j_1} \neq 0$ gilt, benutze $H_1(1/a_{1j_1})$, um das Element, wenn nötig, zu 1 zu reduzieren.

(i_2) Wenn $a_{ij_1} = 0$ ist, aber $a_{pj_1} \neq 0$ gilt, benutze H_{1p} und schreite fort wie in (i_1).

(ii) Benutze Transformationen in der Zeile vom Typ **(3)** mit den Anwendungen von Vielfachen der ersten Zeile, um ausschließlich Nullen in der j_1-ten Spalte zu erhalten.

Wenn von Null verschiedene Elemente der Ergebnismatrix B nur in der ersten Zeile auftreten, gilt $B = C$. Andererseits sei angenommen, daß j_2 die Nummer der ersten Spalte ist, in welcher diese nicht auftreten. Wenn $b_{2j_2} \neq 0$ gilt, benutze $H_2(1/b_{2j_2})$ wie in (i_1); wenn $b_{2j_2} \neq 0$, aber $b_{qj_2} \neq 0$ gilt, benutze H_{2q} und schreite wie in (i_1) fort. Dann bereinige man wie in **(ii)** die j_2-te Spalte von allen von Null verschiedenen Elementen.

Wenn von Null verschiedene Elemente der Ergebnismatrix nur in den ersten zwei Zeilen auftauchen, haben wir C. Andererseits wird das Verfahren wiederholt, bis man C erhalten hat.

Beispiel 4. Die Folge von Transformationen in der Zeile $H_{21}(-2), H_{31}(1);\ H_2(1/5);\ H_{12}(1), H_{32}(-5)$, die auf A aus dem Beispiel 3 angewendet wird, führt zu

$$A = \begin{bmatrix} 1 & 2 & -1 & 4 \\ 2 & 4 & 3 & 5 \\ -1 & -2 & 6 & -7 \end{bmatrix} \sim \begin{bmatrix} 1 & 2 & -1 & 4 \\ 0 & 0 & 5 & -3 \\ 0 & 0 & 5 & -3 \end{bmatrix} \sim \begin{bmatrix} 1 & 2 & -1 & 4 \\ 0 & 0 & 1 & -3/5 \\ 0 & 0 & 5 & -3 \end{bmatrix} \sim \begin{bmatrix} 1 & 2 & 0 & 17/5 \\ 0 & 0 & 1 & -3/5 \\ 0 & 0 & 0 & 0 \end{bmatrix}$$
$$= C$$

mit den Eigenschaften (a)–(d). Siehe Aufgabe 4.

DIE NORMALFORM EINER MATRIX. Mittels linearer Transformationen kann jede Matrix A mit dem Rang $r > 0$ zu einer der Formen

$$(5.1) \qquad I_r, \quad \begin{bmatrix} I_r & 0 \\ 0 & 0 \end{bmatrix}, \quad [I_r \;\; 0], \quad \begin{bmatrix} I_r \\ 0 \end{bmatrix}$$

genannt ihre **Normalform**, reduziert werden. Eine Nullmatrix ist gleich ihrer Normalform.

Weil hier Transformationen sowohl in der Zeile als auch in der Spalte verwendet werden können, kann man das Element 1 der ersten Zeile, das in diesem Abschnitt erhalten wurde, in die erste Spalte setzen. Dann kann man sowohl die erste Zeile **als auch** die erste Spalte von anderen von Null verschiedenen Elementen bereinigen. Ähnlich kann das Element 1 der zweiten Zeile in die zweite Spalte gebracht werden usw.

Wendet man zum Beispiel die Folge $H_{21}(-2),\ H_{31}(1),\ K_{21}(-2),\ K_{31}(1),\ K_{41}(-4),\ K_{23},\ K_2(1/5),\ H_{32}(-1),\ K_{42}(3)$ auf die Matrix A aus Beispiel 3 an, erhält man $\begin{bmatrix} I_2 & 0 \\ 0 & 0 \end{bmatrix}$, die Normalform.

Siehe Aufgabe 5.

ELEMENTARMATRIZEN. Die Matrix, die man erhält, wenn man eine elementare Transformation in der Zeile (in der Spalte) auf die Einheitsmatrix I_n anwendet, heißt **Elementarzeilenmatrix (Elementarspaltenmatrix)**. Eine Elementarmatrix wird durch das Symbol bezeichnet, das eingeführt wurde, um die elementaren Transformationen zu bezeichnen, die die Matrix hergestellt haben.

Beispiel 5. Beispiele von Elementarmatrizen, die man aus $I_3 = \begin{bmatrix} 1 & 0 & 0 \\ 0 & 1 & 0 \\ 0 & 0 & 1 \end{bmatrix}$ erhält, sind:

$$H_{12} = \begin{bmatrix} 0 & 1 & 0 \\ 1 & 0 & 0 \\ 0 & 0 & 1 \end{bmatrix} = K_{12}, \qquad H_3(k) = \begin{bmatrix} 1 & 0 & 0 \\ 0 & 1 & 0 \\ 0 & 0 & k \end{bmatrix} = K_3(k), \qquad H_{23}(k) = \begin{bmatrix} 1 & 0 & 0 \\ 0 & 1 & k \\ 0 & 0 & 1 \end{bmatrix} = K_{32}(k)$$

Jede Elementarmatrix ist nichtsingulär. (Warum?)

Der Effekt der Anwendung einer elementaren Transformation auf eine $m \times n$ Matrix A kann man auch durch Multiplikation von A mit einer Elementarmatrix erzielen.

Um den Effekt einer gegebenen elementaren Transformation in der Zeile auf A von der Ordnung $m \times n$ zu erzielen, wende die Transformation auf I_m an, um die korrespondierende Elementarmatrix H zu bilden und multipliziere A **auf der linken Seite** mit H.

Um den Effekt einer gegebenen elementaren Transformation in der Spalte auf A zu erzielen, wende die Transformation auf I_n an, um die korrespondierende Elementarmatrix K zu bilden und multipliziere A **auf der rechten Seite** mit K.

Beispiel 6. Wenn $A = \begin{bmatrix} 1 & 2 & 3 \\ 4 & 5 & 6 \\ 7 & 8 & 9 \end{bmatrix}$ gilt, dann vertauscht $H_{13} \cdot A = \begin{bmatrix} 0 & 0 & 1 \\ 0 & 1 & 0 \\ 1 & 0 & 0 \end{bmatrix}\begin{bmatrix} 1 & 2 & 3 \\ 4 & 5 & 6 \\ 7 & 8 & 9 \end{bmatrix} = \begin{bmatrix} 7 & 8 & 9 \\ 4 & 5 & 6 \\ 1 & 2 & 3 \end{bmatrix}$ die erste mit der dritten Zeile von A; $AK_{13}(2) = \begin{bmatrix} 1 & 2 & 3 \\ 4 & 5 & 6 \\ 7 & 8 & 9 \end{bmatrix} \cdot \begin{bmatrix} 1 & 0 & 0 \\ 0 & 1 & 0 \\ 2 & 0 & 1 \end{bmatrix} = \begin{bmatrix} 7 & 2 & 3 \\ 16 & 5 & 6 \\ 25 & 8 & 9 \end{bmatrix}$ addiert zu der ersten Spalte von A zweimal die dritte.

ES SEIEN A UND B ÄQUIVALENTE MATRIZEN. Es seien die Elementarzeilenmatrizen und Elementarspaltenmatrizen, korrespondierend zu den elementaren Transformationen in der Zeile bzw. in der Spalte, die A zu B reduzieren, bezeichnet mit $H_1, H_2, \ldots, H_s$; $K_1, K_2, \ldots, K_t$, wobei H_1 die erste Transformation in der Zeile ist, H_2 die zweite ist, ...; K_1 die erste Transformation in der Spalte ist, K_2 die zweite ist, ... Dann gilt

(5.2) $$H_s \ldots H_2 \cdot H_1 \cdot A \cdot K_1 \cdot K_2 \ldots K_t = PAQ = B$$

wobei

(5.3) $$P = H_s \ldots H_2 \cdot H_1 \quad \text{und} \quad Q = K_1 \cdot K_2 \ldots K_t$$

sind. Man erhält

III. Zwei Matrizen A und B sind dann und nur dann äquivalent, wenn nichtsinguläre Matrizen P und Q, wie in (5.3) definiert, derart existieren, daß $PAQ = B$ gilt.

Beispiel 7. Wenn $A = \begin{bmatrix} 1 & 2 & -1 & 2 \\ 2 & 5 & -2 & 3 \\ 1 & 2 & 1 & 2 \end{bmatrix}$ ist, dann folgt mit

$$H_{31}(-1) \cdot H_{21}(-2) \cdot A \cdot K_{21}(-2) \cdot K_{31}(1) \cdot K_{41}(-2) \cdot K_{42}(1) \cdot K_3(\tfrac{1}{2})$$

$$= \begin{bmatrix} 1 & 0 & 0 \\ 0 & 1 & 0 \\ -1 & 0 & 1 \end{bmatrix} \cdot \begin{bmatrix} 1 & 0 & 0 \\ -2 & 1 & 0 \\ 0 & 0 & 1 \end{bmatrix} \cdot A \cdot \begin{bmatrix} 1 & -2 & 0 & 0 \\ 0 & 1 & 0 & 0 \\ 0 & 0 & 1 & 0 \\ 0 & 0 & 0 & 1 \end{bmatrix} \cdot \begin{bmatrix} 1 & 0 & 1 & 0 \\ 0 & 1 & 0 & 0 \\ 0 & 0 & 1 & 0 \\ 0 & 0 & 0 & 1 \end{bmatrix} \cdot \begin{bmatrix} 1 & 0 & 0 & -2 \\ 0 & 1 & 0 & 0 \\ 0 & 0 & 1 & 0 \\ 0 & 0 & 0 & 1 \end{bmatrix} \cdot \begin{bmatrix} 1 & 0 & 0 & 0 \\ 0 & 1 & 0 & 1 \\ 0 & 0 & 1 & 0 \\ 0 & 0 & 0 & 1 \end{bmatrix} \cdot \begin{bmatrix} 1 & 0 & 0 & 0 \\ 0 & 1 & 0 & 0 \\ 0 & 0 & \frac{1}{2} & 0 \\ 0 & 0 & 0 & 1 \end{bmatrix}$$

$$= \begin{bmatrix} 1 & 0 & 0 \\ -2 & 1 & 0 \\ -1 & 0 & 1 \end{bmatrix} \cdot A \cdot \begin{bmatrix} 1 & -2 & \frac{1}{2} & -4 \\ 0 & 1 & 0 & 1 \\ 0 & 0 & \frac{1}{2} & 0 \\ 0 & 0 & 0 & 1 \end{bmatrix} = PAQ = \begin{bmatrix} 1 & 0 & 0 & 0 \\ 0 & 1 & 0 & 0 \\ 0 & 0 & 1 & 0 \end{bmatrix} = B$$

Weil jede Matrix mit ihrer Normalform äquivalent ist, erhält man

IV. Wenn A eine n-quadratische, nichtsinguläre Matrix ist, dann existieren nichtsinguläre Matrizen P und Q, wie in (5.3) definiert, derart, daß $PAQ = I_n$ gilt.

Siehe Aufgabe 6.

INVERSE EINES PRODUKTES VON ELEMENTARMATRIZEN. Es seien

$$P = H_s \ldots H_2 \cdot H_1 \quad \text{und} \quad Q = K_1 \cdot K_2 \ldots K_t$$

wobei P und Q wie in (**5.3**) definiert sind. Weil jedes H und jedes K eine Inverse hat und weil die Inverse eines Produktes gleich dem Produkt der Inversen der Faktoren

(**5.4**) $$P^{-1} = H_1^{-1} \cdot H_2^{-1} \ldots H_s^{-1} \quad \text{und} \quad Q^{-1} = K_t^{-1} \ldots K_2^{-1} \cdot K_1^{-1}$$

in umgekehrter Reihenfolge ist. Es sei A eine n-quadratische, nichtsinguläre Matrix, und es seien P und Q definiert wie oben derart, daß $PAQ = I_n$ gilt. Dann gilt

(**5.5**) $$A = P^{-1}(PAQ)Q^{-1} = P^{-1} \cdot I_n \cdot Q^{-1} = P^{-1} \cdot Q^{-1}$$

Wir haben bewiesen:

V. Jede nichtsinguläre Matrix läßt sich als ein Produkt von Elementarmatrizen ausdrücken.

Siehe Aufgabe 7.

Daraus folgen:

VI. Wenn A nichtsingulär ist, dann ist der Rang von AB (gleichfalls von BA) gleich dem Rang von B.

und

VII. Wenn P und Q nichtsingulär sind, dann ist der Rang von PAQ gleich dem Rang von A.

KANONISCHE MENGEN BEZÜGLICH DER ÄQUIVALENZ. In Aufgabe 8 beweisen wir

VIII. Zwei $m \times n$ Matrizen A und B sind dann und nur dann äquivalent, wenn sie denselben Rang haben.

Eine Menge von $m \times n$-Matrizen heißt **kanonische Menge** bezüglich der Äquivalenz, wenn jede $m \times n$ Matrix mit einer und nur einer Matrix der Menge äquivalent ist. Solch eine kanonische Menge ist durch (**5.1**) gegeben, wobei r die Werte $1, 2, \ldots, m$ oder $1, 2, \ldots, n$ durchläuft, je nachdem welche Menge auch immer kleiner ist.

Siehe Aufgabe 9.

RANG EINES PRODUKTES. Es sei A eine $m \times p$ Matrix vom Rang r. Gemäß Satz **III** existieren nichtsinguläre Matrizen P und Q derart, daß

$$PAQ = N = \begin{bmatrix} I_r & 0 \\ 0 & 0 \end{bmatrix}$$

gilt. Dann gilt $A = P^{-1}NQ^{-1}$. Es sei B eine $p \times n$ Matrix; betrachte den Rang von

(**5.6**) $$AB = P^{-1}NQ^{-1}B$$

Gemäß Satz **VI** ist der Rang von AB gleich dem von $NQ^{-1}B$. Nun bestehen die Zeilen von $NQ^{-1}B$ aus den ersten r Zeilen von $Q^{-1}B$ und aus $m - r$ Zeilen von Nullen. Folglich kann der Rang von AB nicht über r, den Rang von A, hinausgehen. Ähnlich kann der Rang von AB nicht größer als der Rang von B sein. Wir haben bewiesen

IX. Der Rang des Produktes zweier Matrizen kann nicht größer sein als der Rang jedes Faktors.

Angenommen, es ist $AB = 0$; dann folgt $NQ^{-1}B = 0$ aus (**5.6**). Das erfordert, daß die ersten r Zeilen von $Q^{-1}B$ aus Nullen bestehen, während die übrigen Zeilen beliebig sein können. Daher kann der Rang von $Q^{-1}B$ und folglich auch der Rang von B nicht größer sein als $p - r$. Wir haben bewiesen:

X. Wenn die $m \times p$ Matrix A den Rang r hat, und wenn die $p \times n$ Matrix B derart ist, daß $AB = 0$ gilt, dann kann der Rang von B nicht größer als $p - r$ sein.

AUFGABEN MIT LÖSUNGEN

1. (*a*) Der Rang von $A = \begin{bmatrix} 1 & 2 & 3 \\ -4 & 0 & 5 \end{bmatrix}$ ist 2, weil $\begin{vmatrix} 1 & 2 \\ -4 & 0 \end{vmatrix} \neq 0$ gilt, und weil keine Minoren der Ordnung drei existieren.

(*b*) Der Rang von $A = \begin{bmatrix} 1 & 2 & 3 \\ 1 & 2 & 5 \\ 2 & 4 & 8 \end{bmatrix}$ ist 2, weil $|A| = 0$ ist und $\begin{vmatrix} 2 & 3 \\ 2 & 5 \end{vmatrix} \neq 0$ gilt.

(*c*) Der Rang von $A = \begin{bmatrix} 0 & 2 & 3 \\ 0 & 4 & 6 \\ 0 & 6 & 9 \end{bmatrix}$ ist 1, weil $|A| = 0$ ist; jeder der neun 2-quadratischen Minoren ist Null, aber **nicht** jedes Element ist Null.

2. Zeige, daß die elementaren Transformationen nicht den Rang einer Matrix verändern.

Wir werden hier nur Transformationen in der Zeile betrachten und werden die Betrachtung der Transformationen in der Spalte als eine Übung zurückstellen. Der Rang der $m \times n$ Matrix A sei r derart, daß jeder $(r+1)$-quadratische Minor von A, wenn er jeweils überhaupt existiert, Null ist. Es sei B die Matrix, die man aus A durch eine Transformation in der Zeile erhält. Bezeichne mit $|R|$ jeden beliebigen $(r+1)$-quadratischen Minor von A und mit $|S|$ den $(r+1)$-quadratischen Minor von B, der dieselbe Position wie $|R|$ innehat.

Es sei H_{ij} die Transformation in der Zeile. Ihr Effekt auf $|R|$ ist entweder (i) ihn unverändert zu lassen, (ii) zwei seiner Zeilen zu vertauschen oder (iii) eine seiner Zeilen mit einer Zeile zu vertauschen, die nicht von $|R|$ stammt. In dem Fall (i) gilt $|S| = |R| = 0$; in dem Fall (ii) gilt $|S| = -|R| = 0$; in dem Fall (iii) ist $|S|$, ohne Berücksichtigung des Vorzeichens, ein anderer $(r+1)$-quadratischer Minor von $|A|$, und folglich ist er Null.

Es sei $H_i(k)$ die Transformation in der Zeile. Ihr Effekt auf $|R|$ ist entweder (i) ihn unverändert zu lassen oder (ii) eine seiner Zeilen mit k zu multiplizieren. Dann gilt $|S| = |R| = 0$ bzw. $|S| = k|R| = 0$.

Es sei $H_{ij}(k)$ die Transformation in der Zeile. Ihr Effekt auf $|R|$ ist entweder (i) ihn unverändert zu lassen, (ii) eine seiner Zeilen um das k-fache einer anderen seiner Zeilen anwachsen zu lasser oder (iii) eine seiner Zeilen um das k-fache einer Zeile anwachsen zu lassen, die nicht von $|R|$ stammt. In den Fällen (i) und (ii) gilt $|S| = |R| = 0$; in dem Fall (iii) gilt $|S| = |R| \pm k$ (ein anderer $(r+1)$-quadratischer Minor von A) $= 0 \pm k \cdot 0 = 0$.

Demgemäß kann eine elementare Transformation in der Zeile nicht den Rang einer Matrix vergrößern. Andererseits kann sie nicht den Rang vermindern; denn könnte sie es tatsächlich, dann könnte die inverse Transformation ihn vergrößern. Folglich kann eine elementare Transformation in der Zeile den Rang einer Matrix nicht ändern.

3. Für jede der Matrizen A ermittle man eine äquivalente Matrix B, und von dieser bestimme man den Rang von A.

$$(a)\quad A = \begin{bmatrix} 1 & 2 & 3 \\ 2 & 1 & 3 \\ 3 & 2 & 1 \end{bmatrix} \sim \begin{bmatrix} 1 & 2 & 3 \\ 0 & -3 & -3 \\ 0 & -4 & -8 \end{bmatrix} \sim \begin{bmatrix} 1 & 2 & 3 \\ 0 & 1 & 1 \\ 0 & 1 & 2 \end{bmatrix} \sim \begin{bmatrix} 1 & 2 & 3 \\ 0 & 1 & 1 \\ 0 & 0 & 1 \end{bmatrix} = B$$

$H_{21}(-2), H_{31}(-3); H_2(-1/3), H_3(-1/4); H_{32}(-1)$ sind die benutzten Transformationen. Der Rang ist 3.

$$(b)\quad A = \begin{bmatrix} 1 & 2 & 3 & 0 \\ 2 & 4 & 3 & 2 \\ 3 & 2 & 1 & 3 \\ 6 & 8 & 7 & 5 \end{bmatrix} \sim \begin{bmatrix} 1 & 2 & 3 & 0 \\ 0 & 0 & -3 & 2 \\ 0 & -4 & -8 & 3 \\ 0 & -4 & -11 & 5 \end{bmatrix} \sim \begin{bmatrix} 1 & 2 & 3 & 0 \\ 0 & -4 & -8 & 3 \\ 0 & 0 & -3 & 2 \\ 0 & -4 & -11 & 5 \end{bmatrix} \sim \begin{bmatrix} 1 & 2 & 3 & 0 \\ 0 & -4 & -8 & 3 \\ 0 & 0 & -3 & 2 \\ 0 & 0 & -3 & 2 \end{bmatrix} \sim \begin{bmatrix} 1 & 2 & 3 & 0 \\ 0 & -4 & -8 & 3 \\ 0 & 0 & -3 & 2 \\ 0 & 0 & 0 & 0 \end{bmatrix} = B.$$ Der Rang ist 3.

$$(c)\quad A = \begin{bmatrix} 1 & 1+i & -i \\ 0 & i & 1+2i \\ 1 & 1+2i & 1+i \end{bmatrix} \sim \begin{bmatrix} 1 & 0 & 0 \\ 0 & i & 1+2i \\ 1 & i & 1+2i \end{bmatrix} \sim \begin{bmatrix} 1 & 0 & 0 \\ 0 & i & 1+2i \\ 0 & 0 & 0 \end{bmatrix} = B.$$ Der Rang ist 2.

Anmerkung: Die hier erhaltenen äquivalenten Matrizen B sind nicht eindeutig. Insbesondere kann der Leser andere Matrizen durch die Verwendung nur von Transformationen in der Spalte erhalten, weil in (*a*) und (*b*) nur Transformationen in der Zeile benutzt werden. Wenn die Elemente rationale Zahlen sind, ist es allgemein nicht vorteilhaft, Transformationen in der Zeile und Transformationen in der Spalte zu mischen.

4. Gib jeweils die kanonische Matrix C an, die zeilenäquivalent mit jeder der angegebenen Matrizen A ist.

$$(a)\quad A = \begin{bmatrix} 0 & 0 & 1 & 3 & -2 \\ 0 & 1 & 2 & 6 & 0 \\ 0 & 2 & 3 & 9 & 2 \\ 0 & 1 & 1 & 3 & 2 \end{bmatrix} \sim \begin{bmatrix} 0 & 1 & 1 & 3 & 2 \\ 0 & 1 & 2 & 6 & 0 \\ 0 & 2 & 3 & 9 & 2 \\ 0 & 0 & 1 & 3 & -2 \end{bmatrix} \sim \begin{bmatrix} 0 & 1 & 1 & 3 & 2 \\ 0 & 0 & 1 & 3 & -2 \\ 0 & 0 & 1 & 3 & -2 \\ 0 & 0 & 1 & 3 & -2 \end{bmatrix} \sim \begin{bmatrix} 0 & 1 & 0 & 0 & 4 \\ 0 & 0 & 1 & 3 & -2 \\ 0 & 0 & 0 & 0 & 0 \\ 0 & 0 & 0 & 0 & 0 \end{bmatrix} = C$$

$$(b)\quad A = \begin{bmatrix} 1 & 2 & -2 & 3 & 1 \\ 1 & 3 & -2 & 3 & 0 \\ 2 & 4 & -3 & 6 & 4 \\ 1 & 1 & -1 & 4 & 6 \end{bmatrix} \sim \begin{bmatrix} 1 & 2 & -2 & 3 & 1 \\ 0 & 1 & 0 & 0 & -1 \\ 0 & 0 & 1 & 0 & 2 \\ 0 & -1 & 1 & 1 & 5 \end{bmatrix} \sim \begin{bmatrix} 1 & 0 & -2 & 3 & 3 \\ 0 & 1 & 0 & 0 & -1 \\ 0 & 0 & 1 & 0 & 2 \\ 0 & 0 & 1 & 1 & 4 \end{bmatrix} \sim \begin{bmatrix} 1 & 0 & 0 & 3 & 7 \\ 0 & 1 & 0 & 0 & -1 \\ 0 & 0 & 1 & 0 & 2 \\ 0 & 0 & 0 & 1 & 2 \end{bmatrix} \sim \begin{bmatrix} 1 & 0 & 0 & 0 & 1 \\ 0 & 1 & 0 & 0 & -1 \\ 0 & 0 & 1 & 0 & 2 \\ 0 & 0 & 0 & 1 & 2 \end{bmatrix} = C$$

5. Reduziere jeweils zur Normalform.

$$(a)\quad A = \begin{bmatrix} 1 & 2 & 0 & -1 \\ 3 & 4 & 1 & 2 \\ -2 & 3 & 2 & 5 \end{bmatrix} \sim \begin{bmatrix} 1 & 2 & 0 & -1 \\ 0 & -2 & 1 & 5 \\ 0 & 7 & 2 & 3 \end{bmatrix} \sim \begin{bmatrix} 1 & 0 & 0 & 0 \\ 0 & -2 & 1 & 5 \\ 0 & 7 & 2 & 3 \end{bmatrix} \sim \begin{bmatrix} 1 & 0 & 0 & 0 \\ 0 & 1 & -2 & 5 \\ 0 & 2 & 7 & 3 \end{bmatrix} \sim \begin{bmatrix} 1 & 0 & 0 & 0 \\ 0 & 1 & -2 & 5 \\ 0 & 0 & 11 & -7 \end{bmatrix} \sim \begin{bmatrix} 1 & 0 & 0 & 0 \\ 0 & 1 & 0 & 0 \\ 0 & 0 & 11 & -7 \end{bmatrix} \sim \begin{bmatrix} 1 & 0 & 0 & 0 \\ 0 & 1 & 0 & 0 \\ 0 & 0 & 1 & 0 \end{bmatrix}$$

$$= [I_3 \;\; 0]$$

Die elementaren Transformationen sind:

$H_{21}(-3)$, $H_{31}(2)$; $K_{21}(-2)$, $K_{41}(1)$; K_{23}; $H_{32}(-2)$; $K_{32}(2)$, $K_{42}(-5)$; $K_3(1/11)$, $K_{43}(7)$

$$(b)\quad A = \begin{bmatrix} 0 & 2 & 3 & 4 \\ 2 & 3 & 5 & 4 \\ 4 & 8 & 13 & 12 \end{bmatrix} \sim \begin{bmatrix} 2 & 3 & 5 & 4 \\ 0 & 2 & 3 & 4 \\ 4 & 8 & 13 & 12 \end{bmatrix} \sim \begin{bmatrix} 1 & 3 & 5 & 4 \\ 0 & 2 & 3 & 4 \\ 2 & 8 & 13 & 12 \end{bmatrix} \sim \begin{bmatrix} 1 & 3 & 5 & 4 \\ 0 & 2 & 3 & 4 \\ 0 & 2 & 3 & 4 \end{bmatrix} \sim \begin{bmatrix} 1 & 0 & 0 & 0 \\ 0 & 2 & 3 & 4 \\ 0 & 2 & 3 & 4 \end{bmatrix} \sim \begin{bmatrix} 1 & 0 & 0 & 0 \\ 0 & 1 & 3 & 4 \\ 0 & 1 & 3 & 4 \end{bmatrix} \sim \begin{bmatrix} 1 & 0 & 0 & 0 \\ 0 & 1 & 0 & 0 \\ 0 & 1 & 0 & 0 \end{bmatrix} \sim \begin{bmatrix} 1 & 0 & 0 & 0 \\ 0 & 1 & 0 & 0 \\ 0 & 0 & 0 & 0 \end{bmatrix}$$

$$= \begin{bmatrix} I_2 & 0 \\ 0 & 0 \end{bmatrix}$$

Die elementaren Transformationen sind:

H_{12}; $K_1(\frac{1}{2})$; $H_{31}(-2)$; $K_{21}(-3)$, $K_{31}(-5)$, $K_{41}(-4)$; $K_2(\frac{1}{2})$; $K_{32}(-3)$, $K_{42}(-4)$; $H_{32}(-1)$

6. Reduziere $A = \begin{bmatrix} 1 & 2 & 3 & -2 \\ 2 & -2 & 1 & 3 \\ 3 & 0 & 4 & 1 \end{bmatrix}$ zur Normalform N und berechne die Matrizen P_1 und Q_1 derart, daß $P_1 A Q_1 = N$ gilt.

Weil A die Größe 3x4 hat, werden wir mit der Anordnung $\begin{matrix} I_4 & \\ A & I_3 \end{matrix}$ arbeiten. Jede Transformation in der Zeile wird mit einer Zeile von sieben Elementen durchgeführt und jede Transformation in der Spalte wird mit einer Spalte von sieben Elementen durchgeführt.

$$\begin{matrix} 1 & 0 & 0 & 0 & & & \\ 0 & 1 & 0 & 0 & & & \\ 0 & 0 & 1 & 0 & & & \\ 0 & 0 & 0 & 1 & & & \\ 1 & 2 & 3 & -2 & 1 & 0 & 0 \\ 2 & -2 & 1 & 3 & 0 & 1 & 0 \\ 3 & 0 & 4 & 1 & 0 & 0 & 1 \end{matrix} \;\rightarrow\; \begin{matrix} 1 & 0 & 0 & 0 & & & \\ 0 & 1 & 0 & 0 & & & \\ 0 & 0 & 1 & 0 & & & \\ 0 & 0 & 0 & 1 & & & \\ 1 & 2 & 3 & -2 & 1 & 0 & 0 \\ 0 & -6 & -5 & 7 & -2 & 1 & 0 \\ 0 & -6 & -5 & 7 & -3 & 0 & 1 \end{matrix} \;\rightarrow\; \begin{matrix} 1 & -2 & -3 & 2 & & & \\ 0 & 1 & 0 & 0 & & & \\ 0 & 0 & 1 & 0 & & & \\ 0 & 0 & 0 & 1 & & & \\ 1 & 0 & 0 & 0 & 1 & 0 & 0 \\ 0 & -6 & -5 & 7 & -2 & 1 & 0 \\ 0 & -6 & -5 & 7 & -3 & 0 & 1 \end{matrix} \;\rightarrow\; \begin{matrix} 1 & -2 & -3 & 2 & & & \\ 0 & 1 & 0 & 0 & & & \\ 0 & 0 & 1 & 0 & & & \\ 0 & 0 & 0 & 1 & & & \\ 1 & 0 & 0 & 0 & 1 & 0 & 0 \\ 0 & -6 & -5 & 7 & -2 & 1 & 0 \\ 0 & 0 & 0 & 0 & -1 & -1 & 1 \end{matrix}$$

$$\rightarrow\; \begin{matrix} 1 & 1/3 & -3 & 2 & & & \\ 0 & -1/6 & 0 & 0 & & & \\ 0 & 0 & 1 & 0 & & & \\ 0 & 0 & 0 & 1 & & & \\ 1 & 0 & 0 & 0 & 1 & 0 & 0 \\ 0 & 1 & -5 & 7 & -2 & 1 & 0 \\ 0 & 0 & 0 & 0 & -1 & -1 & 1 \end{matrix} \;\rightarrow\; \begin{matrix} 1 & 1/3 & -4/3 & -1/3 & & & \\ 0 & -1/6 & -5/6 & 7/6 & & & \\ 0 & 0 & 1 & 0 & & & \\ 0 & 0 & 0 & 1 & & & \\ 1 & 0 & 0 & 0 & 1 & 0 & 0 \\ 0 & 1 & 0 & 0 & -2 & 1 & 0 \\ 0 & 0 & 0 & 0 & -1 & -1 & 1 \end{matrix} \quad \text{oder} \quad \begin{matrix} Q_1 & \\ N & P_1 \end{matrix}$$

Demgemäß gelten $P_1 = \begin{bmatrix} 1 & 0 & 0 \\ -2 & 1 & 0 \\ -1 & -1 & 1 \end{bmatrix}$, $Q_1 = \begin{bmatrix} 1 & 1/3 & -4/3 & -1/3 \\ 0 & -1/6 & -5/6 & 7/6 \\ 0 & 0 & 1 & 0 \\ 0 & 0 & 0 & 1 \end{bmatrix}$ und $P_1 A Q_1 = \begin{bmatrix} 1 & 0 & 0 & 0 \\ 0 & 1 & 0 & 0 \\ 0 & 0 & 0 & 0 \end{bmatrix} = N$.

7. Drücke $A = \begin{bmatrix} 1 & 3 & 3 \\ 1 & 4 & 3 \\ 1 & 3 & 4 \end{bmatrix}$ als ein Produkt von Elementarmatrizen aus.

Die elementaren Transformationen $H_{21}(-1), H_{31}(-1); K_{21}(-3), K_{31}(-3)$ reduzieren A zu I_3, das heißt [siehe (**5.2**)], es gilt

$$I = H_2 \cdot H_1 \cdot A \cdot K_1 \cdot K_2 = H_{31}(-1) \cdot H_{21}(-1) \cdot A \cdot K_{21}(-3) \cdot K_{31}(-3)$$

Wegen (**5.5**) erhält man $A = H_1^{-1} \cdot H_2^{-1} \cdot K_2^{-1} \cdot K_1^{-1} = \begin{bmatrix} 1 & 0 & 0 \\ 1 & 1 & 0 \\ 0 & 0 & 1 \end{bmatrix} \begin{bmatrix} 1 & 0 & 0 \\ 0 & 1 & 0 \\ 1 & 0 & 1 \end{bmatrix} \begin{bmatrix} 1 & 0 & 3 \\ 0 & 1 & 0 \\ 0 & 0 & 1 \end{bmatrix} \begin{bmatrix} 1 & 3 & 0 \\ 0 & 1 & 0 \\ 0 & 0 & 1 \end{bmatrix}$

8. Beweise: Zwei $m \times n$ Matrizen A und B sind dann und nur dann äquivalent, wenn sie denselben Rang haben.

Wenn A und B denselben Rang haben, sind beide mit der gleichen Matrix (**5.1**) äquivalent und sind miteinander äquivalent. Umgekehrt existieren nichtsinguläre Matrizen P und Q derart, daß $B = PAQ$ gilt, wenn A und B äquivalent sind. Gemäß Satz **VII** haben beide denselben Rang.

9. Eine kanonische Menge für von Null verschiedene Matrizen von der Ordnung 3 ist

$$I_3, \quad \begin{bmatrix} I_2 & 0 \\ 0 & 0 \end{bmatrix} = \begin{bmatrix} 1 & 0 & 0 \\ 0 & 1 & 0 \\ 0 & 0 & 0 \end{bmatrix}, \quad \begin{bmatrix} I_1 & 0 \\ 0 & 0 \end{bmatrix} = \begin{bmatrix} 1 & 0 & 0 \\ 0 & 0 & 0 \\ 0 & 0 & 0 \end{bmatrix}$$

Eine kanonische Menge für von Null verschiedene 3×4 Matrizen ist

$$[I_3 \; 0] = \begin{bmatrix} 1 & 0 & 0 & 0 \\ 0 & 1 & 0 & 0 \\ 0 & 0 & 1 & 0 \end{bmatrix}, \quad \begin{bmatrix} I_2 & 0 \\ 0 & 0 \end{bmatrix} = \begin{bmatrix} 1 & 0 & 0 & 0 \\ 0 & 1 & 0 & 0 \\ 0 & 0 & 0 & 0 \end{bmatrix} \quad \begin{bmatrix} I_1 & 0 \\ 0 & 0 \end{bmatrix} = \begin{bmatrix} 1 & 0 & 0 & 0 \\ 0 & 0 & 0 & 0 \\ 0 & 0 & 0 & 0 \end{bmatrix}$$

10. Wenn von einer quadratischen Matrix A von der Ordnung n und vom Rang r_A eine Untermatrix B, bestehend aus s Zeilen (Spalten) von A ausgewählt wird, ist der Rang r_B von B gleich oder größer als $r_A + s - n$.

Die Normalform von A hat $n - r_A$ Zeilen, deren Elemente Null sind und die Normalform von B hat $s - r_B$ Zeilen, deren Elemente Null sind. Demgemäß gilt

$$n - r_A \geq s - r_B$$

und daraus folgt $r_B \geq r_A + s - n$, wie gefordert.

ERGÄNZUNGSAUFGABEN

11. Gib den Rang an von: $(a)\ \begin{bmatrix} 1 & 2 & 3 & 2 \\ 2 & 3 & 5 & 1 \\ 1 & 3 & 4 & 5 \end{bmatrix}$, $(b)\ \begin{bmatrix} 1 & 2 & 1 & 2 \\ 1 & 3 & 2 & 2 \\ 2 & 4 & 3 & 4 \\ 3 & 7 & 4 & 6 \end{bmatrix}$, $(c)\ \begin{bmatrix} 1 & 2 & -2 & 3 \\ 2 & 5 & -4 & 6 \\ -1 & -3 & 2 & -2 \\ 2 & 4 & -1 & 6 \end{bmatrix}$, $(d)\ \begin{bmatrix} 3 & 4 & 5 & 6 & 7 \\ 4 & 5 & 6 & 7 & 8 \\ 5 & 6 & 7 & 8 & 9 \\ 10 & 11 & 12 & 13 & 14 \\ 15 & 16 & 17 & 18 & 19 \end{bmatrix}$

Antwort: (*a*) 2, (*b*) 3, (*c*) 4, (*d*) 2

12. Zeige unter Berücksichtigung von Minoren, daß A, A', $\bar{A}$ und $\bar{A}'$ denselben Rang haben.

13. Zeige, daß die kanonische Matrix C, die zeilenäquivalent mit einer gegebenen Matrix A ist, eindeutig durch A bestimmt wird.

14. Gib jeweils die kanonische Matrix an, die zeilenäquivalent mit jeder der folgenden Matrizen ist:

$(a)\ \begin{bmatrix} 1 & 2 & -3 \\ 2 & 5 & -4 \end{bmatrix} \sim \begin{bmatrix} 1 & 0 & -7 \\ 0 & 1 & 2 \end{bmatrix}$ $(b)\ \begin{bmatrix} 1 & 2 & 3 & 4 \\ 3 & 4 & 1 & 2 \\ 4 & 3 & 1 & 2 \end{bmatrix} \sim \begin{bmatrix} 1 & 0 & 0 & 1/9 \\ 0 & 1 & 0 & 1/9 \\ 0 & 0 & 1 & 11/9 \end{bmatrix}$ $(c)\ \begin{bmatrix} 1 & 1 & 1 & 2 \\ 2 & 1 & -3 & -6 \\ 3 & -3 & 1 & 2 \end{bmatrix} \sim \begin{bmatrix} 1 & 0 & 0 & 0 \\ 0 & 1 & 0 & 0 \\ 0 & 0 & 1 & 2 \end{bmatrix}$

$(d)\ \begin{bmatrix} 1 & 2 & 1 & 0 \\ 3 & 2 & 1 & 2 \\ 2 & -1 & 2 & 5 \\ 5 & 6 & 3 & 2 \\ 1 & 3 & -1 & -3 \end{bmatrix} \sim \begin{bmatrix} 1 & 0 & 0 & 1 \\ 0 & 1 & 0 & -1 \\ 0 & 0 & 1 & 1 \\ 0 & 0 & 0 & 0 \\ 0 & 0 & 0 & 0 \end{bmatrix}$ $(e)\ \begin{bmatrix} 1 & -1 & 1 & 1 & 1 \\ 1 & -1 & 2 & 3 & 1 \\ 2 & -2 & 1 & 0 & 2 \\ 1 & 1 & -1 & -3 & 3 \end{bmatrix} \sim \begin{bmatrix} 1 & 0 & 0 & -1 & 2 \\ 0 & 1 & 0 & 0 & 1 \\ 0 & 0 & 1 & 2 & 0 \\ 0 & 0 & 0 & 0 & 0 \end{bmatrix}$

15. Gib die Normalform zu jeder der Matrizen aus Aufgabe 14 an.

Antwort: $(a)\ [I_2\ 0]$, $(b), (c)\ [I_3\ 0]$ $(d)\ \begin{bmatrix} I_3 & 0 \\ 0 & 0 \end{bmatrix}$ $(e)\ \begin{bmatrix} I_3 & 0 \\ 0 & 0 \end{bmatrix}$

16. Es sei $A = \begin{bmatrix} 1 & 2 & 3 & 4 \\ 2 & 3 & 4 & 1 \\ 3 & 4 & 1 & 2 \end{bmatrix}$.

(*a*) Bilde $H_{12}, H_2(3)$ und $H_{13}(-4)$ aus I_3, und prüfe, ob jedes Produkt HA die korrespondierende Transformation in der Zeile bewirkt.

(*b*) Bilde $K_{24}, K_3(-1)$ und $K_{42}(3)$ aus I_4, und zeige, daß jedes Produkt AK die korrespondierende Transformation in der Spalte bewirkt.

(*c*) Bilde die Inversen $H_{12}^{-1}, H_2^{-1}(3)$ und $H_{13}^{-1}(-4)$ der Elementarmatrizen von (*a*). Prüfe, ob $H \cdot H^{-1} = I$ für jede Transformation H gilt.

(*d*) Bilde die Inversen $K_{24}^{-1}, K_3^{-1}(-1)$ und $K_{42}^{-1}(3)$ der Elementarmatrizen von (*b*). Prüfe, ob $KK^{-1} = I$ für jede Transformation K gilt.

(*e*) Berechne $B = H_{12} \cdot H_2(3) \cdot H_{13}(-4) = \begin{bmatrix} 0 & 3 & 0 \\ 1 & 0 & -4 \\ 0 & 0 & 1 \end{bmatrix}$ und $C = H_{13}^{-1}(-4) \cdot H_2^{-1}(3) \cdot H_{12}^{-1} = \begin{bmatrix} 0 & 1 & 4 \\ 1/3 & 0 & 0 \\ 0 & 0 & 1 \end{bmatrix}$.

(*f*) Zeige, daß $BC = CB = I$ gilt.

17. (*a*) Zeige, daß $K'_{ij} = H_{ij}$, $K'_i(k) = H_i(k)$ und $K'_{ij}(k) = H_{ij}(k)$ gelten.

(*b*) Wenn R ein Produkt von Elementarmatrizen ist, zeige man, daß R' das Produkt in umgekehrter Reihenfolge derselben Elementarmatrizen ist.

18. Beweise: (*a*) AB und BA sind nichtsingulär, wenn A und B nichtsinguläre n-quadratische Matrizen sind.

(*b*) AB und BA sind singulär, wenn mindestens eine der n-quadratischen Matrizen A und B singulär ist.

19. Zeige, daß A, PA, AQ und PAQ denselben Rang haben, wenn P und Q nichtsingulär sind.

Hinweis: Drücke P und Q als Produkte von Elementarmatrizen aus.

20. Reduziere $B = \begin{bmatrix} 1 & 3 & 6 & -1 \\ 1 & 4 & 5 & 1 \\ 1 & 5 & 4 & 3 \end{bmatrix}$ zur Normalform N, und berechne die Matrizen P_2 und Q_2 derart, daß $P_2 B Q_2 = N$ gilt.

21. (*a*) Zeige, daß die Anzahl von Matrizen in einer kanonischen Menge von n-quadratischen Matrizen bezüglich der Äquivalenz $n + 1$ ist.

(*b*) Zeige, daß die Anzahl von Matrizen in einer kanonischen Menge von $m \times n$ Matrizen bezüglich der Äquivalenz kleiner als $m + 1$ und $n + 1$ ist.

22. Gegeben sei $A = \begin{bmatrix} 1 & 2 & 4 & 4 \\ 1 & 3 & 2 & 6 \\ 2 & 5 & 6 & 10 \end{bmatrix}$ mit dem Rang 2. Gib eine 4-quadratische Matrix $B \neq 0$ derart an, daß $AB = 0$ gilt.

Hinweis: Folge dem Beweis des Satzes **X** und nehme

$$Q^{-1}B = \begin{bmatrix} 0 & 0 & 0 & 0 \\ 0 & 0 & 0 & 0 \\ a & b & c & d \\ e & f & g & h \end{bmatrix}$$

wobei $a, b, \ldots, h$ beliebig wählbar sind.

23. Die Matrix A aus Aufgabe 6 und die Matrix B aus Aufgabe 20 sind äquivalent. Gib P und Q derart an, daß $B = PAQ$ gilt.

24. Zeige, daß der Rang von $A+B$ nicht größer werden kann als $r_A + r_B$, wenn die $m \times n$ Matrizen A und B den Rang r_A bzw. r_B haben.

25. Es sei A eine beliebige n-quadratische Matrix, und B sei eine n-quadratische Elementarmatrix. Zeige unter Beachtung jeder der sechs verschiedenen Typen der Matrix B, daß $|AB| = |A| \cdot |B|$ gilt.

26. Es seien A und B n-quadratische Matrizen. (*a*) Zeige, daß $|AB| = |A| \cdot |B|$ gilt, wenn mindestens eine singulär ist; (*b*) Benutze (5.5) und Aufgabe 25, um zu zeigen, daß $|AB| = |A| \cdot |B|$ ist, wenn beide nichtsingulär sind.

27. Zeige, daß Äquivalenz von Matrizen eine Äquivalenzrelation ist.

28. Beweise: Die zeilenäquivalente kanonische Form einer nichtsingulären Matrix A ist I und umgekehrt.

29. Beweise: Nicht jede Matrix A läßt sich ausschließlich durch Transformationen in der Zeile zur Normalform reduzieren.

Hinweis: Zeige eine Matrix vor, die nicht so reduziert werden kann.

30. Zeige, wie die Transformation H_{ij} durch eine Folge von Transformationen in der Zeile der Typen (2) und (3) auf eine beliebige Matrix A wirkt.

31. Beweise: Wenn A eine $m \times n$ Matrix $(m \leqq n)$ mit dem Rang m ist, dann ist AA' eine nichtsinguläre, symmetrische Matrix. Stelle den Satz für den Fall auf, daß $< m$ für den Rang von A gilt.

KAPITEL 6

Die Adjungierte einer quadratischen Matrix

DIE ADJUNGIERTE. Es sei $A = [a_{ij}]$ eine n-quadratische Matrix, und es sei α_{ij} der Kofaktor von a_{ij}; dann ist

$$\textbf{(6.1)} \qquad \text{Adjungierte } A = \text{adj } A = \begin{bmatrix} \alpha_{11} & \alpha_{21} & \cdots & \alpha_{n1} \\ \alpha_{12} & \alpha_{22} & \cdots & \alpha_{n2} \\ \cdots & \cdots & \cdots & \cdots \\ \alpha_{1n} & \alpha_{2n} & & \alpha_{nn} \end{bmatrix}$$

Man beachte sorgfältig, daß die Kofaktoren der Elemente der i-ten Zeile (Spalte) von A die Elemente der i-ten Spalte (Zeile) von adj A sind.

Beispiel 1. Für die Matrix $A = \begin{bmatrix} 1 & 2 & 3 \\ 2 & 3 & 2 \\ 3 & 3 & 4 \end{bmatrix}$ erhält man

$$\alpha_{11} = 6, \quad \alpha_{12} = -2, \quad \alpha_{13} = -3, \quad \alpha_{21} = 1, \quad \alpha_{22} = -5, \quad \alpha_{23} = 3, \quad \alpha_{31} = -5, \quad \alpha_{32} = 4, \quad \alpha_{33} = -1$$

und $$\text{adj } A = \begin{bmatrix} 6 & 1 & -5 \\ -2 & -5 & 4 \\ -3 & 3 & -1 \end{bmatrix}$$

Siehe Aufgaben 1–2.

Unter Verwendung der Sätze **X** und **XI** von Kapitel 3 erhält man

$$\textbf{(6.2)} \qquad A(\text{adj } A) = \begin{bmatrix} a_{11} & a_{12} & \cdots & a_{1n} \\ a_{21} & a_{22} & \cdots & a_{2n} \\ \cdots & \cdots & \cdots & \cdots \\ a_{n1} & a_{n2} & \cdots & a_{nn} \end{bmatrix} \begin{bmatrix} \alpha_{11} & \alpha_{21} & \cdots & \alpha_{n1} \\ \alpha_{12} & \alpha_{22} & \cdots & \alpha_{n2} \\ \cdots & \cdots & \cdots & \cdots \\ \alpha_{1n} & \alpha_{2n} & \cdots & \alpha_{nn} \end{bmatrix}$$

$$= \text{Diag}(|A|, |A|, \ldots, |A|) = |A| \cdot I_n = (\text{adj } A)A$$

Beispiel 2. Für die Matrix A von Beispiel 1 erhält man $|A| = -7$ und

$$A(\text{adj } A) = \begin{bmatrix} 1 & 2 & 3 \\ 2 & 3 & 2 \\ 3 & 3 & 4 \end{bmatrix} \begin{bmatrix} 6 & 1 & -5 \\ -2 & -5 & 4 \\ -3 & 3 & -1 \end{bmatrix} = \begin{bmatrix} -7 & 0 & 0 \\ 0 & -7 & 0 \\ 0 & 0 & -7 \end{bmatrix} = -7I$$

Verwendet man Determinanten in **(6.2)**, erhält man

$$\textbf{(6.3)} \qquad |A| \cdot |\text{adj } A| = |A|^n = |\text{adj } A| \cdot |A|$$

Daraus folgt

I. Wenn A n-quadratisch und nichtsingulär ist, dann gilt

$$\textbf{(6.4)} \qquad |\text{adj } A| = |A|^{n-1}$$

II. Wenn A n-quadratisch und singulär ist, dann gilt

$$A\,(\operatorname{adj} A) = (\operatorname{adj} A)\,A = 0$$

Wenn A den Rang $< n-1$ hat, dann ist $\operatorname{adj} A = 0$. Wenn A den Rang $n-1$ hat, dann hat $\operatorname{adj} A$ den Rang 1.

Siehe Aufgabe 3.

DIE ADJUNGIERTE EINES PRODUKTES. In Aufgabe 4 beweisen wir

III. Wenn A und B n-quadratische Matrizen sind, dann gilt

$$\operatorname{adj} AB = \operatorname{adj} B \cdot \operatorname{adj} A \tag{6.5}$$

MINOR EINER ADJUNGIERTEN. In Aufgabe 6 beweisen wir

IV. Es sei $\left|A^{j_1, j_2, \ldots, j_m}_{i_1, i_2, \ldots, i_m}\right|$ ein m-quadratischer Minor der n-quadratischen Matrix $A = [a_{ij}]$,

es sei $\left|A^{j_{m+1}, j_{m+2}, \ldots, j_n}_{i_{m+1}, i_{m+2}, \ldots, i_n}\right|$ sein Komplement in A, und

es bezeichne $\left|M^{j_1, j_2, \ldots, j_m}_{i_1, i_2, \ldots, i_m}\right|$ den m-quadratischen Minor von $\operatorname{adj} A$, dessen Elemente **die gleiche Position** in $\operatorname{adj} A$ innehaben wie die von $\left|A^{j_1, j_2, \ldots, j_m}_{i_1, i_2, \ldots, i_m}\right|$ in A innehaben.

Dann folgt

$$|A| \cdot \left|M^{j_1, j_2, \ldots, j_m}_{i_1, i_2, \ldots, i_m}\right| = (-1)^s |A|^m \cdot \left|A^{j_{m+1}, j_{m+2}, \ldots, j_n}_{i_{m+1}, i_{m+2}, \ldots, i_n}\right| \tag{6.6}$$

wobei $s = i_1 + i_2 + \ldots + i_m + j_1 + j_2 + \ldots + j_m$ ist.

Wenn in (6.6) A nichtsingulär ist, dann folgt

$$\left|M^{j_1, j_2, \ldots, j_m}_{i_1, i_2, \ldots, i_m}\right| = (-1)^s |A|^{m-1} \cdot \left|A^{j_{m+1}, j_{m+2}, \ldots, j_n}_{i_{m+1}, i_{m+2}, \ldots, i_n}\right| \tag{6.7}$$

Wenn $m = 2$ ist, dann wird (6.7) zu

$$\begin{vmatrix} \alpha_{i_1, j_1} & \alpha_{i_2, j_1} \\ \alpha_{i_1, j_2} & \alpha_{i_2, j_2} \end{vmatrix} = (-1)^{i_1+i_2+j_1+j_2} |A| \cdot \left|A^{j_3, j_4, \ldots, j_n}_{i_3, i_4, \ldots, i_n}\right| \tag{6.8}$$

$$= |A| \cdot \text{ algebraisches Komplement von } \left|A^{j_1, j_2}_{i_1, i_2}\right|$$

Wenn $m = n-1$ gilt, dann wird (6.7) zu

$$\left|M^{j_1, j_2, \ldots, j_{n-1}}_{i_1, i_2, \ldots, i_{n-1}}\right| = (-1)^{i_n + j_n} |A|^{n-2} a_{i_n, j_n} \tag{6.9}$$

Wenn $m = n$ gilt, dann wird (6.4) aus (6.7).

AUFGABEN MIT LÖSUNGEN

1. Die Adjungierte von $A = \begin{bmatrix} a & b \\ c & d \end{bmatrix}$ ist $\begin{bmatrix} \alpha_{11} & \alpha_{21} \\ \alpha_{12} & \alpha_{22} \end{bmatrix} = \begin{bmatrix} d & -b \\ -c & a \end{bmatrix}$.

2. Die Adjungierte von $A = \begin{bmatrix} 1 & 2 & 3 \\ 1 & 3 & 4 \\ 1 & 4 & 3 \end{bmatrix}$ ist $\begin{bmatrix} \begin{vmatrix} 3 & 4 \\ 4 & 3 \end{vmatrix} & -\begin{vmatrix} 2 & 3 \\ 4 & 3 \end{vmatrix} & \begin{vmatrix} 2 & 3 \\ 3 & 4 \end{vmatrix} \\ -\begin{vmatrix} 1 & 4 \\ 1 & 3 \end{vmatrix} & \begin{vmatrix} 1 & 3 \\ 1 & 3 \end{vmatrix} & -\begin{vmatrix} 1 & 3 \\ 1 & 4 \end{vmatrix} \\ \begin{vmatrix} 1 & 3 \\ 1 & 4 \end{vmatrix} & -\begin{vmatrix} 1 & 2 \\ 1 & 4 \end{vmatrix} & \begin{vmatrix} 1 & 2 \\ 1 & 3 \end{vmatrix} \end{bmatrix} = \begin{bmatrix} -7 & 6 & -1 \\ 1 & 0 & -1 \\ 1 & -2 & 1 \end{bmatrix}$.

3. Beweise: Wenn A von der Ordnung n ist und den Rang $n-1$ besitzt, dann besitzt adj A den Rang 1.

Weil A den Rang $n-1$ hat, beachten wir, daß es mindestens einen von Null verschiedenen Kofaktor gibt, und daß adj A mindestens den Rang 1 besitzt. Gemäß Satz **X** in Kapitel 5 besitzt adj A höchstens den Rang $n-(n-1) = 1$. Daher ist der Rang genau 1.

4. Beweise: adj AB = adj $B \cdot$ adj A

Gemäß **(6.2)** gilt $$AB \operatorname{adj} AB = |AB| \cdot I = (\operatorname{adj} AB)AB$$

Weil $$AB \cdot \operatorname{adj} B \cdot \operatorname{adj} A = A(B \cdot \operatorname{adj} B)\operatorname{adj} A = A(|B| \cdot I)\operatorname{adj} A = |B|(A \operatorname{adj} A) = |B| \cdot |A| \cdot I = |AB| \cdot I$$

und $$(\operatorname{adj} B \cdot \operatorname{adj} A)AB = \operatorname{adj} B\{(\operatorname{adj} A)A\}B = \operatorname{adj} B \cdot |A| \cdot I \cdot B = |A|\{(\operatorname{adj} B)B\} = |AB| \cdot I$$

gelten, folgern wir, daß $\operatorname{adj} AB = \operatorname{adj} B \cdot \operatorname{adj} A$ gilt.

5. Zeige, daß adj(adj A) = $|A|^{n-2} \cdot A$ ist, wenn $|A| \neq 0$ gilt.

Gemäß **(6.2)** und **(6.4)** gilt

$$\begin{aligned} \operatorname{adj} A \cdot \operatorname{adj}(\operatorname{adj} A) &= \mathbf{Diag}(|\operatorname{adj} A|, |\operatorname{adj} A|, \ldots, |\operatorname{adj} A|) \\ &= \mathbf{Diag}(|A|^{n-1}, |A|^{n-1}, \ldots, |A|^{n-1}) \end{aligned}$$

Dann folgen $$A \cdot \operatorname{adj} A \cdot \operatorname{adj}(\operatorname{adj} A) = |A|^{n-1} \cdot A$$
$$|A| \cdot \operatorname{adj}(\operatorname{adj} A) = |A|^{n-1} \cdot A$$

und $$\operatorname{adj}(\operatorname{adj} A) = |A|^{n-2} \cdot A$$

6. Beweise: Es sei $\left| A^{j_1, j_2, \ldots, j_m}_{i_1, i_2, \ldots, i_m} \right|$ ein m-quadratischer Minor der n-quadratischen Matrix

$A = [a_{ij}]$,

es sei $\left| A^{j_{m+1}, j_{m+2}, \ldots, j_n}_{i_{m+1}, i_{m+2}, \ldots, i_n} \right|$ sein Komplement in A, und

es bezeichne $\left| M^{j_1, j_2, \ldots, j_m}_{i_1, i_2, \ldots, i_m} \right|$ den m-quadratischen Minor von adj A, dessen Elemente in adj A dieselbe Position wie die Elemente von $\left| A^{j_1, j_2, \ldots, j_m}_{i_1, i_2, \ldots, i_m} \right|$ in A besetzen. Dann gilt

$$|A| \cdot \left| M_{i_1,\, i_2,\, \ldots,\, i_m}^{j_1,\, j_2,\, \ldots,\, j_m} \right| \quad = \quad (-1)^s |A|^m \cdot \left| A_{i_{m+1},\, i_{m+2},\, \ldots,\, i_n}^{j_{m+1},\, j_{m+2},\, \ldots,\, j_n} \right|$$

wobei $s = i_1 + i_2 + \ldots + i_m + j_1 + j_2 + \ldots + j_m$ ist.

Aus

$$\left[\begin{array}{cccc|ccc}
a_{i_1,j_1} & a_{i_1,j_2} & \cdots & a_{i_1,j_m} & a_{i_1,j_{m+1}} & \cdots & a_{i_1,j_n} \\
a_{i_2,j_1} & a_{i_2,j_2} & \cdots & a_{i_2,j_m} & a_{i_2,j_{m+1}} & \cdots & a_{i_2,j_n} \\
\cdots & \cdots & \cdots & \cdots & \cdots & \cdots & \cdots \\
a_{i_m,j_1} & a_{i_m,j_2} & \cdots & a_{i_m,j_m} & a_{i_m,j_{m+1}} & \cdots & a_{i_m,j_n} \\
\hline
a_{i_{m+1},j_1} & a_{i_{m+1},j_2} & \cdots & a_{i_{m+1},j_m} & a_{i_{m+1},j_{m+1}} & \cdots & a_{i_{m+1},j_n} \\
\cdots & \cdots & \cdots & \cdots & \cdots & \cdots & \cdots \\
\cdots & \cdots & \cdots & \cdots & \cdots & \cdots & \cdots \\
a_{i_n,j_1} & a_{i_n,j_2} & \cdots & a_{i_n,j_m} & a_{i_n,j_{m+1}} & \cdots & a_{i_n,j_n}
\end{array}\right]
\left[\begin{array}{cccc|cccc}
\alpha_{i_1,j_1} & \alpha_{i_2,j_1} & \cdots & \alpha_{i_m,j_1} & 0 & 0 & \cdots & 0 \\
\alpha_{i_1,j_2} & \alpha_{i_2,j_2} & \cdots & \alpha_{i_m,j_2} & 0 & 0 & \cdots & 0 \\
\cdots & \cdots & \cdots & \cdots & \cdots & \cdots & \cdots & \cdots \\
\alpha_{i_1,j_m} & \alpha_{i_2,j_m} & \cdots & \alpha_{i_m,j_m} & 0 & 0 & \cdots & 0 \\
\hline
\alpha_{i_1,j_{m+1}} & \alpha_{i_2,j_{m+1}} & \cdots & \alpha_{i_m,j_{m+1}} & 1 & 0 & \cdots & 0 \\
\cdots & \cdots & \cdots & \cdots & \cdots & \cdots & \cdots & \cdots \\
\cdots & \cdots & \cdots & \cdots & \cdots & \cdots & \cdots & \cdots \\
\alpha_{i_1,j_n} & \alpha_{i_2,j_n} & \cdots & \alpha_{i_m,j_n} & 0 & 0 & \cdots & 1
\end{array}\right]$$

$$= \left[\begin{array}{cccc|ccc}
|A| & 0 & \cdots & 0 & a_{i_1,j_{m+1}} & \cdots & a_{i_1,j_n} \\
0 & |A| & \cdots & 0 & a_{i_2,j_{m+1}} & \cdots & a_{i_2,j_n} \\
\cdots & \cdots & \cdots & \cdots & \cdots & \cdots & \cdots \\
0 & 0 & \cdots & |A| & a_{i_m,j_{m+1}} & \cdots & a_{i_m,j_n} \\
\hline
0 & 0 & \cdots & 0 & a_{i_{m+1},j_{m+1}} & \cdots & a_{i_{m+1},j_n} \\
\cdots & \cdots & \cdots & \cdots & \cdots & \cdots & \cdots \\
\cdots & \cdots & \cdots & \cdots & \cdots & \cdots & \cdots \\
0 & 0 & \cdots & 0 & a_{i_n,j_{m+1}} & \cdots & a_{i_n,j_n}
\end{array}\right]$$

erhält man unter Verwendung von Determinanten von beiden Seiten

$$(-1)^s |A| \cdot \left| M_{i_1,\, i_2,\, \ldots,\, i_m}^{j_1,\, j_2,\, \ldots,\, j_m} \right| \quad = \quad |A|^m \cdot \left| A_{i_{m+1},\, i_{m+2},\, \ldots,\, i_n}^{j_{m+1},\, j_{m+2},\, \ldots,\, j_n} \right|$$

wobei s so wie in dem Satz definiert ist. Dann folgt daraus sofort die gewünschte Form.

7. Beweise: Wenn A schiefsymmetrisch von der Ordnung $2n$ ist, dann ist $|A|$ gleich dem Quadrat eines Polynoms der Elemente von A.

Gemäß ihrer Definition ist $|A|$ ein Polynom in ihren Elementen; wir müssen zeigen, daß unter den oben gegebenen Bedingungen dieses Polynom ein vollständiges Quadrat ist.

Der Satz gilt für $n = 1$, weil $|A| = a^2$ gilt, wenn $A = \begin{bmatrix} 0 & a \\ -a & 0 \end{bmatrix}$ ist.

Angenommen sei, daß der Satz für $n = k$ gilt, und betrachte die schiefsymmetrische Matrix $A = [a_{ij}]$ von der Ordnung $2k + 2$. Nach Aufteilung in Untermatrizen schreibe $A = \begin{bmatrix} B & C \\ D & E \end{bmatrix}$, wobei $E = \begin{bmatrix} 0 & a_{2k+1,\, 2k+2} \\ a_{2k+2,\, 2k+1} & 0 \end{bmatrix}$ gilt. Dann ist B schiefsymmetrisch von der Ordnung $2k$, und gemäß

Annahme gilt $|B| = f^2$, wobei f ein Polynom in den Elementen von B ist.

Wenn α_{ij} den Kofaktor von a_{ij} in A bezeichnet, erhält man gemäß Aufgabe 6 in Kapitel 3 und gemäß **(6.8)**

$$\begin{vmatrix} \alpha_{2k+1,\,2k+1} & \alpha_{2k+2,\,2k+1} \\ \alpha_{2k+1,\,2k+2} & \alpha_{2k+2,\,2k+2} \end{vmatrix} = \begin{vmatrix} 0 & \alpha_{2k+2,\,2k+1} \\ \alpha_{2k+1,\,2k+2} & 0 \end{vmatrix} = |A|\cdot|B|$$

Darüber hinaus gilt $\alpha_{2k+2,\,2k+1} = -\alpha_{2k+1,\,2k+2}$; folglich gilt

$$|A|\cdot f^2 = \alpha^2_{2k+1,\,2k+2} \quad \text{, und} \quad |A| = \left\{\frac{\alpha_{2k+1,\,2k+2}}{f}\right\}^2$$

ist ein vollständiges Quadrat.

ERGÄNZUNGSAUFGABEN

8. Berechne die Adjungierte von:

(a) $\begin{bmatrix} 1 & 2 & 3 \\ 0 & 1 & 2 \\ 0 & 0 & 0 \end{bmatrix}$, (b) $\begin{bmatrix} 1 & 2 & 3 \\ 0 & 1 & 2 \\ 0 & 0 & 1 \end{bmatrix}$, (c) $\begin{bmatrix} 1 & 0 & 2 \\ 2 & 1 & 0 \\ 3 & 2 & 1 \end{bmatrix}$, (d) $\begin{bmatrix} 5 & 0 & 0 & 2 \\ 1 & 1 & 0 & 2 \\ 0 & 0 & 2 & 1 \\ 1 & 0 & 0 & 1 \end{bmatrix}$

Antwort: (a) $\begin{bmatrix} 0 & 0 & 1 \\ 0 & 0 & -2 \\ 0 & 0 & 1 \end{bmatrix}$, (b) $\begin{bmatrix} 1 & -2 & 1 \\ 0 & 1 & -2 \\ 0 & 0 & 1 \end{bmatrix}$, (c) $\begin{bmatrix} 1 & 4 & -2 \\ -2 & -5 & 4 \\ 1 & -2 & 1 \end{bmatrix}$, (d) $\begin{bmatrix} 2 & 0 & 0 & -4 \\ 2 & 6 & 0 & -16 \\ 1 & 0 & 3 & -5 \\ -2 & 0 & 0 & 10 \end{bmatrix}$

9. Verifiziere:
(a) Die Adjungierte einer Skalarmatrix ist eine Skalarmatrix.
(b) Die Adjungierte einer Diagonalmatrix ist eine Diagonalmatrix.
(c) Die Adjungierte einer Dreiecksmatrix ist eine Dreiecksmatrix.

10. Schreibe eine Matrix $A \neq 0$ von der Ordnung 3 derart, daß adj $A = 0$ ist.

11. Zeige, daß adj (adj A) $= A$ gilt, wenn A eine 2-quadratische Matrix ist.

12. Zeige, daß $3A'$ die Adjungierte von $A = \begin{bmatrix} -1 & -2 & -2 \\ 2 & 1 & -2 \\ 2 & -2 & 1 \end{bmatrix}$ ist, und daß A selbst die Adjungierte von $A = \begin{bmatrix} -4 & -3 & -3 \\ 1 & 0 & 1 \\ 4 & 4 & 3 \end{bmatrix}$ ist.

13. Beweise: Es ist adj $A = 0$, wenn eine n-quadratische Matrix A den Rang $< n - 1$ besitzt.

14. Beweise: Wenn A symmetrisch ist, gilt dies gleichfalls für adj A.

15. Beweise: Wenn A hermitesch ist, gilt dies gleichfalls für adj A.

16. Beweise: Wenn A schiefsymmetrisch von der Ordnung n ist, dann ist adj A symmetrisch oder schiefsymmetrisch, je nachdem, ob n ungerade bzw. gerade ist.

17. Gibt es für schiefhermitesche Matrizen einen Satz, der dem von Aufgabe 16 ähnlich ist?

18. Zeige für Elementarmatrizen, daß gilt

(a) adj $H_{ij}^{-1} = -H_{ij}$

(b) adj $H_i^{-1}(k)$ = Diag$(1/k, 1/k, \ldots, 1/k, 1, 1/k, \ldots, 1/k)$, wobei das Element 1 in der i-ten Zeile steht.

(c) adj $H_{ij}^{-1}(k) = H_{ij}(k)$, mit ähnlichen Ergebnissen für die K's.

19. Beweise: Wenn eine n-quadratische Matrix A den Rang n oder $n-1$ besitzt und wenn $H_s \ldots H_2 \cdot H_1 \cdot A \cdot K_1 \cdot K_2 \ldots K_t = \lambda$ ist, wobei λ entweder I_n oder $\begin{bmatrix} I_{n-1} & 0 \\ 0 & 0 \end{bmatrix}$ ist, dann gilt

$$\text{adj}\, A = \text{adj}\, K_1^{-1} \cdot \text{adj}\, K_2^{-1} \ldots \text{adj}\, K_t^{-1} \cdot \text{adj}\, \lambda \cdot \text{adj}\, H_s^{-1} \ldots \text{adj}\, H_2^{-1} \cdot \text{adj}\, H_1^{-1}$$

20. Benutze die Methode von Aufgabe 19, um die Adjungierte von

(a) A von Aufgabe 7, Kapitel 5, zu berechnen. (b) $\begin{bmatrix} 1 & 1 & 1 & 0 \\ 2 & 3 & 3 & 2 \\ 1 & 2 & 3 & 2 \\ 4 & 6 & 7 & 4 \end{bmatrix}$

Antwort: (a) $\begin{bmatrix} 7 & -3 & -3 \\ -1 & 1 & 0 \\ -1 & 0 & 1 \end{bmatrix}$. (b) $\begin{bmatrix} -14 & 2 & -2 & 2 \\ 14 & -2 & 2 & -2 \\ 0 & 0 & 0 & 0 \\ -7 & 1 & -1 & 1 \end{bmatrix}$

21. Es seien $A = [a_{ij}]$ und $B = [k - a_{ij}]$ 3-quadratische Matrizen. Zeige, daß

$$S(\text{adj}\, A) = S(\text{adj}\, B) \quad \text{und} \quad |B| = k \cdot S(\text{adj}\, A) - |A|$$

gelten, wenn $S(C)$ gleich der Summe von Elementen der Matrix C ist.

22. Beweise: Wenn A n-quadratisch ist, dann gilt $|\text{adj}(\text{adj}\, A)| = |A|^{(n-1)^2}$.

23. Es sei $A_n = [a_{ij}]$, $(i, j = 1, 2, \ldots, n)$, die untere Dreiecksmatrix, deren Dreieck das Pascalsche Dreieck ist; zum Beispiel sei

$$A_4 = \begin{bmatrix} 1 & 0 & 0 & 0 \\ 1 & 1 & 0 & 0 \\ 1 & 2 & 1 & 0 \\ 1 & 3 & 3 & 1 \end{bmatrix}$$

Definiere $b_{ij} = (-1)^{i+j} a_{ij}$ und verifiziere für $n = 2, 3, 4$, daß

(i) $$\text{adj}\, A_n = [b_{ij}] = A_n^{-1}$$

gilt.

24. Es sei B aus A erhalten, indem man ihre i-ten und p-ten Zeilen und ihre j-ten und q-ten Spalten streicht. Zeige, daß

$$\begin{vmatrix} \alpha_{ij} & \alpha_{pj} \\ \alpha_{iq} & \alpha_{pq} \end{vmatrix} = (-1)^{i+p+j+q} |B| \cdot |A|$$

gilt, wobei α_{ij} der Kofaktor von a_{ij} in $|A|$ ist.

KAPITEL 7

Die Inverse einer Matrix

WENN A **UND** B n-quadratische Matrizen derart sind, daß $AB = BA = I$ gilt, dann heißt B die Inverse (Kehrmatrix) zu A, ($B = A^{-1}$), und A heißt die Inverse (Kehrmatrix) zu B, ($A = B^{-1}$).

In Aufgabe 1 beweisen wir:

I. Eine n-quadratische Matrix A hat dann und nur dann eine Inverse, wenn sie nichtsingulär ist.

Die Inverse einer nichtsingulären n-quadratischen Matrix ist eindeutig (siehe Aufgabe 7, Kapitel 2).

II. Wenn A nichtsingulär ist, dann folgt $B = C$ aus $AB = AC$.

DIE INVERSE einer nichtsingulären Diagonalmatrix $\text{Diag}(k_1, k_2, \ldots, k_n)$ ist die Diagonalmatrix

$$\text{Diag}(1/k_1, 1/k_2, \ldots, 1/k_n)$$

Wenn $A_1, A_2, \ldots, A_s$ nichtsinguläre Matrizen sind, dann ist

$$\text{Diag}(A_1^{-1}, A_2^{-1}, \ldots, A_s^{-1})$$

die Inverse der direkten Summe $\text{Diag}(A_1, A_2, \ldots, A_s)$.

Verfahren zur Berechnung der Inversen einer allgemeinen nichtsingulären Matrix werden weiter unten angegeben.

INVERSENBILDUNG UNTER BENUTZUNG DER ADJUNGIERTEN. Aus (6.2) folgt $A \operatorname{adj} A = |A| \cdot I$. Wenn A nichtsingulär ist, gilt

$$\textbf{(7.1)} \qquad A^{-1} = \frac{\operatorname{adj} A}{|A|} = \begin{bmatrix} \alpha_{11}/|A| & \alpha_{21}/|A| & \ldots & \alpha_{n1}/|A| \\ \alpha_{12}/|A| & \alpha_{22}/|A| & \ldots & \alpha_{n2}/|A| \\ \ldots\ldots & \ldots\ldots & \ldots\ldots & \ldots\ldots \\ \ldots\ldots & \ldots\ldots & \ldots\ldots & \ldots\ldots \\ \alpha_{1n}/|A| & \alpha_{2n}/|A| & \ldots & \alpha_{nn}/|A| \end{bmatrix}$$

Beispiel 1. Gemäß Aufgabe 2, Kapitel 6, ist $\begin{bmatrix} -7 & 6 & -1 \\ 1 & 0 & -1 \\ 1 & -2 & 1 \end{bmatrix}$ die Adjungierte von $A = \begin{bmatrix} 1 & 2 & 3 \\ 1 & 3 & 4 \\ 1 & 4 & 3 \end{bmatrix}$.

Weil $|A| = -2$ ist, folgt $A^{-1} = \dfrac{\operatorname{adj} A}{|A|} = \begin{bmatrix} 7/2 & -3 & \frac{1}{2} \\ -\frac{1}{2} & 0 & \frac{1}{2} \\ -\frac{1}{2} & 1 & -\frac{1}{2} \end{bmatrix}$.

Siehe Aufgabe 2.

INVERSENBILDUNG UNTER BENUTZUNG VON ELEMENTARMATRIZEN. Die nichtsinguläre, n-quadratische Matrix A sei zu I durch elementare Transformationen derart reduziert, daß

$$H_s \dots H_2 \cdot H_1 \cdot A \cdot K_1 \cdot K_2 \dots K_t = PAQ = I$$

gilt. Dann gilt $A = P^{-1} \cdot Q^{-1}$ gemäß (5.5) und

$$(7.2) \qquad A^{-1} = (P^{-1} \cdot Q^{-1})^{-1} = Q \cdot P = K_1 \cdot K_2 \dots K_t \cdot H_s \dots H_2 \cdot H_1$$

weil $(B^{-1})^{-1} = B$ gilt.

Beispiel 2. Gemäß Aufgabe 7, Kapitel 5, gilt

$$H_2 H_1 A K_1 K_2 = \begin{bmatrix} 1 & 0 & 0 \\ 0 & 1 & 0 \\ -1 & 0 & 1 \end{bmatrix} \begin{bmatrix} 1 & 0 & 0 \\ -1 & 1 & 0 \\ 0 & 0 & 1 \end{bmatrix} \cdot A \cdot \begin{bmatrix} 1 & -3 & 0 \\ 0 & 1 & 0 \\ 0 & 0 & 1 \end{bmatrix} \begin{bmatrix} 1 & 0 & -3 \\ 0 & 1 & 0 \\ 0 & 0 & 1 \end{bmatrix} = I$$

$$\text{Dann folgt } A^{-1} = K_1 K_2 H_2 H_1 = \begin{bmatrix} 1 & -3 & 0 \\ 0 & 1 & 0 \\ 0 & 0 & 1 \end{bmatrix} \begin{bmatrix} 1 & 0 & -3 \\ 0 & 1 & 0 \\ 0 & 0 & 1 \end{bmatrix} \begin{bmatrix} 1 & 0 & 0 \\ -1 & 1 & 0 \\ 0 & 0 & 1 \end{bmatrix} \begin{bmatrix} 1 & 0 & 0 \\ 0 & 1 & 0 \\ -1 & 0 & 1 \end{bmatrix} = \begin{bmatrix} 7 & -3 & -3 \\ -1 & 1 & 0 \\ -1 & 0 & 1 \end{bmatrix}.$$

In Kapitel 5 wurde gezeigt, daß man eine nichtsinguläre Matrix ausschließlich durch Zeilentransformationen zur Normalform reduzieren kann. Dann erhält man aus (7.2) mit $Q = I$

$$(7.3) \qquad A^{-1} = P = H_s \dots H_2 \cdot H_1$$

Das heißt:

III. Wenn A ausschließlich durch eine Folge von Zeilentransformationen zu I reduziert wird, dann ist A^{-1} gleich dem Produkt der korrespondierenden Elementarmatrizen, wobei aber zu beachten ist, daß die Reihenfolge für die Produktbildung umgekehrt wird.

Beispiel 3. Man gebe die Inverse von $A = \begin{bmatrix} 1 & 3 & 3 \\ 1 & 4 & 3 \\ 1 & 3 & 4 \end{bmatrix}$ von Beispiel 2 an, indem man ausschließlich Zeilentransformationen benutzt, um A zu I zu reduzieren.

Schreibe die Matrix $[A\ I_3]$ und führe die Folge von Zeilentransformationen, die A in I_3 überführen, mit Zeilen von jeweils sechs Elementen aus. Man erhält

$$[A\ I_3] = \left[\begin{array}{ccc|ccc} 1 & 3 & 3 & 1 & 0 & 0 \\ 1 & 4 & 3 & 0 & 1 & 0 \\ 1 & 3 & 4 & 0 & 0 & 1 \end{array}\right] \sim \left[\begin{array}{ccc|ccc} 1 & 3 & 3 & 1 & 0 & 0 \\ 0 & 1 & 0 & -1 & 1 & 0 \\ 0 & 0 & 1 & -1 & 0 & 1 \end{array}\right] \sim \left[\begin{array}{ccc|ccc} 1 & 0 & 3 & 4 & -3 & 0 \\ 0 & 1 & 0 & -1 & 1 & 0 \\ 0 & 0 & 1 & -1 & 0 & 1 \end{array}\right] \sim \left[\begin{array}{ccc|ccc} 1 & 0 & 0 & 7 & -3 & -3 \\ 0 & 1 & 0 & -1 & 1 & 0 \\ 0 & 0 & 1 & -1 & 0 & 1 \end{array}\right]$$

$$= [I_3\ A^{-1}]$$

gemäß (7.3). Demgemäß ist I_3 in $A^{-1} = \begin{bmatrix} 7 & -3 & -3 \\ -1 & 1 & 0 \\ -1 & 0 & 1 \end{bmatrix}$ überführt, so wie A zu I_3 reduziert ist.

Siehe Aufgabe 3.

INVERSENBILDUNG DURCH AUFTEILUNG. Es sei $A = [a_{ij}]$ von der Ordnung n, und ihre Inverse $B = [b_{ij}]$ sei in Untermatrizen mit jeweils angegebener Ordnung aufgeteilt:

$$\left[\begin{array}{c|c} A_{11} & A_{12} \\ (p \times p) & (p \times q) \\ \hline A_{21} & A_{22} \\ (q \times p) & (q \times q) \end{array}\right] \quad \text{und} \quad \left[\begin{array}{c|c} B_{11} & B_{12} \\ (p \times p) & (p \times q) \\ \hline B_{21} & B_{22} \\ (q \times p) & (q \times q) \end{array}\right] \text{, wobei } p + q = n \text{ gilt.}$$

Weil $AB = BA = I_n$ ist, erhalten wir

$$(7.4)\quad \begin{cases} \text{(i)}\ A_{11}B_{11} + A_{12}B_{21} = I_p & \text{(iii)}\ B_{21}A_{11} + B_{22}A_{21} = 0 \\ \text{(ii)}\ A_{11}B_{12} + A_{12}B_{22} = 0 & \text{(iv)}\ B_{21}A_{12} + B_{22}A_{22} = I_q \end{cases}$$

Unter der Voraussetzung, daß A_{11} nichtsingulär ist, gilt

$$(7.5)\quad \begin{cases} B_{11} = A_{11}^{-1} + (A_{11}^{-1}A_{12})\xi^{-1}(A_{21}A_{11}^{-1}) & B_{21} = -\xi^{-1}(A_{21}A_{11}^{-1}) \\ B_{12} = -(A_{11}^{-1}A_{12})\xi^{-1} & B_{22} = \xi^{-1} \end{cases}$$

wobei $\xi = A_{22} - A_{21}(A_{11}^{-1}A_{12})$ ist.

Siehe Aufgabe 4.

Tatsächlich verwendet man gewöhnlich A_{11} der Ordnung $n-1$. Das folgende Verfahren benutzt man, um A_{11}^{-1} zu erhalten Es sei

$$G_2 = \begin{bmatrix} a_{11} & a_{12} \\ a_{21} & a_{22} \end{bmatrix}, \quad G_3 = \begin{bmatrix} a_{11} & a_{12} & a_{13} \\ a_{21} & a_{22} & a_{23} \\ a_{31} & a_{32} & a_{33} \end{bmatrix}, \quad G_4 = \begin{bmatrix} a_{11} & a_{12} & a_{13} & a_{14} \\ a_{21} & a_{22} & a_{23} & a_{24} \\ a_{31} & a_{32} & a_{33} & a_{34} \\ a_{41} & a_{42} & a_{43} & a_{44} \end{bmatrix}, \quad \ldots$$

Nach der Berechnung von G_2^{-1} wird G_3 so in Untermatrizen aufgeteilt, daß $A_{22} = [a_{33}]$ ist und man benutzt (7.5), um G_3^{-1} zu erhalten. Man wiederholt jetzt das Verfahren nach erfolgter Aufteilung in Untermatrizen für G_4 so, daß $A_{22} = [a_{44}]$ ist usw.

Beispiel 4. Gib die Inverse von $A = \begin{bmatrix} 1 & 3 & 3 \\ 1 & 4 & 3 \\ 1 & 3 & 4 \end{bmatrix}$ unter Verwendung von Untermatrizen an.

Verwende $A_{11} = \begin{bmatrix} 1 & 3 \\ 1 & 4 \end{bmatrix}$, $A_{12} = \begin{bmatrix} 3 \\ 3 \end{bmatrix}$, $A_{21} = [1\ 3]$ und $A_{22} = [4]$. Es gelten

$$A_{11}^{-1} = \begin{bmatrix} 4 & -3 \\ -1 & 1 \end{bmatrix}, \quad A_{11}^{-1}A_{12} = \begin{bmatrix} 4 & -3 \\ -1 & 1 \end{bmatrix}\begin{bmatrix} 3 \\ 3 \end{bmatrix} = \begin{bmatrix} 3 \\ 0 \end{bmatrix}, \quad A_{21}A_{11}^{-1} = [1\ 3]\begin{bmatrix} 4 & -3 \\ -1 & 1 \end{bmatrix} = [1\ 0],$$

$$\xi = A_{22} - A_{21}(A_{11}^{-1}A_{12}) = [4] - [1\ 3]\begin{bmatrix} 3 \\ 0 \end{bmatrix} = [1], \quad \text{und} \quad \xi^{-1} = [1]$$

Dann folgen

$$B_{11} = A_{11}^{-1} + (A_{11}^{-1}A_{12})\xi^{-1}(A_{21}A_{11}^{-1}) = \begin{bmatrix} 4 & -3 \\ -1 & 1 \end{bmatrix} + \begin{bmatrix} 3 \\ 0 \end{bmatrix}[1]\cdot[1\ 0]$$

$$= \begin{bmatrix} 4 & -3 \\ -1 & 1 \end{bmatrix} + \begin{bmatrix} 3 & 0 \\ 0 & 0 \end{bmatrix} = \begin{bmatrix} 7 & -3 \\ -1 & 1 \end{bmatrix}$$

$$B_{12} = -(A_{11}^{-1}A_{12})\xi^{-1} = \begin{bmatrix} -3 \\ 0 \end{bmatrix}$$

$$B_{21} = -\xi^{-1}(A_{21}A_{11}^{-1}) = [-1,0]$$

$$B_{22} = \xi^{-1} = [1]$$

und

$$A^{-1} = \begin{bmatrix} B_{11} & B_{12} \\ B_{21} & B_{22} \end{bmatrix} = \begin{bmatrix} 7 & -3 & -3 \\ -1 & 1 & 0 \\ -1 & 0 & 1 \end{bmatrix}$$

Siehe Aufgaben 5–6.

DIE INVERSE EINER SYMMETRISCHEN MATRIX. Wenn A symmetrisch ist, dann ist $\alpha_{ij} = \alpha_{ji}$, und nur $\frac{1}{2}n(n+1)$ – anstelle normalerweise n^2 – Kofaktoren müssen berechnet werden, wenn man A^{-1} aus adj A bilden will.

Wenn es vorteilhaft ist, A^{-1} als das Produkt von Elementarmatrizen zu berechnen, müssen die elementaren Transformationen so durchgeführt werden, daß die Eigenschaft der Symmetrie erhalten bleibt. Das erfordert, daß die Transformationen paarweise durchgeführt werden, einer Zeilentransformation folgt immer die gleiche Spaltentransformation. Zum Beispiel gilt

$$H_{12}\begin{bmatrix} 0 & b & c & \ldots \\ b & a & \ldots\ldots & \\ c & \ldots\ldots\ldots & & \\ \cdot & & & \\ \cdot & & & \\ \cdot & & & \end{bmatrix}K_{12} = \begin{bmatrix} a & b & \ldots\ldots & \\ b & 0 & c & \ldots \\ \cdot & c & \ldots\ldots & \\ \cdot & & & \\ \cdot & & & \\ \cdot & & & \end{bmatrix}$$

$$H_{21}(-\tfrac{b}{a})\begin{bmatrix} a & b & c & \ldots \\ b & & & \\ c & & & \\ \cdot & & & \\ \cdot & & & \\ \cdot & & & \end{bmatrix}K_{21}(-\tfrac{b}{a}) = \begin{bmatrix} a & 0 & c & \ldots \\ 0 & & & \\ c & & & \\ \cdot & & & \\ \cdot & & & \\ \cdot & & & \end{bmatrix}$$

Wenn das Element a der Hauptdiagonalen durch 1 ersetzt werden soll, dann sind $H_1(1/\sqrt{a})$ und $K_1(1/\sqrt{a})$ das Paar der Transformationen. Im allgemeinen ist $\sqrt{a}$ entweder irrational oder imaginär; folglich ist dieses Verfahren nicht empfehlenswert.

Am vorteilhaftesten ist es, die Methode der Aufteilung in Untermatrizen zu benutzen, weil dann (7.5) reduziert wird zu

$$\text{(7.6)} \qquad \begin{aligned} B_{11} &= A_{11}^{-1} + (A_{11}^{-1}A_{12})\xi^{-1}(A_{11}^{-1}A_{12})', & B_{21} &= B_{12}' \\ B_{12} &= -(A_{11}^{-1}A_{12})\xi^{-1}, & B_{22} &= \xi^{-1} \end{aligned}$$

wobei $\xi = A_{22} - A_{21}(A_{11}^{-1}A_{12})$ ist.

Siehe Aufgabe 7.

Wenn A nicht symmetrisch ist, kann man das obige Verfahren benutzen, um die Inverse von $A'A$ zu finden, die symmetrisch ist, und dann wird die Inverse von A gefunden durch

$$\text{(7.7)} \qquad A^{-1} = (A'A)^{-1}A'$$

AUFGABEN MIT LÖSUNGEN

1. Beweise: Eine n-quadratische Matrix A hat dann und nur dann eine Inverse, wenn sie nichtsingulär ist.

Angenommen, A sei nichtsingulär. Gemäß Satz IV, Kapitel 5, existieren nichtsinguläre Matrizen P und Q derart, daß $PAQ = I$ gilt. Dann ist $A = P^{-1} \cdot Q^{-1}$, und $A^{-1} = Q \cdot P$ existiert.

Angenommen, A^{-1} existiere. $A \cdot A^{-1} = I$ hat den Rang n. Wenn A singulär wäre, hätte AA^{-1} den Rang $< n$; folglich ist A nichtsingulär.

2. (*a*) Wenn $A = \begin{bmatrix} 2 & 3 \\ 1 & 4 \end{bmatrix}$ ist, dann gelten $|A| = 5$, $\operatorname{adj} A = \begin{bmatrix} 4 & -3 \\ -1 & 2 \end{bmatrix}$ und $A^{-1} = \begin{bmatrix} 4/5 & -3/5 \\ -1/5 & 2/5 \end{bmatrix}$.

(*b*) Wenn $A = \begin{bmatrix} 2 & 3 & 1 \\ 1 & 2 & 3 \\ 3 & 1 & 2 \end{bmatrix}$ ist, dann gelten $|A| = 18$, $\operatorname{adj} A = \begin{bmatrix} 1 & -5 & 7 \\ 7 & 1 & -5 \\ -5 & 7 & 1 \end{bmatrix}$

und
$$A^{-1} = \frac{1}{18}\begin{bmatrix} 1 & -5 & 7 \\ 7 & 1 & -5 \\ -5 & 7 & 1 \end{bmatrix}.$$

3. Gib die Inverse von $A = \begin{bmatrix} 2 & 4 & 3 & 2 \\ 3 & 6 & 5 & 2 \\ 2 & 5 & 2 & -3 \\ 4 & 5 & 14 & 14 \end{bmatrix}$ an.

$$[A\ I_4] = \left[\begin{array}{cccc|cccc} 2 & 4 & 3 & 2 & 1 & 0 & 0 & 0 \\ 3 & 6 & 5 & 2 & 0 & 1 & 0 & 0 \\ 2 & 5 & 2 & -3 & 0 & 0 & 1 & 0 \\ 4 & 5 & 14 & 14 & 0 & 0 & 0 & 1 \end{array}\right] \sim \left[\begin{array}{cccc|cccc} 1 & 2 & 3/2 & 1 & 1/2 & 0 & 0 & 0 \\ 3 & 6 & 5 & 2 & 0 & 1 & 0 & 0 \\ 2 & 5 & 2 & -3 & 0 & 0 & 1 & 0 \\ 4 & 5 & 14 & 14 & 0 & 0 & 0 & 1 \end{array}\right] \sim \left[\begin{array}{cccc|cccc} 1 & 2 & 3/2 & 1 & 1/2 & 0 & 0 & 0 \\ 0 & 0 & 1/2 & -1 & -3/2 & 1 & 0 & 0 \\ 0 & 1 & -1 & -5 & -1 & 0 & 1 & 0 \\ 0 & -3 & 8 & 10 & -2 & 0 & 0 & 1 \end{array}\right]$$

$$\sim \left[\begin{array}{cccc|cccc} 1 & 2 & 3/2 & 1 & 1/2 & 0 & 0 & 0 \\ 0 & 1 & -1 & -5 & -1 & 0 & 1 & 0 \\ 0 & 0 & 1/2 & -1 & -3/2 & 1 & 0 & 0 \\ 0 & -3 & 8 & 10 & -2 & 0 & 0 & 1 \end{array}\right] \sim \left[\begin{array}{cccc|cccc} 1 & 0 & 7/2 & 11 & 5/2 & 0 & -2 & 0 \\ 0 & 1 & -1 & -5 & -1 & 0 & 1 & 0 \\ 0 & 0 & 1 & -2 & -3 & 2 & 0 & 0 \\ 0 & 0 & 5 & -5 & -5 & 0 & 3 & 1 \end{array}\right]$$

$$\sim \left[\begin{array}{cccc|cccc} 1 & 0 & 0 & 18 & 13 & -7 & -2 & 0 \\ 0 & 1 & 0 & -7 & -4 & 2 & 1 & 0 \\ 0 & 0 & 1 & -2 & -3 & 2 & 0 & 0 \\ 0 & 0 & 0 & 5 & 10 & -10 & 3 & 1 \end{array}\right] \sim \left[\begin{array}{cccc|cccc} 1 & 0 & 0 & 18 & 13 & -7 & -2 & 0 \\ 0 & 1 & 0 & -7 & -4 & 2 & 1 & 0 \\ 0 & 0 & 1 & -2 & -3 & 2 & 0 & 0 \\ 0 & 0 & 0 & 1 & 2 & -2 & 3/5 & 1/5 \end{array}\right]$$

$$\sim \left[\begin{array}{cccc|cccc} 1 & 0 & 0 & 0 & -23 & 29 & -64/5 & -18/5 \\ 0 & 1 & 0 & 0 & 10 & -12 & 26/5 & 7/5 \\ 0 & 0 & 1 & 0 & 1 & -2 & 6/5 & 2/5 \\ 0 & 0 & 0 & 1 & 2 & -2 & 3/5 & 1/5 \end{array}\right]$$

$$= [I_4\ A^{-1}]$$

Die Inverse ist $A^{-1} = \begin{bmatrix} -23 & 29 & -64/5 & -18/5 \\ 10 & -12 & 26/5 & 7/5 \\ 1 & -2 & 6/5 & 2/5 \\ 2 & -2 & 3/5 & 1/5 \end{bmatrix}$

4. Löse
$$\begin{cases} \text{(i)} \quad A_{11}B_{11} + A_{12}B_{21} = I & \text{(iii)} \quad B_{21}A_{11} + B_{22}A_{21} = 0 \\ \text{(ii)} \quad A_{11}B_{12} + A_{12}B_{22} = 0 & \text{(iv)} \quad B_{21}A_{12} + B_{22}A_{22} = I \end{cases}$$

für B_{11}, B_{12}, B_{21} und B_{22}.

Setze $B_{22} = \xi^{-1}$. Aus (ii) folgt $B_{12} = -(A_{11}^{-1}A_{12})\xi^{-1}$; aus (iii) folgt $B_{21} = -\xi^{-1}(A_{21}A_{11}^{-1})$; und aus (i) folgt $B_{11} = A_{11}^{-1} - A_{11}^{-1}A_{12}B_{21} = A_{11}^{-1} + (A_{11}^{-1}A_{12})\xi^{-1}(A_{21}A_{11}^{-1})$.

Schließlich, eingesetzt in (**iv**), erhält man

$$-\xi^{-1}(A_{21}A_{11}^{-1})A_{12} + \xi^{-1}A_{22} = I \quad \text{und} \quad \xi = A_{22} - (A_{21}A_{11}^{-1})A_{12}$$

5. Gib die Inverse von $A = \begin{bmatrix} 1 & 2 & 3 & 1 \\ 1 & 3 & 3 & 2 \\ 2 & 4 & 3 & 3 \\ 1 & 1 & 1 & 1 \end{bmatrix}$ unter Verwendung von Untermatrizen an.

(*a*) Benutze $G_3 = \begin{bmatrix} 1 & 2 & 3 \\ 1 & 3 & 3 \\ 2 & 4 & 3 \end{bmatrix}$ und teile so auf, daß

$$A_{11} = \begin{bmatrix} 1 & 2 \\ 1 & 3 \end{bmatrix}, \quad A_{12} = \begin{bmatrix} 3 \\ 3 \end{bmatrix}, \quad A_{21} = [2 \ \ 4] \quad \text{und} \quad A_{22} = [3]$$

Nun gelten $A_{11}^{-1} = \begin{bmatrix} 3 & -2 \\ -1 & 1 \end{bmatrix}$, $A_{11}^{-1}A_{12} = \begin{bmatrix} 3 & -2 \\ -1 & 1 \end{bmatrix}\begin{bmatrix} 3 \\ 3 \end{bmatrix} = \begin{bmatrix} 3 \\ 0 \end{bmatrix}$, $A_{21}A_{11}^{-1} = [2 \ \ 4]\begin{bmatrix} 3 & -2 \\ -1 & 1 \end{bmatrix} = [2 \ \ 0]$,

$$\xi = A_{22} - A_{21}(A_{11}^{-1}A_{12}) = [3] - [2 \ \ 4]\begin{bmatrix} 3 \\ 0 \end{bmatrix} = [-3] \quad \text{und} \quad \xi^{-1} = [-1/3]$$

Dann gelten $B_{11} = A_{11}^{-1} + (A_{11}^{-1}A_{12})\xi^{-1}(A_{21}A_{11}^{-1}) = \begin{bmatrix} 3 & -2 \\ -1 & 1 \end{bmatrix} + \begin{bmatrix} 3 \\ 0 \end{bmatrix}\begin{bmatrix} -\frac{1}{3} \end{bmatrix}[2 \ \ 0] = \begin{bmatrix} 3 & -2 \\ -1 & 1 \end{bmatrix} - \begin{bmatrix} 2 & 0 \\ 0 & 0 \end{bmatrix}$

$$= \frac{1}{3}\begin{bmatrix} 3 & -6 \\ -3 & 3 \end{bmatrix}$$

$$B_{12} = -(A_{11}^{-1}A_{12})\xi^{-1} = \frac{1}{3}\begin{bmatrix} 3 \\ 0 \end{bmatrix}, \quad B_{21} = -\xi^{-1}(A_{21}A_{11}^{-1}) = \frac{1}{3}[2 \ \ 0], \quad B_{22} = \xi^{-1} = \begin{bmatrix} -\frac{1}{3} \end{bmatrix}$$

und

$$G_3^{-1} = \begin{bmatrix} B_{11} & B_{12} \\ B_{21} & B_{22} \end{bmatrix} = \frac{1}{3}\begin{bmatrix} 3 & -6 & 3 \\ -3 & 3 & 0 \\ 2 & 0 & -1 \end{bmatrix}$$

(*b*) Teile *A* so auf, daß $A_{11} = \begin{bmatrix} 1 & 2 & 3 \\ 1 & 3 & 3 \\ 2 & 4 & 3 \end{bmatrix}$, $A_{12} = \begin{bmatrix} 1 \\ 2 \\ 3 \end{bmatrix}$, $A_{21} = [1 \ \ 1 \ \ 1]$ und $A_{22} = [1]$ gelten.

Nun gelten $A_{11}^{-1} = \frac{1}{3}\begin{bmatrix} 3 & -6 & 3 \\ -3 & 3 & 0 \\ 2 & 0 & -1 \end{bmatrix}$, $A_{11}^{-1}A_{12} = \frac{1}{3}\begin{bmatrix} 0 \\ 3 \\ -1 \end{bmatrix}$, $A_{21}A_{11}^{-1} = \frac{1}{3}[2 \ \ -3 \ \ 2]$,

$$\xi = [1] - [1 \ \ 1 \ \ 1](\tfrac{1}{3})\begin{bmatrix} 0 \\ 3 \\ -1 \end{bmatrix} = \begin{bmatrix} \frac{1}{3} \end{bmatrix} \quad \text{und} \quad \xi^{-1} = [3]$$

Dann gelten

$$B_{11} = \frac{1}{3}\begin{bmatrix} 3 & -6 & 3 \\ -3 & 3 & 0 \\ 2 & 0 & -1 \end{bmatrix} + \frac{1}{3}\begin{bmatrix} 0 \\ 3 \\ -1 \end{bmatrix}[3]\frac{1}{3}[2 \ \ -3 \ \ 2] = \frac{1}{3}\begin{bmatrix} 3 & -6 & 3 \\ -3 & 3 & 0 \\ 2 & 0 & -1 \end{bmatrix} + \frac{1}{3}\begin{bmatrix} 0 & 0 & 0 \\ 6 & -9 & 6 \\ -2 & 3 & -2 \end{bmatrix} = \begin{bmatrix} 1 & -2 & 1 \\ 1 & -2 & 2 \\ 0 & 1 & -1 \end{bmatrix}$$

$$B_{12} = \begin{bmatrix} 0 \\ -3 \\ 1 \end{bmatrix}, \quad B_{21} = [-2 \ \ 3 \ \ -2], \quad B_{22} = [3]$$

und

$$A^{-1} = \begin{bmatrix} B_{11} & B_{12} \\ B_{21} & B_{22} \end{bmatrix} = \begin{bmatrix} 1 & -2 & 1 & 0 \\ 1 & -2 & 2 & -3 \\ 0 & 1 & -1 & 1 \\ -2 & 3 & -2 & 3 \end{bmatrix}$$

6. Gib die Inverse von $A = \begin{bmatrix} 1 & 3 & 3 \\ 1 & 3 & 4 \\ 1 & 4 & 3 \end{bmatrix}$ unter Verwendung von Untermatrizen an.

Wir können den Minor $A_{11} = \begin{bmatrix} 1 & 3 \\ 1 & 3 \end{bmatrix}$ nicht verwenden, weil er singulär ist.

Gemäß Aufgabe 3 ist $B^{-1} = \begin{bmatrix} 7 & -3 & -3 \\ -1 & 1 & 0 \\ -1 & 0 & 1 \end{bmatrix}$ die Inverse von $H_{23}A = \begin{bmatrix} 1 & 0 & 0 \\ 0 & 0 & 1 \\ 0 & 1 & 0 \end{bmatrix} A = \begin{bmatrix} 1 & 3 & 3 \\ 1 & 4 & 3 \\ 1 & 3 & 4 \end{bmatrix} = B$. Dann gilt

$$A^{-1} = B^{-1}H_{23} = \begin{bmatrix} 7 & -3 & -3 \\ -1 & 1 & 0 \\ -1 & 0 & 1 \end{bmatrix} \cdot \begin{bmatrix} 1 & 0 & 0 \\ 0 & 0 & 1 \\ 0 & 1 & 0 \end{bmatrix} = \begin{bmatrix} 7 & -3 & -3 \\ -1 & 0 & 1 \\ -1 & 1 & 0 \end{bmatrix}$$

Wenn der $(n-1)$-quadratische Minor A_{11} der n-quadratischen, nichtsingulären Matrix A singulär ist, bringen wir demgemäß eine nichtsinguläre $(n-1)$-quadratische Matrix in die obere linke Ecke, um B zu erhalten, bilden die Inverse von B, und durch die passende Transformation bezüglich B^{-1} erhält man A^{-1}.

7. Bilde die Inverse der symmetrischen Matrix $A = \begin{bmatrix} 2 & 1 & -1 & 2 \\ 1 & 3 & 2 & -3 \\ -1 & 2 & 1 & -1 \\ 2 & -3 & -1 & 4 \end{bmatrix}$.

Betrachte zuerst die Untermatrix $G_3 = \begin{bmatrix} 2 & 1 & -1 \\ 1 & 3 & 2 \\ -1 & 2 & 1 \end{bmatrix}$, die so aufgeteilt ist, daß

$$A_{11} = \begin{bmatrix} 2 & 1 \\ 1 & 3 \end{bmatrix}, \quad A_{12} = \begin{bmatrix} -1 \\ 2 \end{bmatrix}, \quad A_{21} = [-1 \ \ 2], \quad A_{22} = [1]$$

Dann gelten $A_{11}^{-1} = \begin{bmatrix} 3/5 & -1/5 \\ -1/5 & 2/5 \end{bmatrix}$, $A_{11}^{-1}A_{12} = \begin{bmatrix} 3/5 & -1/5 \\ -1/5 & 2/5 \end{bmatrix}\begin{bmatrix} -1 \\ 2 \end{bmatrix} = \begin{bmatrix} -1 \\ 1 \end{bmatrix}$,

$$\xi = A_{22} - A_{21}(A_{11}^{-1}A_{12}) = [1] - [-1 \ \ 2]\begin{bmatrix} -1 \\ 1 \end{bmatrix} = [-2] \quad \text{und} \quad \xi^{-1} = [-\tfrac{1}{2}]$$

Dann folgen $B_{11} = \begin{bmatrix} 3/5 & -1/5 \\ -1/5 & 2/5 \end{bmatrix} + \begin{bmatrix} -1 \\ 1 \end{bmatrix}[-\tfrac{1}{2}][-1 \ \ 1] = \begin{bmatrix} 3/5 & -1/5 \\ -1/5 & 2/5 \end{bmatrix} + \begin{bmatrix} -\frac{1}{2} & \frac{1}{2} \\ \frac{1}{2} & -\frac{1}{2} \end{bmatrix} = \frac{1}{10}\begin{bmatrix} 1 & 3 \\ 3 & -1 \end{bmatrix}$,

$$B_{12} = \begin{bmatrix} -\frac{1}{2} \\ \frac{1}{2} \end{bmatrix}, \quad B_{21} = [-\tfrac{1}{2} \ \ \tfrac{1}{2}], \quad B_{22} = [-\tfrac{1}{2}]$$

und

$$G_3^{-1} = \frac{1}{10}\begin{bmatrix} 1 & 3 & -5 \\ 3 & -1 & 5 \\ -5 & 5 & -5 \end{bmatrix}$$

Betrachte nun die Matrix A, die so aufgeteilt ist, daß

$$A_{11} = \begin{bmatrix} 2 & 1 & -1 \\ 1 & 3 & 2 \\ -1 & 2 & 1 \end{bmatrix}, \quad A_{12} = \begin{bmatrix} 2 \\ -3 \\ -1 \end{bmatrix}, \quad A_{21} = [2 \ \ -3 \ \ -1], \quad A_{22} = [4]$$

Dann gelten $A_{11}^{-1} = \frac{1}{10}\begin{bmatrix} 1 & 3 & -5 \\ 3 & -1 & 5 \\ -5 & 5 & -5 \end{bmatrix}$, $A_{11}^{-1}A_{12} = \begin{bmatrix} -1/5 \\ 2/5 \\ -2 \end{bmatrix}$, $\xi = [18/5]$, $\xi^{-1} = [5/18]$.

Dann folgen $B_{11} = \frac{1}{18}\begin{bmatrix} 2 & 5 & -7 \\ 5 & -1 & 5 \\ -7 & 5 & 11 \end{bmatrix}$, $B_{12} = \frac{1}{18}\begin{bmatrix} 1 \\ -2 \\ 10 \end{bmatrix}$, $B_{21} = \frac{1}{18}[1 \ -2 \ 10]$, $B_{22} = [5/18]$

und $$A^{-1} = \frac{1}{18}\begin{bmatrix} 2 & 5 & -7 & 1 \\ 5 & -1 & 5 & -2 \\ -7 & 5 & 11 & 10 \\ 1 & -2 & 10 & 5 \end{bmatrix}$$

ERGÄNZUNGSAUFGABEN

8. Gib jeweils die Adjungierte und Inverse zu den folgenden Matrizen an:

$$(a)\ \begin{bmatrix} 1 & 2 & -1 \\ -1 & 1 & 2 \\ 2 & -1 & 1 \end{bmatrix},\quad (b)\ \begin{bmatrix} 2 & 3 & 4 \\ 4 & 3 & 1 \\ 1 & 2 & 4 \end{bmatrix},\quad (c)\ \begin{bmatrix} 1 & 2 & 3 \\ 2 & 4 & 5 \\ 3 & 5 & 6 \end{bmatrix},\quad (d)\ \begin{bmatrix} 1 & 2 & 0 & 0 \\ 0 & 3 & 0 & 0 \\ 0 & 0 & 2 & 1 \\ 0 & 0 & 0 & 3 \end{bmatrix}$$

Antwort: Inverse

$$(a)\ \frac{1}{14}\begin{bmatrix} 3 & -1 & 5 \\ 5 & 3 & -1 \\ -1 & 5 & 3 \end{bmatrix},\quad (b)\ \frac{1}{5}\begin{bmatrix} -10 & 4 & 9 \\ 15 & -4 & -14 \\ -5 & 1 & 6 \end{bmatrix},\quad (c)\ \begin{bmatrix} 1 & -3 & 2 \\ -3 & 3 & -1 \\ 2 & -1 & 0 \end{bmatrix},\quad (d)\ \begin{bmatrix} 1 & -2/3 & 0 & 0 \\ 0 & 1/3 & 0 & 0 \\ 0 & 0 & 1/2 & -1/6 \\ 0 & 0 & 0 & 1/3 \end{bmatrix}$$

9. Gib die Inverse der Matrix von Aufgabe 8 (d) als eine direkte Summe an.

10. Gib die Inversen der Matrizen von Aufgabe 8 unter Benutzung der Methode von Aufgabe 3 an.

11. Gleichfalls für die Matrizen

$$(a)\ \begin{bmatrix} 1 & 1 & 1 & 1 \\ 1 & 2 & 3 & -4 \\ 2 & 3 & 5 & -5 \\ 3 & -4 & -5 & 8 \end{bmatrix},\quad (b)\ \begin{bmatrix} 3 & 4 & 2 & 7 \\ 2 & 3 & 3 & 2 \\ 5 & 7 & 3 & 9 \\ 2 & 3 & 2 & 3 \end{bmatrix},\quad (c)\ \begin{bmatrix} 2 & 5 & 2 & 3 \\ 2 & 3 & 3 & 4 \\ 3 & 6 & 3 & 2 \\ 4 & 12 & 0 & 8 \end{bmatrix},\quad (d)\ \begin{bmatrix} 1 & 3 & 3 & 2 & 1 \\ 1 & 4 & 3 & 3 & -1 \\ 1 & 3 & 4 & 1 & 1 \\ 1 & 1 & 1 & 1 & -1 \\ 1 & -2 & -1 & 2 & 2 \end{bmatrix}$$

Antwort: $$(a)\ \frac{1}{18}\begin{bmatrix} 2 & 16 & -6 & 4 \\ 22 & 41 & -30 & -1 \\ -10 & -44 & 30 & -2 \\ 4 & -13 & 6 & -1 \end{bmatrix}\quad (c)\ \frac{1}{48}\begin{bmatrix} -144 & 36 & 60 & 21 \\ 48 & -20 & -12 & -5 \\ 48 & -4 & -12 & -13 \\ 0 & 12 & -12 & 3 \end{bmatrix}$$

$$(b)\ \frac{1}{2}\begin{bmatrix} -1 & 11 & 7 & -26 \\ -1 & -7 & -3 & 16 \\ 1 & 1 & -1 & 0 \\ 1 & -1 & -1 & 2 \end{bmatrix}\quad (d)\ \frac{1}{15}\begin{bmatrix} 30 & -20 & -15 & 25 & -5 \\ 30 & -11 & -18 & 7 & -8 \\ -30 & 12 & 21 & -9 & 6 \\ -15 & 12 & 6 & -9 & 6 \\ 15 & -7 & -6 & -1 & -1 \end{bmatrix}$$

12. Benutze das Ergebnis von Beispiel 4, um die Inverse der Matrix von Aufgabe 11 (d) unter Verwendung von Untermatrizen zu erhalten.

13. Gib unter Verwendung von Untermatrizen die Inversen der Matrizen der Aufgaben 8 (a), 8 (b) und 11 (a)–11(c) an.

14. Gib unter Verwendung von Untermatrizen die Inversen der symmetrischen Matrizen an:

$$(a)\ \begin{bmatrix} 1 & 2 & -1 & 2 \\ 2 & 2 & -1 & 1 \\ -1 & -1 & 1 & -1 \\ 2 & 1 & -1 & 2 \end{bmatrix}, \quad (b)\ \begin{bmatrix} 0 & 1 & 2 & 2 \\ 1 & 1 & 2 & 3 \\ 2 & 2 & 2 & 3 \\ 2 & 3 & 3 & 3 \end{bmatrix}.$$

Antwort: $(a)\ -\frac{1}{2}\begin{bmatrix} 1 & -1 & -1 & -1 \\ -1 & -1 & -1 & 1 \\ -1 & -1 & -5 & -1 \\ -1 & 1 & -1 & -1 \end{bmatrix}, \quad (b)\ \begin{bmatrix} -3 & 3 & -3 & 2 \\ 3 & -4 & 4 & -2 \\ -3 & 4 & -5 & 3 \\ 2 & -2 & 3 & -2 \end{bmatrix}$

15. Beweise: Wenn A nichtsingulär ist, dann folgt $B = C$ aus $AB = AC$.

16. Wenn die nichtsingulären Matrizen A und B vertauschbar sind, zeige man, daß dies gleichfalls gilt für (a) A^{-1} und B, (b) A und B^{-1}, (c) A^{-1} und B^{-1}. *Hinweis*: (a) $A^{-1}(AB)A^{-1} = A^{-1}(BA)A^{-1}$.

17. Wenn die nichtsinguläre Matrix A symmetrisch ist, zeige man, daß dies gleichfalls für A^{-1} gilt. *Hinweis*: $A^{-1}A = I = (AA^{-1})' = (A^{-1})'A$.

18. Wenn die nichtsingulären, symmetrischen Matrizen A und B vertauschbar sind, zeige man, daß (a) $A^{-1}B$, (b) AB^{-1} und (c) $A^{-1}B^{-1}$ symmetrisch sind. *Hinweis*: (a) $(A^{-1}B)' = (BA^{-1})' = (A^{-1})'B' = A^{-1}B$.

19. Man sagt, eine $m \times n$ Matrix A hat eine *Rechtsinverse B*, wenn $AB = I$ gilt und eine *Linksinverse C*, wenn $CA = I$ gilt. Zeige, daß A dann und nur dann eine Rechtsinverse hat, wenn A den Rang m hat und dann und nur dann eine Linksinverse hat, wenn A den Rang n hat.

20. Gib eine Rechtsinverse von $A = \begin{bmatrix} 1 & 3 & 2 & 3 \\ 1 & 4 & 1 & 3 \\ 1 & 3 & 5 & 4 \end{bmatrix}$ an, wenn eine existiert.

Hinweis: Der Rang von A ist 3, und die Untermatrix $S = \begin{bmatrix} 1 & 3 & 2 \\ 1 & 4 & 1 \\ 1 & 3 & 5 \end{bmatrix}$ ist nichtsingulär mit der Inversen S^{-1}.

Eine Rechtsinverse von A ist die 4x3 Matrix $B = \begin{bmatrix} S^{-1} \\ 0 \end{bmatrix} = \frac{1}{3}\begin{bmatrix} 17 & -9 & -5 \\ -4 & 3 & 1 \\ -1 & 0 & 1 \\ 0 & 0 & 0 \end{bmatrix}$.

21. Zeige, daß die Untermatrix $T = \begin{bmatrix} 1 & 3 & 3 \\ 1 & 4 & 3 \\ 1 & 3 & 4 \end{bmatrix}$ von Aufgabe 20 nichtsingulär ist, und ermittle $\begin{bmatrix} 7 & -3 & -3 \\ -1 & 1 & 0 \\ 0 & 0 & 0 \\ -1 & 0 & 1 \end{bmatrix}$ als andere Rechtsinverse von A.

22. Ermittle $\begin{bmatrix} 7 & -1 & -1 & a \\ -3 & 1 & 0 & b \\ -3 & 0 & 1 & c \end{bmatrix}$ als eine Linksinverse von $\begin{bmatrix} 1 & 1 & 1 \\ 3 & 4 & 3 \\ 3 & 3 & 4 \\ 0 & 0 & 0 \end{bmatrix}$, wobei a, b und c beliebig wählbar sind.

23. Zeige, daß $A = \begin{bmatrix} 1 & 3 & 4 & 7 \\ 1 & 4 & 5 & 9 \\ 2 & 3 & 5 & 8 \end{bmatrix}$ weder eine Rechtsinverse noch eine Linksinverse besitzt.

24. Beweise: Wenn $|A_{11}| \neq 0$ ist, dann gilt $\begin{vmatrix} A_{11} & A_{12} \\ A_{21} & A_{22} \end{vmatrix} = |A_{11}| \cdot |A_{22} - A_{21}A_{11}^{-1}A_{12}|$.

25. Wenn $|I + A| \neq 0$ gilt, dann sind $(I + A)^{-1}$ und $(I - A)$ vertauschbar.

26. Beweise: (i) von Aufgabe 23, Kapitel 6.

KAPITEL 8

Körper

ZAHLENKÖRPER. Eine Menge S reeller oder komplexer Zahlen, die aus mehr als nur dem Element Null besteht, heißt ein **Zahlenkörper**, ausgestattet mit Operationen der Addition, Subtraktion, Multiplikation und Division (außer durch Null), die für zwei beliebige Zahlen eine Zahl von S ergeben.

Beispiele von Zahlenkörpern sind:

(a) die Menge aller rationalen Zahlen,
(b) die Menge aller reellen Zahlen,
(c) die Menge aller Zahlen der Form $a + b\sqrt{3}$, wobei a und b rationale Zahlen sind,
(d) die Menge aller komplexen Zahlen $a + bi$, wobei a und b reelle Zahlen sind.

Die Menge aller ganzen Zahlen und die Menge aller Zahlen der Form $b\sqrt{3}$, wobei b eine rationale Zahl ist, bilden **keinen** Zahlenkörper.

ALLGEMEINE KÖRPER. Eine Menge S von zwei oder mehr Elementen mit zwei Operationen, genannt Addition (+) und Multiplikation (·), heißt ein Körper F, vorausgesetzt, daß (a, b, c, ... sind Elemente von F, d. h., Skalare) gilt:

A_1: $a + b$ ist ein eindeutiges Element von F

A_2: $a + b = b + a$

A_3: $a + (b + c) = (a + b) + c$

A_4: Für jedes Element a in F existiert ein Element 0 in F derart, daß $a + 0 = 0 + a = a$ gilt.

A_5: Für jedes Element a in F existiert ein eindeutiges Element $-a$ in F derart, daß $a + (-a) = 0$ gilt.

M_1: $ab = a \cdot b$ ist ein eindeutiges Element von F.

M_2: $ab = ba$

M_3: $(ab)c = a(bc)$

M_4: Für jedes Element a in F existiert ein eindeutiges Element $1 \neq 0$ derart, daß $1 \cdot a = a \cdot 1 = a$ gilt.

M_5: Für jedes Element $a \neq 0$ in F existiert ein eindeutiges Element a^{-1} in F derart, daß $a \cdot a^{-1} = a^{-1} \cdot a = 1$ gilt.

D_1: $a(b + c) = ab + ac$

D_2: $(a + b)c = ac + bc$

Zusätzlich zu den Zahlenkörpern, wie sie oben aufgelistet sind, sind weitere Beispiele von Körpern:

(e) die Menge aller Quotienten $\frac{P(x)}{Q(x)}$ der Polynome in x mit reellen Koeffizienten,

(f) die Menge aller 2×2 Matrizen der Form $\begin{bmatrix} a & -b \\ b & a \end{bmatrix}$, wobei a und b reelle Zahlen sind,

(g) die Menge, in der $a + a = 0$ gilt. Dieser Körper, der **von der Charakteristik** 2 genannt wird, wird im folgenden **ausgeschlossen**. In diesem Körper ist zum Beispiel der übliche Beweis, daß eine Determinante dann Null ist, wenn sie zwei identische Zeilen hat, nicht gültig. Beim Vertauschen zweier identischer Zeilen führt uns das zu $D = -D$ oder zu $2D = 0$; aber D ist nicht notwendigerweise gleich Null.

UNTERKÖRPER. Wenn S und T zwei Mengen sind, und jedes Element von S ist gleichfalls ein Element von T, dann heißt S eine **Untermenge** von T.

Wenn S und T Körper sind, und wenn S eine Untermenge von T ist, dann heißt S ein **Unterkörper** von T. Der Körper aller reeller Zahlen ist zum Beispiel ein Unterkörper des Körpers aller komplexer Zahlen; der Körper aller rationalen Zahlen ist ein Unterkörper des Körpers aller reellen Zahlen und des Körpers aller komplexer Zahlen.

MATRIZEN AUF EINEM KÖRPER. Wenn alle Elemente einer Matrix A in einem Körper F sind, dann sagen wir, „A **ist auf** F". Zum Beispiel ist

$A = \begin{bmatrix} 1 & 1/2 \\ 1/4 & 2/3 \end{bmatrix}$ auf dem rationalen Körper, und $B = \begin{bmatrix} 1 & 1+i \\ 2 & 1-3i \end{bmatrix}$ ist auf dem komplexen Körper. Hier ist A gleichfalls auf dem reellen Körper, B aber nicht; gleichfalls ist A auf dem komplexen Körper.

Es seien $A, B, C, \ldots$ Matrizen auf dem gleichen Körper F, und F sei der kleinste Körper, der alle diese Elemente enthält; das heißt, wenn alle Elemente rationale Zahlen sind, dann ist der Körper F der rationale Körper, nicht aber der reelle oder komplexe Körper. Eine Prüfung der zahlreichen Operationen, die für diese Matrizen definiert sind, ob individuell oder kollektiv gesehen, zeigt in den vorangehenden Kapiteln, daß keine anderen Elemente mit Ausnahme der in F überhaupt benötigt werden. Zum Beispiel:

Die Summe, die Differenz und das Produkt sind Matrizen auf F.

Wenn A nichtsingulär ist, dann ist ihre Inverse auf F.

Wenn $A \sim I$ gilt, dann existieren Matrizen P und Q auf F derart, daß $PAQ = I$ ist, und I ist auf F.

Wenn A auf dem rationalen Körper ist und den Rang r besitzt, dann bleibt der Rang unverändert, wenn er auf dem reellen oder dem auf dem komplexen Körper betrachtet wird.

Wenn ab jetzt gesagt wird, A soll auf F sein, dann wird angenommen, daß F der kleinste Körper ist, der alle ihre Elemente enthält.

In späteren Kapiteln wird es gelegentlich nötig sein, den Körper zu beschränken, zum Beispiel auf den reellen Körper. Gelegentlich wird der Körper der Elemente erweitert, zum Beispiel von dem rationalen Körper zum reellen Körper. Andererseits impliziert die Feststellung „A auf F" keine Restriktion bezüglich des Körpers, **mit Ausnahme des Körpers der Charakteristik 2.**

AUFGABEN MIT LÖSUNGEN

1. Verifiziere, daß die Menge aller komplexen Zahlen einen Körper bilden.

Um dies durchzuführen, prüfen wir einfach die Eigenschaften $A_1 - A_5$, $M_1 - M_5$ und $D_1 - D_2$. Das Nullelement (A_4) ist Null, und das Einselement (M_4) ist 1. Wenn $a + bi$ und $c + di$ zwei Elemente sind, dann ist $-a - bi$ das Negative (A_5) von $a + bi$, und $(a + bi)(c + di) = (ac - bd) + (ad + bc)i$ ist das Produkt (M_1);

$$\frac{1}{a+bi} = \frac{a-bi}{a^2+b^2} = \frac{a}{a^2+b^2} - \frac{bi}{a^2+b^2}$$

ist die Inverse (M_5) von $a + bi \neq 0$. Die Verifizierung der übrigen Eigenschaften wird dem Leser als eine Übung überlassen.

ERGÄNZUNGSAUFGABEN

2. Verifiziere (*a*) die Menge aller reellen Zahlen der Form $a + b\sqrt{5}$, wobei a und b rationale Zahlen sind und

(*b*) die Menge aller Quotienten $\frac{P(x)}{Q(x)}$ von Polynomen in x mit reellen Koeffizienten bilden Körper.

3. Verifiziere (*a*) die Menge aller reellen Zahlen,

(*b*) die Menge aller Zahlen $a + b\sqrt{3}$, wobei a und b rationale Zahlen sind, und

(*c*) die Menge aller Zahlen $a + bi$, wobei a und b rationale Zahlen sind, sind Unterkörper des komplexen Körpers.

4. Verifiziere, daß die Menge aller 2x2-Matrizen der Form $\begin{bmatrix} a & -b \\ b & a \end{bmatrix}$, wobei a und b rationale Zahlen sind, einen Körper bilden. Zeige, daß dieser ein Unterkörper des Körpers aller 2x2-Matrizen der Form $\begin{bmatrix} a & -b \\ b & a \end{bmatrix}$ ist, wobei a und b reelle Zahlen sind.

5. Warum bildet die Menge aller 2x2-Matrizen mit reellen Elementen keinen Körper?

6. Eine Menge R von Elementen $a, b, c, \ldots$, die den Bedingungen $(A_1, A_2, A_3, A_4, A_5; M_1, M_3; D_1, D_2)$ von Seite 64 genügen, heißt ein **Ring**. Um hervorzuheben, daß Multiplikation nicht kommutativ ist, kann man R auch einen **nichtkommutativen Ring** nennen. Genügt ein Ring R der Bedingung M_2, dann heißt er **kommutativ**. Wenn ein Ring R der Bedingung M_4 genügt, dann spricht man von einem Ring **mit Einselement**.

Verifiziere:

(*a*) die Menge ganzer, gerader Zahlen $0, \pm 2, \pm 4, \ldots$ ist ein Beispiel für einen kommutativen Ring ohne Einselement.

(*b*) Die Menge aller ganzer Zahlen $0, \pm 1, \pm 2, \pm 3, \ldots$ ist ein Beispiel für einen kommutativen Ring mit Einselement.

(*c*) Die Menge aller n-quadratischen Matrizen auf F ist ein Beispiel für einen nichtkommutativen Ring mit Einselement.

(*d*) Die Menge aller 2x2-Matrizen der Form $\begin{bmatrix} a & -b \\ b & a \end{bmatrix}$, wobei a und b reelle Zahlen sind, ist ein Beispiel für einen kommutativen Ring mit Einselement.

7. Kann man aus der Menge (*a*) von Aufgabe 6 durch einfaches Hinzufügen des Elementes ± 1 zu der Menge einen kommutativen Ring mit Einselement bilden?

8. Gemäß Aufgabe 4 ist die Menge (*d*) von Aufgabe 6 ein Körper. Ist jeder Körper ein Ring? Ist jeder kommutative Ring mit Einselement ein Körper?

9. Beschreibe den Ring aller 2x2 Matrizen $\begin{bmatrix} 0 & 0 \\ a & b \end{bmatrix}$, wobei a und b in F sind. Wenn A eine beliebige Matrix des Ringes ist und $L = \begin{bmatrix} 0 & 0 \\ 1 & 1 \end{bmatrix}$ gilt, zeige, daß $LA = A$ ist. Nenne L ein **Linkseinselement**. Gibt es ein Rechtseinselement?

10. Es sei C der Körper aller komplexen Zahlen $p + qi$, und K sei der Körper aller 2x2 Matrizen $\begin{bmatrix} u & -v \\ v & u \end{bmatrix}$, wobei p, q, u und v reelle Zahlen sind. Nimm die komplexe Zahl $a + bi$ und die Matrix $\begin{bmatrix} a & -b \\ b & a \end{bmatrix}$ als korrespondierende Elemente von zwei Mengen, und nenne jedes das **Bild** des anderen.

(*a*) Schreibe das Bild von $\begin{bmatrix} 2 & -3 \\ 3 & 2 \end{bmatrix}$, $\begin{bmatrix} 0 & -4 \\ 4 & 0 \end{bmatrix}$; $3 + 2i$, 5 auf.

(*b*) Zeige, daß das Bild der Summe (des Produktes) zweier Elemente von K gleich der Summe (dem Produkt) ihrer Bilder in C ist.

(*c*) Zeige, daß das Bild des Einheitselements von K gleich dem Einheitselement von C ist.

(*d*) Was ist das Bild der Konjugierten von $a + bi$?

(*e*) Was ist das Bild der Inversen von $\begin{bmatrix} a & -b \\ b & a \end{bmatrix}$?

Dies ist ein Beispiel eines **Isomorphismus** zwischen zwei Mengen.

KAPITEL 9

Lineare Abhängigkeit von Vektoren und Formen

DAS GEORDNETE PAAR von reellen Zahlen (x_1, x_2) wird verwendet, um einen Punkt X in einer Ebene zu bezeichnen. Dasselbe Paar von Zahlen, in Zeichen $[x_1, x_2]$, wird hier verwendet, um den **zweidimensionalen Vektor** oder **2-Vektor** OX zu bezeichnen (siehe Abbildung 9-1).

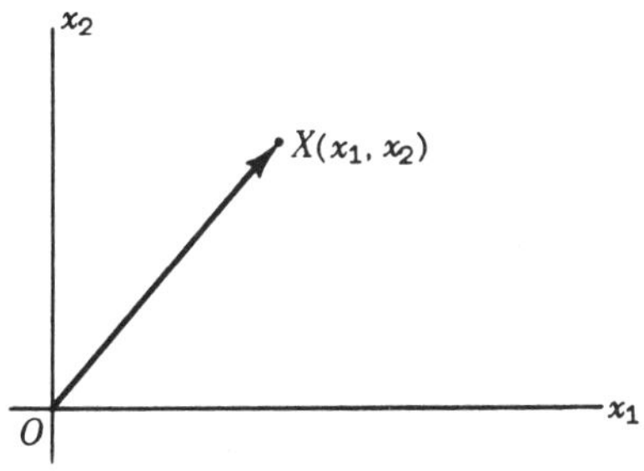

Abb. 9-1

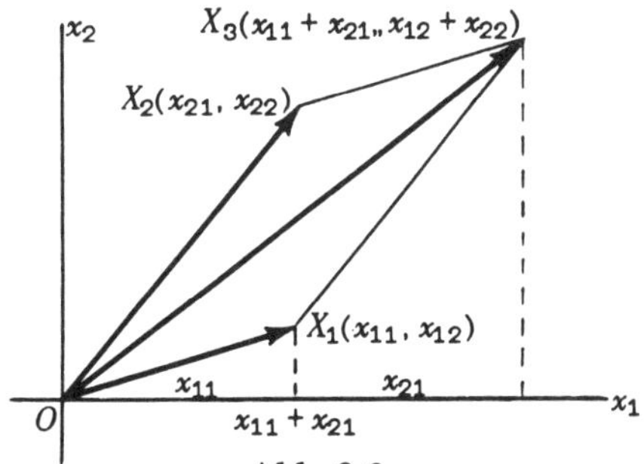

Abb. 9-2

Wenn $X_1 = [x_{11}, x_{12}]$ und $X_2 = [x_{21}, x_{22}]$ verschiedene 2-Vektoren sind, ergibt das Parallelogramm-Gesetz für ihre Summe (siehe Abbildung 9-2)

$$X_3 = X_1 + X_2 = [x_{11} + x_{21}, x_{12} + x_{22}]$$

Behandelt man X_1 und X_2 als 1×2 Matrizen, so sehen wir, daß dies lediglich die Regel für die Addition von Matrizen ist, wie sie in Kapitel 1 gegeben wurde. Wenn k ein beliebiger Skalar ist, ist darüber hinaus

$$kX_1 = [kx_{11}, kx_{12}]$$

die gebräuchliche Multiplikation eines Vektors mit einer reellen Zahl.

VEKTOREN. Unter einem **n-dimensionalen Vektor** oder **n-Vektor** X auf F versteht man eine geordnete Menge von n Elementen x_i von F

(9.1) $$X = [x_1, x_2, \ldots, x_n]$$

Die Elemente $x_1, x_2, \ldots, x_n$ nennt man entsprechend die erste, zweite, . . . , n-te **Komponenten** von X.

Später werden wir es zweckdienlicher finden, die Komponenten eines Vektors in einer Spalte so zu schreiben:

(9.1′) $$X = [x_1, x_2, \ldots, x_n]' = \begin{bmatrix} x_1 \\ x_2 \\ \cdot \\ \cdot \\ \cdot \\ x_n \end{bmatrix}$$

Sowohl (9.1) als auch (9.1′) bezeichnen denselben Vektor; darüber hinaus werden wir im Falle (9.1) von einem **Zeilenvektor** und im Falle (9.1′) von einem **Spaltenvektor** sprechen. Dann können wir die $p \times q$ Matrix A so betrachten, als ob sie p Zeilenvektoren definiert (die Elemente einer Zeile seien die Komponenten eines q-Vektors) oder als ob sie q Spaltenvektoren definiert.

Der Vektor, dessen Komponenten alle Null sind, heißt der **Nullvektor** und wird mit 0 bezeichnet.

Die Summe und die Differenz von zwei Zeilenvektoren (Spaltenvektoren) und das Produkt eines Skalars mit einem Vektor werden gemäß der für Matrizen geltenden Regeln gebildet.

Beispiel 1. Betrachte die 3-Vektoren

$$X_1 = [3, 1, -4], \quad X_2 = [2, 2, -3], \quad X_3 = [0, -4, 1], \quad \text{und} \quad X_4 = [-4, -4, 6]$$

(*a*) $2X_1 - 5X_2 = 2[3, 1, -4] - 5[2, 2, -3] = [6, 2, -8] - [10, 10, -15] = [-4, -8, 7]$

(*b*) $2X_2 + X_4 = 2[2, 2, -3] + [-4, -4, 6] = [0, 0, 0] = 0$

(*c*) $2X_1 - 3X_2 - X_3 = 0$

(*d*) $2X_1 - X_2 - X_3 + X_4 = 0$

Die Vektoren, die hier verwendet werden, sind Zeilenvektoren. Beachte, daß die Ergebnisse richtig bleiben, wenn jede Klammer bedeutet, daß Spaltenvektoren bezeichnet werden.

LINEARE ABHÄNGIGKEIT VON VEKTOREN. Die m n-Vektoren auf F

(9.2)
$$\begin{aligned} X_1 &= [x_{11}, x_{12}, \ldots, x_{1n}] \\ X_2 &= [x_{21}, x_{22}, \ldots, x_{2n}] \\ &\ldots\ldots\ldots\ldots \\ X_m &= [x_{m1}, x_{m2}, \ldots, x_{mn}] \end{aligned}$$

heißen **linear abhängig** auf F, unter der Bedingung, daß m Elemente $k_1, k_2, \ldots, k_m$ von F existieren, die nicht alle Null sind, derart, daß

(9.3)
$$k_1X_1 + k_2X_2 + \cdots + k_mX_m = 0$$

gilt. Sonst heißen die m Vektoren **linear unabhängig**.

Beispiel 2. Betrachte die vier Vektoren von Beispiel 1. Gemäß (*b*) sind die Vektoren X_2 und X_4 linear abhängig; dies gilt gleichfalls für X_1, X_2 und X_3 gemäß (*c*) und für die vollständige Menge gemäß (*d*).

Die Vektoren X_1 und X_2 sind hingegen linear unabhängig. Nimmt man das Gegenteil an, und zwar so, daß

$$k_1X_1 + k_2X_2 = [3k_1 + 2k_2, k_1 + 2k_2, -4k_1 - 3k_2] = [0, 0, 0]$$

gilt, dann gelten $3k_1 + 2k_2 = 0$, $k_1 + 2k_2 = 0$ und $-4k_1 - 3k_2 = 0$. Wegen der ersten zwei Relationen gilt $k_1 = 0$ und daher $k_2 = 0$.

Jeder beliebige n-Vektor X und der n-Nullvektor 0 sind linear abhängig.

Einen Vektor X_{m+1} bezeichnet man als eine **Linearkombination** der Vektoren $X_1, X_2, \ldots, X_m$, wenn Elemente $k_1, k_2, \ldots, k_m$ von F derart existieren, daß

$$X_{m+1} = k_1X_1 + k_2X_2 + \cdots + k_mX_m$$

gilt.

GRUNDLEGENDE SÄTZE. Wenn in (9.3) $k_i \neq 0$ gilt, dann schreibt man diesen Satz entsprechend

$$X_i = -\frac{1}{k_i}\{k_1X_1 + \cdots + k_{i-1}X_{i-1} + k_{i+1}X_{i+1} + \cdots + k_mX_m\} \quad \text{oder}$$

(9.4)
$$X_i = s_1X_1 + \cdots + s_{i-1}X_{i-1} + s_{i+1}X_{i+1} + \cdots + s_mX_m$$

Daher gelten:

I. Wenn m Vektoren linear abhängig sind, dann kann man immer einige von ihnen als eine Linearkombination der anderen ausdrücken.

II. Wenn m Vektoren $X_1, X_2, \ldots, X_m$ linear unabhängig sind, während die Menge, die man durch Addition anderer Vektoren X_{m+1} erhält, linear abhängig ist, dann kann man X_{m+1} als eine Linearkombination von $X_1, X_2, \ldots, X_m$ ausdrücken.

Beispiel 3. Gemäß Beispiel 2 sind die Vektoren X_1 und X_2 linear unabhängig, während X_1, X_2 und X_3 linear abhängig sind und die Relationen $2X_1 - 3X_2 - X_3 = 0$ erfüllen. Folglich gilt $X_3 = 2X_1 - 3X_2$.

III. Wenn unter den m Vektoren $X_1, X_2, \ldots, X_m$ eine Untermenge von $r < m$ Vektoren, die linear abhängig sind, existiert, dann sind die Vektoren der gesamten Menge linear abhängig.

Beispiel 4. Gemäß (*b*) von Beispiel 1 sind die Vektoren X_2 und X_4 linear abhängig; gemäß (*d*) ist die Menge von vier Vektoren linear abhängig. Siehe Aufgabe 1.

IV. Wenn der Rang der Matrix

$$A = \begin{bmatrix} x_{11} & x_{12} & \cdots & x_{1n} \\ x_{21} & x_{22} & \cdots & x_{2n} \\ \cdots & \cdots & \cdots & \cdots \\ x_{m1} & x_{m2} & \cdots & x_{mn} \end{bmatrix}, \qquad m \leq n, \tag{9.5}$$

der mit den m Vektoren (9.2) verbunden ist, $r < m$ ist, dann gibt es genau r Vektoren der Menge, die linear unabhängig sind, während jeder der übrigen m-r Vektoren als eine Linearkombination dieser r Vektoren ausgedrückt werden kann. Siehe Aufgabe 2-3

V. Eine notwendige und hinreichende Bedingung dafür, daß die Vektoren (9.2) linear abhängig sind, ist, daß die Matrix (9.5) der Vektoren den Rang $r < m$ besitzt. Wenn der Rang m ist, sind die Vektoren linear unabhängig.

Die Menge der Vektoren (9.2) ist notwendigerweise linear abhängig, wenn $m > n$ gilt.

Wenn die Menge der Vektoren (9.2) linear unabhängig ist, so gilt das gleichfalls für jede Untermenge von ihr.

EINE LINEARE FORM auf F in n Variablen $x_1, x_2, \ldots, x_n$ ist ein Polynom von dem Typ

$$\sum_{i=1}^{n} a_i x_i = a_1x_1 + a_2x_2 + \cdots + a_nx_n, \tag{9.6}$$

wobei die Koeffizienten in F sind.

Betrachte ein System von m linearen Formen in n Variablen

$$\begin{cases} f_1 = a_{11}x_1 + a_{12}x_2 + \cdots + a_{1n}x_n \\ f_2 = a_{21}x_1 + a_{22}x_2 + \cdots + a_{2n}x_n \\ \cdots\cdots\cdots\cdots\cdots\cdots\cdots\cdots \\ f_m = a_{m1}x_1 + a_{m2}x_2 + \cdots + a_{mn}x_n \end{cases} \tag{9.7}$$

und die dazugehörige Matrix

$$A = \begin{bmatrix} a_{11} & a_{12} & \cdots & a_{1n} \\ a_{21} & a_{22} & \cdots & a_{2n} \\ \cdots & \cdots & \cdots & \cdots \\ a_{m1} & a_{m2} & \cdots & a_{mn} \end{bmatrix}$$

Wenn Elemente $k_1, k_2, \ldots, k_m$, die nicht alle Null sind, in F derart existieren, daß

$$k_1f_1 + k_2f_2 + \ldots + k_mf_m = 0$$

gilt, dann nennt man die Formen (9.7) **linear abhängig**; sonst nennt man die Formen **linear unabhängig**. Folglich ist die lineare Abhängigkeit oder Unabhängigkeit der Formen von (9.7) äquivalent zu der linearen Abhängigkeit oder Unabhängigkeit von Zeilenvektoren von A.

Beispiel 5. Die Formen $f_1 = 2x_1 - x_2 + 3x_3$, $f_2 = x_1 + 2x_2 + 4x_3$, $f_3 = 4x_1 - 7x_2 + x_3$ sind linear abhängig, weil $A = \begin{bmatrix} 2 & -1 & 3 \\ 1 & 2 & 4 \\ 4 & -7 & 1 \end{bmatrix}$ den Rang 2 hat. Hier gilt $3f_1 - 2f_2 - f_3 = 0$.

Das System (9.7) ist notwendigerweise abhängig, wenn $m > n$ gilt. Warum?

AUFGABEN MIT LÖSUNGEN

1. Beweise: Wenn z. B. $X_1, X_2, \ldots, X_r$ mit $r < m$ gilt, d. h., wenn diese unter den m Vektoren $X_1, X_2, \ldots, X_m$ eine Untermenge darstellen, die linear abhängig ist, so gilt das gleichfalls für die m Vektoren.

Weil gemäß Hypothese $k_1X_1 + k_2X_2 + \ldots + k_rX_r = 0$ gilt, wobei nicht alle k's gleich Null sind, gilt

$$k_1X_1 + k_2X_2 + \cdots + k_rX_r + 0 \cdot X_{r+1} + \cdots + 0 \cdot X_m = 0,$$

wobei nicht alle der k's gleich Null sind, und die gesamte Menge der Vektoren linear abhängig ist.

2. Beweise: Wenn der Rang der Matrix, die zu einer Menge von m n-Vektoren gleich $r < m$ ist, dann gibt es genau r Vektoren, die linear unabhängig sind, während jeder der restlichen m-r Vektoren als eine Linearkombination dieser r Vektoren ausgedrückt werden kann.

Es sei **(9.5)** die Matrix, und man nehme zunächst an, daß $m \leq n$ gilt. Wenn der r-zeilige Minor in der oberen linken Ecke gleich Null ist, vertauschen wir Zeilen und Spalten solange wie nötig, um einen nichtverschwindenden r-zeiligen Minor in diese Position zu bringen, und anschließend werden alle Zeilen und Spalten mit einer Numerierung in natürlicher Reihenfolge versehen. Demgemäß erhalten wir

$$\Delta = \begin{vmatrix} x_{11} & x_{12} & \cdots & x_{1r} \\ x_{21} & x_{22} & \cdots & x_{2r} \\ \multicolumn{4}{c}{\dotfill} \\ x_{r1} & x_{r2} & \cdots & x_{rr} \end{vmatrix} \neq 0$$

Betrachte nun einen $(r+1)$-zeiligen Minor

$$V = \begin{vmatrix} x_{11} & x_{12} & \cdots & x_{1r} & x_{1q} \\ x_{21} & x_{22} & \cdots & x_{2r} & x_{2q} \\ \multicolumn{5}{c}{\dotfill} \\ x_{r1} & x_{r2} & \cdots & x_{rr} & x_{rq} \\ x_{p1} & x_{p2} & \cdots & x_{pr} & x_{pq} \end{vmatrix} = 0,$$

wobei die Elemente x_{pj} und x_{iq} entsprechend von jeder Zeile und jeder Spalte stammen, die nicht im Δ eingeschlossen ist. Es seien $k_1, k_2, \ldots, k_{r+1} = \Delta$ die entsprechenden Faktoren der Elemente x_{1q}, $x_{2q}, \ldots, x_{rq}, x_{pq}$ der letzten Spalte von Δ. Dann gilt gemäß **(3.10)**

$$k_1x_{1i} + k_2x_{2i} + \cdots + k_rx_{ri} + k_{r+1}x_{pi} = 0 \qquad (i = 1, 2, \ldots, r)$$

und gemäß der Hypothese $k_1x_{1q} + k_2x_{2q} + \cdots + k_rx_{rq} + k_{r+1}x_{pq} = \nabla = 0$

Es sei die letzte Spalte von ∇ durch eine andere der restlichen Spalten ersetzt, zum Beispiel durch die Spalte mit der Nummer u, die nicht in Δ erscheint. Die Kofaktoren der Elemente dieser Spalte sind genau die k's, die man vorher erhalten hat, und zwar so, daß

$$k_1x_{1u} + k_2x_{2u} + \cdots + k_rx_{ru} + k_{r+1}x_{pu} = 0$$

gilt. Folglich gilt

$$k_1x_{1t} + k_2x_{2t} + \cdots + k_rx_{rt} + k_{r+1}x_{pt} = 0 \qquad (t = 1, 2, \ldots, n)$$

und man erhält

$$k_1X_1 + k_2X_2 + \cdots + k_rX_r + k_{r+1}X_p = 0$$

wenn man alle Werte von t aufsummiert. Weil $k_{r+1} = \Delta \neq 0$ gilt, ist X_p eine Linearkombination der r linear unabhängigen Vektoren $X_1, X_2, \ldots, X_r$. X_p war aber ein beliebiger der m-r Vektoren $X_{r+1}, X_{r+2}, \ldots, X_m$; folglich kann man jeden dieser Vektoren als eine Linearkombination der $X_1, X_2, \ldots, X_r$ ausdrücken.

Für den Fall $m > n$ betrachte man die Matrix so, als ob jedem der gegebenen m Vektoren m-n zusätzliche Nullkomponenten hinzuaddiert wurden. $[A \,\vdots\, 0]$ ist diese Matrix. Die lineare Abhängigkeit oder Unabhängigkeit der Vektoren und gleichfalls der Rang von A haben sich nicht geändert.

Demgemäß sind die Vektoren $X_{r+1}, \ldots, X_m$ in beiden Fällen Linearkombinationen der linear unabhängigen Vektoren $X_1, X_2, \ldots, X_r$, so wie es bewiesen wurde.

3. Zeige unter Verwendung einer Matrix, daß jeder Tripel der Vektoren

(a) $X_1 = [1, 2, -3, 4]$, $X_2 = [3, -1, 2, 1]$, $X_3 = [1, -5, 8, -7]$ und (b) $X_1 = [2, 3, 1, -1]$, $X_2 = [2, 3, 1, -2]$, $X_3 = [4, 6, 2, -3]$

linear abhängig ist. Bestimme jeweils eine maximale Untermenge von linear unabhängigen Vektoren, und drücke die anderen als Linearkombinationen von diesen aus.

(a) Hier hat $\begin{bmatrix} 1 & 2 & -3 & 4 \\ 3 & -1 & 2 & 1 \\ 1 & -5 & 8 & -7 \end{bmatrix}$ den Rang 2; es gibt zwei linear unabhängige Vektoren, zum Beispiel X_1 und X_2. Für den Minor gilt $\begin{vmatrix} 1 & 2 \\ 3 & -1 \end{vmatrix} \neq 0$. Betrachte nun den Minor $\begin{vmatrix} 1 & 2 & -3 \\ 3 & -1 & 2 \\ 1 & -5 & 8 \end{vmatrix}$. Die Kofaktoren der Elemente der dritten Spalte sind -14, 7 bzw. -7. Dann gelten $-14X_1 + 7X_2 - 7X_3 = 0$ und $X_3 = -2X_1 + X_2$.

(b) $\begin{bmatrix} 2 & 3 & 1 & -1 \\ 2 & 3 & 1 & -2 \\ 4 & 6 & 2 & -3 \end{bmatrix}$ hat hier den Rang 2; es gibt zwei linear unabhängige Vektoren, zum Beispiel X_1 und X_2. Für den Minor gilt $\begin{vmatrix} 2 & 3 \\ 2 & 3 \end{vmatrix} = 0$; um $\begin{bmatrix} 2 & -1 & 1 & 3 \\ 2 & -2 & 1 & 3 \\ 4 & -3 & 2 & 6 \end{bmatrix}$ zu erhalten, wobei $\begin{vmatrix} 2 & -1 \\ 2 & -2 \end{vmatrix} \neq 0$ gilt, vertauschen wir die zweite mit der vierten Spalte. 2, 2, -2 sind die entsprechenden Kofaktoren der Elemente der letzten Spalte von $\begin{vmatrix} 2 & -1 & 1 \\ 2 & -2 & 1 \\ 4 & -3 & 2 \end{vmatrix}$. Dann gelten

$$2X_1 + 2X_2 - 2X_3 = 0 \qquad \text{und} \qquad X_3 = X_1 + X_2$$

4. $P_1(1, 1, 1)$, $P_2(1, 2, 3)$, $P_3(3, 1, 2)$ und $P_4(2, 3, 4)$ seien Punkte im gewöhnlichen Raum. Die Punkte P_1, P_2 und der Ursprung der Koordinaten bestimmen eine Ebene π mit der Gleichung

(i) $$\begin{vmatrix} x & y & z & 1 \\ 1 & 1 & 1 & 1 \\ 1 & 2 & 3 & 1 \\ 0 & 0 & 0 & 1 \end{vmatrix} = x - 2y + z = 0$$

Setzt man die Koordinaten von P_4 in die linke Seite von (i) ein, erhält man

$$\begin{vmatrix} 2 & 3 & 4 & 1 \\ 1 & 1 & 1 & 1 \\ 1 & 2 & 3 & 1 \\ 0 & 0 & 0 & 1 \end{vmatrix} = \begin{vmatrix} 2 & 3 & 4 & 0 \\ 1 & 1 & 1 & 0 \\ 1 & 2 & 3 & 0 \\ 0 & 0 & 0 & 1 \end{vmatrix} = \begin{vmatrix} 2 & 3 & 4 \\ 1 & 1 & 1 \\ 1 & 2 & 3 \end{vmatrix} = 0$$

Folglich liegt P_4 in π. Die signifikante Tatsache ist hier, daß $[P_4, P_1, P_2]' = \begin{bmatrix} 2 & 3 & 4 \\ 1 & 1 & 1 \\ 1 & 2 & 3 \end{bmatrix}$ den Rang 2 hat.

Wir haben bewiesen: Beliebige drei Punkte des gewöhnlichen Raums liegen in einer Ebene durch den Ursprung, vorausgesetzt, die Matrix ihrer Koordinaten hat den Rang 2.

Zeige, daß P_3 nicht in π liegt.

ERGÄNZUNGSAUFGABEN

5. Beweise: Wenn m Vektoren $X_1, X_2, \ldots, X_m$ linear unabhängig sind, während die Menge, die man erhält, indem man einen anderen Vektor X_{m+1} hinzuaddiert, linear abhängig ist, dann kann man X_{m+1} als eine Linearkombination von $X_1, X_2, \ldots, X_m$ ausdrücken.

6. Zeige, daß die Darstellung von X_{m+1} in Aufgabe 5 eindeutig ist.
Hinweis: Angenommen sei, es gilt $X_{m+1} = \sum_{i=1}^{m} k_i X_i = \sum_{i=1}^{n} s_i X_i$; betrachte $\sum_{i=1}^{m} (k_i - s_i) X_i$.

7. Beweise: Eine notwendige und hinreichende Bedingung dafür, daß die Vektoren **(9.2)** linear abhängig sind, ist, daß die Matrix **(9.5)** der Vektoren den Rang $r < m$ hat.

Hinweis: Nimm an, daß die m Vektoren linear abhängig sind, so daß **(9.4)** gilt. In **(9.5)** subtrahiere von der i-ten Zeile das Produkt der ersten Zeile mit s_1, dann das Produkt der zweiten Zeile mit $s_2, \ldots,$ wie in **(9.4)** angedeutet. Bezüglich der Umkehrung siehe Aufgabe 2.

8. Jede der folgenden Mengen von Vektoren auf dem rellen Körper soll überprüft werden, ob lineare Abhängigkeit oder Unabhängigkeit vorliegt. Wähle in jeder abhängigen Menge eine größte lineare unabhängige Untermenge aus, und drücke jeden der übrigen Vektoren als eine Linearkombination von diesen aus.

(a) $X_1 = [2, -1, 3, 2]$, $X_2 = [1, 3, 4, 2]$, $X_3 = [3, -5, 2, 2]$

(b) $X_1 = [1, 2, 1]$, $X_2 = [2, 1, 4]$, $X_3 = [4, 5, 6]$, $X_4 = [1, 8, -3]$

(c) $X_1 = [2, 1, 3, 2, -1]$, $X_2 = [4, 2, 1, -2, 3]$, $X_3 = [0, 0, 5, 6, -5]$, $X_4 = [6, 3, -1, -6, 7]$

Antwort: (a) $X_3 = 2X_1 - X_2$ (b) $X_3 = 2X_1 + X_2$, $X_4 = 5X_1 - 2X_2$ (c) $X_3 = 2X_1 - X_2$, $X_4 = 2X_2 - X_1$

9. Warum kann es nicht mehr als n linear unabhängige n-Vektoren auf F geben?

10. Zeige, daß die Menge von Vektoren linear abhängig ist, wenn in (9.2) entweder $X_i = X_j$ gilt oder $X_i = aX_j$ ist, wobei a in F ist. Ist die Umkehrung wahr?

11. Zeige, daß jeder beliebige n-Vektor X und der n-Nullvektor linear abhängig sind; folglich werden X und 0 als proportional angenommen.

Hinweis: Nimm $k_1 X + k_2 \cdot 0 = 0$ an, wobei $k_1 = 0$ und $k_2 \neq 0$ gelten.

12. (*a*) Zeige, daß $X_1 = [1, 1+i, i]$, $X_2 = [i, -i, 1-i]$ und $X_3 = [1+2i, 1-i, 2-i]$ auf dem rationalen Körper und folglich auf dem komplexen Körper linear abhängig sind.

(*b*) Zeige, daß $X_1 = [1, 1+i, i]$, $X_2 = [i, -i, 1-i]$ und $X_3 = [0, 1-2i, 2-i]$ auf dem reellen Körper linear unabhängig, auf dem komplexen Körper linear abhängig sind.

13. Prüfe, ob die linearen Formen linear abhängig oder unabhängig sind:

(*a*) $f_1 = 3x_1 - x_2 + 2x_3 + x_4$, $f_2 = 2x_1 + 3x_2 - x_3 + 2x_4$, $f_3 = 5x_1 - 9x_2 + 8x_3 - x_4$

(*b*) $f_1 = 2x_1 - 3x_2 + 4x_3 - 2x_4$, $f_2 = 3x_1 + 2x_2 - 2x_3 + 5x_4$, $f_3 = 5x_1 - x_2 + 2x_3 + x_4$

Antwort: (*a*) $3f_1 - 2f_2 - f_3 = 0$

14. Überlege, ob ein System von Polynomen

$$P_i = a_{i0}x^n + a_{i1}x^{n-1} + \cdots + a_{in-1}x + a_{in} \qquad (i = 1, 2, \ldots, m)$$

linear abhängig oder unabhängig ist, und zeige, daß das System linear abhängig oder unabhängig ist, je nachdem ob die Zeilenvektoren der Koeffizientenmatrix

$$A = \begin{bmatrix} a_{10} & a_{11} & \cdots & a_{1n} \\ a_{20} & a_{21} & \cdots & a_{2n} \\ \cdots & \cdots & \cdots & \cdots \\ a_{m0} & a_{m1} & \cdots & a_{mn} \end{bmatrix}$$

linear abhängig oder unabhängig sind, d. h., je nachdem, ob der Rang r von A kleiner oder gleich m ist.

15. Wenn die Polynome eines der folgenden Systeme linear abhängig sind, gib eine Linearkombination an, die gleich Null ist.

(*a*) $P_1 = x^3 - 3x^2 + 4x - 2$, $P_2 = 2x^2 - 6x + 4$, $P_3 = x^3 - 2x^2 + x$

(*b*) $P_1 = 2x^4 + 3x^3 - 4x^2 + 5x + 3$, $P_2 = x^3 + 2x^2 - 3x + 1$, $P_3 = x^4 + 2x^3 - x^2 + x + 2$

Antwort: (*a*) $2P_1 + P_2 - 2P_3 = 0$ (*b*) $P_1 + P_2 - 2P_3 = 0$

16. Gib bezüglich einer Menge von 2x2 Matrizen $M_1 = \begin{bmatrix} a & b \\ c & d \end{bmatrix}$, $M_2 = \begin{bmatrix} e & f \\ g & h \end{bmatrix}$, $M_3 = \begin{bmatrix} p & q \\ s & t \end{bmatrix}$ auf F an, ob sie linear abhängig oder unabhängig ist.

Zeige, daß $k_1 M_1 + k_2 M_2 + k_3 M_3 = 0$, wobei nicht alle k's (in F) Null sind, gelten kann, wenn die Matrix $\begin{bmatrix} a & b & c & d \\ e & f & g & h \\ p & q & s & t \end{bmatrix}$ den Rang < 3 hat. (Beachte, daß man bezüglich der Matrizen M_1, M_2, M_3 annimmt, daß sie Vektoren von vier Komponenten definieren.)

Erweitere das Ergebnis auf eine Menge von $m \times n$ Matrizen.

17. Zeige, daß $\begin{bmatrix} 1 & 2 & 3 \\ 3 & 2 & 4 \\ 1 & 3 & 2 \end{bmatrix}$, $\begin{bmatrix} 2 & 1 & 3 \\ 3 & 4 & 2 \\ 2 & 2 & 1 \end{bmatrix}$ und $\begin{bmatrix} 0 & 3 & 3 \\ 3 & 0 & 6 \\ 0 & 4 & 3 \end{bmatrix}$ linear abhängig sind.

18. Zeige, daß jede beliebige 2x2 Matrix als eine Linearkombination der Matrizen $\begin{bmatrix} 1 & 0 \\ 0 & 0 \end{bmatrix}$, $\begin{bmatrix} 0 & 1 \\ 0 & 0 \end{bmatrix}$, $\begin{bmatrix} 0 & 0 \\ 1 & 0 \end{bmatrix}$ und $\begin{bmatrix} 0 & 0 \\ 0 & 1 \end{bmatrix}$ geschrieben werden kann. Verallgemeinere für $n \times n$ Matrizen.

19. Wenn die n-Vektoren $X_1, X_2, \ldots, X_n$ linear unabhängig sind, zeige, daß die Vektoren $Y_1, Y_2, \ldots, Y_n$, wobei $Y_i = \sum_{j=1}^{n} a_{ij}X_j$ ist, dann und nur dann linear unabhängig sind, wenn $A = [a_{ij}]$ nichtsingulär ist.

20. Wenn A den Rang r hat, zeige, wie man eine nichtsinguläre Matrix B derart konstruiert, daß $AB = [C_1, C_2, \ldots, C_r, 0, \ldots, 0]$ ist, wobei $C_1, C_2, \ldots, C_r$ eine gegebene Menge von linear unabhängigen Spalten von A sind.

21. Gegeben sind die Punkte $P_1(1, 1, 1, 1), P_2(1, 2, 3, 4), P_3(2, 2, 2, 2)$ und $P_4(3, 4, 5, 6)$ des vierdimensionalen Raumes.

(*a*) Zeige, daß $[P_1, P_3]'$ den Rang 1 hat, so daß die Punkte auf einer Geraden durch den Ursprung liegen.

(*b*) Zeige, daß $[P_1, P_2, P_3, P_4]'$ den Rang 2 hat, so daß diese Punkte auf einer Ebene durch den Ursprung liegen.

(*c*) Liegt $P_5(2, 3, 2, 5)$ in der Ebene von (*b*)?

22. Zeige, daß jede n-quadratische Matrix A auf F einer Gleichung der Form

$$A^p + k_1 A^{p-1} + k_2 A^{p-2} + \ldots + k_{p-1}A + k_p I = 0$$

genügt, wobei die k_i Skalare von F sind.

Hinweis: Betrachte $I, A, A^2, A^3, \ldots, A^{n^2}$ in Aufgabe 16.

23. Gib die Gleichung vom kleinsten Grad an (siehe Aufgabe 22), die durch

$$(a)\ A = \begin{bmatrix} 1 & 1 \\ 1 & 1 \end{bmatrix}, \quad (b)\ A = \begin{bmatrix} 1 & -1 \\ 1 & 1 \end{bmatrix}, \quad (c)\ A = \begin{bmatrix} 1 & 0 \\ 1 & 1 \end{bmatrix}$$

erfüllt wird.

Antwort: (*a*) $A^2 - 2A = 0$, (*b*) $A^2 - 2A + 2I = 0$, (*c*) $A^2 - 2A + I = 0$

24. Multipliziere jede Gleichung von Aufgabe 23 (*b*) und (*c*) mit A^{-1}, um (*b*) $A^{-1} = I - \frac{1}{2}A$ und (*c*) $A^{-1} = 2I - A$ zu erhalten, und verifiziere demgemäß: Wenn A auf F nichtsingulär ist, dann kann A^{-1} als ein Polynom in A ausgedrückt werden, dessen Koeffizienten Skalare von F sind.

KAPITEL 10

Lineare Gleichungen

DEFINITIONEN. Betrachte ein System von m linearen Gleichungen in den n Unbekannten x_1, $x_2, \ldots, x_n$

$$(10.1)\qquad \begin{cases} a_{11}x_1 + a_{12}x_2 + \ldots + a_{1n}x_n = h_1 \\ a_{21}x_1 + a_{22}x_2 + \ldots + a_{2n}x_n = h_2 \\ \ldots\ldots\ldots\ldots\ldots\ldots\ldots\ldots \\ a_{m1}x_1 + a_{m2}x_2 + \ldots + a_{mn}x_n = h_m \end{cases}$$

in welchem die Koeffizienten (a's) und die konstanten Ausdrücke (h's) in F sind.

Unter einer Lösung in F des Systems versteht man jede beliebige Menge von Werten von $x_1, x_2, \ldots, x_n$ in F, die simultan den m Gleichungen genügen. Wenn das System eine Lösung hat, dann heißt es **konsistent**; sonst nennt man das System **inkonsistent**. Ein konsistentes System hat entweder eine Lösung oder unendlich viele Lösungen.

Zwei Systeme von linearen Gleichungen auf F mit der selben Anzahl von Unbekannten nennt man **äquivalent**, wenn jede Lösung des einen Systems eine Lösung des anderen ist. Ein System von Gleichungen, äquivalent mit (10.1), kann man erhalten, indem man eine oder mehrere der Transformationen auf (10.1) anwendet: (a) das Vertauschen von zwei der Gleichungen, (b) die Multiplikation einer beliebigen Gleichung mit einer beliebigen von Null verschiedenen Konstanten auf F oder (c) die Addition eines konstanten Vielfachen einer anderen Gleichung zu einer beliebigen Gleichung. Das Lösen eines Systems von konsistenten Gleichungen besteht darin, daß man das gegebene System durch ein äquivalentes System der beschriebenen Form ersetzt.

LÖSUNG UNTER VERWENDUNG EINER MATRIX. Das System von linearen Gleichungen (10.1) kann man in Matrixschreibweise

$$(10.2)\qquad \begin{bmatrix} a_{11} & a_{12} & \cdots & a_{1n} \\ a_{21} & a_{22} & \cdots & a_{2n} \\ \cdots & \cdots & \cdots & \cdots \\ a_{m1} & a_{m2} & \cdots & a_{mn} \end{bmatrix} \begin{bmatrix} x_1 \\ x_2 \\ \cdot \\ x_n \end{bmatrix} = \begin{bmatrix} h_1 \\ h_2 \\ \cdot \\ h_m \end{bmatrix}$$

schreiben, oder kompakt als

$$(10.3)\qquad AX = H,$$

wobei $A = [a_{ij}]$ die Koeffizientenmatrix ist, und $X = [x_1, x_2, \ldots, x_n]'$ und $H = [h_1, h_2, \ldots, h_m]'$ gelten.

Betrachte nun für das System (10.1) die **erweiterte Matrix**

$$(10.4)\qquad \begin{bmatrix} a_{11} & a_{12} & \cdots & a_{1n} & h_1 \\ a_{21} & a_{22} & \cdots & a_{2n} & h_2 \\ \cdots & \cdots & \cdots & \cdots & \cdots \\ a_{m1} & a_{m2} & \cdots & a_{mn} & h_m \end{bmatrix} = [A \quad H]$$

(Jede Zeile von (10.4) ist einfach eine Abkürzung einer korrespondierenden Gleichung von (10.1); um die Gleichung zeilenmäßig zu lesen, müssen wir einfach die Unbekannten und die Plus- und Gleichheitszeichen einsetzen.)

Um das System (10.1) mittels (10.4) zu lösen, fahren wir mit elementaren Transformationen in der Zeile fort, um A durch eine zeilenäquivalente kanonische Matrix von Kapitel 5 zu ersetzen. Wenn wir dies tun, dann wirken wir auf die gesamten Zeilen von (10.4) ein.

Beispiel 1. Löse das System $\begin{cases} x_1 + 2x_2 + x_3 = 2 \\ 3x_1 + x_2 - 2x_3 = 1 \\ 4x_1 - 3x_2 - x_3 = 3 \\ 2x_1 + 4x_2 + 2x_3 = 4 \end{cases}$.

Die erweiterte Matrix lautet $[A\ \ H] = \begin{bmatrix} 1 & 2 & 1 & 2 \\ 3 & 1 & -2 & 1 \\ 4 & -3 & -1 & 3 \\ 2 & 4 & 2 & 4 \end{bmatrix} \sim \begin{bmatrix} 1 & 2 & 1 & 2 \\ 0 & -5 & -5 & -5 \\ 0 & -11 & -5 & -5 \\ 0 & 0 & 0 & 0 \end{bmatrix} \sim \begin{bmatrix} 1 & 2 & 1 & 2 \\ 0 & 1 & 1 & 1 \\ 0 & -11 & -5 & -5 \\ 0 & 0 & 0 & 0 \end{bmatrix}$

$$\sim \begin{bmatrix} 1 & 0 & -1 & 0 \\ 0 & 1 & 1 & 1 \\ 0 & 0 & 1 & 1 \\ 0 & 0 & 0 & 0 \end{bmatrix} \sim \begin{bmatrix} 1 & 0 & 0 & 1 \\ 0 & 1 & 0 & 0 \\ 0 & 0 & 1 & 1 \\ 0 & 0 & 0 & 0 \end{bmatrix}.$$

Folglich ist die Lösung das äquivalente System von Gleichungen: $x_1 = 1, x_2 = 0, x_3 = 1$. In Vektorform ausgedrückt erhalten wir $X = [1, 0, 1]'$.

FUNDAMENTALE SÄTZE. Wenn die Koeffizientenmatrix A des Systems (10.1) zu der zeilenäquivalenten kanonischen Form C reduziert ist, wird angenommen, $[A\ H]$ ist zu $[C\ K]$ reduziert, wobei $K = [k_1, k_2, \ldots, k_m]'$ gilt. Wenn A den Rang r hat, dann enthalten die ersten r Zeilen von C ein oder mehrere von Null verschiedene Elemente. Das erste von Null verschiedene Element in jeder dieser Zeilen ist 1, und die Spalte, in der diese 1 steht, hat sonst nur Nullen. Die übrigen Zeilen bestehen aus Nullen. Aus den ersten r Zeilen von $[C\ K]$ können wir jede der Variablen $x_{j_1}, x_{j_2}, \ldots, x_{j_r}$ (die Notation entspricht der von Kapitel 5) in Ausdrücken der übrigen Variablen $x_{j_{r+1}}, x_{j_{r+2}}, \ldots x_{j_n}$ erhalten und eines der $k_1, k_2, \ldots, k_r$.

Wenn $k_{r+1} = k_{r+2} = \ldots = k_m = 0$ gilt, dann ist (10.1) konsistent, und eine beliebig ausgewählte Menge von Werten für $x_{j_{r+1}}, x_{j_{r+2}}, \ldots, x_{j_n}$ zusammen mit den Ergebniswerten von $x_{j_1}, x_{j_2}, \ldots x_{j_r}$ bilden eine Lösung. Wenn andererseits mindestens einer der k_{r+1}, $k_{r+2}, \ldots, k_m$ von Null verschieden ist, es gelte zum Beispiel $k_t \neq 0$, dann lautet die korrespondierende Gleichung

$$0x_1 + 0x_2 + \ldots + 0x_n = k_t \neq 0,$$

und (10.1) ist inkonsistent.

In dem konsistenten Fall haben A und $[A\ H]$ denselben Rang; in dem inkonsistenten Fall haben sie verschiedene Ränge. Folglich gelten:

I. Ein System $AX = H$ von m linearen Gleichungen in n Unbekannten ist dann und nur dann konsistent, wenn die Koeffizientenmatrix und die erweiterte Matrix des Systems denselben Rang haben.

II. In einem konsistenten System (10.1) mit dem Rang $r < n$ können $n - r$ von den Unbekannten so ausgewählt werden, daß die Koeffizientenmatrix der verbleibenden r Unbekannten den Rang r hat. Wenn diese $n - r$ Unbekannten irgendwelche beliebigen Werte erhalten, dann sind die anderen r Unbekannten eindeutig bestimmt.

Beispiel 2. Für das System $\begin{cases} x_1 + 2x_2 - 3x_3 - 4x_4 = 6 \\ x_1 + 3x_2 + x_3 - 2x_4 = 4 \\ 2x_1 + 5x_2 - 2x_3 - 5x_4 = 10 \end{cases}$ gilt

$$[A\ \ H] = \begin{bmatrix} 1 & 2 & -3 & -4 & 6 \\ 1 & 3 & 1 & -2 & 4 \\ 2 & 5 & -2 & -5 & 10 \end{bmatrix} \sim \begin{bmatrix} 1 & 2 & -3 & -4 & 6 \\ 0 & 1 & 4 & 2 & -2 \\ 0 & 1 & 4 & 3 & -2 \end{bmatrix} \sim \begin{bmatrix} 1 & 0 & -11 & -8 & 10 \\ 0 & 1 & 4 & 2 & -2 \\ 0 & 0 & 0 & 1 & 0 \end{bmatrix}$$

$$\sim \begin{bmatrix} 1 & 0 & -11 & 0 & 10 \\ 0 & 1 & 4 & 0 & -2 \\ 0 & 0 & 0 & 1 & 0 \end{bmatrix} = [C\ \ K]$$

Weil A und $[A\ H]$ beide den Rang 3 haben, ist das gegebene System konsistent; darüber hinaus enthält die allgemeine Lösung $n - r = 4 - 3 = 1$ beliebig wählbare Konstanten. Wegen der letzten Zeile von $[C\ K]$ gilt $x_4 = 0$. Es sei $x_3 = a$, wobei a beliebig wählbar ist; dann folgen $x_1 = 10 + 11a$ und $x_2 = -2-4a$. Die Lösung des Systems wird gegeben durch $x_1 = 10 + 11a$, $x_2 = -2-4a$, $x_3 = a$ und $x_4 = 0$ oder durch $X = [10+11a, -2-4a, a, 0]'$.

Wenn ein konsistentes System von Gleichungen auf F eine eindeutige Lösung hat (Beispiel 1), dann ist die Lösung auch auf F. Wenn das System unendlich viele Lösungen (Beispiel 2), hat, dann hat es unendlich viele Lösungen auf F, wenn die beliebig wählbaren Werte auch auf F sind. Das System hat unendlich viele Lösungen auf einem beliebigen Körper $\mathfrak{F}$, von welchem F ein Unterkörper ist. Zum Beispiel hat das System von Beispiel 2 unendlich viele Lösungen auf F (dem rationalen Körper), wenn a auf rationale Zahlen beschränkt ist. Es hat unendlich viele reelle Lösungen, wenn a auf reelle Zahlen beschränkt ist, und es hat unendlich viele komplexe Lösungen, wenn a eine beliebige komplexe Zahl ist.

Siehe Aufgaben 1-2.

INHOMOGENE GLEICHUNGEN. Eine lineare Gleichung

$$a_1x_1 + a_2x_2 + \dots + a_nx_n = h$$

heißt **inhomogen**, wenn $h \neq 0$ gilt. Ein System $AX = H$ heißt ein System von inhomogenen Gleichungen, vorausgesetzt, H ist nicht ein Nullvektor. Die Systeme der Beispiele 1 und 2 sind inhomogene Systeme.

In Aufgabe 3 beweisen wir:

III. Ein System von n inhomogenen Gleichungen in n Unbekannten hat eine eindeutige Lösung, vorausgesetzt, der Rang seiner Koeffizientenmatrix A ist n, das heißt, vorausgesetzt, $|A| \neq 0$ gilt.

Weiter unten werden zusätzlich zu dieser Methode zwei weitere Regeln für das Lösen eines konsistenten Systems von n inhomogenen Gleichungen in n Unbekannten $AX = H$ angegeben. Die erste von diesen ist die bekannte Lösung mit Determinanten.

(*a*) Lösung mit der Cramer-Regel. Bezeichne mit A_i, $(i = 1, 2, \dots, n)$, die Matrix, die man aus A erhält, wenn man ihre i-te Spalte durch die Spalte der Konstanten (der h's) ersetzt. Wenn $|A| \neq 0$ gilt, dann hat das System $AX = H$ die eindeutige Lösung

(10.5)
$$x_1 = \frac{|A_1|}{|A|}, \quad x_2 = \frac{|A_2|}{|A|}, \quad \dots, \quad x_n = \frac{|A_n|}{|A|}$$

Siehe Aufgabe 4.

Beispiel 3. Löse das System
$$\begin{cases} 2x_1 + x_2 + 5x_3 + x_4 = 5 \\ x_1 + x_2 - 3x_3 - 4x_4 = -1 \\ 3x_1 + 6x_2 - 2x_3 + x_4 = 8 \\ 2x_1 + 2x_2 + 2x_3 - 3x_4 = 2 \end{cases}$$
unter Benutzung der Cramer-Regel.

Wir finden

$$|A| = \begin{vmatrix} 2 & 1 & 5 & 1 \\ 1 & 1 & -3 & -4 \\ 3 & 6 & -2 & 1 \\ 2 & 2 & 2 & -3 \end{vmatrix} = -120, \qquad |A_1| = \begin{vmatrix} 5 & 1 & 5 & 1 \\ -1 & 1 & -3 & -4 \\ 8 & 6 & -2 & 1 \\ 2 & 2 & 2 & -3 \end{vmatrix} = -240$$

$$|A_2| = \begin{bmatrix} 2 & 5 & 5 & 1 \\ 1 & -1 & -3 & -4 \\ 3 & 8 & -2 & 1 \\ 2 & 2 & 2 & -3 \end{bmatrix} = -24, \qquad |A_3| = \begin{bmatrix} 2 & 1 & 5 & 1 \\ 1 & 1 & -1 & -4 \\ 3 & 6 & 8 & 1 \\ 2 & 2 & 2 & -3 \end{bmatrix} = 0$$

und

$$|A_4| = \begin{bmatrix} 2 & 1 & 5 & 5 \\ 1 & 1 & -3 & -1 \\ 3 & 6 & -2 & 8 \\ 2 & 2 & 2 & 2 \end{bmatrix} = -96$$

Dann gelten $x_1 = \dfrac{|A_1|}{|A|} = \dfrac{-240}{-120} = 2,\quad x_2 = \dfrac{|A_2|}{|A|} = \dfrac{-24}{-120} = \dfrac{1}{5},\quad x_3 = \dfrac{|A_3|}{|A|} = \dfrac{0}{-120} = 0,$ und

$$x_4 = \frac{|A_4|}{|A|} = \frac{-96}{-120} = \frac{4}{5}.$$

(*b*) Lösung unter Verwendung von A^{-1}. Wenn $|A| \neq 0$ gilt, dann existiert A^{-1}, und die Lösung des Systems $AX = H$ wird gegeben durch

(10.6) $$A^{-1} \cdot AX = A^{-1}H \quad \text{oder} \quad X = A^{-1}H$$

Beispiel 4. Die Koeffizientenmatrix des Systems $\begin{cases} 2x_1 + 3x_2 + x_3 = 9 \\ x_1 + 2x_2 + 3x_3 = 6 \\ 3x_1 + x_2 + 2x_3 = 8 \end{cases}$ ist $A = \begin{bmatrix} 2 & 3 & 1 \\ 1 & 2 & 3 \\ 3 & 1 & 2 \end{bmatrix}$.

Gemäß Aufgabe 2 (*b*), Kapitel 7, gilt $A^{-1} = \dfrac{1}{18}\begin{bmatrix} 1 & -5 & 7 \\ 7 & 1 & -5 \\ -5 & 7 & 1 \end{bmatrix}$. Dann folgt

$$A^{-1} \cdot AX = X = A^{-1}H = \frac{1}{18}\begin{bmatrix} 1 & -5 & 7 \\ 7 & 1 & -5 \\ -5 & 7 & 1 \end{bmatrix}\begin{bmatrix} 9 \\ 6 \\ 8 \end{bmatrix} = \frac{1}{18}\begin{bmatrix} 35 \\ 29 \\ 5 \end{bmatrix}$$

Die Lösung des Systems ist $x_1 = 35/18, x_2 = 29/18, x_3 = 5/18$.

Siehe Aufgabe 5.

HOMOGENE GLEICHUNGEN. Eine lineare Gleichung

(10.7) $$a_1x_1 + a_2x_2 + \ldots + a_nx_n = 0$$

heißt **homogen**. Ein System von linearen Gleichungen

(10.8) $$AX = 0$$

in *n* Unbekannten heißt ein **System von homogenen Gleichungen**. Bezüglich des Systems **(10.8)** haben die Koeffizientenmatrix *A* und die erweiterte Matrix $[A\ 0]$ denselben Rang; demgemäß ist das System immer konsistent. Beachte, daß $X = 0$ ist, das heißt, $x_1 = x_2 = \ldots = x_n = 0$ ist immer eine Lösung; sie wird **die triviale Lösung** genannt.

Wenn *A* den Rang *n* hat, dann kann man mit der Cramer-Regel *n* der Gleichungen von **(10.8)** für die eindeutige Lösung $x_1 = x_2 = \ldots = x_n = 0$ lösen, und das System hat nur die triviale Lösung. Wenn *A* den Rang $r < n$ hat, dann sichert Satz **II** die Existenz von nichttrivialen Lösungen. Folglich gelten:

IV. Eine notwendige und hinreichende Bedingung dafür, daß **(10.8)** eine andere Lösung als die triviale Lösung hat, ist, daß *A* den Rang $r < n$ hat.

V. Eine notwendige und hinreichende Bedingung dafür, daß ein System von *n* homogenen Gleichungen in *n* Unbekannten eine andere Lösung als die triviale Lösung hat, ist, daß $|A| = 0$ gilt.

VI. Wenn **(10.8)** den Rang $r < n$ hat, dann hat das System genau *n-r* linear unabhängige Lösungen derart, daß jede Lösung eine Linearkombination dieser *n-r* ist, und jede solche Linearkombination ist eine Lösung.

Siehe Aufgabe 6.

ES SEIEN X_1 und X_2 zwei verschiedene Lösungen von $AX = H$. Dann gelten $AX_1 = H, AX_2 = H$ und $A(X_1 - X_2) = AY = 0$. Demgemäß ist $Y = X_1 - X_2$ eine nichttriviale Lösung von $AX = 0$.

Wenn hingegen Z eine beliebige nichttriviale Lösung von $AX = 0$ ist, und wenn X_p eine beliebige Lösung von $AX = H$ ist, dann ist $X = X_p + Z$ gleichfalls eine Lösung von $AX = H$. $X_p + Z$ umfaßt die vollständige Lösungsmenge von $AX = H$, so wie Z die vollständige Lösungsmenge von $AX = 0$ umfaßt. Demgemäß gilt:

VII. Wenn das System von inhomogenen Gleichungen $AX = H$ konsistent ist, besteht eine vollständige Lösung des Systems aus der vollständigen Lösung von $AX = 0$ plus einer beliebigen partikulären Lösung von $AX = H$.

Beispiel 5. In dem System $\begin{cases} x_1 - 2x_2 + 3x_3 = 4 \\ x_1 + x_2 + 2x_3 = 5 \end{cases}$ setze $x_1 = 0$; dann folgen $x_3 = 2$ und $x_2 = 1$.

Eine partikuläre Lösung ist $X_p = [0, 1, 2]'$. Die vollständige Lösung von $\begin{cases} x_1 - 2x_2 + 3x_3 = 0 \\ x_1 + x_2 + 2x_3 = 0 \end{cases}$ ist $[-7a, a, 3a]'$, wobei a frei wählbar ist.

Die vollständige Lösung des gegebenen Systems ist

$$X = [-7a, a, 3a]' + [0, 1, 2]' = [-7a, 1+a, 2+3a]'$$

Beachte: Das oben dargestellte Verfahren kann man für größere Systeme weiterentwickeln. Zunächst muß man immer zeigen, daß das System konsistent ist. Mit Hilfe der erweiterten Matrixmethode, wie sie vorher angegeben wurde, ist dies ein sehr langer Weg.

AUFGABEN MIT LÖSUNGEN

1. Löse $\begin{cases} x_1 + x_2 - 2x_3 + x_4 + 3x_5 = 1 \\ 2x_1 - x_2 + 2x_3 + 2x_4 + 6x_5 = 2 \\ 3x_1 + 2x_2 - 4x_3 - 3x_4 - 9x_5 = 3 \end{cases}$.

Lösung:

Die erweiterte Matrix lautet

$$[A \ H] = \begin{bmatrix} 1 & 1 & -2 & 1 & 3 & 1 \\ 2 & -1 & 2 & 2 & 6 & 2 \\ 3 & 2 & -4 & -3 & -9 & 3 \end{bmatrix} \sim \begin{bmatrix} 1 & 1 & -2 & 1 & 3 & 1 \\ 0 & -3 & 6 & 0 & 0 & 0 \\ 0 & -1 & 2 & -6 & -18 & 0 \end{bmatrix} \sim \begin{bmatrix} 1 & 1 & -2 & 1 & 3 & 1 \\ 0 & 1 & -2 & 0 & 0 & 0 \\ 0 & -1 & 2 & -6 & -18 & 0 \end{bmatrix}$$

$$\sim \begin{bmatrix} 1 & 0 & 0 & 1 & 3 & 1 \\ 0 & 1 & -2 & 0 & 0 & 0 \\ 0 & 0 & 0 & -6 & -18 & 0 \end{bmatrix} \sim \begin{bmatrix} 1 & 0 & 0 & 1 & 3 & 1 \\ 0 & 1 & -2 & 0 & 0 & 0 \\ 0 & 0 & 0 & 1 & 3 & 0 \end{bmatrix}$$

$$\sim \begin{bmatrix} 1 & 0 & 0 & 0 & 0 & 1 \\ 0 & 1 & -2 & 0 & 0 & 0 \\ 0 & 0 & 0 & 1 & 3 & 0 \end{bmatrix}$$

Dann gelten $x_1 = 1, x_2 - 2x_3 = 0$ und $x_4 + 3x_5 = 0$. Verwende $x_3 = a$ und $x_5 = b$, wobei a und b beliebig wählbar sind; die vollständige Lösung kann man angeben als $x_1 = 1, x_2 = 2a, x_3 = a, x_4 = -3b, x_5 = b$ oder als $X = [1, 2a, a, -3b, b]'$.

2. Löse $\begin{cases} x_1 + x_2 + 2x_3 + x_4 = 5 \\ 2x_1 + 3x_2 - x_3 - 2x_4 = 2 \\ 4x_1 + 5x_2 + 3x_3 = 7 \end{cases}$.

Lösung:

$$[A \ H] = \begin{bmatrix} 1 & 1 & 2 & 1 & 5 \\ 2 & 3 & -1 & -2 & 2 \\ 4 & 5 & 3 & 0 & 7 \end{bmatrix} \sim \begin{bmatrix} 1 & 1 & 2 & 1 & 5 \\ 0 & 1 & -5 & -4 & -8 \\ 0 & 1 & -5 & -4 & -13 \end{bmatrix} \sim \begin{bmatrix} 1 & 0 & 7 & 5 & 13 \\ 0 & 1 & -5 & -4 & -8 \\ 0 & 0 & 0 & 0 & -5 \end{bmatrix}.$$

Die letzte Zeile kann man lesen: $0 \cdot x_1 + 0 \cdot x_2 + 0 \cdot x_3 + 0 \cdot x_4 = -5$; demgemäß ist das gegebene System inkonsistent und hat keine Lösung.

3. **Beweise: Ein System $AX = H$ von n inhomogenen Gleichungen in n Unbekannten hat eine eindeutige Lösung, vorausgesetzt, $|A| \neq 0$ gilt.**

Wenn A nichtsingulär ist, dann ist sie äquivalent mit I. Wenn A durch Transformationen in der Zeile nur zu I reduziert ist, nimm an, $[A\ H]$ ist zu $[I\ K]$ reduziert. Dann ist $X = K$ eine Lösung des Systems.

Nimm jetzt an, daß $X = L$ eine zweite Lösung des Systems ist; dann gelten $AK = H$ und $AL = H$, und es ist $AK = AL$. Weil A nicht singulär ist, ist $K = L$, und die Lösung ist eindeutig.

4. **Leite die Cramer-Regel ab.**

Das System von inhomogenen Gleichungen sei

$$(1)\qquad \begin{cases} a_{11}x_1 + a_{12}x_2 + \dots + a_{1n}x_n = h_1 \\ a_{21}x_1 + a_{22}x_2 + \dots + a_{2n}x_n = h_2 \\ \dots\dots\dots\dots\dots\dots \\ a_{n1}x_1 + a_{n2}x_2 + \dots + a_{nn}x_n = h_n \end{cases}$$

Bezeichne mit A die Koeffizientenmatrix $[a_{ij}]$, und es sei α_{ij} der Kofaktor von a_{ij} in A. Multipliziere die erste Gleichung von (1) mit α_{11}, die zweite Gleichung mit $\alpha_{21}, \dots$, und die letzte Gleichung mit α_{n1} und addiere auf. Wir erhalten

$$\sum_{i=1}^{n} a_{i1}\alpha_{i1}x_1 + \sum_{i=1}^{n} a_{i2}\alpha_{i1}x_2 + \dots + \sum_{i=1}^{n} a_{in}\alpha_{i1}x_n = \sum_{i=1}^{n} h_i\alpha_i$$

Dieser Ausdruck läßt sich gemäß der Sätze **X** und **XI** und der Aufgabe 10 aus Kapitel 3 reduzieren zu

$$|A|\cdot x_1 = \begin{vmatrix} h_1 & a_{12} & \dots & a_{1n} \\ h_2 & a_{22} & \dots & a_{2n} \\ \dots & \dots & \dots & \dots \\ h_n & a_{n2} & \dots & a_{nn} \end{vmatrix} = |A_1| \quad \text{, so daß} \quad x_1 = \frac{|A_1|}{|A|} \quad \text{gilt.}$$

Als nächstes multipliziere die Gleichungen von (1) entsprechend mit $\alpha_{12}, \alpha_{22}, \dots, \alpha_{n2}$ und summiere auf, um

$$|A|\cdot x_2 = \begin{vmatrix} a_{11} & h_1 & a_{13} & \dots & a_{1n} \\ a_{21} & h_2 & a_{23} & \dots & a_{2n} \\ \dots & \dots & \dots & \dots & \dots \\ a_{n1} & h_n & a_{n3} & \dots & a_{nn} \end{vmatrix} = |A_2| \quad \text{so zu erhalten, daß} \quad x_2 = \frac{|A_2|}{|A|} \quad \text{gilt.}$$

Fährt man in dieser Weise fort, so multiplizieren wir schließlich die Gleichungen von (1) entsprechend mit $\alpha_{1n}, \alpha_{2n}, \dots, \alpha_{nn}$ und summieren auf, um

$$|A|\cdot x_n = \begin{vmatrix} a_{11} & \dots & a_{1,n-1} & h_1 \\ a_{21} & \dots & a_{2,n-1} & h_2 \\ \dots & \dots & \dots & \dots \\ a_{n1} & \dots & a_{n,n-1} & h_n \end{vmatrix} = |A_n| \quad \text{so zu erhalten, daß} \quad x_n = \frac{|A_n|}{|A|} \quad \text{gilt.}$$

5. **Löse das System** $\begin{cases} 2x_1 + x_2 + 5x_3 + x_4 = 5 \\ x_1 + x_2 - 3x_3 - 4x_4 = -1 \\ 3x_1 + 6x_2 - 2x_3 + x_4 = 8 \\ 2x_1 + 2x_2 + 2x_3 - 3x_4 = 2 \end{cases}$ **unter Verwendung der Inversen der Koeffizientenmatrix.**

Lösung:

Die Inverse von $A = \begin{bmatrix} 2 & 1 & 5 & 1 \\ 1 & 1 & -3 & -4 \\ 3 & 6 & -2 & 1 \\ 2 & 2 & 2 & -3 \end{bmatrix}$ ist $\frac{1}{120}\begin{bmatrix} 120 & 120 & 0 & -120 \\ -69 & -73 & 17 & 80 \\ -15 & -35 & -5 & 40 \\ 24 & 8 & 8 & -40 \end{bmatrix}$. Dann gilt

$$X = \frac{1}{120}\begin{bmatrix} 120 & 120 & 0 & -120 \\ -69 & -73 & 17 & 80 \\ -15 & -35 & -5 & 40 \\ 24 & 8 & 8 & -40 \end{bmatrix}\begin{bmatrix} 5 \\ -1 \\ 8 \\ 2 \end{bmatrix} = \begin{bmatrix} 2 \\ 1/5 \\ 0 \\ 4/5 \end{bmatrix}$$

(Siehe Beispiel 3.)

6. Löse $\begin{cases} x_1 + x_2 + x_3 + x_4 = 0 \\ x_1 + 3x_2 + 2x_3 + 4x_4 = 0 \\ 2x_1 + x_3 - x_4 = 0 \end{cases}$.

Lösung:

$$[A\ H] = \begin{bmatrix} 1 & 1 & 1 & 1 & 0 \\ 1 & 3 & 2 & 4 & 0 \\ 2 & 0 & 1 & -1 & 0 \end{bmatrix} \sim \begin{bmatrix} 1 & 1 & 1 & 1 & 0 \\ 0 & 2 & 1 & 3 & 0 \\ 0 & -2 & -1 & -3 & 0 \end{bmatrix} \sim \begin{bmatrix} 1 & 1 & 1 & 1 & 0 \\ 0 & 2 & 1 & 3 & 0 \\ 0 & 0 & 0 & 0 & 0 \end{bmatrix}$$

$$\sim \begin{bmatrix} 1 & 1 & 1 & 1 & 0 \\ 0 & 1 & \frac{1}{2} & \frac{3}{2} & 0 \\ 0 & 0 & 0 & 0 & 0 \end{bmatrix} \sim \begin{bmatrix} 1 & 0 & \frac{1}{2} & -\frac{1}{2} & 0 \\ 0 & 1 & \frac{1}{2} & \frac{3}{2} & 0 \\ 0 & 0 & 0 & 0 & 0 \end{bmatrix}$$

Die vollständige Lösung des Systems ist $x_1 = -\frac{1}{2}a + \frac{1}{2}b,\ x_2 = -\frac{1}{2}a - \frac{3}{2}b,\ x_3 = a,\ x_4 = b$. Weil A den Rang 2 hat, können wir genau $n - r = 4 - 2 = 2$ linear unabhängige Lösungenerhalten. Ein solches Paar, das man dadurch erhält, daß man $a = 1, b = 1$ und dann $a = 3, b = 1$ setzt, ist

$$x_1 = 0, x_2 = -2, x_3 = 1, x_4 = 1 \quad \text{und} \quad x_1 = -1, x_2 = -3, x_3 = 3, x_4 = 1$$

Was kann man über das Paar von Lösungen sagen, das man erhält, wenn man $a = b = 1$ und $a = b = 3$ setzt?

7. Beweise: In einer quadratischen Matrix A von der Ordnung n und mit dem Rang n-1 sind die Kofaktoren der Elemente beliebiger zwei Zeilen (Spalten) proportional.

Weil $|A| = 0$ gilt, sind die Kofaktoren der Elemente einer beliebigen Zeile (Spalte) von A eine Lösung X_1 des Systems $AX = 0$ $(A'X = 0)$.

Weil A (A') den Rang n-1 hat, hat das System aber eine linear unabhängige Lösung. Folglich erhält man für die Kofaktoren einer anderen Zeile (Spalte) von A (X_2 ist eine andere Lösung des Systems) $X_2 = kX_1$.

8. Beweise: Wenn $f_1, f_2, \ldots, f_m$, $m < n$, linear unabhängige lineare Formen auf F in n Variablen sind, dann sind die p linearen Formen

$$g_j = \sum_{i=1}^{m} s_{ij} f_i, \qquad (j = 1, 2, \ldots, p)$$

dann und nur dann linear abhängig, wenn die $m \times p$ Matrix $[s_{ij}]$ den Rang $r < p$ hat.

Die g's sind dann und nur dann linear abhängig, wenn Skalare $a_1, a_2, \ldots, a_p$, die nicht alle Null sind, auf F derart existieren, daß

$$\begin{aligned} a_1 g_1 + a_2 g_2 + \ldots + a_p g_p &= a_1 \sum_{i=1}^{m} s_{i1} f_i + a_2 \sum_{i=1}^{m} s_{i2} f_i + \ldots + a_p \sum_{i=1}^{m} s_{ip} f_i \\ &= (\sum_{j=1}^{p} a_j s_{1j}) f_1 + (\sum_{j=1}^{p} a_j s_{2j}) f_2 + \ldots + (\sum_{j=1}^{p} a_j s_{mj}) f_m \\ &= \sum_{i=1}^{m} (\sum_{j=1}^{p} a_j s_{ij}) f_i = 0 \end{aligned}$$

gilt.

Weil die f's linear unabhängig sind, erfordert dies, daß gilt

$$\sum_{j=1}^{p} a_j s_{ij} = a_1 s_{i1} + a_2 s_{i2} + \ldots + a_p s_{ip} = 0 \qquad (i = 1, 2, \ldots, m)$$

Gemäß Satz **IV** hat das System von m homogenen Gleichungen in p Unbekannten $\sum_{j=1}^{p} s_{ij} x_j = 0$ dann und nur dann eine nichttriviale Lösung $X = [a_1, a_2, \ldots, a_p]'$, wenn $[s_{ij}]$ den Rang $r < p$ hat.

9. Angenommen sei, $A = [a_{ij}]$, von der Ordnung n, ist singulär. Zeige, daß immer eine Matrix $B = [b_{ij}] \neq 0$ von der Ordnung n derart existiert, daß $AB = 0$ gilt.

Es seien $B_1, B_2, \ldots, B_n$ die Spaltenvektoren von B. Dann gilt gemäß Hypothese $AB_1 = AB_2 = \ldots = AB_n = 0$. Betrachte nun irgendeinen von diesen, zum Beispiel $AB_t = 0$ oder

$$\begin{cases} a_{11}b_{1t} + a_{12}b_{2t} + \ldots + a_{1n}b_{nt} = 0 \\ a_{21}b_{1t} + a_{22}b_{2t} + \ldots + a_{2n}b_{nt} = 0 \\ \ldots\ldots\ldots\ldots\ldots\ldots\ldots\ldots\ldots\ldots \\ a_{n1}b_{1t} + a_{n2}b_{2t} + \ldots + a_{nn}b_{nt} = 0 \end{cases}$$

Weil die Koeffizientenmatrix A singulär ist, hat das System in den Unbekannten $b_{1t}, b_{2t}, \ldots, b_{nt}$ andere Lösungen als die triviale Lösung. Ähnlich haben $AB_1 = 0, AB_2 = 0, \ldots$ Lösungen, wobei jede Spalte von B ist.

ERGÄNZUNGSAUFGABEN

10. Berechne alle Lösungen:

(a) $x_1 - 2x_2 + x_3 - 3x_4 = 1$

(b) $\begin{cases} x_1 + x_2 + x_3 = 4 \\ 2x_1 + 5x_2 - 2x_3 = 3 \end{cases}$

(c) $\begin{cases} x_1 + x_2 + x_3 = 4 \\ 2x_1 + 5x_2 - 2x_3 = 3 \\ x_1 + 7x_2 - 7x_3 = 5 \end{cases}$

(d) $\begin{cases} x_1 + x_2 + x_3 + x_4 = 0 \\ x_1 + x_2 + x_3 - x_4 = 4 \\ x_1 + x_2 - x_3 + x_4 = -4 \\ x_1 - x_2 + x_3 + x_4 = 2 \end{cases}$

Antwort: (a) $x_1 = 1 + 2a - b + 3c,\ x_2 = a,\ x_3 = b,\ x_4 = c$
(b) $x_1 = -7a/3 + 17/3,\ x_2 = 4a/3 - 5/3,\ x_3 = a$
(d) $x_1 = -x_2 = 1,\ x_3 = -x_4 = 2$

11. Berechne alle nichttrivialen Lösungen:

(a) $\begin{cases} x_1 - 2x_2 + 3x_3 = 0 \\ 2x_1 + 5x_2 + 6x_3 = 0 \end{cases}$

(b) $\begin{cases} 2x_1 - x_2 + 3x_3 = 0 \\ 3x_1 + 2x_2 + x_3 = 0 \\ x_1 - 4x_2 + 5x_3 = 0 \end{cases}$

(c) $\begin{cases} x_1 + 2x_2 + 3x_3 = 0 \\ 2x_1 + x_2 + 3x_3 = 0 \\ 3x_1 + 2x_2 + x_3 = 0 \end{cases}$

(d) $\begin{cases} 4x_1 - x_2 + 2x_3 + x_4 = 0 \\ 2x_1 + 3x_2 - x_3 - 2x_4 = 0 \\ 7x_2 - 4x_3 - 5x_4 = 0 \\ 2x_1 - 11x_2 + 7x_3 + 8x_4 = 0 \end{cases}$

Antwort: (a) $x_1 = -3a,\ x_2 = 0,\ x_3 = a$
(b) $x_1 = -x_2 = -x_3 = a$
(d) $x_1 = -\frac{5}{8}a + \frac{3}{8}b,\ x_2 = a,\ x_3 = \frac{7}{4}a - \frac{5}{4}b,\ x_4 = b$

12. Bringe die Lösung von 10 (*d*) in Einklang mit $x_1 = c,\ x_2 = d,\ x_3 = -\frac{10}{3}c - \frac{d}{3},\ x_4 = \frac{8}{3}c + \frac{5}{3}d.$

13. Gegeben sei $A = \begin{bmatrix} 1 & 1 & 2 \\ 2 & 2 & 4 \\ 3 & 3 & 6 \end{bmatrix}$. Gib eine Matrix *B* mit dem Rang 2 derart an, daß $AB = 0$ gilt. Hinweis: Wähle die Spalten von *B* aus den Lösungen von $AX = 0$ aus.

14. Zeige, daß eine quadratische Matrix dann und nur dann singulär ist, wenn ihre Zeilen (Spalten) linear abhängig sind.

15. Es sei $AX = 0$ ein System von *n* homogenen Gleichungen in *n* Unbekannten, und nimm an, *A* habe den Rang $r = n - 1$. Zeige, daß jeder beliebige von Null verschiedene Vektor der Kofaktoren $[\alpha_{i1}, \alpha_{i2}, \ldots, \alpha_{in}]'$ einer Zeile von *A* eine Lösung von $AX = 0$ ist.

16. Verwende Aufgabe 15 bei der Lösung von:

$(a) \begin{cases} x_1 - 2x_2 + 3x_3 = 0 \\ 2x_1 + 5x_2 + 6x_3 = 0 \end{cases}, \quad (b) \begin{cases} 2x_1 + 3x_2 - x_3 = 0 \\ 3x_1 - 4x_2 + 2x_3 = 0 \end{cases}, \quad (c) \begin{cases} 2x_1 + 3x_2 + 4x_3 = 0 \\ 2x_1 - x_2 + 6x_3 = 0 \end{cases}$

Hinweis: Zu den Gleichungen (*a*) füge $0x_1 + 0x_2 + 0x_3 = 0$ hinzu, und gib die Kofaktoren der Elemente der dritten Zeile von $\begin{bmatrix} 1 & -2 & 3 \\ 2 & 5 & 6 \\ 0 & 0 & 0 \end{bmatrix}$ an.

Antwort: (*a*) $x_1 = -27a,\ x_2 = 0,\ x_3 = 9a$ oder $[3a, 0, -a]'$, (*b*) $[2a, -7a, -17a]'$, (*c*) $[11a, -2a, -4a]'$

17. Die Koeffizientenmatrix und die erweiterte Matrix des Systems von drei inhomogenen Gleichungen in fünf Unbekannten $AX = H$ habe den Rang 2, und nimm an, die kanonische Form der erweiterten Matrix sei

$$\begin{bmatrix} 1 & 0 & b_{13} & b_{14} & b_{15} & c_1 \\ 0 & 1 & b_{23} & b_{24} & b_{25} & c_2 \\ 0 & 0 & 0 & 0 & 0 & 0 \end{bmatrix}$$

wobei nicht beide der c_1 und c_2 gleich Null sind. Zunächst wähle $x_3 = x_4 = x_5 = 0$, und man erhält $X_1 = [c_1, c_2, 0, 0, 0]'$ als eine Lösung von $AX = H$. Dann wähle $x_3 = 1, x_4 = x_5 = 0$, gleichfalls $x_3 = x_5 = 0, x_4 = 1$ und $x_3 = x_4 = 0, x_5 = 1$, um andere Lösungen X_2, X_3 und X_4 zu erhalten. Zeige, daß diese $5 - 2 + 1 = 4$ Lösungen linear unabhängig sind.

18. Betrachte die Linearkombination $Y = s_1X_1 + s_2X_2 + s_3X_3 + s_4X_4$ der Lösungen von Aufgabe 17. Zeige, daß *Y* eine Lösung von $AX = H$ dann und nur dann ist, wenn (*i*) $s_1 + s_2 + s_3 + s_4 = 1$ gilt. Demgemäß ist *Y* eine vollständige Lösung von $AX = H$ mit den beliebigen s_1, s_2, s_3 und s_4 außer für (*i*).

19. Beweise: Satz **VI**. Hinweis: Gehe analog zu Aufgabe 17 mit $c_1 = c_2 = 0$ vor.

20. Beweise: Wenn *A* eine $m \times p$ Matrix mit dem Rang r_1 ist und *B* eine $p \times n$ Matrix mit dem Rang r_2 derart ist, daß $AB = 0$ ist, dann gilt $r_1 + r_2 \leqq p$. Hinweis: Verwende Satz **VI**.

21. Verifiziere unter Verwendung der 4x5 Matrix $A = [a_{ij}]$ mit dem Rang 2: In einer $m \times n$ Matrix *A* mit dem Rang *r* sind die *r*-quadratischen Determinanten, die aus den Spalten einer Teilmatrix gebildet wurden, die aus beliebigen *r* Zeilen von *A* bestehen, proportional zu den *r*-quadratischen Determinanten, die aus einer anderen Teilmatrix, bestehend aus *r* Zeilen von *A*, gebildet wurden.

Hinweis: Nimm an, die ersten zwei Zeilen sind so linear unabhängig, daß $a_{3j} = p_{31}a_{1j} + p_{32}a_{2j}$, $a_{4j} = p_{41}a_{1j} + p_{42}a_{2j}$ mit $(j = 1, 2, \ldots, 5)$ gilt. Entwickle die 2-quadratischen Determinanten

$$\begin{vmatrix} a_{1q} & a_{1s} \\ a_{2q} & a_{2s} \end{vmatrix}, \quad \begin{vmatrix} a_{1q} & a_{1s} \\ a_{3q} & a_{3s} \end{vmatrix}, \quad \text{und} \quad \begin{vmatrix} a_{3q} & a_{3s} \\ a_{4q} & a_{4s} \end{vmatrix}$$

22. Schreibe einen Beweis des Satzes von Aufgabe 21 auf.

23. Aus Aufgabe 7 erhalte: Wenn die *n*-quadratische Matrix *A* den Rang *n*-1 hat, dann gelten die folgenden Beziehungen zwischen ihren Kofaktoren:

$$(a)\ \alpha_{ij}\alpha_{hk} = \alpha_{ik}\alpha_{hj}, \qquad (b)\ \alpha_{ii}\alpha_{jj} = \alpha_{ij}\alpha_{ji},$$

wobei $(h, i, j, k = 1, 2, \ldots, n)$ gilt.

24. Zeige, daß $B = \begin{bmatrix} 1 & 1 & 1 & 1 & 4 \\ 1 & 2 & 3 & -4 & 2 \\ 2 & 1 & 1 & 2 & 6 \\ 3 & 2 & -1 & -1 & 3 \\ 1 & 2 & 2 & -2 & 4 \\ 2 & 3 & -3 & 1 & 1 \end{bmatrix}$ zeilenäquivalent mit $\begin{bmatrix} 1 & 0 & 0 & 0 & 0 \\ 0 & 1 & 0 & 0 & 0 \\ 0 & 0 & 1 & 0 & 0 \\ 0 & 0 & 0 & 1 & 0 \\ 0 & 0 & 0 & 0 & 1 \\ 0 & 0 & 0 & 0 & 0 \end{bmatrix}$ ist.

Aus $B = [A\ H]$ leite ab, daß das System von 6 linearen Gleichungen in 4 Unbekannten 5 linear unabhängige Gleichungen hat. Zeige, daß ein System von $m > n$ linearen Gleichungen n Unbekannter höchstens $n + 1$ linear unabhängige Gleichungen haben kann. Zeige, daß das System inkonsistent ist, wenn es aus mehr als $n + 1$ besteht.

25. Wenn $AX = H$ konsistent ist und den Rang r hat, für welche Menge von r Variablen kann man das System lösen?

26. Verallgemeinere die Ergebnisse der Aufgaben 17 und 18 für m inhomogene Gleichungen in n Unbekannten mit der Koeffizientenmatrix und der erweiterten Matrix, die denselben Rang r haben, um zu beweisen: Haben die Koeffizientenmatrix und die erweiterte Matrix des Systems $AX = H$ von m inhomogenen Gleichungen in n Unbekannten den Rang r, und sind $X_1, X_2, \ldots, X_{n-r+1}$ linear unabhängige Lösungen des Systems, dann ist

$$X = s_1X_1 + s_1X_2 + \ldots + s_{n-r+1}X_{n-r+1}$$

eine vollständige Lösung, wobei $\sum_{i=1}^{n-r+1} s_i = 1$ gilt.

27. In einem vierpoligen elektrischen Netz werden die Inputgrößen E_1 und I_1 in Ausdrücken der Outputgrößen E_2 und I_2 durch

$$\begin{aligned} E_1 &= aE_2 + bI_2 \\ I_1 &= cE_2 + dI_2 \end{aligned} \quad \text{oder} \quad \begin{bmatrix} E_1 \\ I_1 \end{bmatrix} = \begin{bmatrix} a & b \\ c & d \end{bmatrix}\begin{bmatrix} E_2 \\ I_2 \end{bmatrix} = A\begin{bmatrix} E_2 \\ I_2 \end{bmatrix}$$

gegeben.

Zeige, daß $\begin{bmatrix} E_1 \\ E_2 \end{bmatrix} = \frac{1}{c}\begin{bmatrix} a & -|A| \\ 1 & -d \end{bmatrix}\begin{bmatrix} I_1 \\ I_2 \end{bmatrix}$ und $\begin{bmatrix} E_1 \\ I_2 \end{bmatrix} = \frac{1}{d}\begin{bmatrix} b & |A| \\ 1 & -c \end{bmatrix}\begin{bmatrix} I_1 \\ E_2 \end{bmatrix}$ gelten.

Löse die Aufgabe gleichfalls für E_2 und I_2, für I_1 und I_2 und für I_1 und E_2.

28. Es habe das System von n linearen Gleichungen in n Unbekannten $AX = H$ mit $H \neq 0$ eine eindeutige Lösung. Zeige, daß das System $AX = K$ eine eindeutige Lösung für jeden beliebigen n-Vektor $K \neq 0$ hat.

29. Löse die Menge von linearen Formen $AX = \begin{bmatrix} 1 & -1 & 1 \\ 2 & 1 & 3 \\ 1 & 2 & 3 \end{bmatrix}\begin{bmatrix} x_1 \\ x_2 \\ x_3 \end{bmatrix} = Y = \begin{bmatrix} y_1 \\ y_2 \\ y_3 \end{bmatrix}$ für die x_i als Linearformen in den y's. Anschließend schreibe die Lösung von $A'X = Y$ auf.

30. A sei n-quadratisch und nichtsingulär, und S_i sei die Lösung von $AX = E_i$ mit $(i = 1, 2, \ldots, n)$, wobei E_i der n-Vektor ist, dessen i-te Komponente 1 ist und dessen andere Komponenten 0 sind. Identifiziere die Matrix $[S_1, S_2, \ldots, S_n]$.

31. Es sei A eine $m \times n$ Matrix mit $m < n$, und es sei S_i eine Lösung von $AX = E_i$ mit $(i = 1, 2, \ldots, m)$, wobei E_i der m-Vektor ist, dessen i-te Komponente 1 ist und dessen andere Komponenten 0 sind. Wenn $K = [k_1, k_2, \ldots, k_m]'$ gilt, zeige, daß

$$k_1S_1 + k_2S_2 + \ldots + k_mS_m$$

eine Lösung von $AX = K$ ist.

KAPITEL 11

Vektorräume

WENN NICHT AUSDRÜCKLICH ANDERS ANGEGEBEN, werden ab jetzt alle Vektoren Spaltenvektoren sein. Wenn Komponenten angegeben werden, schreiben wir $[x_1, x_2, \ldots, x_n]'$. Das Transponiertzeichen $(')$ zeigt an, daß die Elemente in einer Spalte geschrieben werden sollen.

Eine Menge solcher n-Vektoren auf F nennt man **geschlossen bezüglich der Addition**, wenn die Summe zweier beliebiger von ihnen ein Vektor der Menge ist. Ähnlich nennt man eine Menge **geschlossen bezüglich der skalaren Multiplikation**, wenn jedes skalare Vielfache eines Vektors der Menge ein Vektor der Menge ist.

Beispiel 1. (*a*) Die Menge aller Vektoren $[x_1, x_2, x_3]'$ des gewöhnlichen Raumes mit gleichen Komponenten $(x_1 = x_2 = x_3)$ ist sowohl bezüglich der Addition als auch der skalaren Multiplikation geschlossen. So sind die Summe zweier beliebiger der Vektoren und das k-fache eines beliebigen Vektors (k ist reell) wiederum Vektoren mit den gleichen Komponenten.

(*b*) Die Menge **aller** Vektoren $[x_1, x_2, x_3]'$ des gewöhnlichen Raumes ist bezüglich der Addition und der skalaren Multiplikation geschlossen.

VEKTORRÄUME. Jede beliebige Menge von n-Vektoren auf F, die bezüglich der Addition und der skalaren Multiplikation geschlossen ist, heißt ein **Vektorraum**. Demgemäß ist die Menge aller linearen Kombinationen

$$k_1X_1 + k_2X_2 + \cdots + k_mX_m \qquad (k_i \text{ in } F), \tag{11.1}$$

wenn $X_1, X_2, \ldots, X_m$ n-Vektoren auf F sind, ein Vektorraum auf F. Zum Beispiel sind beide Mengen der Vektoren (*a*) und (*b*) von Beispiel 1 Vektorräume. Jeder Vektorraum **(11.1)** enthält den n-Nullvektor, während der n-Nullvektor allein ein Vektorraum ist. (Der Raum **(11.1)** wird gleichfalls ein **linearer Vektorraum** genannt.)

Die Gesamtheit $V_n(F)$ **aller** n-Vektoren auf F heißt der **n-dimensionale Vektorraum** auf F.

UNTERRÄUME. Eine Menge V der Vektoren von $V_n(F)$ heißt ein **Unterraum** von $V_n(F)$, vorausgesetzt, V ist bezüglich der Addition und der skalaren Multiplikation geschlossen. Folglich ist der n-Nullvektor ein Unterraum von $V_n(F)$; $V_n(F)$ ist gleichfalls ein Unterraum von sich selbst. Die Menge (*a*) von Beispiel 1 ist ein Unterraum (eine Gerade) im gewöhnlichen Raum. Wenn $X_1, X_2, \ldots, X_m$ zu $V_n(F)$ gehören, dann ist allgemein der Raum aller Linearkombinationen **(11.1)** ein Unterraum von $V_n(F)$.

Ein Vektorraum V heißt **aufgespannt** oder **erzeugt** durch die n-Vektoren $X_1, X_2, \ldots, X_m$, vorausgesetzt, (*a*) die X_i liegen in V und (*b*) jeder Vektor von V ist eine Linearkombination **(11.1)**. Beachte, daß die Vektoren $X_1, X_2, \ldots, X_m$ nicht linear unabhängig sein müssen.

Beispiel 2. Es sei F der Körper R reeller Zahlen derart, daß die 3-Vektoren $X_1 = [1,1,1]'$, $X_2 = [1,2,3]'$, $X_3 = [1,3,2]'$ und $X_4 = [3,2,1]'$ im gewöhnlichen Raum $S = V_3(R)$ liegen. Ein beliebiger Vektor $[a,b,c]'$ von S läßt sich ausdrücken als

$$y_1X_1 + y_2X_2 + y_3X_3 + y_4X_4 = \begin{bmatrix} y_1 + y_2 + y_3 + 3y_4 \\ y_1 + 2y_2 + 3y_3 + 2y_4 \\ y_1 + 3y_2 + 2y_3 + y_4 \end{bmatrix},$$

weil das Ergebnissystem von Gleichungen

$$\text{(i)} \qquad \begin{aligned} y_1 + y_2 + y_3 + 3y_4 &= a \\ y_1 + 2y_2 + 3y_3 + 2y_4 &= b \\ y_1 + 3y_2 + 2y_3 + y_4 &= c \end{aligned}$$

konsistent ist. Folglich wird S durch die Vektoren X_1, X_2, X_3, X_4 erzeugt.

Die Vektoren X_1 und X_2 sind linear unabhängig. Sie erzeugen einen Unterraum (die Ebene π) von S, der jeden Vektor $hX_1 + kX_2$ enthält, wobei h und k reelle Zahlen sind.

Der Vektor X_4 erzeugt einen Unterraum (die Gerade L) von S, die jeden Vektor hX_4 enthält, wobei h eine reelle Zahl ist.

Siehe Aufgabe 1.

BASIS UND DIMENSION. Unter der Dimension eines Vektorraumes V versteht man die maximale Anzahl von linear unabhängigen Vektoren in V oder, was das gleiche ist, die minimale Anzahl von linear unabhängigen Vektoren, die man benötigt, um V zu erzeugen. In der elementaren Geometrie betrachtet man den gewöhnlichen Raum als einen 3-Raum (Raum der Dimension drei) der Punkte (a, b, c). Hier haben wir den Raum als einen 3-Raum von Vektoren $[a, b, c]'$ betrachtet. Die Ebene π von Beispiel 2 hat die Dimension 2 und die Gerade L hat die Dimension 1.

Ein Vektorraum der Dimension r, bestehend aus n-Vektoren, wird mit $V_n^r(F)$ bezeichnet. Wenn $r = n$ gilt, werden wir $V_n(F)$ für $V_n^n(F)$ schreiben.

Eine Menge von r linear unabhängigen Vektoren von $V_n^r(F)$ heißt eine **Basis** des Raumes. Jeder Vektor des Raumes ist dann eine **eindeutige** Linearkombination der Vektoren dieser Basis. Alle Basen von $V_n^r(F)$ haben genau die gleiche Anzahl von Vektoren, aber beliebige r linear unabhängige Vektoren des Raumes werden als eine Basis dienen.

Beispiel 3. Die Vektoren X_1, X_2, X_3 von Beispiel 2 erzeugen S, weil jeder beliebige Vektor $[a, b, c]'$ von S ausgedrückt werden kann als

$$y_1X_1 + y_2X_2 + y_3X_3 = \begin{bmatrix} y_1 + y_2 + y_3 \\ y_1 + 2y_2 + 3y_3 \\ y_1 + 3y_2 + 2y_3 \end{bmatrix}$$

Das Ergebnissystem der Gleichungen $\begin{cases} y_1 + y_2 + y_3 = a \\ y_1 + 2y_2 + 3y_3 = b \\ y_1 + 3y_2 + 2y_3 = c \end{cases}$ hat anders als das System (i) eine eindeutige Lösung. Die Vektoren X_1, X_2, X_3 sind eine Basis von S. Die Vektoren X_1, X_2, X_4 bilden keine Basis von S. (Zeige dies.) Sie erzeugen den Unterraum π von Beispiel 2, dessen Basis die Menge X_1, X_2 ist.

Die Sätze **I-V** aus Kapitel 9 treffen hier tatsächlich zu. Insbesondere kann man den Satz **IV** umschreiben in der Form:

I. Wenn $X_1, X_2, \ldots, X_m$ eine Menge von n-Vektoren auf F sind, und wenn r den Rang der $n \times m$ Matrix ihrer Komponenten ist, dann kann man aus der Menge r linear unabhängige Vektoren auswählen. Diese r Vektoren erzeugen einen Raum $V_n^r(F)$, in welchem die übrigen m-r Vektoren liegen.

Siehe Aufgabe 2-3.

Von beachtenswerter Bedeutung sind:

II. Wenn $X_1, X_2, \ldots, X_m$ $m < n$ linear unabhängige n-Vektoren von $V_n(F)$ sind, und wenn $X_{m+1}, X_{m+2}, \ldots, X_n$ beliebige n-m Vektoren von $V_n(F)$ sind, die zusammen mit $X_1, X_2, \ldots, X_m$ eine linear unabhängige Menge bilden, dann ist die Menge $X_1, X_2, \ldots, X_n$ eine Basis von $V_n(F)$. Siehe Aufgabe 4.

III. Wenn $X_1, X_2, \ldots, X_m$ $m < n$ linear unabhängige n-Vektoren auf F sind, dann sind die p Vektoren

$$Y_j = \sum_{i=1}^{m} s_{ij} X_i \qquad (j = 1, 2, \ldots, p)$$

linear unabhängig, wenn $p > m$ ist. Hingegen ist $p \leqslant m$, wenn $[s_{ij}]$ den Rang $r < p$ hat.

IV. Wenn $X_1, X_2, \ldots, X_n$ linear unabhängige n-Vektoren auf F sind, dann sind die Vektoren

$$Y_i = \sum_{j=1}^{n} a_{ij} X_j \qquad (i = 1, 2, \ldots, n)$$

dann und nur dann linear unabhängig, wenn $[a_{ij}]$ nichtsingulär ist.

IDENTISCHE UNTERRÄUME. Wenn ${}_1V_n^r(F)$ und ${}_2V_n^r(F)$ zwei Unterräume von $V_n(F)$ sind, dann sind sie dann und nur dann identisch, wenn jeder Vektor von ${}_1V_n^r(F)$ ein Vektor von ${}_2V_n^r(F)$ ist und umgekehrt, das heißt, dann und nur dann, wenn jeder ein Unterraum des anderen ist. Siehe Aufgabe 5.

SUMME UND DURCHSCHNITT VON ZWEI RÄUMEN. Es seien $V_n^h(F)$ und $V_n^k(F)$ zwei Vektorräume. Unter ihrer **Summe** versteht man die Gesamtheit der Vektoren $X + Y$, wobei X in $V_n^h(F)$ und Y in $V_n^k(F)$ sind. Dies ist offensichtlich ein Vektorraum; wir nennen ihn den **Summenraum** $V_n^s(F)$. Die Dimension s des Summenraumes von zwei Vektorräumen ist nicht größer als die Summe ihrer Dimensionen.

Unter dem **Durchschnitt** von zwei Vektorräumen versteht man die Gesamtheit von Vektoren, die zu zwei Räumen gehören. Wenn X ein Vektor ist, der zu zwei Räumen gehört, so gilt dies gleichfalls für aX; wenn X und Y zu den zwei Räumen gehören, so gilt dies gleichfalls für $aX + bY$. Demgemäß ist der Durchschnitt von zwei Räumen ein Vektorraum; wir nennen ihn den **Durchschnittsraum** $V_n^t(F)$. Die Dimension des Durchschnittsraumes von zwei Vektorenräumen kann nicht größer als die kleinere der Dimensionen von zwei Räumen sein.

V. Wenn zwei Vektorräume $V_n^h(F)$ und $V_n^k(F)$ als Summenraum $V_n^s(F)$ und als Durchschnittsraum $V_n^t(F)$ haben, dann gilt $h + k = s + t$.

Beispiel 4. Betrachte den Unterraum π_1, der durch X_1 und X_2 von Aufgabe 2 erzeugt wird und den Unterraum π_2, der durch X_3 und X_4 erzeugt wird, Weil π_1 und π_2 nicht identisch sind (beweise dies), und weil die vier Vektoren S erzeugen, ist S der Summenraum von π_1 und π_2.

Nun gilt $4X_1 - X_2 = X_4$; demgemäß liegt X_4 sowohl in π_1 als auch in π_2. Der Unterraum (Gerade L), der durch X_4 erzeugt wird, ist dann der Durchschnittsraum von π_1 und π_2. Beachte, daß π_1 und π_2 beide die Dimension 2 haben, S hat die Dimension 3, und L hat die Dimension 1. Dies stimmt mit Satz **V** überein.

Siehe Aufgaben 6-8.

RANGABFALL (DEFEKT) EINER MATRIX. Bezüglich eines Systems von homogenen Gleichungen $AX = 0$ bilden die Lösungsvektoren X einen Vektorraum, der **Nullraum** von A genannt wird. Die Dimension dieses Raumes, der mit N_A bezeichnet wird, heißt der **Rangabfall** (Defekt) von A.

Schreibt man Satz **VI**, Kapitel 10, entsprechend um, so erhält man:

VI. Wenn A den Rangabfall N_A hat, dann hat $AX = 0$ N_A linear unabhängige Lösungen $X_1, X_2, \ldots, X_{N_A}$ derart, daß jede Lösung von $AX = 0$ eine Linearkombination von ihnen ist, und jede derartige Linearkombination ist eine Lösung.

Eine Basis für den Nullraum von A ist jede beliebige Menge von N_A linear unabhängigen Lösungen $AX = 0$.

Siehe Aufgabe 9.

VII. Für eine $m \times n$ Matrix A mit dem Rang r_A und dem Rangabfall N_A gilt

$$r_A + N_A = n \tag{11.2}$$

SATZ VON SYLVESTER. Wenn A und B von der Ordnung n sind und den Rang r_A bzw. r_B besitzen, dann erfüllen der Rang und der Rangabfall ihres Produktes AB die Ungleichungen

$$\begin{gathered} r_{AB} \geq r_A + r_B - n \\ N_{AB} > N_A, \quad N_{AB} > N_B \\ N_{AB} \leq N_A + N_B \end{gathered} \tag{11.3}$$

Siehe Aufgabe 10.

BASEN UND KOORDINATEN. Die n-Vektoren

$$E_1 = [1, 0, 0, \ldots, 0]', \quad E_2 = [0, 1, 0, \ldots, 0]', \quad \ldots, \quad E_n = [0, 0, 0, \ldots, 1]'$$

werden **Einheitsvektoren** auf F genannt. Der Elementarvektor E_j, dessen j-te Komponente 1 ist, heißt der j-te Elementarvektor. Die Elementarvektoren $E_1, E_2, \ldots, E_n$ bilden eine wichtige Basis für $V_n(F)$.

Jeden Vektor $X = [x_1, x_2, \ldots, x_n]'$ von $V_n(F)$ kann man eindeutig als die Summe

$$X = \sum_{i=1}^{n} x_i E_i = x_1 E_1 + x_2 E_2 + \cdots + x_n E_n$$

von Elementarvektoren ausdrücken. Die Komponenten $x_1, x_2, \ldots, x_n$ von X werden nun die **Koordinaten** von X bezüglich der E-Basis genannt. Wenn nicht ausdrücklich anders angegeben, werden wir annehmen, daß ein Vektor X bezüglich dieser Basis gegeben ist.

Es sei $Z_1, Z_2, \ldots, Z_n$ eine andere Basis von $V_n(F)$. Dann existieren eindeutige Skalare $a_1, a_2, \ldots, a_n$ auf F derart, daß

$$X = \sum_{i=1}^{n} a_i Z_i = a_1 Z_1 + a_2 Z_2 + \cdots + a_n Z_n$$

gilt. Diese Skalare $a_1, a_2, \ldots, a_n$ werden die Koordinaten X bezüglich der Z-Basis genannt. Schreibt man $X_Z = [a_1, a_2, \ldots, a_n]'$, erhalten wir

$$X = [Z_1, Z_2, \ldots, Z_n] X_Z = Z \cdot X_Z, \tag{11.4}$$

wobei Z die Matrix ist, deren Spalten die Basisvektoren $Z_1, Z_2, \ldots, Z_n$ sind.

Beispiel 5. Wenn $Z_1 = [2, -1, 3]'$, $Z_2 = [1, 2, -1]'$, $Z_3 = [1, -1, -1]'$ eine Basis von $V_3(F)$ ist, und $X_Z = [1, 2, 3]'$ ein Vektor von $V_3(F)$ bezüglich dieser Basis ist, dann ist

$$X = [Z_1, Z_2, Z_3] X_Z = \begin{bmatrix} 2 & 1 & 1 \\ -1 & 2 & -1 \\ 3 & -1 & -1 \end{bmatrix} \begin{bmatrix} 1 \\ 2 \\ 3 \end{bmatrix} = \begin{bmatrix} 7 \\ 0 \\ -2 \end{bmatrix} = [7, 0, -2]'$$

bezüglich der E-Basis.

Siehe Aufgabe 11.

Es sei $W_1, W_2, \ldots, W_n$ jetzt eine andere Basis von $V_n(F)$. Es sei $X_W = [b_1, b_2, \ldots, b_n]'$ so angenommen, daß

(11.5) $$X = [W_1, W_2, \ldots, W_n] X_W = W \cdot X_W$$

gilt.

Gemäß (11.4) und (11.5) gelten $X = Z \cdot X_Z = W \cdot X_W$ und

(11.6) $$X_W = W^{-1} \cdot Z \cdot X_Z = P X_Z ,$$

wobei $P = W^{-1} Z$ ist.

Demgemäß gilt:

VIII. Wenn ein Vektor von $V_n(F)$ die Koordinaten X_Z bzw. X_W bezüglich zweier Basen von $V_n(F)$ hat, dann existiert eine nichtsinguläre Matrix P, die allein durch die zwei Basen bestimmt wird, die gemäß (11.6) gegeben ist, derart, daß $X_W = PX_Z$ gilt.

Siehe Aufgabe 12.

AUFGABEN MIT LÖSUNGEN

1. Die Menge aller Vektoren $X = [x_1, x_2, x_3, x_4]'$ sind Vektoren der Menge, wobei $x_1 + x_2 + x_3 + x_4 = 0$ ein Unterraum V von $V_4(F)$ ist, weil die Summe beliebiger zwei Vektoren der Menge und jedes beliebige skalare Vielfache eines Vektors der Menge Komponenten haben, deren Summe Null ist.

2. Weil $\begin{bmatrix} 1 & 3 & 1 \\ 2 & 4 & 0 \\ 2 & 4 & 0 \\ 1 & 3 & 1 \end{bmatrix}$ den Rang 2 hat, sind die Vektoren $X_1 = [1, 2, 2, 1]'$, $X_2 = [3, 4, 4, 3]'$ und $X_3 = [1, 0, 0, 1]'$ linear abhängig und erzeugen einen Vektorraum $V_4^2(F)$.

Nun sind beliebige zwei dieser Vektoren linear unabhängig; folglich können wir X_1 und X_2 oder X_1 und X_3 oder X_2 und X_3 als eine Basis von $V_4^2(F)$ nehmen.

3. Weil $\begin{bmatrix} 1 & 4 & 2 & 4 \\ 1 & 3 & 1 & 2 \\ 1 & 2 & 0 & 0 \\ 0 & -1 & -1 & -2 \end{bmatrix}$ den Rang 2 hat, sind die Vektoren $X_1 = [1, 1, 1, 0]'$, $X_2 = [4, 3, 2, -1]'$, $X_3 = [2, 1, 0, -1]'$ und $X_4 = [4, 2, 0, -2]'$ linear abhängig und erzeugen einen Raum $V_4^2(F)$.

Für eine Basis können wir zwei beliebige der Vektoren mit Ausnahme des Paares X_3, X_4 nehmen.

4. Die Vektoren X_1, X_2, X_3 von Aufgabe 2 liegen im Raum $V_4(F)$. Gib eine Basis an.

Für eine Basis dieses Raumes können wir $X_1, X_2, X_4 = [1, 0, 0, 0]'$ und $X_5 = [0, 1, 0, 0]'$ oder $X_1, X_2, X_6 = [1, 2, 3, 4]'$ und $X_7 = [1, 3, 6, 8]', \ldots$ nehmen, weil die Matrizen $[X_1, X_2, X_4, X_5]$ und $[X_1, X_2, X_6, X_7]$ den Rang 4 haben.

5. Es seien $X_1 = [1, 2, 1]'$, $X_2 = [1, 2, 3]'$, $X_3 = [3, 6, 5]'$, $Y_1 = [0, 0, 1]'$, $Y_2 = [1, 2, 5]'$ Vektoren von $V_3(F)$. Zeige, daß der Raum, der durch X_1, X_2 und X_3 erzeugt wird und der Raum, der durch Y_1 und Y_2 erzeugt wird, identisch sind.

Zunächst beachten wir, daß X_1 und X_2 linear unabhängig sind, während $X_3 = 2X_1 + X_2$ gilt. Demgemäß erzeugen die X_i einen Raum mit der Dimension 2, zum Beispiel ${}_1V_3^2(F)$. Gleichfalls sind Y_i linear unabhängig, und sie erzeugen einen Raum von der Dimension 2, zum Beispiel ${}_2V_3^2(F)$.

Als nächstes gelten $Y_1 = \frac{1}{2}X_2 - \frac{1}{2}X_1$, $Y_2 = 2X_2 - X_1$; $X_1 = Y_2 - 4Y_1$, $X_2 = Y_2 - 2Y_1$. Demgemäß ist jeder beliebige Vektor $aY_1 + bY_2$ von ${}_2V_3^2(F)$ ein Vektor $(\frac{1}{2}a + 2b)X_2 - (\frac{1}{2}a + b)X_1$ von ${}_1V_3^2(F)$, und jeder beliebige Vektor $cX_1 + dX_2$ von ${}_1V_3^2(F)$ ist ein Vektor $(c + d)Y_2 - (4c + 2d)Y_1$ von ${}_2V_3^2(F)$. Folglich sind die zwei Räume identisch.

6. (*a*) Wenn $X = [x_1, x_2, x_3]'$ in $V_3^2(F)$ liegt, der durch $X_1 = [1, -1, 1]'$ und $X_2 = [3, 4, -2]'$ erzeugt wird, dann gilt $\begin{vmatrix} x_1 & 1 & 3 \\ x_2 & -1 & 4 \\ x_3 & 1 & -2 \end{vmatrix} = -2x_1 + 5x_2 + 7x_3 = 0.$

(*b*) Wenn $X = [x_1, x_2, x_3, x_4]'$ in $V_4^2(F)$ liegt, der erzeugt wird durch $X_1 = [1, 1, 2, 3]'$ und $X_2 = [1, 0, -2, 1]'$, dann hat $\begin{bmatrix} x_1 & 1 & 1 \\ x_2 & 1 & 0 \\ x_3 & 2 & -2 \\ x_4 & 3 & 1 \end{bmatrix}$ den Rang 2. Weil $\begin{vmatrix} 1 & 1 \\ 1 & 0 \end{vmatrix} \neq 0$ gilt, erfordert dies $\begin{vmatrix} x_1 & 1 & 1 \\ x_2 & 1 & 0 \\ x_3 & 2 & -2 \end{vmatrix} = -2x_1 + 4x_2 - x_3 = 0$ und $\begin{vmatrix} x_1 & 1 & 1 \\ x_2 & 1 & 0 \\ x_4 & 3 & 1 \end{vmatrix} = x_1 + 2x_2 - x_4 = 0$.

Diese Aufgaben zeigen, daß jeder Raum $V_n^k(F)$ als die Gesamtheit der Lösungen auf F eines Systems von n-k linear unabhängigen homogenen linearen Gleichungen auf F in n Unbekannten definiert werden kann.

7. Beweise: Wenn zwei Vektorräume $V_n^h(F)$ und $V_n^k(F)$ als Summenraum $V_n^s(F)$ und als Durchschnittsraum $V_n^t(F)$ haben, dann gilt $h + k = s + t$.

Angenommen sei $t = h$; dann ist $V_n^h(F)$ ein Unterraum von $V_n^k(F)$, und ihr Summenraum ist V_n^k selbst. Demgemäß gelten $s = k$, $t = h$ und $s + t = h + k$. Der Leser möge zeigen, daß das gleiche gilt, wenn $t = k$ ist.

Als nächstes nimm an, daß $t < h$ und $t < k$ gelten, und $V_n^t(F)$ sei durch $X_1, X_2, \ldots, X_t$ erzeugt. Dann existieren gemäß Satz II Vektoren $Y_{t+1}, Y_{t+2}, \ldots, Y_h$ derart, daß $V_n^h(F)$ durch $X_1, X_2, \ldots, X_t$, $Y_{t+1}, \ldots, Y_h$ erzeugt wird und Vektoren $Z_{t+1}, Z_{t+2}, \ldots, Z_k$ derart, daß $V_n^k(F)$ durch $X_1, X_2, \ldots, X_t$, $Z_{t+1}, \ldots, Z_k$ erzeugt wird.

Nun nimm an, es existieren Skalare a's und b's derart, daß

(11.4) $$\sum_{i=1}^{t} a_i X_i + \sum_{i=t+1}^{h} a_i Y_i + \sum_{i=t+1}^{k} b_i Z_i = 0 \quad \text{oder}$$

$$\sum_{i=1}^{t} a_i X_i + \sum_{i=t+1}^{h} a_i Y_i = \sum_{i=t+1}^{k} -b_i Z_i$$

gilt.

Der Vektor auf der linken Seite gehört zu $V_n^h(F)$, und der von der rechten Seite gehört gleichfalls zu $V_n^k(F)$; demgemäß gehört er zu $V_n^t(F)$. $V_n^t(F)$ wird aber durch $X_1, X_2, \ldots, X_t$ erzeugt; folglich gilt $a_{t+1} = a_{t+2} = \ldots = a_h = 0$.

Wegen **(11.4)** gilt $\sum_{i=1}^{t} a_i X_i + \sum_{i=t+1}^{k} b_i Z_i = 0$

Die X's und Z's sind aber linear unabhängig, so daß $a_1 = a_2 = \ldots = a_t = b_{t+1} = b_{t+2} = \ldots = b_k = 0$ gilt; demgemäß sind die X's, Y's und Z's eine linear unabhängige Menge und erzeugen $V_n^s(F)$. Dann gilt $s = h + k - t$, was zu beweisen war.

8. Betrachte ${}_1V_3^2(F)$ mit $X_1 = [1, 2, 3]'$ und $X_2 = [1, 1, 1]'$ als Basis und ${}_2V_3^2(F)$ mit $Y_1 = [3, 1, 2]'$ und $Y_2 = [1, 0, 1]'$ als Basis. Weil die Matrix der Komponenten $\begin{bmatrix} 1 & 1 & 3 & 1 \\ 2 & 1 & 1 & 0 \\ 3 & 1 & 2 & 1 \end{bmatrix}$ den Rang 3 hat, ist $V_3(F)$ der Summenraum. Als eine Basis können wir X_1, X_2 und Y_1 nehmen.

Wegen $h + k = s + t$ ist der Durchschnittsraum ein $V_3^1(F)$ Raum. Um eine Basis zu finden, setzen wir Linearkombinationen der Vektoren der Basen von ${}_1V_3^2(F)$ und ${}_2V_3^2(F)$ gleich

$$aX_1 + bX_2 = cY_1 + dY_2$$

und nehmen $d = 1$ aus Bequemlichkeitsgründen und erhalten $a = 1/3, b = -4/3, c = -2/3$ als Lösung von $\begin{cases} a + b - 3c = 1 \\ 2a + b - c = 0 \\ 3a + b - 2c = 1 \end{cases}$. Dann ist $aX_1 + bX_2 = [-1, -2/3, -1/3]'$ eine Basis des Durchschnittsraumes. Der Vektor $[3, 2, 1]'$ ist gleichfalls eine Basis.

9. Bestimme eine Basis für den Nullraum von $A = \begin{bmatrix} 1 & 1 & 3 & 3 \\ 0 & 2 & 2 & 4 \\ 1 & 0 & 2 & 1 \\ 1 & 1 & 3 & 3 \end{bmatrix}$

Betrachte das System von Gleichungen $AX = 0$, das zu $\begin{cases} x_1 + 2x_3 + x_4 = 0 \\ x_2 + x_3 + 2x_4 = 0 \end{cases}$ reduziert ist.

Eine Basis für den Nullraum von A ist das Paar linear unabhängiger Lösungen $[1, 2, 0, -1]'$ und $[2, 1, -1, 0]'$ dieser Gleichungen.

10. Beweise: $r_{AB} \geq r_A + r_B - n$.

Zuerst nimm an, daß A die Form $\begin{bmatrix} I_{r_A} & 0 \\ 0 & 0 \end{bmatrix}$ hat. Dann sind die ersten r_A Zeilen von AB gleich den ersten r_A Zeilen von B, weil die übrigen Zeilen Null sind. Gemäß Aufgabe 10, Kapitel 5, ist $r_{AB} \geq r_A + r_B - n$ der Rang von AB.

Als nächstes nimm an, daß A nicht die oben angegebene Form hat. Dann existieren nichtsinguläre Matrizen P und Q derart, daß PAQ diese Form hat, weil der Rang von $PAQB$ genau dem von AB entspricht (warum?).

Der Leser mag den Spezialfall mit $B = \begin{bmatrix} I_{r_B} & 0 \\ 0 & 0 \end{bmatrix}$ betrachten.

11. Es sei $X = [1, 2, 1]'$ bezüglich der E-Basis. Gib seine Koordinaten bezüglich einer neuen Basis $Z_1 = [1, 1, 0]'$, $Z_2 = [1, 0, 1]'$ und $Z_3 = [1, 1, 1]'$.

Lösung (*a*): Schreibe

(i) $X = aZ_1 + bZ_2 + cZ_3$, das heißt $\begin{bmatrix} 1 \\ 2 \\ 1 \end{bmatrix} = a\begin{bmatrix} 1 \\ 1 \\ 0 \end{bmatrix} + b\begin{bmatrix} 1 \\ 0 \\ 1 \end{bmatrix} + c\begin{bmatrix} 1 \\ 1 \\ 1 \end{bmatrix}$. Dann folgen $\begin{cases} a + b + c = 1 \\ a \quad + c = 2 \\ \quad b + c = 1 \end{cases}$ und $a = 0, b = -1$, $c = 2$. Demgemäß erhalten wir bezüglich der Z-Basis $X_Z = [0, -1, 2]'$.

Lösung (b) : Schreibe (i) als $X = [Z_1, Z_2, Z_3]\, X_Z = ZX_Z$; wir erhalten

$$X_Z = Z^{-1}X = \begin{bmatrix} 1 & 0 & -1 \\ 1 & -1 & 0 \\ -1 & 1 & 1 \end{bmatrix} \begin{bmatrix} 1 \\ 2 \\ 1 \end{bmatrix} = [0, -1, 2]'.$$

12. Es seien X_Z und X_W die Koordinaten eines Vektors X bezüglich der zwei Basen $Z_1 = [1, 1, 0]'$, $Z_2 = [1, 0, 1]'$, $Z_3 = [1, 1, 1]'$ und $W_1 = [1, 1, 2]'$, $W_2 = [2, 2, 1]'$, $W_3 = [1, 2, 2]'$. Bestimme die Matrix P derart, daß $X_W = PX_Z$ gilt.

Hier gelten $Z = [Z_1, Z_2, Z_3] = \begin{bmatrix} 1 & 1 & 1 \\ 1 & 0 & 1 \\ 0 & 1 & 1 \end{bmatrix}$, $W = \begin{bmatrix} 1 & 2 & 1 \\ 1 & 2 & 2 \\ 2 & 1 & 2 \end{bmatrix}$ und $W^{-1} = \frac{1}{3}\begin{bmatrix} 2 & -3 & 2 \\ 2 & 0 & -1 \\ -3 & 3 & 0 \end{bmatrix}$.

Dann gilt $P = W^{-1}Z = \frac{1}{3}\begin{bmatrix} -1 & 4 & 1 \\ 2 & 1 & 1 \\ 0 & -3 & 0 \end{bmatrix}$ gemäß (**11.6**).

ERGÄNZUNGSAUFGABEN

13. Es sei $[x_1, x_2, x_3, x_4]'$ ein beliebiger Vektor von $V_4(R)$, wobei R den Körper der reellen Zahlen bezeichnet. Welche der folgenden Mengen sind Unterräume von $V_4(R)$?

(a) Alle Vektoren mit $x_1 = x_2 = x_3 = x_4$.
(b) Alle Vektoren mit $x_1 = x_2$, $x_3 = 2x_4$.
(c) Alle Vektoren mit $x_4 = 0$.
(d) Alle Vektoren mit $x_1 = 1$.
(e) Alle Vektoren mit den Integralen x_1, x_2, x_3, x_4.

Antwort: Alle außer (d) und (e).

14. Zeige, daß $[1, 1, 1, 1]'$ und $[2, 3, 3, 2]'$ eine Basis von $V_4^2(F)$ von Aufgabe 2 sind.

15. Bestimme die Dimension des Vektorraumes, erzeugt durch die jeweilige Menge von Vektoren. Wähle für jede Menge eine Basis aus.

(a) $[1, 2, 3, 4, 5]'$, $[5, 4, 3, 2, 1]'$, $[1, 1, 1, 1, 1]'$

(b) $[1, 1, 0, -1]'$, $[1, 2, 3, 4]'$, $[2, 3, 3, 3]'$

(c) $[1, 1, 1, 1]'$, $[3, 4, 5, 6]'$, $[1, 2, 3, 4]'$, $[1, 0, -1, -2]'$

Antwort: (a), (b), (c), $r = 2$.

16. (a) Zeige, daß die Vektoren $X_1 = [1, -1, 1]'$ und $X_2 = [3, 4, -2]'$ denselben Raum wie $Y_1 = [9, 5, -1]'$ und $Y_2 = [-17, -11, 3]'$ erzeugen.

(b) Zeige, daß die Vektoren $X_1 = [1, -1, 1]'$ und $X_2 = [3, 4, -2]'$ nicht denselben Raum wie $Y_1 = [-2, 2, -2]'$ und $Y_2 = [4, 3, 1]'$ erzeugen.

17. Zeige, daß jeder beliebige andere Vektor Y des Raumes ***eindeutig*** als eine Linearkombination der $X_1, X_2, \ldots, X_k$ dargestellt werden kann, wenn die Menge $X_1, X_2, \ldots, X_k$ eine Basis für $V_n^k(F)$ ist.

Hinweis: Nimm an, daß $Y = \sum_{i=1}^{k} a_i X_i = \sum_{i=1}^{k} b_i X_i$ gilt.

18. Betrachte die 4×4 Matrix, deren Spalten die Vektoren einer Basis des $V_4^2(R)$ von Aufgabe 2 und eine Basis des $V_4^2(R)$ von Aufgabe 3 sind. Zeige, daß der Rang dieser Matrix 4 ist; folglich ist $V_4(R)$ der Summenraum, und $V_4^0(R)$, der Nullraum, ist der Durchschnittsraum der zwei gegebenen Räume.

19. Gehe nach dem Beweis, der in Aufgabe 8, Kapitel 10, gegeben wurde, vor, um Satz **III** zu beweisen.

20. Zeige, daß der Raum, erzeugt durch $[1,0,0,0,0]'$, $[0,0,0,0,1]'$, $[1,0,1,0,0]'$, $[0,0,1,0,0]'$, $[1,0,0,1,1]'$ und der Raum, erzeugt durch $[1,0,0,0,1]'$, $[0,1,0,1,0]'$, $[0,1,-2,1,0]'$, $[1,0,-1,0,1]'$, $[0,1,1,1,0]'$, die Dimensionen 4 bzw. 3 haben. Zeige, daß $[1,0,1,0,1]'$ und $[1,0,2,0,1]'$ eine Basis für den Durchschnittsraum sind.

21. Bezüglich der Basis $Z_1 = [1,1,2]'$, $Z_2 = [2,2,1]'$, $Z_3 = [1,2,2]'$ gib die Koordinaten des Vektors (*a*) $[1,1,0]'$, (*b*) $[1,0,1]'$, (*c*) $[1,1,1]'$ an.
Antwort: (*a*) $[-1/3, 2/3, 0]'$, (*b*) $[4/3, 1/3, -1]'$, (*c*) $[1/3, 1/3, 0]'$

22. Bezüglich der Basis $Z_1 = [0,1,0]'$, $Z_2 = [1,1,1]'$, $Z_3 = [3,2,1]'$ gib die Koordinaten der Vektoren (*a*) $[2,-1,0]'$, (*b*) $[1,-3,5]'$, (*c*) $[0,0,1]'$ an.
Antwort: (*a*) $[-2,-1,1]'$, (*b*) $[-6,7,-2]'$, (*c*) $[-1/2, 3/2, -1/2]'$

23. Es seien X_Z und X_W die Koordinaten eines Vektors X bezüglich dem gegebenen Paar von Basen. Bestimme die Matrix P derart, daß $X_W = PX_Z$ gilt.

(*a*) $Z_1 = [1,0,0]'$, $Z_2 = [1,0,1]'$, $Z_3 = [1,1,1]'$
$W_1 = [0,1,0]'$, $W_2 = [1,2,3]'$, $W_3 = [1,-1,1]'$

(*b*) $Z_1 = [0,1,0]'$, $Z_2 = [1,1,0]'$, $Z_3 = [1,2,3]'$
$W_1 = [1,1,0]'$, $W_2 = [1,1,1]'$, $W_3 = [1,2,1]'$

Antwort: (*a*) $P = \frac{1}{2}\begin{bmatrix} 5 & 2 & 4 \\ -1 & 0 & 0 \\ 3 & 2 & 2 \end{bmatrix}$, (*b*) $P = \begin{bmatrix} 0 & 1 & -2 \\ -1 & 0 & 2 \\ 1 & 0 & 1 \end{bmatrix}$

24. Beweise: Wenn P_j eine Lösung von $AX = E_j$, $(j = 1, 2, \ldots, n)$ ist, dann ist $\sum_{i=1}^{n} h_j P_j$ eine Lösung von $AX = H$, wobei $H = [h_1, h_2, \ldots, h_n]'$ gilt.
Hinweis: $H = h_1E_1 + h_2E_2 + \ldots + h_nE_n$.

25. Der Vektorraum, definiert durch alle Linearkombinationen der Spalten einer Matrix A, heißt der **Spaltenraum** von A. Der Vektorraum, definiert durch alle Linearkombinationen der Zeilen von A, heißt der **Zeilenraum** von A. Zeige, daß die Spalten von AB im Spaltenraum von A sind, und daß die Zeilen von AB im Zeilenraum von B sind.

26. Zeige, daß $AX = H$, ein System von m inhomogenen Gleichungen in n Unbekannten, dann und nur dann konsistent ist, wenn der Vektor H zu dem Spaltenraum von A gehört.

27. Bestimme eine Basis für den Nullraum von (*a*) $\begin{bmatrix} 1 & 1 & 0 \\ 0 & 1 & -1 \\ 1 & 0 & 1 \end{bmatrix}$, (*b*) $\begin{bmatrix} 1 & 1 & 1 & 1 \\ 1 & 2 & 1 & 2 \\ 3 & 4 & 3 & 4 \end{bmatrix}$.

Antwort: (*a*) $[1,-1,-1]'$, (*b*) $[1,1,-1,-1]'$, $[1,2,-1,-2]'$

28. Beweise: (*a*) $N_{AB} \geq N_A$, $N_{AB} \geq N_B$ (*b*) $N_{AB} \leq N_A + N_B$

Hinweis: (*a*) $N_{AB} = n - r_{AB}$; $r_{AB} \leq r_A$ und r_B.
(*b*) Betrachte $n - r_{AB}$ unter Verwendung des Satzes von Aufgabe 10.

29. Leite ein Verfahren für Aufgabe 16 ab, welches nur Spaltentransformationen bezüglich $A = [X_1, X_2, Y_1, Y_2]$ verwendet. Löse dann erneut Aufgabe 5.

KAPITEL 12

Lineare Transformationen

DEFINITION. Es seien $X = [x_1, x_2, \ldots, x_n]'$ und $Y = [y_1, y_2, \ldots, y_n]'$ zwei Vektoren von $V_n(F)$ mit der Eigenschaft, daß ihre Koordinaten auf **dieselbe** Basis des Raumes bezogen sind. Angenommen, die Koordinaten von X und Y seien durch

$$\left\{\begin{array}{lcl} y_1 & = & a_{11}x_1 + a_{12}x_2 + \cdots + a_{1n}x_n \\ y_2 & = & a_{21}x_1 + a_{22}x_2 + \cdots + a_{2n}x_n \\ \multicolumn{3}{c}{\dotfill} \\ y_n & = & a_{n1}x_1 + a_{n2}x_2 + \cdots + a_{nn}x_n \end{array}\right.$$

oder kurz

$$Y = AX$$

verknüpft, wobei $A = [a_{ij}]$ auf F ist. Dann ist (12.1) eine Transformation T, die jeden beliebigen Vektor X von $V_n(F)$ in einen anderen Vektor Y des gleichen Raumes, genannt sein **Bild**, überführt.

Wenn das System (12.1) X_1 in Y_1 und X_2 in Y_2 überführt, dann

(*a*) überführt es kX_1 in kY_1 für jeden Skalar k und

(*b*) überführt es $aX_1 + bX_2$ in $aY_1 + bY_2$ für jedes Paar der Skalare a und b. Aus diesem Grund wird die Transformation **linear** genannt.

Beispiel 1. Betrachte die lineare Transformation $Y = AX = \begin{bmatrix} 1 & 1 & 2 \\ 1 & 2 & 5 \\ 1 & 3 & 3 \end{bmatrix} X$ im gewöhnlichen Raum $V_3(R)$.

(*a*) $Y = \begin{bmatrix} 1 & 1 & 2 \\ 1 & 2 & 5 \\ 1 & 3 & 3 \end{bmatrix}\begin{bmatrix} 2 \\ 0 \\ 5 \end{bmatrix} = \begin{bmatrix} 12 \\ 27 \\ 17 \end{bmatrix} = [12, 27, 17]'$ ist das Bild von $X = [2, 0, 5]'$.

(*b*) Den Vektor X, dessen Bild $Y = [2, 0, 5]'$ ist, erhält man durch Lösen von

$$\begin{bmatrix} 1 & 1 & 2 \\ 1 & 2 & 5 \\ 1 & 3 & 3 \end{bmatrix}\begin{bmatrix} x_1 \\ x_2 \\ x_3 \end{bmatrix} = \begin{bmatrix} 2 \\ 0 \\ 5 \end{bmatrix}.$$

Es ist $X = [13/5, 11/5, -7/5]'$, weil $\begin{bmatrix} 1 & 1 & 2 & 2 \\ 1 & 2 & 5 & 0 \\ 1 & 3 & 3 & 5 \end{bmatrix} \sim \begin{bmatrix} 1 & 0 & 0 & 13/5 \\ 0 & 1 & 0 & 11/5 \\ 0 & 0 & 1 & -7/5 \end{bmatrix}$ gilt.

GRUNDLEGENDE SÄTZE. Wenn in (12.1) $X = [1, 0, \ldots, 0]' = E_1$ ist, dann gilt $Y = [a_{11}, a_{21}, \ldots, a_{n1}]'$ und im allgemeinen, wenn $X = E_j$ ist, dann gilt $Y = [a_{1j}, a_{2j}, \ldots, a_{nj}]'$. Demgemäß gilt:

I. Eine lineare Transformation (12.1) ist eindeutig bestimmt, wenn die Bilder (Y's) der Basisvektoren bekannt sind, wobei die entsprechenden Spalten von A die Koordinaten der Bilder dieser Vektoren sind. Siehe Aufgabe 1.

Eine lineare Transformation (12.1) heißt **nichtsingulär**, wenn die Bilder der verschiedenen Vektoren X_i verschiedene Vektoren Y_i darstellen. Sonst heißt die Transformation **singulär**.

II. Eine lineare Transformation (12.1) ist dann und nur dann nichtsingulär, wenn A, die Matrix der Transformation, nichtsingulär ist. Siehe Aufgabe 2.

III. Eine nichtsinguläre lineare Transformation überführt linear unabhängige (abhängige) Vektoren in linear unabhängige (abhängige) Vektoren. Siehe Aufgabe 3.

Aus Satz **III** folgt:

IV. Bei einer nichtsingulären Transformation (12.1) ist ein Vektorraum $V_n^k(F)$ das Bild eines Vektorraumes $V_n^k(F)$, das heißt, die Dimension des Vektorraumes bleibt erhalten. Insbesondere ist die Transformation eine Abbildung von $V_n(F)$ auf ihn selbst.

Wenn A nichtsingulär ist, dann überführt die Inverse von (12.1)

$$X = A^{-1}Y$$

die Menge von Vektoren $Y_1, Y_2, \ldots, Y_n$, deren Komponenten die Spalten von A sind, in die Basisvektoren des Raumes. Dies ist gleichfalls eine lineare Transformation.

V. Die Elementarvektoren E_i von $V_n(F)$ kann man in eine beliebige Menge von n linear unabhängigen n-Vektoren durch eine nichtsinguläre lineare Transformation überführen und umgekehrt.

VI. Wenn $Y = AX$ einen Vektor X in einen Vektor Y überführt, wenn $Z = BY$ Y in Z überführt und wenn $W = CZ$ Z in W überführt, dann überführt $Z = BY = (BA)X$ X in Z und $W = (CBA)X$ bildet X in W ab.

VII. Sind zwei beliebige Mengen von n linear unabhängigen n-Vektoren gegeben, dann existiert eine nichtsinguläre Transformation, die die Vektoren der einen Menge in die Vektoren der anderen Menge überführt.

WECHSEL DER BASIS. Bezüglich einer Z-Basis sei $Y_Z = AX_Z$ eine lineare Transformation von $V_n(F)$. Angenommen sei, daß die Basis gewechselt ist, und es seien X_W und Y_W die Koordinaten von X_Z und Y_Z bezüglich der neuen Basis. Gemäß Satz **VIII**, Kapitel 11, existiert eine nichtsinguläre Matrix P derart, daß $X_W = PX_Z$ und $Y_W = PY_Z$ gelten, oder, setzt man $P^{-1} = Q$ derart, daß

$$X_Z = QX_W \quad \text{und} \quad Y_Z = QY_W \quad \text{sind,}$$

dann gilt $$Y_W = Q^{-1}Y_Z = Q^{-1}AX_Z = Q^{-1}AQX_W = BX_W,$$

wobei

$$B = Q^{-1}AQ \quad \text{ist.} \tag{12.2}$$

Zwei Matrizen A und B heißen **ähnlich**, wenn eine nichtsinguläre Matrix Q existiert, für die $B = Q^{-1}AQ$ gilt. Wir haben bewiesen:

VIII. Wenn $Y_Z = AX_Z$ eine lineare Transformation von $V_n(F)$ bezüglich einer gegebenen Basis (Z-Basis) ist, und $Y_W = BX_W$ dieselbe lineare Transformation bezüglich einer anderen Basis (W-Basis) ist, dann sind A und B ähnlich.

Beachte: Weil $Q = P^{-1}$ ist, kann man (12.2) als $B = PAP^{-1}$ schreiben. Eine Betrachtung von ähnlichen Matrizen wird später durchgeführt. Dort werden wir vereinbaren, daß man $B = R^{-1}AR$ für $B = SAS^{-1}$ schreibt.

Beispiel 2. Es sei $Y = AX = \begin{bmatrix} 1 & 1 & 3 \\ 1 & 2 & 1 \\ 1 & 3 & 2 \end{bmatrix} X$ eine lineare Transformation bezüglich der E-Basis, und es sei

$W_1 = [1, 2, 1]'$, $W_2 = [1, -1, 2]'$, $W_3 = [1, -1, -1]'$ eine neue Basis. (*a*) Zu dem gegebenen Vektor $X = [3, 0, 2]'$ berechne man die Koordinaten seines Bildes bezüglich der W-Basis. (*b*) Gib die lineare Transformation $Y_W = BX_W$ an, die zu $Y = AX$ korrespondiert. (*c*) Um das Bild Y_W von $X_W = [1, 3, 3]'$ zu finden, verwende das Ergebnis (*b*).

$$\text{Schreibe } W = [W_1, W_2, W_3] = \begin{bmatrix} 1 & 1 & 1 \\ 2 & -1 & -1 \\ 1 & 2 & -1 \end{bmatrix} \text{; dann folgt } W^{-1} = \frac{1}{9}\begin{bmatrix} 3 & 3 & 0 \\ 1 & -2 & 3 \\ 5 & -1 & -3 \end{bmatrix}.$$

(*a*) Bezüglich der W-Basis hat der Vektor $X = [3, 0, 2]'$ die Koordinaten $X_W = W^{-1}X = [1, 1, 1]'$. Das Bild von X ist $Y = AX = [9, 5, 7]'$, welches bezüglich der W-Basis $Y_W = W^{-1}Y = [14/3, 20/9, 19/9]'$ ist.

$$(b)\quad Y_W = W^{-1}Y = W^{-1}AX = (W^{-1}AW)X_W = BX_W = \frac{1}{9}\begin{bmatrix} 36 & 21 & -15 \\ 21 & 10 & -11 \\ -3 & 23 & -1 \end{bmatrix} X_W$$

$$(c)\quad Y_W = \frac{1}{9}\begin{bmatrix} 36 & 21 & -15 \\ 21 & 10 & -11 \\ -3 & 23 & -1 \end{bmatrix}\begin{bmatrix} 1 \\ 3 \\ 3 \end{bmatrix} = \begin{bmatrix} 6 \\ 2 \\ 7 \end{bmatrix} = [6, 2, 7]'.$$

Siehe Aufgabe 5.

AUFGABEN MIT LÖSUNGEN

1. (*a*) Gib die lineare Transformation $Y = AX$ an, die E_1 in $Y_1 = [1, 2, 3]'$, E_2 in $Y_2 = [3, 1, 2]'$ und E_3 in $Y_3 = [2, 1, 3]'$ überführt.
(*b*) Gib die Bilder von $X_1 = [1, 1, 1]'$, $X_2 = [3, -1, 4]'$ und $X_3 = [4, 0, 5]'$ an.
(*c*) Zeige, daß, wenn X_1 und X_2 linear unabhängig sind, dies gleichfalls für ihre Bilder gilt.
(*d*) Zeige, daß, wenn X_1, X_2 und X_3 linear abhängig sind, dies gleichfalls für ihre Bilder gilt.

(*a*) Gemäß Satz I ist $A = [Y_1, Y_2, Y_3]$; die Gleichung der linearen Transformation ist $Y = AX = \begin{bmatrix} 1 & 3 & 2 \\ 2 & 1 & 1 \\ 3 & 2 & 3 \end{bmatrix} X$.

(*b*) $Y_1 = \begin{bmatrix} 1 & 3 & 2 \\ 2 & 1 & 1 \\ 3 & 2 & 3 \end{bmatrix}\begin{bmatrix} 1 \\ 1 \\ 1 \end{bmatrix} = [6, 4, 8]'$ ist das Bild von $X_1 = [1, 1, 1]'$. $Y_2 = [8, 9, 19]'$ ist das Bild von X_2 und $Y_3 = [14, 13, 27]'$ ist das Bild von X_3.

(*c*) Der Rang von $[X_1, X_2] = \begin{bmatrix} 1 & 3 \\ 1 & -1 \\ 1 & 4 \end{bmatrix}$ ist 2, dies gilt gleichfalls für $[Y_1, Y_2] = \begin{bmatrix} 6 & 8 \\ 4 & 9 \\ 8 & 19 \end{bmatrix}$. Demgemäß sind X_1 und X_2 linear unabhängig; dies gilt gleichfalls für ihre Bilder.

(*d*) Wir wollen die Ränge von $[X_1, X_2, X_3]$ und $[Y_1, Y_2, Y_3]$ vergleichen; es gelten $X_3 = X_1 + X_2$ und $Y_3 = Y_1 + Y_2$, so daß beide Mengen linear abhängig sind.

2. Beweise: Eine lineare Transformation (12.1) ist dann und nur dann nichtsingulär, wenn A nichtsingulär ist.

Angenommen sei, A ist nichtsingulär und die Umformungen von $X_1 \neq X_2$ sind $Y = AX_1 = AX_2$. Dann folgt $A(X_1 - X_2) = 0$, und das System von homogenen Gleichungen $AX = 0$ hat die nichttriviale Lösung $X = X_1 - X_2$. Dies ist dann und nur dann möglich, wenn $|A| = 0$ ist, das heißt, wenn der Widerspruch zu der Hypothese A ist nichtsingulär, gilt.

3. Beweise: Eine nichtsinguläre lineare Transformation überführt linear unabhängige Vektoren in linear unabhängige Vektoren.

Nimm das Gegenteil an, das heißt, nimm an, daß die Bilder $Y_i = AX_i, (i = 1, 2, \ldots, p)$ der linear unabhängigen Vektoren $X_1, X_2, \ldots, X_p$ linear abhängig sind. Dann existieren Skalare $s_1, s_2, \ldots, s_p$, die nicht alle Null sind, derart, daß

$$\sum_{i=1}^{p} s_i Y_i = s_1Y_1 + s_2Y_2 + \cdots + s_pY_p = 0$$

oder

$$\sum_{i=1}^{p} s_i(AX_i) = A(s_1X_1 + s_2X_2 + \cdots + s_pX_p) = 0$$

gilt. Weil A nichtsingulär ist, ist $s_1X_1 + s_2X_2 + \ldots + s_pX_p = 0$. Dies steht aber im Gegensatz zur Hypothese, daß die X_i linear unabhängig sind. Folglich sind die Y_i linear unabhängig.

4. Eine gewisse lineare Transformation $Y = AX$ überführt $X_1 = [1, 0, 1]'$ in $[2, 3, -1]'$, $X_2 = [1, -1, 1]'$ in $[3, 0, -2]'$ und $X_3 = [1, 2, -1]'$ in $[-2, 7, -1]'$. Gib die Bilder von E_1, E_2, E_3 an, und beschreibe die Gleichung der Transformation.

Es sei $aX_1 + bX_2 + cX_3 = E_1$; dann gelten $\begin{cases} a + b + c = 1 \\ -b + 2c = 0 \\ a + b - c = 0 \end{cases}$ und $a = -\frac{1}{2},\ b = 1,\ c = \frac{1}{2}$. Folglich ist $E_1 = -\frac{1}{2}X_1 + X_2 + \frac{1}{2}X_3$, und das zugehörige Bild ist $Y_1 = -\frac{1}{2}[2,3,-1]' + [3,0,-2]' + \frac{1}{2}[-2,7,-1]' = [1,2,-2]'$. Ähnlich ist $Y_2 = [-1, 3, 1]'$ das Bild von E_2, und $Y_3 = [1, 1, 1]'$ ist das Bild von E_3. Die Gleichung der Transformation lautet

$$Y = [Y_1, Y_2, Y_3]X = \begin{bmatrix} 1 & -1 & 1 \\ 2 & 3 & 1 \\ -2 & 1 & 1 \end{bmatrix} X$$

5. Wenn $Y_Z = AX_Z = \begin{bmatrix} 1 & 1 & 2 \\ 2 & 2 & 1 \\ 3 & 1 & 2 \end{bmatrix} X_Z$ eine lineare Transformation bezüglich der Z-Basis von Aufgabe 12, Kapitel 11, ist, gib dieselbe Transformation $Y_W = BX_W$ bezüglich der W-Basis dieser Aufgabe an.

Gemäß Aufgabe 12, Kapitel 11, gilt $X_W = PX_Z = \frac{1}{3}\begin{bmatrix} -1 & 4 & 1 \\ 2 & 1 & 1 \\ 0 & -3 & 0 \end{bmatrix} X_Z$. Dann gelten

$$X_Z = P^{-1}X_W = \begin{bmatrix} -1 & 1 & -1 \\ 0 & 0 & -1 \\ 2 & 1 & 3 \end{bmatrix} X_W = QX_W$$

und

$$Y_W = PY_Z = Q^{-1}AX_Z = Q^{-1}AQX_W = \frac{1}{3}\begin{bmatrix} -2 & 14 & -6 \\ 7 & 14 & 9 \\ 0 & -9 & 3 \end{bmatrix} X_W$$

ERGÄNZUNGSAUFGABEN

6. In Aufgabe 1 zeige: (*a*) Die Transformation ist nichtsingulär. (*b*) $X = A^{-1}Y$ überführt die Spaltenvektoren von A in die Elementarvektoren.

7. Unter Verwendung der Transformation von Aufgabe 1 gib an: (*a*) das Bild von $X = [1, 1, 2]'$, (*b*) den Vektor X, dessen Bild $[-2, -5, -5]'$ ist.
Antwort. (*a*) $[8, 5, 11]'$ (*b*) $[-3, -1, 2]'$.

8. Prüfe die Auswirkung der Transformation $Y = IX$ und gleichfalls für $Y = kIX$.

9. Gib die lineare Transformation an, die E_1 in $[1, 2, 3]'$, E_2 in $[3, 1, 2]'$ und E_3 in $[2, -1, -1]'$ überführt. Zeige, daß die Transformation sowohl singulär ist, als auch die linear unabhängigen Vektoren $[1, 1, 1]'$ und $[2, 0, 2]'$ in denselben Bildvektor überführen.

10. Angenommen, (12.1) ist nichtsingulär, dann zeige, daß, wenn $X_1, X_2, \ldots, X_n$ linear abhängig ist, dies gleichfalls für ihre Bilder $Y_1, Y_2, \ldots, Y_n$ gilt.

11. Verwende Satz **III** um zu zeigen, daß bei einer nichtsingulären Transformation die Dimension eines Vektorraumes unverändert bleibt. *Hinweis.* Betrachte die Bilder einer Basis von $V_n^k(F)$.

12. Wenn die lineare Transformation $Y = \begin{bmatrix} 1 & 1 & 0 \\ 2 & 3 & 1 \\ -2 & 3 & 5 \end{bmatrix} X$ gegeben ist, zeige, daß (*a*) sie singulär ist, (*b*) die Bilder der linear unabhängigen Vektoren $X_1 = [1, 1, 1]'$, $X_2 = [2, 1, 2]'$ und $X_3 = [1, 2, 3]'$ linear abhängig sind, (*c*) $V_3^2(R)$ das Bild von $V_3(R)$ ist.

13. Wenn die lineare Transformation $Y = \begin{bmatrix} 1 & 1 & 3 \\ 1 & 2 & 4 \\ 1 & 1 & 3 \end{bmatrix} X$ gegeben ist, zeige, daß (*a*) sie singulär ist, (*b*) das Bild jedes Vektors von $V_3^2(R)$, erzeugt durch $[1, 1, 1]'$ und $[3, 2, 0]'$, in dem $V_3^1(R)$ Raum liegt, der durch $[5, 7, 5]'$ erzeugt ist.

14. Beweise Satz **VII**.
Hinweis: Es seien X_i und Y_i mit $(i = 1, 2, \ldots, n)$ die gegebenen Mengen von Vektoren. $Z = AX$ überführe die Menge X_i in E_i, und $Y = BZ$ überführe die E_i in Y_i.

15. Beweise: Ähnliche Matrizen haben gleiche Determinanten.

16. Es sei $Y = AX = \begin{bmatrix} 1 & 2 & 3 \\ 3 & 2 & 1 \\ 1 & 1 & 1 \end{bmatrix} X$ eine lineare Transformation bezüglich der E-Basis, und es sei eine neue Basis, zum Beispiel $Z_1 = [1, 1, 0]'$, $Z_2 = [1, 0, 1]'$, $Z_3 = [1, 1, 1]'$ gewählt. Es sei $X = [1, 2, 3]'$ bezüglich der E-Basis. Zeige, daß gilt:
(*a*) $Y = [14, 10, 6]'$ ist das Bild von X bezüglich der Transformation,
(*b*) X hat, wenn er zu einer neuen Basis überführt wird, die Koordinaten $X_Z = [-2, -1, 4]'$, und Y hat die Koordinaten $Y_Z = [8, 4, 2]'$.
(*c*) $X_Z = PX$ und $Y_Z = PY$ gelten, wobei $P = \begin{bmatrix} 1 & 0 & -1 \\ 1 & -1 & 0 \\ -1 & 1 & 1 \end{bmatrix} = [Z_1, Z_2, Z_3]^{-1}$ ist.
(*d*) Es ist $Y_Z = Q^{-1}AQX_Z$, wobei $Q = P^{-1}$ gilt.

17. Gegeben sei die lineare Transformation $Y_W = \begin{bmatrix} 1 & 1 & 0 \\ 0 & 1 & 1 \\ 1 & 0 & 1 \end{bmatrix} X_W$ bezüglich der W-Basis $W_1 = [0, -1, 2]'$,

$W_2 = [4, 1, 0]'$, $W_3 = [-2, 0, -4]'$. Gib die Darstellung bezüglich der Z-Basis an: $Z_1 = [1, -1, 1]'$, $Z_2 = [1, 0, -1]'$, $Z_3 = [1, 2, 1]'$.

Antwort: $Y_Z = \begin{bmatrix} -1 & 0 & 3 \\ 2 & 2 & -5 \\ -1 & 0 & 2 \end{bmatrix} X_Z$

18. Wenn A in der linearen Transformation $Y = AX$ singulär ist, dann ist der Nullraum von A der Vektorraum, der jeden dieser Vektoren in den Nullsektor transformiert. Bestimme den Nullraum der Transformation von

(a) Aufgabe 12, (b) Aufgabe 13, (c) $Y = \begin{bmatrix} 1 & 2 & 3 \\ 2 & 4 & 6 \\ 3 & 6 & 9 \end{bmatrix} X$.

Antwort (a) $V_3^1(R)$ wird durch $[1, -1, 1]'$ erzeugt
(b) $V_3^1(R)$ wird durch $[2, 1, -1]'$ erzeugt
(c) $V_3^2(R)$ wird durch $[2, -1, 0]'$ und $[3, 0, -1]'$ erzeugt.

19. Wenn $Y = AX$ jeden Vektor eines Vektorraumes V_n^h in einen Vektor desselben Raumes überführt, heißt V_n^h ein **invarianter Raum der Transformation.** Zeige, daß in dem reellen Raum $V_3(R)$ bezüglich der linearen Transformation

(a) $Y = \begin{bmatrix} 1 & 0 & -1 \\ 1 & 2 & 1 \\ 2 & 2 & 3 \end{bmatrix} X$, der V_3^1, erzeugt durch $[1, -1, 0]'$, der V_3^1, erzeugt durch $[2, -1, -2]'$ und der V_3^1, erzeugt durch $[1, -1, -2]'$, invariante Vektorräume sind.

(b) $Y = \begin{bmatrix} 2 & 2 & 1 \\ 1 & 3 & 1 \\ 1 & 2 & 2 \end{bmatrix} X$, der V_3^1, erzeugt durch $[1, 1, 1]'$ und der V_3^2, erzeugt durch $[1, 0, -1]'$ und $[2, -1, 0]'$, invariante Räume sind. (Beachte, daß jeder Vektor des V_3^2 in sich selbst überführt ist.)

(c) $Y = \begin{bmatrix} 0 & 1 & 0 & 0 \\ 0 & 0 & 1 & 0 \\ 0 & 0 & 0 & 1 \\ -1 & 4 & -6 & 4 \end{bmatrix} X$, der V_4^1, erzeugt durch $[1, 1, 1, 1]'$, ein invarianter Vektorraum ist.

20. Beschreibe die lineare Transformation $Y = PX : y_i = x_{j_i}$, $(i = 1, 2, \ldots, n)$, in der $j_1, j_2, \ldots, j_n$ eine Permutation von $1, 2, \ldots, n$ ist.

(a) Beschreibe die **Permutationsmatrix** P.

(b) Beweise: Es gibt $n!$ Permutationsmatrizen von der Ordnung n.

(c) Beweise: Wenn P_1 und P_2 Permutationsmatrizen sind, so gilt das gleichfalls für $P_3 = P_1P_2$ und $P_4 = P_2P_1$.

(d) Beweise: Wenn P eine Permutationsmatrix ist, so gilt dies gleichfalls für P' und $PP' = I$

(e) Zeige, daß man jede Permutationsmatrix P als ein Produkt einer Zahl von elementaren Spaltenmatrizen $K_{12}, K_{23}, \ldots, K_{n-1,n}$ ausdrücken kann.

(f) Schreibe $P = [E_{i_1}, E_{i_2}, \ldots, E_{i_n}]$, wobei $i_1, i_2, \ldots, i_n$ eine Permutation von $1, 2, \ldots, n$ ist, und E_{i_j} die elementaren n-Vektoren sind. Gib eine Regel (eine andere als $P^{-1} = P'$ an, um P^{-1} zu schreiben. Zum Beispiel, wenn $n = 4$ und $P = [E_3, E_1, E_4, E_2]$ gelten, dann folgt $P^{-1} = [E_2, E_4, E_1, E_3]$; wenn $P = [E_4, E_2, E_1, E_3]$ gilt, dann folgt $P^{-1} = [E_3, E_2, E_4, E_1]$.

KAPITEL 13

Vektoren auf dem reellen Körper

INNERES PRODUKT. In diesem Kapitel sind alle Vektoren reell, und $V_n(R)$ ist der Raum aller reellen n-Vektoren. Wenn $X = [x_1, x_2, \ldots, x_n]'$ und $Y = [y_1, y_2, \ldots, y_n]'$ zwei Vektoren des $V_n(R)$ sind, dann ist ihr **inneres Produkt** definiert als der Skalar

$$(13.1) \qquad X \cdot Y \;=\; x_1 y_1 + x_2 y_2 + \cdots + x_n y_n$$

Beispiel 1. Für die Vektoren $X_1 = [1, 1, 1]'$, $X_2 = [2, 1, 2]'$, $X_3 = [1, -2, 1]'$ gelten:

(*a*) $X_1 \cdot X_2 = 1 \cdot 2 + 1 \cdot 1 + 1 \cdot 2 = 5$

(*b*) $X_1 \cdot X_3 = 1 \cdot 1 + 1(-2) + 1 \cdot 1 = 0$

(*c*) $X_1 \cdot X_1 = 1 \cdot 1 + 1 \cdot 1 + 1 \cdot 1 = 3$

(*d*) $X_1 \cdot 2X_2 = 1 \cdot 4 + 1 \cdot 2 + 1 \cdot 4 = 10 = 2(X_1 \cdot X_2)$

Beachte. Man definiert das innere Produkt häufig als

$$(13.1') \qquad X \cdot Y \;=\; X'Y \;=\; Y'X$$

Die Verwendung von $X'Y$ und $Y'X$ ist hilfreich; $X'Y$ und $Y'X$ sind 1×1 Matrizen, während $X \cdot Y$ das Element der Matrix ist. **(13.1')** wird hier so verstanden und verwendet. Einige Autoren schreiben X/Y für $X \cdot Y$. In der Vektorenanalysis heißt das innere Produkt **Skalarprodukt** oder **Punktprodukt**.

Es folgen Regeln für innere Produkte

$$(13.2) \qquad \begin{array}{ll} (a) & X_1 \cdot X_2 = X_2 \cdot X_1, \qquad X_1 \cdot kX_2 = k(X_1 \cdot X_2) \\ (b) & X_1 \cdot (X_2 + X_3) = (X_2 + X_3) \cdot X_1 = X_1 \cdot X_2 + X_1 \cdot X_3 \\ (c) & (X_1 + X_2) \cdot (X_3 + X_4) = X_1 \cdot X_3 + X_1 \cdot X_4 + X_2 \cdot X_3 + X_2 \cdot X_4 \end{array}$$

ORTHOGONALE VEKTOREN. Die Vektoren X und Y von $V_n(R)$ heißen **orthogonal**, wenn ihr inneres Produkt Null ist. Die Vektoren X_1 und X_3 von Beispiel 1 sind orthogonal.

DIE LÄNGE EINES VEKTORS X von $V_n(R)$, bezeichnet mit $\|X\|$, ist als die Quadratwurzel des inneren Produktes aus X und X definiert; demgemäß gilt

$$(13.3) \qquad \|X\| \;=\; \sqrt{X \cdot X} \;=\; \sqrt{x_1^2 + x_2^2 + \cdots + x_n^2}$$

Beispiel 2. Mit Beispiel 1 (*c*) gilt $\|X_1\| = \sqrt{3}$.

Siehe Aufgaben 1–2.

Unter Verwendung von (13.1) und (13.3) kann man zeigen, daß

(13.4) $$X \cdot Y = \tfrac{1}{2}\{\|X+Y\|^2 - \|X\|^2 - \|Y\|^2\}$$

gilt.

Ein Vektor X, dessen Länge $\|X\| = 1$ ist, heißt ein **Einheitsvektor**. Die Elementarvektoren E_i sind Beispiele von Einheitsvektoren.

DIE SCHWARZSCHE UNGLEICHUNG. Wenn X und Y Vektoren des $V_n(R)$ sind, dann gilt

(13.5) $$|X \cdot Y| \leq \|X\| \cdot \|Y\|$$

das heißt, der numerische Wert des inneren Produktes zweier reeller Vektoren ist höchstens das Produkt ihrer Längen.

Siehe Aufgabe 3.

DIE DREIECKSUNGLEICHUNG. Wenn X und Y Vektoren des $V_n(R)$ sind, dann gilt

(13.6) $$\|X+Y\| \leq \|X\| + \|Y\|$$

ORTHOGONALE VEKTOREN UND RÄUME. Wenn $X_1, X_2, \ldots, X_m$ $m \leq n$ wechselseitig orthogonale, von Null verschiedene n-Vektoren sind, und wenn $c_1X_1 + c_2X_2 + \ldots + c_mX_m = 0$ ist, dann gilt $(c_1X_1 + c_2X_2 + \ldots + c_mX_m) \cdot X_i = 0$ für $i = 1, 2, \ldots, m$. Weil dies $c_i = 0$ für $i = 1, 2, \ldots, m$ erfordert, erhalten wir:

I. Jede beliebige Menge von $m \leq n$ zueinander orthogonalen, von Null verschiedenen n-Vektoren, ist eine linear unabhängige Menge und erzeugt einen Vektorraum $V_n^m(R)$.

Ein Vektor Y heißt orthogonal zu einem Vektorraum $V_n^m(R)$, wenn er orthogonal zu jedem Vektor des Raumes ist.

II. Wenn ein Vektor Y orthogonal zu jedem der n-Vektoren $X_1, X_2, \ldots, X_m$ ist, ist er orthogonal zu dem Raum, der durch diese erzeugt wird.

Siehe Aufgabe 4.

III. Wenn $V_n^h(R)$ ein Unterraum von $V_n^k(R)$ mit $k > h$ ist, dann existiert wenigstens ein Vektor X von $V_n^k(R)$, der orthogonal zu $V_n^h(R)$ ist.

Siehe Aufgabe 5.

Weil zueinander orthogonale Vektoren linear unabhängig sind, kann ein Vektorraum $V_n^m(R)$ mit $m > 0$ nicht mehr als m zueinander orthogonale Vektoren enthalten. Angenommen sei, wir haben $r < m$ zueinander orthogonale Vektoren eines $V_n^m(R)$ gefunden. Sie erzeugen einen $V_n^r(R)$-Raum, einen Unterraum von $V_n^m(R)$, und gemäß Satz **III** existiert wenigstens ein Vektor von $V_n^m(R)$, der orthogonal zu den $V_n^r(R)$ ist. Wir haben nun $r+1$ zueinander orthogonale Vektoren von $V_n^m(R)$, und wir zeigen, indem wir das Argument wiederholen, daß gilt

IV. Jeder Vektorraum $V_n^m(R)$ mit $m > 0$ enthält m, aber nicht mehr als m zueinander orthogonale Vektoren.

Zwei Vektorräume nennt man orthogonal, wenn jeder Vektor des einen orthogonal zu jedem Vektor des anderen Raumes ist. Zum Beispiel ist der Raum, erzeugt durch $X_1 = [1, 0, 0, 1]'$ und $X_2 = [0, 1, 1, 0]'$, orthogonal zu dem Raum, erzeugt durch $X_3 = [1, 0, 0, -1]'$ und $X_4 = [0, 1, -1, 0]'$, weil $(aX_1 + bX_2) \cdot (cX_3 + dX_4) = 0$ für alle a, b, c, d gilt.

V. Die Menge aller Vektoren, die orthogonal zu jedem Vektor eines gegebenen $V_n^k(R)$ sind, ist ein eindeutiger Vektorraum $V_n^{n-k}(R)$.

Siehe Aufgabe 6.

Wir können dies mit der Tatsache verknüpfen, daß man aus einem beliebigen Vektor $X \neq 0$ einen eindeutigen Einheitsvektor U erhält, wenn man die Komponenten von X durch $\|X\|$ dividiert. Diese Operation heißt **Normalisierung**. Demgemäß dividiert man jede Komponente durch $\|X\| = \sqrt{4+16+16} = 6$, um den Vektor $X = [2, 4, 4]'$ zu normalisieren, und erhält den Einheitsvektor $[1/3, 2/3, 2/3]'$.

Eine Basis von $V_n^m(R)$, die zueinander orthogonale Vektoren enthält, heißt eine **orthogonale Basis** des Raumes; wenn die zueinander orthogonalen Vektoren gleichfalls Einheitsvektoren sind, dann nennt man die Basis eine normale orthogonale oder **orthonormale** Basis. Die Elementarvektoren bilden eine orthonormale Basis von $V_n(R)$.

Siehe Aufgabe 7.

DAS GRAM-SCHMIDTSCHE ORTHOGONALISIERUNGSVERFAHREN. Angenommen sei, $X_1, X_2, \ldots, X_m$ bilden eine Basis des $V_n^m(R)$. Man definiere

$$Y_1 = X_1$$

$$Y_2 = X_2 - \frac{Y_1 \cdot X_2}{Y_1 \cdot Y_1} Y_1$$

$$Y_3 = X_3 - \frac{Y_2 \cdot X_3}{Y_2 \cdot Y_2} Y_2 - \frac{Y_1 \cdot X_3}{Y_1 \cdot Y_1} Y_1$$

$$\cdots\cdots\cdots\cdots\cdots\cdots$$

$$Y_m = X_m - \frac{Y_{m-1} \cdot X_m}{Y_{m-1} \cdot Y_{m-1}} Y_{m-1} - \ldots - \frac{Y_1 \cdot X_m}{Y_1 \cdot Y_1} Y_1$$

Dann sind die Einheitsvektoren $G_i = \frac{Y_i}{\|Y_i\|}$, $(i = 1, 2, \ldots, m)$ zueinander orthogonal und bilden eine orthonormale Basis des $V_n^m(R)$.

Beispiel 3. Konstruiere unter Verwendung des Gram-Schmidtschen Verfahrens eine orthogonale Basis des $V_3(R)$; gegeben ist eine Basis $X_1 = [1, 1, 1]'$, $X_2 = [1, -2, 1]'$, $X_3 = [1, 2, 3]'$.

(i) $Y_1 = X_1 = [1,1,1]'$

(ii) $Y_2 = X_2 - \frac{Y_1 \cdot X_2}{Y_1 \cdot Y_1} Y_1 = [1,-2,1]' - \frac{0}{3} Y_1 = [1,-2,1]'$

(iii) $Y_3 = X_3 - \frac{Y_2 \cdot X_3}{Y_2 \cdot Y_2} Y_2 - \frac{Y_1 \cdot X_3}{Y_1 \cdot Y_1} Y_1 = [1,2,3]' - \frac{0}{6} Y_2 - \frac{6}{3}[1,1,1]' = [-1,0,1]'$

Die Vektoren $G_1 = \frac{Y_1}{\|Y_1\|} = [1/\sqrt{3}, 1/\sqrt{3}, 1/\sqrt{3}]'$,

$G_2 = \frac{Y_2}{\|Y_2\|} = [1/\sqrt{6}, -2/\sqrt{6}, 1/\sqrt{6}]'$ und $G_3 = \frac{Y_3}{\|Y_3\|} = [-1/\sqrt{2}, 0, 1/\sqrt{2}]'$

sind eine orthonormale Basis des $V_3(R)$. Jeder Vektor G_i ist ein Einheitsvektor, und es gilt für jedes Produkt $G_i \cdot G_j = 0$. Beachte, daß $Y_2 = X_2$ hier gilt, weil X_1 und X_2 orthogonale Vektoren sind.

Siehe Aufgaben 8–9.

Es sei $X_1, X_2, \ldots, X_m$ eine Basis eines $V_n^m(R)$, und es sei angenommen, daß $X_1, X_2, \ldots, X_s$, $(1 \leqslant s < m)$, zueinander orthogonal sind. Dann kann man unter Verwendung des Gram-Schmidtschen Verfahrens eine orthogonale Basis $Y_1, Y_2, \ldots, Y_m$ des Raumes erhalten, für den, wie gleich zu zeigen ist, $Y_i = X_i$, $(i = 1, 2, \ldots, s)$ gilt. Demgemäß gilt:

VI. Wenn $X_1, X_2, \ldots, X_s$, $(1 \leqslant s < m)$, zueinander orthogonale Einheitsvektoren des $V_n^m(R)$ sind, dann existieren Einheitsvektoren $X_{s+1}, X_{s+2}, \ldots, X_m$ in dem Raum derart, daß die Menge $X_1, X_2, \ldots, X_m$ eine orthonormale Basis ist.

DIE GRAMSCHE MATRIX. Es sei $X_1, X_2, \ldots, X_p$ eine Menge reeller n-Vektoren; definiere die **Gramsche Matrix**

$$(13.8) \qquad G = \begin{bmatrix} X_1 \cdot X_1 & X_1 \cdot X_2 & \ldots & X_1 \cdot X_p \\ X_2 \cdot X_1 & X_2 \cdot X_2 & \ldots & X_2 \cdot X_p \\ \cdots & \cdots & \cdots & \cdots \\ X_p \cdot X_1 & X_p \cdot X_2 & \ldots & X_p \cdot X_p \end{bmatrix} = \begin{bmatrix} X_1' X_1 & X_1' X_2 & \ldots & X_1' X_p \\ X_2' X_1 & X_2' X_2 & \ldots & X_2' X_p \\ \cdots & \cdots & \cdots & \cdots \\ X_p' X_1 & X_p' X_2 & \ldots & X_p' X_p \end{bmatrix}$$

Offensichtlich sind die Vektoren dann und nur dann zueinander orthogonal, wenn G diagonal ist.

In Aufgabe 14, Kapitel 17, werden wir beweisen:

VII. Für eine Menge reeller n-Vektoren $X_1, X_2, \ldots, X_p$ gilt $|G| \geqslant 0$. Die Gleichung gilt dann und nur dann, wenn die Vektoren linear abhängig sind.

ORTHOGONALE MATRIZEN. Eine quadratische Matrix A heißt **orthogonal**, wenn

$$(13.9) \qquad AA' = A'A = I$$

gilt, das heißt, wenn

$$(13.9') \qquad A' = A^{-1}$$

ist.

Gemäß (13.9) ist es offensichtlich, daß die Spaltenvektoren (Zeilenvektoren) einer orthogonalen Matrix A zueinander orthogonale Einheitsvektoren sind.

Beispiel 4. Gemäß Beispiel 3 ist $A = \begin{bmatrix} 1/\sqrt{3} & 1/\sqrt{6} & -1/\sqrt{2} \\ 1/\sqrt{3} & -2/\sqrt{6} & 0 \\ 1/\sqrt{3} & 1/\sqrt{6} & 1/\sqrt{2} \end{bmatrix}$ orthogonal.

Es folgen sogleich die Sätze:

VIII. Wenn eine reelle n-quadratische Matrix A orthogonal ist, sind ihre Spaltenvektoren (Zeilenvektoren) eine orthonormale Basis des $V_n(R)$ und umgekehrt.

IX. Die Inverse und die Transponierte einer orthogonalen Matrix sind orthogonal.

X. Das Produkt zweier oder mehrerer orthogonaler Matrizen ist orthogonal.

XI. Die Determinante einer orthogonalen Matrix ist ± 1.

ORTHOGONALE TRANSFORMATIONEN. Es sei

$$(13.10) \qquad Y = AX$$

eine lineare Transformation in $V_n(R)$, und es seien die Bilder der n-Vektoren X_1 und X_2 durch Y_1 bzw. Y_2 bezeichnet. Gemäß (13.4) erhalten wir

$$X_1 \cdot X_2 = \tfrac{1}{2}\{\, \|X_1 + X_2\|^2 - \|X_1\|^2 - \|X_2\|^2 \,\}$$

und

$$Y_1 \cdot Y_2 = \tfrac{1}{2}\{\, \|Y_1 + Y_2\|^2 - \|Y_1\|^2 - \|Y_2\|^2 \,\}$$

Beim Vergleich der rechten und linken Seiten sehen wir, daß innere Produkte erhalten werden, wenn (13.10) Längen erhält und umgekehrt. Demgemäß gilt

XII. Eine lineare Transformation erhält dann und nur dann Längen, wenn sie innere Produkte erhält.

Eine lineare Transformation $Y = AX$ heißt **orthogonal**, wenn ihre Matrix A orthogonal ist. In Aufgabe 10 beweisen wir

XIII. Eine lineare Transformation erhält Längen dann und nur dann, wenn ihre Matrix orthogonal ist.

Beispiel 5. Die lineare Transformation $Y = AX = \begin{bmatrix} 1/\sqrt{3} & 1/\sqrt{6} & -1/\sqrt{2} \\ 1/\sqrt{3} & -2/\sqrt{6} & 0 \\ 1/\sqrt{3} & 1/\sqrt{6} & 1/\sqrt{2} \end{bmatrix} X$ ist orthogonal.

Das Bild von $X = [a, b, c]'$ ist

$$Y = \left[\frac{a}{\sqrt{3}} + \frac{b}{\sqrt{6}} - \frac{c}{\sqrt{2}},\ \frac{a}{\sqrt{3}} - \frac{2b}{\sqrt{6}},\ \frac{a}{\sqrt{3}} + \frac{b}{\sqrt{6}} + \frac{c}{\sqrt{2}}\right]',$$

und beide Vektoren haben die Länge $\sqrt{a^2 + b^2 + c^2}$.

XIV. Wenn (13.10) eine Transformation der Koordinaten von der E-Basis zu einer anderen, der Z-Basis, ist, dann ist die Z-Basis dann und nur dann orthonormal, wenn A orthogonal ist.

AUFGABEN MIT LÖSUNGEN

1. Für die gegebenen Vektoren $X_1 = [1, 2, 3]'$ und $X_2 = [2, -3, 4]'$ berechne man (*a*) ihr inneres Produkt, (*b*) ihre jeweilige Länge.

(*a*) $X_1 \cdot X_2 = X_1' X_2 = [1.2.3] \begin{bmatrix} 2 \\ -3 \\ 4 \end{bmatrix} = 1(2) + 2(-3) + 3(4) = 8$

(*b*) $\|X_1\|^2 = X_1 \cdot X_1 = X_1' X_1 = [1.2.3] \begin{bmatrix} 1 \\ 2 \\ 3 \end{bmatrix} = 14$ und $\|X_1\| = \sqrt{14}$

$\|X_2\|^2 = 2(2) + (-3)(-3) + 4(4) = 29$ und $\|X_2\| = \sqrt{29}$

2. (*a*) Zeige, daß $X = [1/3, -2/3, -2/3]'$ und $Y = [2/3, -1/3, 2/3]'$ orthogonal sind. (*b*) Gib einen Vektor Z an, der sowohl zu X als auch zu Y orthogonal ist.

(*a*) Es gilt $X \cdot Y = X'Y = [1/3, -2/3, -2/3] \begin{bmatrix} 2/3 \\ -1/3 \\ 2/3 \end{bmatrix} = 0$ und die Vektoren sind orthogonal.

(*b*) Schreibe $[X, Y, 0] = \begin{bmatrix} 1/3 & 2/3 & 0 \\ -2/3 & -1/3 & 0 \\ -2/3 & 2/3 & 0 \end{bmatrix}$, und berechne die Kofaktoren $-2/3$, $-2/3$, $1/3$ der Elemente der Zeile mit Nullen. Dann ist gemäß (**3.11**) $Z = [-2/3, -2/3, 1/3]'$ orthogonal sowohl zu X als auch zu Y.

3. Beweise die Schwarzsche Ungleichung: Wenn X und Y Vektoren des $V_n(R)$ sind, dann gilt $|X \cdot Y| \leqslant \|X\| \cdot \|Y\|$.

Offensichtlich ist der Satz richtig, wenn X oder Y der Nullvektor ist. Wir nehmen an, daß X und Y von Null verschiedene Vektoren sind. Wenn a eine beliebige Zahl ist, erhalten wir

$$\begin{aligned} \|aX+Y\|^2 &= (aX+Y)\cdot(aX+Y) \\ &= [ax_1+y_1, ax_2+y_2, \ldots, ax_n+y_n]\cdot[ax_1+y_1, ax_2+y_2, \ldots, ax_n+y_n]' \\ &= (a^2x_1^2 + 2ax_1y_1 + y_1^2) + (a^2x_2^2 + 2ax_2y_2 + y_2^2) + \cdots + (a^2x_n^2 + 2ax_ny_n + y_n^2) \\ &= a^2\|X\|^2 + 2aX\cdot Y + \|Y\|^2 \geq 0 \end{aligned}$$

Nun ist ein quadratisches Polynom in a größer oder gleich Null für **alle** reellen Werte von a dann und nur dann, wenn ihre Diskriminante kleiner oder gleich Null ist. Demgemäß gelten

$$4(X\cdot Y)^2 - 4\|X\|^2\cdot\|Y\|^2 \leq 0$$

und

$$|X\cdot Y| \leq \|X\|\cdot\|Y\|$$

4. Beweise: Wenn ein Vektor Y orthogonal zu jedem der n-Vektoren $X_1, X_2, \ldots, X_m$ ist, dann ist er orthogonal zu dem Raum, der durch diese Vektoren erzeugt wird.

Einen beliebigen Vektor des Raumes, der durch die X's erzeugt wird, kann man als $a_1X_1 + a_2X_2 + \ldots + a_mX_m$ schreiben. Dann gilt

$$(a_1X_1 + a_2X_2 + \cdots + a_mX_m)\cdot Y = a_1X_1\cdot Y + a_2X_2\cdot Y + \cdots + a_mX_m\cdot Y = 0,$$

weil $X_i \cdot Y = 0, (i = 1, 2, \ldots, m)$ ist. Demgemäß ist Y orthogonal zu jedem Vektor des Raumes, und gemäß der Definition ist er orthogonal zu dem Raum. Wenn Y im speziellen orthogonal zu jedem Vektor einer Basis eines Vektorraumes ist, ist er orthogonal zu diesem Raum.

5. Beweise: Wenn ein $V_n^h(R)$ ein Unterraum eines $V_n^k(R)$ mit $k > h$ ist, dann existiert wenigstens ein Vektor X von $V_n^k(R)$, der orthogonal zu dem $V_n^h(R)$ ist.

Es sei $X_1, X_2, \ldots, X_h$ eine Basis des $V_n^h(R)$, es sei X_{h+1} ein Vektor in dem $V_n^k(R)$, aber nicht in dem $V_n^h(R)$, und betrachte den Vektor

(i) $$X = a_1X_1 + a_2X_2 + \cdots + a_hX_h + a_{h+1}X_{h+1}$$

Die Bedingung, daß X orthogonal zu jedem der $X_1, X_2, \ldots, X_h$ sein soll, besteht aus h homogenen linearen Gleichungen

$$\begin{array}{l}
a_1X_1\cdot X_1 + a_2X_2\cdot X_1 + \cdots + a_hX_h\cdot X_1 + a_{h+1}X_{h+1}\cdot X_1 = 0\\
a_1X_1\cdot X_2 + a_2X_2\cdot X_2 + \cdots + a_hX_h\cdot X_2 + a_{h+1}X_{h+1}\cdot X_2 = 0\\
\cdots\cdots\cdots\cdots\cdots\cdots\cdots\cdots\\
a_1X_1\cdot X_h + a_2X_2\cdot X_h + \cdots + a_hX_h\cdot X_h + a_{h+1}X_{h+1}\cdot X_h = 0
\end{array}$$

in den $h+1$ Unbekannten $a_1, a_2, \ldots, a_{h+1}$. Gemäß Satz **IV**, Kapitel 10, existiert eine nichttriviale Lösung. Setzt man diese Werte in (i) ein, erhalten wir einen von Null verschiedenen (warum?) Vektor X, der orthogonal zu den Basisvektoren des $V_n^h(R)$ und folglich zu diesem Raum ist.

6. Beweise: Die Menge aller Vektoren, orthogonal zu jedem Vektor eines gegebenen $V_n^k(R)$, ist ein eindeutiger Vektorraum $V_n^{n-k}(R)$.

Es sei $X_1, X_2, \ldots, X_k$ eine Basis des $V_n^k(R)$. Die n-Vektoren X, orthogonal zu jedem der X_i, genügen dem System homogener Gleichungen

(i) $$X_1\cdot X = 0,\ X_2\cdot X = 0,\ \ldots,\ X_k\cdot X = 0$$

Weil die X_i linear unabhängig sind, hat die Koeffizientenmatrix des Systems (i) den Rang k; folglich gibt es $n-k$ linear unabhängige Lösungen (Vektoren), die einen $V_n^{n-k}(R)$ erzeugen. (Siehe Satz **VI**, Kapitel 10)

Eindeutigkeit folgt aus der Tatsache, daß der Durchschnittsraum des $V_n^k(R)$ und des $V_n^{n-k}(R)$ der Nullraum so ist, daß der Summenraum $V_n(R)$ ist.

7. Gib eine orthonormale Basis $V_3(R)$ für $X = [1/\sqrt{6}, 2/\sqrt{6}, 1/\sqrt{6}]'$ an.

Beachte, daß X ein Einheitsvektor ist. Wähle $Y = [1/\sqrt{2}, 0, -1/\sqrt{2}]'$, einen anderen Einheitsvektor derart, daß $X\cdot Y = 0$ ist. Dann erhält man, wie in Aufgabe 2 (*a*), $Z = [1/\sqrt{3}, -1/\sqrt{3}, 1/\sqrt{3}]'$, um die Menge zu vervollständigen.

8. Leite die Gram-Schmidtschen Gleichungen (13.7) ab.

Es sei $X_1, X_2, \ldots, X_m$ eine gegebene Basis des $V_n^m(R)$, und bezeichne mit $Y_1, Y_2, \ldots, Y_m$ die Menge zueinander orthogonaler Vektoren, die gefunden werden sollen.

(*a*) Nimm $Y_1 = X_1$.

(*b*) Nimm $Y_2 = X_2 + aY_1$. Weil Y_1 und Y_2 zueinander orthogonal sein müssen, folgen

$$Y_1\cdot Y_2 = Y_1\cdot X_2 + Y_1\cdot aY_1 = Y_1\cdot X_2 + aY_1\cdot Y_1 = 0$$

und $a = -\dfrac{Y_1\cdot X_2}{Y_1\cdot Y_1}$. Demgemäß gilt $Y_2 = X_2 - \dfrac{Y_1\cdot X_2}{Y_1\cdot Y_1}Y_1$.

(*c*) Nimm $Y_3 = X_3 + aY_2 + bY_1$. Weil Y_1, Y_2 und Y_3 zueinander orthogonal sein müssen, folgen

$$Y_1\cdot Y_3 = Y_1\cdot X_3 + aY_1\cdot Y_2 + bY_1\cdot Y_1 = Y_1\cdot X_3 + bY_1\cdot Y_1 = 0$$

und

$$Y_2\cdot Y_3 = Y_2\cdot X_3 + aY_2\cdot Y_2 + bY_2\cdot Y_1 = Y_2\cdot X_3 + aY_2\cdot Y_2 = 0$$

Dann erhält man $a = -\dfrac{Y_2\cdot X_3}{Y_2\cdot Y_2}$, $b = -\dfrac{Y_1\cdot X_3}{Y_1\cdot Y_1}$, und es gilt $Y_3 = X_3 - \dfrac{Y_2\cdot X_3}{Y_2\cdot Y_2}Y_2 - \dfrac{Y_1\cdot X_3}{Y_1\cdot Y_1}Y_1$.

(*d*) Das Verfahren wird fortgesetzt, bis man Y_m erhält.

9. **Konstruiere eine orthonormale Basis des V_3 für die gegebene Basis $X_1 = [2, 1, 3]'$, $X_2 = [1, 2, 3]'$ und $X_3 = [1, 1, 1]'$.**

Nimm $Y_1 = X_1 = [2, 1, 3]'$. Dann erhält man

$$Y_2 = X_2 - \frac{Y_1 \cdot X_2}{Y_1 \cdot Y_1} Y_1 = [1,2,3]' - \frac{13}{14}[2,1,3]' = [-6/7, 15/14, 3/14]'$$

$$Y_3 = X_3 - \frac{Y_2 \cdot X_3}{Y_2 \cdot Y_2} Y_2 - \frac{Y_1 \cdot X_3}{Y_1 \cdot Y_1} Y_1$$

$$= [1,1,1]' - \frac{2}{9}\left[-\frac{6}{7}, \frac{15}{14}, \frac{3}{14}\right]' - \frac{3}{7}[2,1,3]' = \left[\frac{1}{3}, \frac{1}{3}, -\frac{1}{3}\right]'$$

Normalisiert man die Y, erhält man $[2/\sqrt{14}, 1/\sqrt{14}, 3/\sqrt{14}]'$, $[-4/\sqrt{42}, 5/\sqrt{42}, 1/\sqrt{42}]'$, $[1/\sqrt{3}, 1/\sqrt{3}, -1/\sqrt{3}]'$ als die gewünschte orthonormale Basis.

10. **Beweise: Eine lineare Transformation erhält dann und nur dann Längen, wenn ihre Matrix orthogonal ist.**

Es seien Y_1 und Y_2 die entsprechenden Bilder von X_1 und X_2 bezüglich der linearen Transformation $Y = AX$.

Angenommen sei, A ist orthogonal so, daß $A'A = I$ ist. Dann gilt

(i) $$Y_1 \cdot Y_2 = Y_1'Y_2 = (X_1'A')(AX_2) = X_1'X_2 = X_1 \cdot X_2$$

und gemäß Satz **XII** werden die Längen erhalten.

Umgekehrt wird angenommen, Längen (gleichfalls innere Produkte) werden erhalten. Dann folgt

$$Y_1 \cdot Y_2 = X_1'(A'A)X_2 = X_1'X_2, \text{ und } A'A = I,$$

und A ist orthogonal.

ERGÄNZUNGSAUFGABEN

11. Für die gegebenen Vektoren $X_1 = [1, 2, 1]'$, $X_2 = [2, 1, 2]'$, $X_3 = [2, 1, -4]'$ gib an:
(*a*) das innere Produkt jedes Paares,
(*b*) die Länge jedes Vektors,
(*c*) einen Vektor, orthogonal zu den Vektoren X_1, X_2; X_1, X_3.
Antwort: (*a*) 6, 0, −3 (*b*) $\sqrt{6}$, 3, $\sqrt{21}$ (*c*) $[1,0,-1]'$, $[3,-2,1]'$

12. Verifiziere (**13.2**) unter Verwendung beliebiger Vektoren des $V_3(R)$.

13. Beweise (**13.4**).

14. Es bilden $X = [1, 2, 3, 4]'$ und $Y = [2, 1, -1, 1]'$ eine Basis eines $V_4^2(R)$, und $Z = [4, 2, 3, 1]'$ liege in einem $V_4^3(R)$, der X und Y enthält
(*a*) Zeige, daß Z nicht im $V_4^2(R)$ ist,
(*b*) Schreibe $W = aX + bY + cZ$, und gib einen Vektor W des $V_4^3(R)$ an, der sowohl zu X als auch zu Y orthogonal ist.

15. (*a*) Beweise: Ein Vektor des $V_n(R)$ ist dann und nur dann zu sich selbst orthogonal, wenn er der Nullvektor ist.
(*b*) Beweise: Wenn X_1, X_2 und X_3 eine Menge von linear abhängigen, von Null verschiedenen, n-Vektoren sind, und wenn $X_1 \cdot X_2 = X_1 \cdot X_3 = 0$ gilt, dann sind X_2 und X_3 linear abhängig.

16. Beweise: Ein Vektor X ist dann und nur dann orthogonal zu jedem Vektor eines $V_n^m(R)$, wenn er orthogonal zu jedem Vektor einer Basis dieses Raumes ist.

17. Beweise: Wenn zwei Räume $V_n^h(R)$ und $V_n^k(R)$ orthogonal sind, dann ist ihr Durchschnittsraum $V_n^o(R)$.

18. Beweise: Die Dreiecksungleichung.
Hinweis: Zeige unter Verwendung der Schwarzschen Ungleichung, daß $\|X + Y\|^2 \leq (\|X\| + \|Y\|)^2$ gilt.

19. Beweise: $\|X + Y\| = \|X\| + \|Y\|$ gilt dann und nur dann, wenn X und Y linear abhängig sind.

20. Normalisiere die Vektoren der Aufgabe 11.
Antwort: $[1/\sqrt{6}, 2/\sqrt{6}, 1/\sqrt{6}]'$, $[2/3, 1/3, 2/3]'$ $[2/\sqrt{21}, 1/\sqrt{21}, -4/\sqrt{21}]'$

21. Zeige, daß die Vektoren X, Y und Z der Aufgabe 2 eine orthonormale Basis des $V_3(R)$.

22. (*a*) Zeige: Wenn $X_1, X_2, \ldots, X_m$ linear unabhängig sind, so gilt dies gleichfalls für die Einheitsvektoren, die man durch ihre Normalisierung erhält.
(*b*) Zeige: Wenn die Vektoren von (*a*) zueinander orthogonale, von Null verschiedene Vektoren sind, so gilt dies gleichfalls für die Einheitsvektoren, die man durch ihre Normalisierung erhält.

23. Beweise: (*a*) Wenn A orthogonal ist und $|A| = 1$ gilt, dann ist jedes Element von A gleich seinem Kofaktor in $|A|$.
(*b*) Wenn A orthogonal ist und $|A| = -1$ gilt, dann ist jedes Element von A gleich dem Negativen seines Kofaktors in $|A|$.

24. Beweise die Sätze **VIII**, **IX**, **X** und **XI**.

25. Beweise: Wenn A und B vertauschbar sind, und C orthogonal ist, dann sind $C'AC$ und $C'BC$ vertauschbar.

26. Beweise, daß AA' (oder $A'A$), wobei A n-quadratisch ist, dann und nur dann eine Diagonalmatrix ist, wenn die Zeilen (oder Spalten) von A orthogonal sind.

27. Beweise: Wenn X und Y n-Vektoren sind, dann ist $XY' + YX'$ symmetrisch.

28. Beweise: Wenn X und Y n-Vektoren sind und A n-quadratisch ist, dann gilt $X \cdot (AY) = (A'X) \cdot Y$.

29. Beweise: Wenn $X_1, X_2, \ldots, X_n$ eine orthonormale Basis sind, und wenn $X = \sum_{i=1}^{n} c_i X_i$ gilt, dann folgen (*a*) $X \cdot X_i = c_i$, $(i = 1, 2, \ldots, n)$; (*b*) $X \cdot X = c_1^2 + c_2^2 + \ldots + c_n^2$.

30. Gib eine orthonormale Basis des $V_3(R)$ für (*a*) $X_1 = [3/\sqrt{17}, -2/\sqrt{17}, 2/\sqrt{17}]'$; (*b*) $[3,0,2]'$
Antwort: (*a*) X_1, $[0, 1/\sqrt{2}, 1/\sqrt{2}]'$, $[-4/\sqrt{34}, -3/\sqrt{34}, 3/\sqrt{34}]'$
(*b*) $[3/\sqrt{13}, 0, 2/\sqrt{13}]'$, $[2/\sqrt{13}, 0, -3/\sqrt{13}]'$, $[0,1,0]'$

31. Konstruiere orthonormale Basen $V_3(R)$ mit dem Gram-Schmidtschen Verfahren unter Verwendung der in Reihenfolge gegebenen Vektoren:
(*a*) $[1,-1,0]'$, $[2,-1,-2]'$, $[1,-1,-2]'$
(*b*) $[1,0,1]'$, $[1,3,1]'$, $[3,2,1]'$
(*c*) $[2,-1,0]'$, $[4,-1,0]'$, $[4,0,-1]'$
Antwort: (*a*) $[\frac{1}{2}\sqrt{2}, -\frac{1}{2}\sqrt{2}, 0]'$, $[\sqrt{2}/6, \sqrt{2}/6, -2\sqrt{2}/3]'$, $[-2/3, -2/3, -1/3]'$
(*b*) $[\frac{1}{2}\sqrt{2}, 0, \frac{1}{2}\sqrt{2}]'$, $[0,1,0]'$, $[\frac{1}{2}\sqrt{2}, 0, -\frac{1}{2}\sqrt{2}]'$
(*c*) $[2\sqrt{5}/5, -\sqrt{5}/5, 0]'$, $[\sqrt{5}/5, 2\sqrt{5}/5, 0]'$, $[0,0,-1]'$

32. Gib eine orthonormale Basis von $V_3(R)$ für $X_1 = [1, 1, -1]'$ und $X_2 = [2, 1, 0]'$ an.
Hinweis: Nimm $Y_1 = X_1$, erhalte Y_2 mit dem Gram-Schmidtschen Verfahren und Y_3 mit der Methode der Aufgabe 2(*b*).
Antwort: $[\sqrt{3}/3, \sqrt{3}/3, -\sqrt{3}/3]'$, $[\frac{1}{2}\sqrt{2}, 0, \frac{1}{2}\sqrt{2}]'$, $[\sqrt{6}/6, -\sqrt{6}/3, -\sqrt{6}/6]'$

33. Gib eine orthonormale Basis des $V_3(R)$ für $X_1 = [7, -1, -1]'$ an.

34. Zeige auf zwei Wegen, daß die Vektoren $[1, 2, 3, 4]'$, $[1, -1, -2, -3]'$ und $[5, 4, 5, 6]'$ linear abhängig sind.

35. Beweise: Wenn A schief-symmetrisch ist und $I + A$ nicht-singulär, dann ist $B = (I - A)(I + A)^{-1}$ orthogonal.

36. Unter Verwendung der Aufgabe 35 gib die orthogonale Matrix B für

(*a*) $A = \begin{bmatrix} 0 & 5 \\ -5 & 0 \end{bmatrix}$, (*b*) $A = \begin{bmatrix} 0 & 1 & 2 \\ -1 & 0 & 3 \\ -2 & -3 & 0 \end{bmatrix}$

an.

Antwort: (*a*) $\frac{1}{13}\begin{bmatrix} -12 & -5 \\ 5 & -12 \end{bmatrix}$, (*b*) $\frac{1}{15}\begin{bmatrix} 5 & -14 & 2 \\ -10 & -5 & -10 \\ 10 & 2 & -11 \end{bmatrix}$

37. Beweise: Wenn A eine orthogonale Matrix ist, und wenn $B = AP$ gilt, wobei P nichtsingulär ist, dann ist PB^{-1} orthogonal.

38. In einer Transformation der Koordinaten von der E-Basis zu einer orthonormalen Z-Basis mit einer Matrix P, wird $Y = AX$ zu $Y_1 = P^{-1}AP\,X_1$ oder $Y_1 = BX_1$ (siehe Kapitel 12). Wenn A orthogonal ist, zeige, daß dies gleichfalls für B gilt und umgekehrt, um Satz **XIV** zu beweisen.

39. Beweise: Wenn A orthogonal ist und $I + A$ nichtsingulär ist, dann ist $B = (I - A)(I + A)^{-1}$ schief-symmetrisch.

40. Es seien $X = [x_1, x_2, x_3]'$ und $Y = [y_1, y_2, y_3]'$ zwei Vektoren des $V_3(R)$, und definiere das **Vektorprodukt** $X \times Y$ von X und Y als $Z = X \times Y = [z_1, z_2, z_3]'$, wobei $z_1 = \begin{vmatrix} x_2 & y_2 \\ x_3 & y_3 \end{vmatrix}$, $z_2 = \begin{vmatrix} x_3 & y_3 \\ x_1 & y_1 \end{vmatrix}$, $z_3 = \begin{vmatrix} x_1 & y_1 \\ x_2 & y_2 \end{vmatrix}$ gilt. Nach Identifikation der z_i als Kofaktoren der Elemente der dritten Spalte von $[X_1, Y_1, 0]$, beweise:

(*a*) Das Vektorprodukt zweier linear abhängiger Vektoren ist der Nullvektor.

(*b*) Das Vektorprodukt zweier linear unabhängiger Vektoren ist orthogonal zu jedem der zwei Vektoren.

(*c*) $X \times Y = -(Y \times X)$

(*d*) $(kX) \times Y = k\,(X \times Y) = X \times (kY)$, wobei k ein Skalar ist.

41. Wenn W, X, Y und Z vier Vektoren des $V_3(R)$ sind, beweise:

(*a*) $X \times (Y + Z) = X \times Y + X \times Z$

(*b*) $X \cdot (Y \times Z) = Y \cdot (Z \times X) = Z \cdot (X \times Y) = |XYZ|$

(*c*) $(W \times X) \cdot (Y \times Z) = \begin{vmatrix} W \cdot Y & W \cdot Z \\ X \cdot Y & X \cdot Z \end{vmatrix}$

(*d*) $(X \times Y) \cdot (X \times Y) = \begin{vmatrix} X \cdot X & X \cdot Y \\ Y \cdot X & Y \cdot Y \end{vmatrix}$

KAPITEL 14

Vektoren auf dem komplexen Körper

KOMPLEXE ZAHLEN. Wenn x und y reelle Zahlen sind, und i durch die Beziehung $i^2 = -1$ definiert ist, dann heißt $z = x + iy$ eine **komplexe Zahl.** Die reelle Zahl x heißt der **reelle Teil**, und die reelle Zahl y heißt der **imaginäre Teil** von $x + iy$.

Zwei komplexe Zahlen sind dann und nur dann **gleich**, wenn der reelle und imaginäre Teil des einen genau dem reellen und imaginären Teil des anderen entspricht.

Für eine komplexe Zahl gilt $x + iy$ dann und nur dann, wenn $x = y = 0$. ist.

Die **Konjugierte** einer komplexen Zahl $z = x + iy$ wird durch $\bar{z} = \overline{x+iy} = x - iy$ gegeben. Die Summe einer beliebigen komplexen Zahl und ihrer Konjugierten ist eine reelle Zahl. Ähnliches gilt für die Produktbildung.

Der **absolute Wert** $|z|$ der komplexen Zahl $z = x + iy$ wird durch $|z| = \sqrt{z \cdot \bar{z}} = \sqrt{x^2 + y^2}$ gegeben. Unmittelbar folgt, daß für eine beliebige komplexe Zahl $z = x + iy$

(14.1) $$|z| \geq |x| \quad \text{und} \quad |z| \geq |y|$$

gelten.

VEKTOREN. Es sei X ein n-Vektor auf dem komplexen Körper C. Die Gesamtheit solcher Vektoren bildet den Vektorraum $V_n(C)$. Weil $V_n(R)$ ein Unterkörper ist, wird man erwarten, daß jeder Satz, der die Vektoren des $V_n(R)$ betrifft, zu einem Satz von Kapitel 13 zurückgeführt werden kann, wenn nur reelle Vektoren betrachtet werden.

Wenn $X = [x_1, x_2, \ldots, x_n]'$ und $Y = [y_1, y_2, \ldots, y_n]'$ zwei Vektoren des $V_n(C)$ sind, dann ist ihr **inneres Produkt** definiert als

(14.2) $$X \cdot Y = \bar{X}'Y = \bar{x}_1 y_1 + \bar{x}_2 y_2 + \cdots + \bar{x}_n y_n \,.$$

Die folgenden Gesetze bezüglich innerer Produkte sind schnell verifiziert:

(14.3)

(a) $X \cdot Y = \overline{Y \cdot X}$

(b) $(cX) \cdot Y = \bar{c}(X \cdot Y)$

(c) $X \cdot (cY) = c(X \cdot Y)$

(d) $X \cdot (Y+Z) = X \cdot Y + X \cdot Z$

(e) $(Y+Z) \cdot X = Y \cdot X + Z \cdot X$

(f) $X \cdot Y + Y \cdot X = 2R(X \cdot Y)$, wobei $R(X \cdot Y)$ der reelle Teil von $X \cdot Y$.

(g) $X \cdot Y - Y \cdot X = 2C(X \cdot Y)$, wobei $C(X \cdot Y)$ der imaginäre Teil von $X \cdot Y$ ist.

Siehe Aufgabe 1.

Die **Länge** eines Vektors X wird gegeben durch $\|X\| = \sqrt{X \cdot X} = \sqrt{x_1\bar{x}_1 + x_2\bar{x}_2 + \cdots + x_n\bar{x}_n}$.

Zwei Vektoren X und Y sind **orthogonal**, wenn $X \cdot Y = Y \cdot X = 0$.

Für Vektoren des $V_n(C)$ gelten die Dreiecksungleichung

(14.4) $$\|X + Y\| \leq \|X\| + \|Y\|$$

und die Schwarzsche Ungleichung (siehe Aufgabe 2)

(14.5) $$\|X \cdot Y| \leq \|X\| \cdot \|Y\|$$

Darüber hinaus erhalten wir (siehe Sätze **I–IV** des Kapitels 13)

I. Eine beliebige Menge von m zueinander orthogonalen, von Null verschiedenen, n-Vektoren auf C ist linear unabhängig und erzeugt folglich einen Vektorraum $V_n(C)$.

II. Wenn ein Vektor Y orthogonal zu jedem der n-Vektoren $X_1, X_2, \ldots, X_m$ ist, dann ist er orthogonal zu dem Raum, der durch diese Vektoren erzeugt wird.

III. Wenn $V_n^h(C)$ ein Unterraum des $V_n^k(C)$ mit $k > h$ ist, dann existiert mindestens ein Vektor X in $V_n^k(C)$, der orthogonal zu $V_n^h(C)$ ist.

IV. Jeder Vektorraum $V_n^m(C)$ mit $m > 0$ enthält m, aber nicht mehr als m, zueinander orthogonale Vektoren.

Eine Basis von $V_n^m(C)$, die aus zueinander orthogonalen Vektoren besteht, heißt eine **orthogonale Basis.** Wenn die zueinander orthogonalen Vektoren gleichfalls Einheitsvektoren sind, dann heißt die Basis eine **normale** oder **orthonormale** Basis.

DAS GRAM-SCHMIDTSCHE-VERFAHREN. Es sei $X_1, X_2, \ldots, X_m$ eine Basis für $V_n^m(C)$. Definiere

$$\begin{aligned} Y_1 &= X_1 \\ Y_2 &= X_2 - \frac{Y_1 \cdot X_2}{Y_1 \cdot Y_1} Y_1 \\ Y_3 &= X_3 - \frac{Y_2 \cdot X_3}{Y_2 \cdot Y_2} Y_2 - \frac{Y_1 \cdot X_3}{Y_1 \cdot Y_1} Y_1 \qquad (14.6) \\ &\cdots\cdots\cdots\cdots\cdots\cdots \\ Y_m &= X_m - \frac{Y_{m-1} \cdot X_m}{Y_{m-1} \cdot Y_{m-1}} Y_{m-1} - \cdots - \frac{Y_1 \cdot X_m}{Y_1 \cdot Y_1} Y_1 . \end{aligned}$$

Die Einheitsvektoren $G_i = \dfrac{Y_i}{\|Y_i\|}$ $(i = 1,2,\ldots,m)$ sind eine orthonormale Basis für $V_n^m(C)$.

V. Wenn $X_1, X_2, \ldots, X_s, (1 \leqslant s < m)$, zueinander orthogonale Einheitsvektoren des $V_n^m(C)$ sind, dann existieren Einheitsvektoren (die man durch das Gram-Schmidtsche Verfahren erhält) $X_{s+1}, X_{s+2}, \ldots, X_m$ in dem Raum derart, daß die Menge $X_1, X_2, \ldots, X_m$ eine orthonormale Basis ist.

DIE GRAMSCHE MATRIX. Es sei $X_1, X_2, \ldots, X_p$ eine Menge von n-Vektoren mit komplexen Elementen, und definiere die **Gramsche Matrix**.

$$(14.7) \qquad G = \begin{bmatrix} X_1 \cdot X_1 & X_1 \cdot X_2 & \cdots & X_1 \cdot X_p \\ X_2 \cdot X_1 & X_2 \cdot X_2 & \cdots & X_2 \cdot X_p \\ \cdots & \cdots & \cdots & \cdots \\ X_p \cdot X_1 & X_p \cdot X_2 & \cdots & X_p \cdot X_p \end{bmatrix} = \begin{bmatrix} \bar{X}_1' X_1 & \bar{X}_1' X_2 & \cdots & \bar{X}_1' X_p \\ \bar{X}_2' X_1 & \bar{X}_2' X_2 & \cdots & \bar{X}_2' X_p \\ \cdots & \cdots & \cdots & \cdots \\ \bar{X}_p' X_1 & \bar{X}_p' X_2 & \cdots & \bar{X}_p' X_p \end{bmatrix}$$

Offensichtlich sind die Vektoren dann und nur dann zueinander orthogonal, wenn G diagonal ist.

Folgt man Aufgabe 14, Kapitel 17, kann man beweisen:

VI. Für eine Menge von n-Vektoren $X_1, X_2, \ldots, X_p$ mit komplexen Elementen gilt $|G| \geqslant 0$. Die Gleichung gilt dann und nur dann, wenn die Vektoren linear abhängig sind.

UNITÄRE MATRIZEN. Eine n-quadratische Matrix A heißt **unitär**, wenn $(\bar{A})'A = A(\bar{A})' = I$ gilt, das heißt, wenn $(\bar{A})' = A^{-1}$ ist. Die Spaltenvektoren (Zeilenvektoren) einer unitären Matrix sind zueinander orthogonale Einheitsvektoren.

Analog zu den Sätzen bezüglich orthogonaler Matrizen von Kapitel 13 erhalten wir:

VII. Die Spaltenvektoren (Zeilenvektoren) einer n-quadratischen unitären Matrix sind eine orthonormale Basis des $V_n(C)$ und umgekehrt.

VIII. Die Inverse und die Transponierte einer unitären Matrix sind unitär.

IX. Das Produkt zweier oder mehrerer unitärer Matrizen ist unitär.

X. Die Determinante einer unitären Matrix hat den absoluten Wert 1.

UNITÄRE TRANSFORMATIONEN. Die lineare Transformation

(14.8) $$Y = AX,$$

wobei A unitär ist, heißt eine **unitäre Transformation.**

XI. Eine lineare Transformation erhält Längen (und folglich innere Produkte) dann und nur dann, wenn ihre Matrix unitär ist.

XII. Wenn $Y = AX$ eine Transformation der Koordinaten von der E-Basis zu einer anderen, der Z-Basis ist, dann und nur dann ist die Z-Basis orthonormal, wenn A unitär ist.

AUFGABEN MIT LÖSUNGEN

1. Gegeben sind $X = [1+i, -i, 1]'$ und $Y = [2+3i, 1-2i, i]'$,
   (a) gib $X \cdot Y$ und $Y \cdot X$ an (c) verifiziere $X \cdot Y + Y \cdot X = 2R(X \cdot Y)$
   (b) verifiziere $X \cdot Y = \overline{Y \cdot X}$ (d) verifiziere $X \cdot Y - Y \cdot X = 2C(X \cdot Y)$

$$(a)\quad X\cdot Y = \bar{X}'Y = [1-i, i, 1]\begin{bmatrix} 2+3i \\ 1-2i \\ i \end{bmatrix} = (1-i)(2+3i) + i(1-2i) + 1(i) = 7+3i$$

$$Y\cdot X = \bar{Y}'X = [2-3i, 1+2i, -i]\begin{bmatrix} 1+i \\ -i \\ 1 \end{bmatrix} = 7-3i$$

(b) Aus (a) erhält man: für $\overline{Y \cdot X}$, die Konjugierte von $Y \cdot X$, gilt $7+3i = X \cdot Y$.
(c) $X \cdot Y + Y \cdot X = (7+3i) + (7-3i) = 14 = 2(7) = 2R(X \cdot Y)$
(d) $X \cdot Y - Y \cdot X = (7+3i) - (7-3i) = 6i = 2(3i) = 2C(X \cdot Y)$

2. Beweise die Schwarzsche Ungleichung: $|X \cdot Y| \leq \|X\| \cdot \|Y\|$.

Wie in dem Fall für reelle Vektoren gilt die Ungleichung, wenn $X = 0$ oder $Y = 0$ gilt. Wenn X und Y von Null verschiedene Vektoren sind und a reell ist, folgt

$$\|aX+Y\|^2 = (aX+Y)\cdot(aX+Y) = a^2 X\cdot X + a(X\cdot Y + Y\cdot X) + Y\cdot Y = a^2\|X\|^2 + 2aR(X\cdot Y) + \|Y\|^2 \geq 0.$$

Weil die quadratische Funktion in a dann und nur dann nicht-negativ ist, wenn ihre Diskreminante nicht positiv ist, gelten

$$R(X\cdot Y)^2 - \|X\|^2\|Y\|^2 \leq 0 \qquad \text{und} \qquad R(X\cdot Y) \leq \|X\|\cdot\|Y\|$$

Wenn $X \cdot Y = 0$ ist, dann gilt $|X \cdot Y| = R(X \cdot Y) \leqslant \|X\|\cdot\|Y\|$. Wenn $X \cdot Y \neq 0$ ist, definiere $c = \dfrac{X\cdot Y}{|X\cdot Y|}$.

Dann folgt $R(cX\cdot Y) \leq \|cX\|\cdot\|Y\| = |c|\,\|X\|\cdot\|Y\| = \|X\|\cdot\|Y\|$, während gemäß (**14.3** (b)) $R(cX \cdot Y = R[\bar{c}(X\cdot Y)] = |X\cdot Y|$ ist. Demgemäß gilt $|X \cdot Y| \leqslant \|X\| \cdot \|Y\|$ für alle X und Y.

3. Beweise: $B = (\bar{A})'A$ ist hermitesch für jede beliebige quadratische Matrix A.

$(\bar{B})' = \{\overline{(\bar{A})'A}\}' = (A'\bar{\bar{A}}) = (\bar{A})'A = B$, und B ist hermitesch.

4. Wenn $A = B + iC$ hermitesch ist, zeige man, daß $(\bar{A})'A$ dann und nur dann reell ist, wenn B und C nicht vertauschbar sind.

Weil $B + iC$ hermitesch ist, gilt $(\overline{B+iC})' = B + iC$; demgemäß gilt

$$(\bar{A})'A = (\overline{B+iC})'(B+iC) = (B+iC)(B+iC) = B^2 + i(BC+CB) - C^2$$

Dieser Ausdruck ist dann und nur dann reell, wenn $BC + CB = 0$ oder $BC = -CB$ ist; demgemäß, dann und nur dann, wenn B und C nicht vertauschbar sind.

5. Beweise: Wenn A schief-hermitesch ist, dann ist $\pm\, iA$ hermitesch.

Betrachte $B = -iA$. Weil A schief-hermitesch ist, gilt $(\bar{A})' = -A$. Dann gilt

$$(\bar{B})' = (\overline{-iA})' = i(\bar{A})' = i(-A) = -iA = B \quad ,$$

und B ist hermitesch. Der Leser möge den Fall $B = iA$ betrachten.

ERGÄNZUNGSAUFGABEN

6. Für die gegebenen Vektoren $X_1 = [i, 2i, 1]'$, $X_2 = [1, 1+i, 0]'$ und $X_3 = [i, 1-i, 2]'$

(a) gib $X_1 \cdot X_2$ und $X_2 \cdot X_3$ an,
(b) gib die Länge jedes Vektors X_i an,
(c) zeige, daß $[1-i, -1, 1-i]'$ sowohl zu X_1 als auch zu X_2 orthogonal ist.
(d) gib einen Vektor an, der sowohl zu X_1 als auch zu X_3 orthogonal ist.

Antwort: (a) $2-3i, -i$ (b) $\sqrt{6}, \sqrt{3}, \sqrt{7}$ (d) $[-1-5i, i, 3-i]$

7. Zeige, daß $[1+i, i, 1]'$, $[i, 1-i, 0]'$ und $[1-i, 1, 3i]'$ beide sowohl linear unabhängig als auch zueinander orthogonal sind.

8. Beweise die Relationen (**14.3**).

9. Beweise die Dreiecksungleichung.

10. Beweise die Sätze **I–IV**.

11. Leite die Relationen (**14.6**) ab.

12. Unter Verwendung der Relationen (**14.6**) und der in Reihenfolge gegebenen Vektoren konstruiere eine orthonormale Basis für $V_3(C)$ mit den Vektoren

(*a*) $[0, 1, -1]'$, $[1+i, 1, 1]'$, $[1-i, 1, 1]'$

(*b*) $[1+i, i, 1]'$, $[2, 1-2i, 2+i]'$, $[1-i, 0, -i]'$.

Antwort: (*a*) $[0, \frac{1}{2}\sqrt{2}, -\frac{1}{2}\sqrt{2}]'$, $[\frac{1}{2}(1+i), \frac{1}{2}, \frac{1}{2}]'$, $[-\frac{1}{\sqrt{2}}i, \frac{1}{2\sqrt{2}}(1+i), \frac{1}{2\sqrt{2}}(1+i)]'$

(*b*) $[\frac{1}{2}(1+i), \frac{1}{2}i, \frac{1}{2}]'$, $[\frac{-i}{2\sqrt{3}}, \frac{1-5i}{4\sqrt{3}}, \frac{3+3i}{4\sqrt{3}}]'$, $[\frac{7-i}{2\sqrt{30}}, \frac{-5}{2\sqrt{30}}, \frac{-6+3i}{2\sqrt{30}}]'$

13. Beweise: Wenn A eine Matrix auf dem komplexen Körper ist, dann hat $A+\bar{A}$ nur reelle Elemente, und $A-\bar{A}$ hat nur rein imaginäre Elemente.

14. Beweise Satz **V**.

15. Wenn A n-quadratisch ist, zeige,

(*a*) $\bar{A}'A$ ist dann und nur dann diagonal, wenn die Spalten von A zueinander orthogonale Vektoren sind,

(*b*) $\bar{A}'A = I$ gilt dann und nur dann, wenn die Spalten von A zueinander orthogonale Einheitsvektoren sind.

16. Beweise: Wenn X und Y n-Vektoren sind und A n-quadratisch ist, dann gilt $X \cdot AY = \bar{A}'X \cdot Y$.

17. Beweise die Sätze **VII–X**.

18. Beweise: Wenn A schief-hermitesch derart ist, daß $I+A$ nichtsingulär ist, dann ist $B = (I-A)(I+A)^{-1}$ unitär.

19. Verwende Aufgabe 18, um eine unitäre Matrix mit (*a*) $\begin{bmatrix} 0 & 1+i \\ -1+i & i \end{bmatrix}$, (*b*) $\begin{bmatrix} 0 & i & 1+i \\ i & 0 & i \\ -1+i & i & 0 \end{bmatrix}$ zu bilden.

Antwort: (*a*) $\frac{1}{5}\begin{bmatrix} -1+2i & -4-2i \\ 2-4i & -2-i \end{bmatrix}$, (*b*) $\frac{1}{29}\begin{bmatrix} -9+8i & -10-4i & -16-18i \\ -2-24i & 1+12i & -10-4i \\ 4-10i & -2-24i & -9+8i \end{bmatrix}$

20. Beweise: Wenn A und B unitär und von der gleichen Ordnung sind, dann sind AB und BA unitär.

21. Folge dem Beweis in Aufgabe 10, Kapitel 13, um Satz **XI** zu beweisen.

22. Beweise: Wenn A unitär und hermitesch ist, dann ist A involutorisch.

23. Zeige, daß $\begin{bmatrix} \frac{1}{2}(1+i) & i/\sqrt{3} & \frac{3+i}{2\sqrt{15}} \\ -\frac{1}{2} & 1/\sqrt{3} & \frac{4+3i}{2\sqrt{15}} \\ \frac{1}{2} & -i/\sqrt{3} & \frac{5i}{2\sqrt{15}} \end{bmatrix}$ unitär ist.

24. Beweise: Wenn A unitär ist und wenn $B = AP$ gilt, wobei P nichtsingulär ist, dann ist PB^{-1} unitär.

25. Beweise: Wenn A unitär ist, und $I+A$ ist nichtsingulär, dann ist $B = (I-A)(I+A)^{-1}$ schief-hermitesch.

KAPITEL 15

Kongruenz

KONGRUENTE MATRIZEN. Zwei n-quadratische Matrizen A und B auf F heißen kongruent, $\underset{\sim}{C}$, auf F , wenn eine nichtsinguläre Matrix P auf F derart existiert, daß

$$B = P'AP \tag{15.1}$$

gilt. Offensichtlich ist Kongruenz ein Spezialfall der Äquivalenz derart, daß kongruente Matrizen denselben Rang besitzen.

Wenn P als ein Produkt von elementaren Spaltenmatrizen ausgedrückt wird, dann ist P' das Produkt in umgekehrter Reihenfolge derselben elementaren Zeilenmatrizen; das heißt, A und B sind kongruent, vorausgesetzt, A kann zu B durch eine Folge von **Paaren** elementarer Transformationen reduziert werden, wobei jedes Paar aus einer elementaren Zeilentransormation und der gleichen elementaren Spaltentransformation besteht.

SYMMETRISCHE MATRIZEN. In Aufgabe 1 beweisen wir:

I. Jede symmetrische Matrix A auf F mit dem Rang r ist kongruent auf F zu einer diagonalen Matrix, deren erste r Diagonalelemente von Null verschieden sind, während alle anderen Elemente Null sind.

Beispiel 1. Gib eine nichtsinguläre Matrix P mit rationalen Elementen derart an, daß $D = P'AP$ diagonal ist, wobei

$$A = \begin{bmatrix} 1 & 2 & 3 & 2 \\ 2 & 3 & 5 & 8 \\ 3 & 5 & 8 & 10 \\ 2 & 8 & 10 & -8 \end{bmatrix}$$

gegeben ist.

Um A zu D zu reduzieren, verwenden wir $[A\ I]$ und berechnen zunächst die Matrix P'. Wir verwenden $H_{21}(-2)$ und $K_{21}(-2)$, dann $H_{31}(-3)$ und $K_{31}(-3)$ und anschließend $H_{41}(-2)$ und $K_{41}(-2)$, um Nullen in der ersten Zeile und in der ersten Spalte zu erhalten. Man spart beträchtliche Zeit, wenn die drei Zeilentransformationen zuerst durchgeführt werden und anschließend die drei Spaltentransformationen. Man hat einen Fehler gemacht, wenn A dann nicht in eine symmetrische Matrix transformiert ist. Wir erhalten

$$[A\ H] = \left[\begin{array}{cccc|cccc} 1 & 2 & 3 & 2 & 1 & 0 & 0 & 0 \\ 2 & 3 & 5 & 8 & 0 & 1 & 0 & 0 \\ 3 & 5 & 8 & 10 & 0 & 0 & 1 & 0 \\ 2 & 8 & 10 & -8 & 0 & 0 & 0 & 1 \end{array}\right] \underset{\sim}{C} \left[\begin{array}{cccc|cccc} 1 & 0 & 0 & 0 & 1 & 0 & 0 & 0 \\ 0 & -1 & -1 & 4 & -2 & 1 & 0 & 0 \\ 0 & -1 & -1 & 4 & -3 & 0 & 1 & 0 \\ 0 & 4 & 4 & -12 & -2 & 0 & 0 & 1 \end{array}\right]$$

$$\underset{\sim}{C} \left[\begin{array}{cccc|cccc} 1 & 0 & 0 & 0 & 1 & 0 & 0 & 0 \\ 0 & -1 & 0 & 0 & -2 & 1 & 0 & 0 \\ 0 & 0 & 0 & 0 & -1 & -1 & 1 & 0 \\ 0 & 0 & 0 & 4 & -10 & 4 & 0 & 1 \end{array}\right] \underset{\sim}{C} \left[\begin{array}{cccc|cccc} 1 & 0 & 0 & 0 & 1 & 0 & 0 & 0 \\ 0 & -1 & 0 & 0 & -2 & 1 & 0 & 0 \\ 0 & 0 & 4 & 0 & -10 & 4 & 0 & 1 \\ 0 & 0 & 0 & 0 & -1 & -1 & 1 & 0 \end{array}\right]$$

$$= [D\ P']$$

Dann gilt $P = \begin{bmatrix} 1 & -2 & -10 & -1 \\ 0 & 1 & 4 & -1 \\ 0 & 0 & 0 & 1 \\ 0 & 0 & 1 & 0 \end{bmatrix}$

Die Matrix D, zu der A reduziert wurde, ist nicht eindeutig. Die zusätzlichen Transformationen $H_3(\frac{1}{2})$ und $K_3(\frac{1}{2})$, zum Beispiel, ersetzen D durch die Diagonalmatrix $\begin{bmatrix} 1 & 0 & 0 & 0 \\ 0 & -1 & 0 & 0 \\ 0 & 0 & 1 & 0 \\ 0 & 0 & 0 & 0 \end{bmatrix}$, während die Transformationen $H_2(3)$ und $K_2(3)$ die Matrix D durch $\begin{bmatrix} 1 & 0 & 0 & 0 \\ 0 & -9 & 0 & 0 \\ 0 & 0 & 4 & 0 \\ 0 & 0 & 0 & 0 \end{bmatrix}$ ersetzen. Es existiert daher kein Paar von rationalen oder reellen Transformationen, die D durch eine diagonale Matrix mit nur nichtnegativen Elementen in der Diagonalen ersetzen kann.

REELLE SYMMETRISCHE MATRIZEN. Es sei die reelle symmetrische Matrix A durch reelle elementare Transformation zu einer kongruenten Diagonalmatrix D reduziert, das heißt, es sei $P'AP = D$. Weil die von Null verschiedenen Diagonalelemente D beide von A und P abhängen, wird in Kapitel 17 gezeigt, daß die Anzahl positiver, von Null verschiedener Diagonalelemente ausschließlich von A abhängt.

Durch eine Folge von Zeilentransformationen und derselben Spaltentransformationen des Types 1 können die Diagonalelemente von D so umgestellt werden, daß die positiven Elemente den negativen Elementen vorausgehen. Dann kann man eine Folge von reellen Zeilen- und denselben Spaltentransformationen von Typ 2 verwenden, um die Diagonalmatrix zu einer Matrix zu reduzieren, in der die von Null verschiedenen Diagonalelemente entweder $+1$ oder -1 sind. Wir erhalten:

II. Eine reelle symmetrische Matrix mit dem Rang r ist kongruent auf dem reellen Körper zu einer kanonischen Matrix

(15.2) $$C = \begin{bmatrix} I_p & 0 & 0 \\ 0 & -I_{r-p} & 0 \\ 0 & 0 & 0 \end{bmatrix}$$

Die ganze Zahl p von **(15.2)** wird der **Index** der Matrix genannt und $s = p - (r - p)$ heißt die **Signatur**.

Beispiel 2. Wendet man die Transformationen H_{23}, K_{23} und $H_2(\frac{1}{2})$, $K_2(\frac{1}{2})$ auf das Ergebnis von Beispiel 1 an, erhält man

$$[A \mid I] \overset{C}{\sim} \left[\begin{array}{cccc|cccc} 1 & 0 & 0 & 0 & 1 & 0 & 0 & 0 \\ 0 & -1 & 0 & 0 & -2 & 1 & 0 & 0 \\ 0 & 0 & 4 & 0 & -10 & 4 & 0 & 1 \\ 0 & 0 & 0 & 0 & -1 & -1 & 1 & 0 \end{array}\right] \overset{C}{\sim} \left[\begin{array}{cccc|cccc} 1 & 0 & 0 & 0 & 1 & 0 & 0 & 0 \\ 0 & 1 & 0 & 0 & -5 & 2 & 0 & \frac{1}{2} \\ 0 & 0 & -1 & 0 & -2 & 1 & 0 & 0 \\ 0 & 0 & 0 & 0 & -1 & -1 & 1 & 0 \end{array}\right] = [C \mid Q']$$

und $Q'AQ = C$. Demgemäß hat A den Rang $r = 3$, den Index $p = 2$ und die Signatur $s = 1$.

III. Zwei n-quadratische reelle symmetrische Matrizen sind dann und nur dann kongruent auf dem reellen Körper, wenn sie denselben Rang und denselben Index oder denselben Rang und dieselbe Signatur besitzen.

Auf dem reellen Körper ist die Menge aller n-quadratischen Matrizen des Types **(15.2)** eine kanonische Menge bezüglich der Kongruenz für reelle n-quadratische symmetrische Matrizen.

AUF DEM KOMPLEXEN KÖRPER erhalten wir:

IV. Jede n-quadratische komplexe symmetrische Matrix mit dem Rang r ist kongruent auf dem Körper der komplexen Zahlen zu einer kanonischen Matrix

$$C = \begin{bmatrix} I_r & 0 \\ 0 & 0 \end{bmatrix} \qquad (15.3)$$

Beispiel 3. Wendet man die Transformationen $H_3(i)$ und $K_3(i)$ auf das Ergebnis von Beispiel 2 an, erhält man

$$[A \mid I] \underset{\sim}{C} \left[\begin{array}{cccc|cccc} 1 & 0 & 0 & 0 & 1 & 0 & 0 & 0 \\ 0 & 1 & 0 & 0 & -5 & 2 & 0 & \frac{1}{2} \\ 0 & 0 & -1 & 0 & -2 & 1 & 0 & 0 \\ 0 & 0 & 0 & 0 & -1 & -1 & 1 & 0 \end{array}\right] \underset{\sim}{C} \left[\begin{array}{cccc|cccc} 1 & 0 & 0 & 0 & 1 & 0 & 0 & 0 \\ 0 & 1 & 0 & 0 & -5 & 2 & 0 & \frac{1}{2} \\ 0 & 0 & 1 & 0 & -2i & i & 0 & 0 \\ 0 & 0 & 0 & 0 & -1 & -1 & 1 & 0 \end{array}\right] = [D \mid R']$$

und $R'AR = D = \begin{bmatrix} I_3 & 0 \\ 0 & 0 \end{bmatrix}$. Siehe Aufgaben 2-3.

V. Zwei n-quadratische komplexe symmetrische Matrizen sind dann und nur dann kongruent auf dem Körper der komplexen Zahlen, wenn sie denselben Rang haben.

SCHIEF-SYMMETRISCHE MATRIZEN. Wenn A schief-symmetrisch ist, dann gilt

$$(P'AP)' = P'A'P = P'(-A)P = -P'AP.$$

Demgemäß erhalten wir:

VI. Jede Matrix $B = P'AP$, die kongruent zu einer schief-symmetrischen Matrix A ist, ist gleichfalls schief-symmetrisch.

In Aufgabe 4 beweisen wir:

VII. Jede n-quadratische schief-symmetrische Matrix A auf F ist kongruent auf F zu einer kanonischen Matrix

$$B = \text{Diag}(D_1, D_2, \ldots, D_t, 0, \ldots, 0), \qquad (15.4)$$

wobei $D_i = \begin{bmatrix} 0 & 1 \\ -1 & 0 \end{bmatrix}$, $(i = 1, 2, \ldots, t)$ gilt. A hat den Rang $r = 2t$.

Siehe Aufgabe 5

Dann folgt:

VIII. Zwei n-quadratische schief-symmetrische Matrizen auf F sind dann und nur dann kongruent auf F, wenn sie denselben Rang haben.

Die Menge aller Matrizen des Types **(15.4)** ist eine kanonische Menge bezüglich der Kongruenz für n-quadratische schief-symmetrische Matrizen.

HERMITESCHE MATRIZEN. Zwei n-quadratische hermitesche Matrizen A und B heißen **hermitesch kongruent**, $[\overset{H}{\underset{\sim}{C}}]$, oder **konjunktiv**, wenn eine nichtsinguläre Matrix P derart existiert, daß

$$B = \overline{P}'AP \quad \text{gilt.} \qquad (15.5)$$

Demgemäß gelten:

IX. Zwei n-quadratische hermitesche Matrizen sind dann und nur dann konjunktiv, wenn man eine aus der anderen durch eine Folge von Paaren elementarer Transformation erhalten kann, wobei jedes Paar aus einer Spaltentransformation und der korrespondierenden konjugierten Zeilentransformation besteht.

X. Eine hermitesche Matrix A mit dem Rang r ist konjunktiv zu einer kanonischen Matrix

$$C = \begin{bmatrix} I_p & 0 & 0 \\ 0 & -I_{r-p} & 0 \\ 0 & 0 & 0 \end{bmatrix} \tag{15.6}$$

Die ganze Zahl p **(15.6)** heißt der **Index** von A, und $s = p - (r - p)$ heißt die **Signatur**.

XI. Zwei n-quadratische hermitesche Matrizen sind dann und nur dann konjunktiv, wenn sie denselben Rang und Index oder denselben Rang und dieselbe Signatur haben.

Die Reduktion einer hermiteschen Matrix zu der kanonischen Form **(15.6)** folgt der Vorgehensweise von Aufgabe 1, wobei man auf die passenden Paare von elementaren Transformationen achten muß. Der äußerst schwierige Fall wird in Aufgabe 7 aufgezeigt.

Siehe Aufgaben 6-7.

SCHIEF-HERMITESCHE MATRIZEN. Wenn A schief-hermitesch ist, dann gilt

$$(\overline{\overline{P}'AP})' = (\overline{P'\overline{A}\,\overline{P}}) = -\overline{P}'AP$$

Demgemäß gilt:

XII. Jede Matrix $B = \overline{P}'AP$, konjunktiv zu einer schief-hermiteschen Matrix A, ist gleichfalls schief-hermitesch.

Gemäß Aufgabe 5, Kapitel 14, ist $H = -iA$ hermitesch, wenn A schief-hermitesch ist. Gemäß Satz **X** existiert eine nichtsinguläre Matrix P derart, daß

$$\overline{P}'HP = C = \begin{bmatrix} I_p & 0 & 0 \\ 0 & -I_{r-p} & 0 \\ 0 & 0 & 0 \end{bmatrix}$$

ist. Dann folgen $i\overline{P}'HP = i\overline{P}'(-iA)P = \overline{P}'AP = iC$ und

$$B = \overline{P}'AP = \begin{bmatrix} iI_p & 0 & 0 \\ 0 & -iI_{r-p} & 0 \\ 0 & 0 & 0 \end{bmatrix} \tag{15.7}$$

Demgemäß gelten:

XIII. Jede n-quadratische schief-hermitesche Matrix A ist konjunktiv zu einer Matrix (15.7), in der r der Rang von A ist und p der Index von $-iA$.

XIV. Zwei n-quadratische schief-hermitesche Matrizen A und B sind dann und nur dann konjunktiv, wenn sie denselben Rang haben, während $-iA$ und $-iB$ denselben Index haben.

Siehe Aufgabe 8.

AUFGABEN MIT LÖSUNGEN

1. Beweise: Jede symmetrische Matrix auf F mit dem Rang r kann zu einer Diagonalmatrix reduziert werden, die genau r von Null verschiedene Elemente in der Diagonale hat.

Angenommen sei, die symmetrische Matrix $A = [a_{ij}]$ ist nicht diagonal. Wenn $a_{11} \neq 0$ gilt, wird eine Folge von Paaren elementarer Transformationen des Types 3, wobei jede aus einer Zeilentransformation und derselben Spaltentransformation besteht, A zu

$$\begin{bmatrix} a_{11} & 0 & 0 & \dots & 0 \\ 0 & b_{22} & b_{23} & \dots & b_{2n} \\ \dots & \dots & \dots & \dots & \dots \\ 0 & b_{n2} & b_{n3} & \dots & b_{nn} \end{bmatrix}$$

reduzieren.

Nun wird die fortgesetzte Reduktion so lange fortgeführt, bis $b_{22}, c_{33}, \dots$ von Null verschieden sind. Nun sei angenommen, daß wir nach der Reduktion die Matrix

$$\begin{bmatrix} a_{11} & 0 & \dots & & & & 0 \\ 0 & b_{22} & \dots & & & & 0 \\ \dots & \dots & \dots & \dots & \dots & \dots & \dots \\ 0 & 0 & \dots & h_{ss} & 0 & \dots & 0 \\ 0 & 0 & \dots & 0 & 0 & k_{s+1,\,s+2} \;\dots & k_{s+1,\,n} \\ 0 & 0 & \dots & 0 & k_{s+2,\,s+1} & k_{s+2,\,s+2} \;\dots & k_{s+2,\,n} \\ \dots & \dots & \dots & \dots & \dots & \dots & \dots \\ 0 & 0 & \dots & 0 & k_{n,\,s+1} & k_{n,\,s+2} \;\dots & k_{nn} \end{bmatrix}$$

erhalten haben, in der die Diagonalelemente $k_{s+1,\,s+1} = 0$ sind. Wenn jedes $k_{ij} = 0$ ist, haben wir den Satz für $s = r$ bewiesen. Wenn aber für einige k_{ij} zum Beispiel $k_{s+u,\,s+v} \neq 0$ gilt, müssen wir es in die $(s+1,\, s+1)$-te Position durch die passende Zeilen- und Spaltentransformation des Types 1 bringen, wenn $u = v$ ist; sonst müssen wir die $(s+u)$-te Zeile zu der $(s+v)$-ten Zeile addieren, und nach der korrespondierenden Spaltentransformation erhalten wir ein Diagonalelement, das von Null verschieden ist. (Wenn $a_{11} = 0$ ist, gehen wir wie in dem Fall $k_{s+1,\,s+1} = 0$ oben vor.)

Weil wir es mit einer Folge von äquivalenten Matrizen zu tun haben, ist A schließlich zu einer Diagonalmatrix reduziert, deren erste r Diagonalelemente von Null verschieden sind, während alle anderen Elemente Null sind.

2. Reduziere die symmetrische Matrix $A = \begin{bmatrix} 1 & 2 & 2 \\ 2 & 3 & 5 \\ 2 & 5 & 5 \end{bmatrix}$ zu der kanonischen Form **(15.2)**.

Für jede Reduktion gib die Matrix P an, die die Reduktion bewirkt.

$$[A \,|\, I] = \left[\begin{array}{ccc|ccc} 1 & 2 & 2 & 1 & 0 & 0 \\ 2 & 3 & 5 & 0 & 1 & 0 \\ 2 & 5 & 5 & 0 & 0 & 1 \end{array}\right] \overset{C}{\sim} \left[\begin{array}{ccc|ccc} 1 & 0 & 0 & 1 & 0 & 0 \\ 0 & -1 & 1 & -2 & 1 & 0 \\ 0 & 1 & 1 & -2 & 0 & 1 \end{array}\right] \overset{C}{\sim} \left[\begin{array}{ccc|ccc} 1 & 0 & 0 & 1 & 0 & 0 \\ 0 & -1 & 0 & -2 & 1 & 0 \\ 0 & 0 & 2 & -4 & 1 & 1 \end{array}\right] \overset{C}{\sim} \left[\begin{array}{ccc|ccc} 1 & 0 & 0 & 1 & 0 & 0 \\ 0 & 2 & 0 & -4 & 1 & 1 \\ 0 & 0 & -1 & -2 & 1 & 0 \end{array}\right]$$

$$= [D \,|\, P_1']$$

Um **(15.2)** zu erhalten, gilt

$$[D \,|\, P_1'] = \left[\begin{array}{ccc|ccc} 1 & 0 & 0 & 1 & 0 & 0 \\ 0 & 2 & 0 & -4 & 1 & 1 \\ 0 & 0 & -1 & -2 & 1 & 0 \end{array}\right] \overset{C}{\sim} \left[\begin{array}{ccc|ccc} 1 & 0 & 0 & 1 & 0 & 0 \\ 0 & 1 & 0 & -2\sqrt{2} & \frac{1}{2}\sqrt{2} & \frac{1}{2}\sqrt{2} \\ 0 & 0 & -1 & -2 & 1 & 0 \end{array}\right] = [C \,|\, P']$$

und
$$P = \begin{bmatrix} 1 & -2\sqrt{2} & -2 \\ 0 & \frac{1}{2}\sqrt{2} & 1 \\ 0 & \frac{1}{2}\sqrt{2} & 0 \end{bmatrix}$$

Um **(15.3)** zu erhalten, gelten

$$[D \mid P_1'] = \left[\begin{array}{ccc|ccc} 1 & 0 & 0 & 1 & 0 & 0 \\ 0 & 2 & 0 & -4 & 1 & 1 \\ 0 & 0 & -1 & -2 & 1 & 0 \end{array}\right] \underset{\sim}{C} \left[\begin{array}{ccc|ccc} 1 & 0 & 0 & 1 & 0 & 0 \\ 0 & 1 & 0 & -2\sqrt{2} & \frac{1}{2}\sqrt{2} & \frac{1}{2}\sqrt{2} \\ 0 & 0 & 1 & 2i & -i & 0 \end{array}\right] = [C \mid P']$$

und
$$P = \begin{bmatrix} 1 & -2\sqrt{2} & 2i \\ 0 & \frac{1}{2}\sqrt{2} & -i \\ 0 & \frac{1}{2}\sqrt{2} & 0 \end{bmatrix}$$

3. Gib eine nichtsinguläre Matrix P derart an, daß $P'AP$ in kanonischer Form **(15.3)** ist, für

$$A = \begin{bmatrix} 1 & i & 1+i \\ i & 0 & 2-i \\ 1+i & 2-i & 10+2i \end{bmatrix}$$

$$[A \mid I] = \left[\begin{array}{ccc|ccc} 1 & i & 1+i & 1 & 0 & 0 \\ i & 0 & 2-i & 0 & 1 & 0 \\ 1+i & 2-i & 10+2i & 0 & 0 & 1 \end{array}\right] \underset{\sim}{C} \left[\begin{array}{ccc|ccc} 1 & 0 & 0 & 1 & 0 & 0 \\ 0 & 1 & 3-2i & -i & 1 & 0 \\ 0 & 3-2i & 10 & -1-i & 0 & 1 \end{array}\right]$$

$$\underset{\sim}{C} \left[\begin{array}{ccc|ccc} 1 & 0 & 0 & 1 & 0 & 0 \\ 0 & 1 & 0 & -i & 1 & 0 \\ 0 & 0 & 5+12i & 1+2i & -3+2i & 1 \end{array}\right] \underset{\sim}{C} \left[\begin{array}{ccc|ccc} 1 & 0 & 0 & 1 & 0 & 0 \\ 0 & 1 & 0 & -i & 1 & 0 \\ 0 & 0 & 1 & \frac{7+4i}{13} & \frac{-5+12i}{13} & \frac{3-2i}{13} \end{array}\right]$$

$$= [C \mid P']$$

Hier gilt
$$P = \begin{bmatrix} 1 & -i & \frac{7+4i}{13} \\ 0 & 1 & \frac{-5+12i}{13} \\ 0 & 0 & \frac{3-2i}{13} \end{bmatrix}$$

4. Beweise: Jede n-quadratische schief-symmetrische Matrix A auf F mit dem Rang $2t$ ist kongruent auf F zu einer Matrix

$$B = \text{Diag}\,(D_1, D_2, \ldots, D_t, 0, \ldots, 0)\,,$$

wobei $D_i = \begin{bmatrix} 0 & 1 \\ -1 & 0 \end{bmatrix}$, $(i = 1, 2, \ldots, t)$ ist.

Wenn $A = 0$ ist, dann folgt $B = A$. Gilt $A \neq 0$, dann gilt für einige $a_{ij} = -a_{ji} \neq 0$. Vertausche die i-te und erste Zeile und die j-te und zweite Zeile; dann vertausche die i-te und erste Spalte und die j-te und zweite Spalte, um A durch die schief-symmetrische Matrix $\left[\begin{array}{cc|c} 0 & a_{ij} & E_2 \\ -a_{ij} & 0 & \\ \hline & E_3 & E_4 \end{array}\right]$ zu ersetzen. Dann multipliziere die erste Zeile und die erste Spalte mit $1/a_{ij}$, um $\begin{bmatrix} \begin{matrix} 0 & 1 \\ -1 & 0 \end{matrix} & F_2 \\ F_3 & E_4 \end{bmatrix}$ zu erhalten, und daraus erhält man durch elementare Zeilen- und Spaltentransformation des Types 3

$$\begin{bmatrix} \begin{matrix} 0 & 1 \\ -1 & 0 \end{matrix} & 0 \\ 0 & F_4 \end{bmatrix} = \begin{bmatrix} D_1 & 0 \\ 0 & F_4 \end{bmatrix}$$

Wenn $F_4 = 0$ ist, dann ist die Reduktion vollständig; sonst muß das Verfahren für $F_4, \ldots$ fortgesetzt werden, bis man B erhält.

5. Gib eine nichtsinguläre Matrix P derart an, daß $P'AP$ in kanonischer Form **(15.4)** ist, für

$$A = \begin{bmatrix} 0 & 0 & 2 & 4 \\ 0 & 0 & 1 & -3 \\ -2 & -1 & 0 & -2 \\ -4 & 3 & 2 & 0 \end{bmatrix}$$

Unter Verwendung von $a_{13} \neq 0$ müssen wir nur die dritte und zweite Zeile vertauschen, und nach Vertauschen der dritten und zweiten Spalte von $\left[\begin{array}{cccc|cccc} 0 & 0 & 2 & 4 & 1 & 0 & 0 & 0 \\ 0 & 0 & 1 & -3 & 0 & 1 & 0 & 0 \\ -2 & -1 & 0 & -2 & 0 & 0 & 1 & 0 \\ -4 & 3 & 2 & 0 & 0 & 0 & 0 & 1 \end{array}\right]$ erhalten wir

$$\left[\begin{array}{cccc|cccc} 0 & 2 & 0 & 4 & 1 & 0 & 0 & 0 \\ -2 & 0 & -1 & -2 & 0 & 0 & 1 & 0 \\ 0 & 1 & 0 & -3 & 0 & 1 & 0 & 0 \\ -4 & 2 & 3 & 0 & 0 & 0 & 0 & 1 \end{array}\right].$$

Als nächstes multipliziere die erste Zeile und erste Spalte mit $\frac{1}{2}$; dann fährt man fort, die ersten zwei Zeilen und die ersten zwei Spalten von von Null verschiedenen Elementen zu bereinigen. Wir erhalten

$$\left[\begin{array}{cccc|cccc} 0 & 1 & 0 & 2 & \frac{1}{2} & 0 & 0 & 0 \\ -1 & 0 & -1 & -2 & 0 & 0 & 1 & 0 \\ 0 & 1 & 0 & -3 & 0 & 1 & 0 & 0 \\ -2 & 2 & 3 & 0 & 0 & 0 & 0 & 1 \end{array}\right] \quad \text{und} \quad \left[\begin{array}{cccc|cccc} 0 & 1 & 0 & 0 & \frac{1}{2} & 0 & 0 & 0 \\ -1 & 0 & 0 & 0 & 0 & 0 & 1 & 0 \\ 0 & 0 & 0 & -5 & -\frac{1}{2} & 1 & 0 & 0 \\ 0 & 0 & 5 & 0 & -1 & 0 & -2 & 1 \end{array}\right]$$

Schließlich erhält man durch Multiplikation der dritten Zeile und dritten Spalte mit $-1/5$

$$\left[\begin{array}{cccc|cccc} 0 & 1 & 0 & 0 & 1/2 & 0 & 0 & 0 \\ -1 & 0 & 0 & 0 & 0 & 0 & 1 & 0 \\ 0 & 0 & 0 & 1 & 1/10 & -1/5 & 0 & 0 \\ 0 & 0 & -1 & 0 & -1 & 0 & -2 & 1 \end{array}\right] = \begin{bmatrix} D_1 & 0 \\ 0 & D_2 \end{bmatrix} P'$$

Wenn $P = \begin{bmatrix} 1/2 & 0 & 1/10 & -1 \\ 0 & 0 & -1/5 & 0 \\ 0 & 1 & 0 & -2 \\ 0 & 0 & 0 & 1 \end{bmatrix}$ ist, dann gilt $P'AP = \text{Diag}(D_1, D_2)$.

6. Gib eine nichtsinguläre Matrix P derart an, daß $\bar{P}'AP$ in kanonischer Form **(15.6)** ist, für

$$A = \begin{bmatrix} 1 & 1-i & -3+2i \\ 1+i & 2 & -i \\ -3-2i & i & 0 \end{bmatrix}$$

$$[A \mid I] = \left[\begin{array}{ccc|ccc} 1 & 1-i & -3+2i & 1 & 0 & 0 \\ 1+i & 2 & -i & 0 & 1 & 0 \\ -3-2i & i & 0 & 0 & 0 & 1 \end{array}\right] \underset{\sim}{C} \left[\begin{array}{ccc|ccc} 1 & 0 & 0 & 1 & 0 & 0 \\ 0 & 0 & 5 & -1-i & 1 & 0 \\ 0 & 5 & -13 & 3+2i & 0 & 1 \end{array}\right]$$

$$\underset{\sim}{C} \left[\begin{array}{ccc|ccc} 1 & 0 & 0 & 1 & 0 & 0 \\ 0 & \frac{25}{13} & 0 & \frac{2-3i}{13} & 1 & \frac{5}{13} \\ 0 & 0 & -13 & 3+2i & 0 & 1 \end{array}\right] \underset{\sim}{C} \left[\begin{array}{ccc|ccc} 1 & 0 & 0 & 1 & 0 & 0 \\ 0 & 1 & 0 & \frac{2-3i}{5\sqrt{13}} & \frac{13}{5\sqrt{13}} & \frac{1}{\sqrt{13}} \\ 0 & 0 & -1 & \frac{3+2i}{\sqrt{13}} & 0 & \frac{1}{\sqrt{13}} \end{array}\right]$$

$$= [C \mid \bar{P}']$$

und
$$P = \begin{bmatrix} 1 & \frac{2+3i}{5\sqrt{13}} & \frac{3-2i}{\sqrt{13}} \\ 0 & \frac{13}{5\sqrt{13}} & 0 \\ 0 & \frac{1}{\sqrt{13}} & \frac{1}{\sqrt{13}} \end{bmatrix}$$

7. Gib eine nichtsinguläre Matrix P derart an, daß $\bar{P}'AP$ in kanonischer Form **(15.6)** ist, für

$$A = \begin{bmatrix} 1 & 1+2i & 2-3i \\ 1-2i & 5 & -4-2i \\ 2+3i & -4+2i & 13 \end{bmatrix}$$

$$[A \mid I] = \left[\begin{array}{ccc|ccc} 1 & 1+2i & 2-3i & 1 & 0 & 0 \\ 1-2i & 5 & -4-2i & 0 & 1 & 0 \\ 2+3i & -4+2i & 13 & 0 & 0 & 1 \end{array}\right] \underset{\sim}{HC} \left[\begin{array}{ccc|ccc} 1 & 0 & 0 & 1 & 0 & 0 \\ 0 & 0 & 5i & -1+2i & 1 & 0 \\ 0 & -5i & 0 & -2-3i & 0 & 1 \end{array}\right]$$

$$\underset{\sim}{HC} \left[\begin{array}{ccc|ccc} 1 & 0 & 0 & 1 & 0 & 0 \\ 0 & 10 & 5i & 2 & 1 & i \\ 0 & -5i & 0 & -2-3i & 0 & 1 \end{array}\right] \underset{\sim}{HC} \left[\begin{array}{ccc|ccc} 1 & 0 & 0 & 1 & 0 & 0 \\ 0 & 10 & 0 & 2 & 1 & i \\ 0 & 0 & -5/2 & -2-2i & \frac{1}{2}i & \frac{1}{2} \end{array}\right]$$

$$\underset{\sim}{HC} \left[\begin{array}{ccc|ccc} 1 & 0 & 0 & 1 & 0 & 0 \\ 0 & 1 & 0 & \frac{2}{\sqrt{10}} & \frac{1}{\sqrt{10}} & \frac{i}{\sqrt{10}} \\ 0 & 0 & -1 & \frac{-4-4i}{\sqrt{10}} & \frac{i}{\sqrt{10}} & \frac{1}{\sqrt{10}} \end{array}\right]$$

$$= [C \mid \bar{P}']$$

und
$$P = \begin{bmatrix} 1 & \frac{2}{\sqrt{10}} & \frac{-4+4i}{\sqrt{10}} \\ 0 & \frac{1}{\sqrt{10}} & \frac{-i}{\sqrt{10}} \\ 0 & \frac{-i}{\sqrt{10}} & \frac{1}{\sqrt{10}} \end{bmatrix}$$

8. Gib eine nichtsinguläre Matrix P derart an, daß $\bar{P}'AP$ in kanonischer Form **(15.7)** ist, für

$$A = \begin{bmatrix} i & -1 & -1+i \\ 1 & 0 & 1+2i \\ 1+i & -1+2i & 2i \end{bmatrix}$$

Betrachte die hermitesche Matrix $H = -iA = \begin{bmatrix} 1 & i & 1+i \\ -i & 0 & 2-i \\ 1-i & 2+i & 2 \end{bmatrix}$.

Die nichtsinguläre Matrix $P = \begin{bmatrix} 1 & -1-2i & -i \\ 0 & 1 & 1 \\ 0 & 1 & 0 \end{bmatrix}$ ist derart, daß $\bar{P}'HP = \text{Diag}\,[1, 1, -1]$ ist.

Dann gilt $\bar{P}'AP = \text{Diag}\,[i, i, -i]$.

ERGÄNZUNGSAUFGABEN

9. Gib eine nichtsinguläre Matrix P derart an, daß $P'AP$ in kanonischer Form **(15.2)** ist, für

(a) $A = \begin{bmatrix} 1 & -2 \\ -2 & 3 \end{bmatrix}$, (b) $A = \begin{bmatrix} 1 & 2 & 0 \\ 2 & 3 & -1 \\ 0 & -1 & -2 \end{bmatrix}$, (c) $A = \begin{bmatrix} 0 & 1 & 2 \\ 1 & 0 & 4 \\ 2 & 4 & 0 \end{bmatrix}$, (d) $A = \begin{bmatrix} 1 & -1 & 0 \\ -1 & 2 & 1 \\ 0 & 1 & 1 \end{bmatrix}$

Antwort: (a) $P = \begin{bmatrix} 1 & 2 \\ 0 & 1 \end{bmatrix}$, (b) $P = \begin{bmatrix} 1 & -2 & 2 \\ 0 & 1 & -1 \\ 0 & 0 & 1 \end{bmatrix}$ (c) $P = \begin{bmatrix} \frac{1}{2}\sqrt{2} & -\frac{1}{2}\sqrt{2} & -1 \\ \frac{1}{2}\sqrt{2} & \frac{1}{2}\sqrt{2} & -\frac{1}{2} \\ 0 & 0 & \frac{1}{4} \end{bmatrix}$, (d) $P = \begin{bmatrix} 1 & 1 & -1 \\ 0 & 1 & -1 \\ 0 & 0 & 1 \end{bmatrix}$

10. Gib eine nichtsinguläre Matrix P derart an, daß $\bar{P}'AP$ in kanonischer Form **(15.3)** ist, für

(a) $A = \begin{bmatrix} 1 & 1+2i \\ 1+2i & 1+4i \end{bmatrix}$, (b) $A = \begin{bmatrix} 2i & 1+i & 2-4i \\ 1+i & 1+i & -1-2i \\ 2-4i & -1-2i & -3-5i \end{bmatrix}$

Antwort: (a) $P = \begin{bmatrix} 1 & \frac{1}{2}(-1-2i) \\ 0 & \frac{1}{2} \end{bmatrix}$. (b) $P = \begin{bmatrix} \frac{1}{2}(1-i) & i/\sqrt{2} & (1+i)/2 \\ 0 & (1-i)/\sqrt{2} & (-3-2i)/13 \\ 0 & 0 & (3+2i)/13 \end{bmatrix}$

11. Gib eine nichtsinguläre Matrix P derart an, daß $P'AP$ in kanonischer Form **(15.4)** ist, für

(a) $A = \begin{bmatrix} 0 & 1 & 2 \\ -1 & 0 & -3 \\ -2 & 3 & 0 \end{bmatrix}$ (b) $A = \begin{bmatrix} 0 & 0 & 2 \\ 0 & 0 & 3 \\ -2 & -3 & 0 \end{bmatrix}$ (c) $A = \begin{bmatrix} 0 & 0 & 0 & 0 \\ 0 & 0 & 1 & -2 \\ 0 & -1 & 0 & 3 \\ 0 & 2 & -3 & 0 \end{bmatrix}$ (d) $A = \begin{bmatrix} 0 & 1 & 2 & -2 \\ -1 & 0 & -1 & 1 \\ -2 & 1 & 0 & 3 \\ 2 & -1 & -3 & 0 \end{bmatrix}$

Antwort:

(a) $P = \begin{bmatrix} 1 & 0 & -3 \\ 0 & 1 & -2 \\ 0 & 0 & 1 \end{bmatrix}$ (b) $P = \begin{bmatrix} \frac{1}{2} & 0 & -3/2 \\ 0 & 0 & 1 \\ 0 & 1 & 0 \end{bmatrix}$ (c) $P = \begin{bmatrix} 0 & 0 & 1 & 0 \\ 1 & 0 & 0 & 3 \\ 0 & 1 & 0 & 2 \\ 0 & 0 & 0 & 1 \end{bmatrix}$ (d) $P = \begin{bmatrix} 1 & 0 & -1/3 & 1 \\ 0 & 1 & -2/3 & 2 \\ 0 & 0 & 1/3 & 0 \\ 0 & 0 & 0 & 1 \end{bmatrix}$

12. Gib eine nichtsinguläre Matrix P derartig an, daß $\bar{P}'AP$ in kanonischer Form **(15.6)** ist, für

$$(a)\ A = \begin{bmatrix} 1 & 1-3i \\ 1+3i & 10 \end{bmatrix},\quad (b)\ A = \begin{bmatrix} 1 & 1+i & 2 \\ 1-i & 3 & -i \\ 2 & i & 4 \end{bmatrix},\quad (c)\ A = \begin{bmatrix} 1 & 1+i & 3-2i \\ 1-i & 3 & 3-4i \\ 3+2i & 3+4i & 18 \end{bmatrix}$$

Antwort: $(a)\ P = \begin{bmatrix} 1 & -1+3i \\ 0 & 1 \end{bmatrix},\quad (b)\ P = \begin{bmatrix} 1 & -1-i & (-5-i)/\sqrt{5} \\ 0 & 1 & (2-i)/\sqrt{5} \\ 0 & 0 & 1/\sqrt{5} \end{bmatrix},\quad (c)\ P = \begin{bmatrix} 1 & -1-i & (-2+5i) \\ 0 & 1 & (-2-i) \\ 0 & 0 & 1 \end{bmatrix}$

13. Gib eine nichtsinguläre Matrix P derartig an, daß $\bar{P}'AP$ in kanonischer Form **(15.7)** ist, für

$$(a)\ A = \begin{bmatrix} i & 1+i \\ -1+i & i \end{bmatrix} \qquad (c)\ A = \begin{bmatrix} i & -1-i & -1 \\ 1-i & 0 & 1-i \\ 1 & -1-i & -i \end{bmatrix}$$

$$(b)\ A = \begin{bmatrix} i & -1 & 1+i \\ 1 & 2i & i \\ -1+i & i & 6i \end{bmatrix} \qquad (d)\ A = \begin{bmatrix} 0 & 1 & 2+i \\ -1 & 0 & 1-2i \\ -2+i & -1-2i & 0 \end{bmatrix}$$

Antwort: $(a)\ P = \begin{bmatrix} 1 & -1+i \\ 0 & 1 \end{bmatrix} \qquad (c)\ P = \begin{bmatrix} 1 & (1-i)/\sqrt{2} & -1 \\ 0 & 1/\sqrt{2} & -1 \\ 0 & 0 & 1 \end{bmatrix}$

$$(b)\ P = \begin{bmatrix} 1 & -i & -2+3i \\ 0 & 1 & -2-i \\ 0 & 0 & 1 \end{bmatrix} \qquad (d)\ P = \begin{bmatrix} 1/\sqrt{2} & (1-2i)/\sqrt{10} & -1/\sqrt{2} \\ i/\sqrt{2} & (-2-i)/\sqrt{10} & i/\sqrt{2} \\ 0 & 1/\sqrt{10} & 0 \end{bmatrix}$$

14. Wenn $D = \begin{bmatrix} 0 & 1 \\ -1 & 0 \end{bmatrix}$ ist, zeige man, daß eine 2-quadratische Matrix C dann und nur dann $C'DC = D$ genügt, wenn $|C| = 1$ gilt.

15. Es sei A eine nichtsinguläre n-quadratische reelle symmetrische Matrix mit Index p. Zeige, daß $|A| > 0$ dann und nur dann gilt, wenn $n - p$ gerade ist.

16. Beweise: Eine nichtsinguläre symmetrische Matrix A ist kongruent zu ihrer Inversen.
Hinweis: Nimm $P = BB'$, wobei $B'AB = I$ ist, und zeige, daß $P'AP = A^{-1}$ gilt.

17. Schreibe erneut das Konzept über symmetrische Matrizen einschließlich des Beweises des Satzes **I** auf, um **(15.6)** für hermitesche Matrizen zu erhalten.

18. Beweise: Wenn $A \overset{C}{\sim} B$ gilt, dann ist A dann und nur dann symmetrsich (schief-symmetrisch), wenn B symmetrisch (schief-symmetrisch) ist.

19. Es sei S eine nichtsinguläre symmetrische Matrix, und T sei eine schief-symmetrische Matrix derart, daß $(S+T)(S-T)$ nichtsingulär ist. Zeige, daß $P'SP = S$ ist, wenn

$$P = (S+T)^{-1}(S-T) \quad \text{ist.}$$

Hinweis: $P'SP = [(S-T)^{-1}(S+T)S^{-1}(S-T)(S+T)^{-1}]^{-1}$.

20. Es sei S eine nichtsinguläre symmetrische Matrix, und es sei T derart, daß $(S+T)(S-T)$ nichtsingulär ist. Man zeige, daß T schief-symmetrisch ist, wenn $P'SP = S$ mit $P = (S+T)^{-1}(S-T)$ gilt und $I + P$ nichtsingulär ist.
Hinweis: $T = S(I-P)(I+P)^{-1} = S(I+P)^{-1}(I-P)$.

21. Man zeige, daß Kongruenz von n-quadratischen Matrizen eine Äquivalenzrelation ist.

KAPITEL 16

Bilineare Formen

EIN AUSDRUCK, der linear und homogen in jeder der Mengen von Variablen $(x_1, x_2, \ldots, x_m)$ and $(y_1, y_2, \ldots, y_n)$ ist, heißt eine **bilineare Form** in diesen Variablen. Zum Beispiel ist

$$x_1y_1 + 2x_1y_2 - 13x_1y_3 - 4x_2y_1 + 15x_2y_2 - x_2y_3$$

eine bilineare Form in den Variablen (x_1, x_2) und (y_1, y_2, y_3).

Die allgemeinste bilineare Form in den Variablen $(x_1, x_2, \ldots, x_m)$ und $(y_1, y_2, \ldots, y_n)$ kann man schreiben als

$$\begin{aligned} f(x,y) \quad = \quad & a_{11}x_1y_1 + a_{12}x_1y_2 + \cdots + a_{1n}x_1y_n \\ & + a_{21}x_2y_1 + a_{22}x_2y_2 + \cdots + a_{2n}x_2y_n \\ & + \cdots\cdots\cdots\cdots\cdots\cdots \\ & + a_{m1}x_my_1 + a_{m2}x_my_2 + \cdots + a_{mn}x_my_n \end{aligned}$$

oder kürzer als

$$\text{(16.1)} \qquad f(x,y) \quad = \quad \sum_{i=1}^{m} \sum_{j=1}^{n} a_{ij}x_iy_j$$

$$= \quad \begin{bmatrix} x_1, x_2, \ldots, x_m \end{bmatrix} \begin{bmatrix} a_{11} & a_{12} & \cdots & a_{1n} \\ a_{21} & a_{22} & \cdots & a_{2n} \\ \cdots & \cdots & \cdots & \cdots \\ a_{m1} & a_{m2} & \cdots & a_{mn} \end{bmatrix} \begin{bmatrix} y_1 \\ y_2 \\ \vdots \\ y_n \end{bmatrix}$$

$$= \quad X'AY$$

wobei $X = [x_1, x_2, \ldots, x_m]'$, $A = [a_{ij}]$, und $Y = [y_1, y_2, \ldots, y_n]$ gelten.

Die Matrix A der Koeffizienten heißt die **Matrix** der bilinearen Form, und den Rang von A nennt man den **Rang** der Form.

Siehe Aufgabe 1.

Beispiel 1. Die bilineare Form

$$x_1y_1 + x_1y_3 + x_2y_1 + x_2y_2 + x_3y_3 \quad = \quad \begin{bmatrix} x_1, x_2, x_3 \end{bmatrix} \begin{bmatrix} 1 & 0 & 1 \\ 1 & 1 & 0 \\ 0 & 0 & 1 \end{bmatrix} \begin{bmatrix} y_1 \\ y_2 \\ y_3 \end{bmatrix}$$

$$= \quad X'AY$$

KANONISCHE FORMEN. Es seien die m x's von (**16.1**) durch neue Variablen u mittels der linearen Transformation

$$(16.2) \qquad x_i = \sum_{j=1}^{n} b_{ij}u_j, \qquad (i = 1,2,\ldots,m) \text{ oder } X = BU$$

ersetzt, und die n y's seien durch neue Variablen v mittels der linearen Transformation

$$(16.3) \qquad y_i = \sum_{j=1}^{n} c_{ij}v_j, \qquad (i = 1,2,\ldots,n) \text{ oder } Y = CV$$

ersetzt. Wir erhalten $X'AY = (BU)'A(CV) = U'(B'AC)V$. Nach Anwendung der linearen Transformationen $U = IX$ und $V = IY$ erhalten wir eine neue bilineare Form in den ursprünglichen Variablen $X'(B'AC)Y = X'DY$.

Zwei bilineare Formen heißen dann und nur dann äquivalent, wenn nichtsinguläre Transformationen existieren, die eine Form in die andere überführen.

I. Zwei bilineare Formen mit den $m\times n$ Matrizen A und B auf F sind dann und nur dann äquivalent auf F, wenn sie denselben Rang haben.

Wenn der Rang von (**16.1**) r ist, dann existieren (siehe Kapitel 5) nichtsinguläre Matrizen P und Q derart, daß

$$PAQ = \begin{bmatrix} I_r & 0 \\ 0 & 0 \end{bmatrix}$$

gilt. Setzt man $B = P'$ in (**16.2**) und $C = Q$ in (**16.3**), dann ist die bilineare Form reduziert zu

$$\textbf{(16.4)} \qquad U'(PAQ)V = U'\begin{bmatrix} I_r & 0 \\ 0 & 0 \end{bmatrix}V = u_1v_1 + u_2v_2 + \cdots + u_rv_r$$

Demgemäß erhalten wir:

II. Eine beliebige bilineare Form auf F mit dem Rang r kann mit nichtsingulären linearen Transformationen auf F zu der kanonischen Form $u_1v_1 + u_2v_2 + \ldots + u_rv_r$ reduziert werden.

Beispiel 2. Für die Matrix der bilinearen Form $X'AY = X'\begin{bmatrix} 1 & 0 & 1 \\ 1 & 1 & 0 \\ 0 & 0 & 1 \end{bmatrix}Y$ von Beispiel 1 gilt

$$\begin{matrix} I_3 \\ \\ A & I_3 \end{matrix} = \begin{matrix} 1 & 0 & 0 & & & \\ 0 & 1 & 0 & & & \\ 0 & 0 & 1 & & & \\ 1 & 0 & 1 & 1 & 0 & 0 \\ 1 & 1 & 0 & 0 & 1 & 0 \\ 0 & 0 & 1 & 0 & 0 & 1 \end{matrix} \to \begin{matrix} 1 & 0 & 0 & & & \\ 0 & 1 & 0 & & & \\ 0 & 0 & 1 & & & \\ 1 & 0 & 1 & 1 & 0 & 0 \\ 0 & 1 & -1 & -1 & 1 & 0 \\ 0 & 0 & 1 & 0 & 0 & 1 \end{matrix} \to \begin{matrix} 1 & 0 & -1 & & & \\ 0 & 1 & 0 & & & \\ 0 & 0 & 1 & & & \\ 1 & 0 & 0 & 1 & 0 & 0 \\ 0 & 1 & -1 & -1 & 1 & 0 \\ 0 & 0 & 1 & 0 & 0 & 1 \end{matrix} \to \begin{matrix} 1 & 0 & -1 & & & \\ 0 & 1 & 1 & & & \\ 0 & 0 & 1 & & & \\ 1 & 0 & 0 & 1 & 0 & 0 \\ 0 & 1 & 0 & -1 & 1 & 0 \\ 0 & 0 & 1 & 0 & 0 & 1 \end{matrix}$$

$$= \begin{matrix} Q \\ I_3 & P' \end{matrix}$$

Demgemäß wird $X'AY$ durch $X = PU = \begin{bmatrix} 1 & -1 & 0 \\ 0 & 1 & 0 \\ 0 & 0 & 1 \end{bmatrix}U$ und $Y = QV = \begin{bmatrix} 1 & 0 & -1 \\ 0 & 1 & 1 \\ 0 & 0 & 1 \end{bmatrix}V$

zu $U'\begin{bmatrix} 1 & 0 & 0 \\ -1 & 1 & 0 \\ 0 & 0 & 1 \end{bmatrix}\begin{bmatrix} 1 & 0 & 1 \\ 1 & 1 & 0 \\ 0 & 0 & 1 \end{bmatrix}\begin{bmatrix} 1 & 0 & -1 \\ 0 & 1 & 1 \\ 0 & 0 & 1 \end{bmatrix}V = U'I_3V = u_1v_1 + u_2v_2 + u_3v_3$

reduziert.

Die Gleichungen der Transformation sind

$$\begin{cases} x_1 = u_1 - u_2 \\ x_2 = u_2 \\ x_3 = u_3 \end{cases} \quad \text{und} \quad \begin{cases} y_1 = v_1 - v_3 \\ y_2 = v_2 + v_3 \\ y_3 = v_3 \end{cases}$$

Siehe Aufgabe 2.

TYPEN BILINEARER FORMEN. Eine bilineare Form $\sum_{i=1}^{n}\sum_{j=1}^{n} a_{ij}\,x_i y_j = X'AY$ heißt

symmetrisch / **alternierend** / **hermitesch** / **alternierend hermitesch** je nachdem, ob A symmetrisch / schief-symmetrisch / hermitesch / schief-hermitesch ist.

KOGREDIENTE TRANSFORMATIONEN. Betrachte eine lineare Form $X'AY$ in den zwei Mengen von n Variablen $(x_1, x_2, \ldots, x_n)$ und $(y_1, y_2, \ldots, y_n)$. Werden die x's und y's derselben Transformation $X = CU$ und $Y = CV$ unterzogen, dann heißen die Variablen **kogredient** transformiert. Wir erhalten:

III. Durch kogrediente Transformationen $X = CU$ und $Y = CV$ wird die bilineare Form $X'AY$, wobei A n-quadratisch ist, in die bilineare Form $U'(C'AC)V$ überführt.

Wenn A symmetrisch ist, so gilt dies gleichfalls für $C'AC$; demgemäß erhalten wir:

IV. Eine symmetrische bilineare Form bleibt symmetrisch bei kogredienten Transformationen der Variablen.

V. Zwei bilineare Formen auf F sind dann und nur dann bei kogredienten Transformationen der Variablen äquivalent, wenn ihre Matrizen kongruent auf F sind.

Aus Satz **I**, Kapitel 15, erhalten wir:

VI. Eine symmetrisch bilineare Form mit dem Rang r kann mit nichtsingulären kogredienten Transformationen der Variablen zu

$$a_1x_1y_1 + a_2x_2y_2 + \cdots + a_rx_ry_r \tag{16.5}$$

reduziert werden. Aus den Sätzen **II** und **IV**, Kapitel 15, erhalten wir:

VII. Eine reelle symmetrische bilineare Form mit dem Rang r kann durch nichtsinguläre kogrediente Transformationen der Variablen in dem reellen Körper zu

$$x_1y_1 + x_2y_2 + \cdots + x_py_p - x_{p+1}y_{p+1} - \cdots - x_ry_r \tag{16.6}$$

und in dem komplexen Körper zu

$$x_1y_1 + x_2y_2 + \cdots + x_ry_r \tag{16.7}$$

reduzieren. Siehe Aufgabe 3.

KONTRAGREDIENTE TRANSFORMATIONEN. Die bilineare Form hier sei die aus dem obigen Abschnitt. Wenn die x's der Transformation $X = (C^{-1})'U$ und die y's der Transformation $Y = CV$ unterzogen werden, dann heißen die Variablen **kontragredient** transformiert. Wir erhalten:

VIII. Durch die kontragredienten Transformationen $X = (C^{-1})'U$ und $Y = CV$ wird die bilineare Form $X'AY$, wobei A n-quadratisch ist, in die bilineare Form $U'(C^{-1}AC)V$ überführt.

IX. Die bilineare Form $X'IY = x_1y_1 + x_2y_2 + \ldots + x_ny_n$ wird dann und nur dann in sich selbst transformiert, wenn die zwei Mengen der Variablen kontragredient transformiert sind.

ZERLEGBARE BILINEARE FORMEN. In Aufgabe 4 beweisen wir:

X. Eine von Null verschiedene bilineare Form ist dann und nur dann zerlegbar, wenn ihr Rang eins ist.

AUFGABEN MIT LÖSUNGEN

1. $x_1y_1 + 2x_1y_2 - 13x_1y_3 - 4x_2y_1 + 15x_2y_2 - x_2y_3 = \begin{bmatrix} x_1, x_2 \end{bmatrix}\begin{bmatrix} 1 & 2 & -13 \\ -4 & 15 & -1 \end{bmatrix}\begin{bmatrix} y_1 \\ y_2 \\ y_3 \end{bmatrix} = X'\begin{bmatrix} 1 & 2 & -13 \\ -4 & 15 & -1 \end{bmatrix}Y.$

2. Reduziere $x_1y_1 + 2x_1y_2 + 3x_1y_3 - 2x_1y_4 + 2x_2y_1 - 2x_2y_2 + x_2y_3 + 3x_2y_4 + 3x_3y_1 + 4x_3y_3 + x_3y_4$ zur kanonischen Form.

Die Matrix der Form ist $A = \begin{bmatrix} 1 & 2 & 3 & -2 \\ 2 & -2 & 1 & 3 \\ 3 & 0 & 4 & 1 \end{bmatrix}$. Gemäß Aufgabe 6, Kapitel 5, sind die nichtsingulären

Matrizen $P = \begin{bmatrix} 1 & 0 & 0 \\ -2 & 1 & 0 \\ -1 & -1 & 1 \end{bmatrix}$ und $Q = \begin{bmatrix} 1 & 1/3 & -4/3 & -1/3 \\ 0 & -1/6 & -5/6 & 7/6 \\ 0 & 0 & 1 & 0 \\ 0 & 0 & 0 & 1 \end{bmatrix}$ derart, daß $PAQ = \begin{bmatrix} I_2 & 0 \\ 0 & 0 \end{bmatrix}$ ist. Demgemäß

reduzieren die linearen Transformationen

$X = P'U$ oder $\begin{cases} x_1 = u_1 - 2u_2 - u_3 \\ x_2 = \quad u_2 - u_3 \\ x_3 = \quad u_3 \end{cases}$ und $Y = QV$ oder $\begin{cases} y_1 = v_1 + \frac{1}{3}v_2 - \frac{4}{3}v_3 - \frac{1}{3}v_4 \\ y_2 = \quad -\frac{1}{6}v_2 - \frac{5}{6}v_3 + \frac{7}{6}v_4 \\ y_3 = \quad v_3 \\ y_4 = \quad v_4 \end{cases}$

$X'AY$ zu $u_1v_1 + u_2v_2$.

3. Reduziere die symmetrische bilineare Form $X'AY = X'\begin{bmatrix} 1 & 2 & 3 & 2 \\ 2 & 3 & 5 & 8 \\ 3 & 5 & 8 & 10 \\ 2 & 8 & 10 & -8 \end{bmatrix}Y$ mittels kogredienter Transformationen zu (*a*) **(16.5)** im rationalen Körper, (*b*) **(16.6)** im reellen Körper und (*c*) **(16.7)** im komplexen Körper.

(*a*) Wegen Beispiel 1, Kapitel 15, reduzieren die linearen Transformationen $X = \begin{bmatrix} 1 & -2 & -10 & -1 \\ 0 & 1 & 4 & -1 \\ 0 & 0 & 0 & 1 \\ 0 & 0 & 1 & 0 \end{bmatrix}U$

und $Y = \begin{bmatrix} 1 & -2 & -10 & -1 \\ 0 & 1 & 4 & -1 \\ 0 & 0 & 0 & 1 \\ 0 & 0 & 1 & 0 \end{bmatrix}V$

$$X'AY \text{ zu } u_1v_1 - u_2v_2 + 4u_3v_3.$$

(*b*) Wegen Beispiel 2, Kapitel 15, reduzieren die linearen Transformationen $X = \begin{bmatrix} 1 & -5 & -2 & -1 \\ 0 & 2 & 1 & -1 \\ 0 & 0 & 0 & 1 \\ 0 & \frac{1}{2} & 0 & 0 \end{bmatrix} U$ und $Y = \begin{bmatrix} 1 & -5 & -2 & -1 \\ 0 & 2 & 1 & -1 \\ 0 & 0 & 0 & 1 \\ 0 & \frac{1}{2} & 0 & 0 \end{bmatrix} V$

$$X'AY \text{ zu } u_1v_1 + u_2v_2 - u_3v_3.$$

(*c*) Wegen des Ergebnisses von Beispiel 2, Kapitel 15, können wir

$$\left[\begin{array}{cccc|cccc} 1 & 0 & 0 & 0 & 1 & 0 & 0 & 0 \\ 0 & 1 & 0 & 0 & -5 & 2 & 0 & \frac{1}{2} \\ 0 & 0 & -1 & 0 & -2 & 1 & 0 & 0 \\ 0 & 0 & 0 & 0 & -1 & -1 & 1 & 0 \end{array}\right] \overset{C}{\sim} \left[\begin{array}{cccc|cccc} 1 & 0 & 0 & 0 & 1 & 0 & 0 & 0 \\ 0 & 1 & 0 & 0 & -5 & 2 & 0 & \frac{1}{2} \\ 0 & 0 & 1 & 0 & -2i & i & 0 & 0 \\ 0 & 0 & 0 & 0 & -1 & -1 & 1 & 0 \end{array}\right]$$

erhalten. Demgemäß reduzieren die linearen Transformationen $X = \begin{bmatrix} 1 & -5 & -2i & -1 \\ 0 & 2 & i & -1 \\ 0 & 0 & 0 & 1 \\ 0 & \frac{1}{2} & 0 & 0 \end{bmatrix} U$ und $Y = \begin{bmatrix} 1 & -5 & -2i & -1 \\ 0 & 2 & i & -1 \\ 0 & 0 & 0 & 1 \\ 0 & \frac{1}{2} & 0 & 0 \end{bmatrix} V$

$$X'AY \text{ zu } u_1v_1 + u_2v_2 + u_3v_3.$$

4. Beweise: Eine von Null verschiedene bilineare Form $f(x, y)$ ist dann und nur dann zerlegbar, wenn ihr Rang 1 ist.

Angenommen sei, die Form ist so zerlegbar, daß

$$\Sigma\Sigma\, a_{ij}x_iy_j = (\Sigma\, b_ix_i)(\Sigma\, c_jy_j) = \Sigma\Sigma\, b_ic_jx_iy_j$$

gilt und folglich $a_{ij} = b_ic_j$ ist. Offensichtlich verschwindet jeder Minor der zweiten Ordnung von $A = [a_{ij}]$, wie zum Beispiel

$$\begin{bmatrix} a_{ij} & a_{is} \\ a_{kj} & a_{ks} \end{bmatrix} = \begin{bmatrix} a_ib_j & a_ib_s \\ a_kb_j & a_kb_s \end{bmatrix} = b_jb_s\begin{bmatrix} a_i & a_i \\ a_k & a_k \end{bmatrix}.$$

A hat demgemäß den Rang 1.

Angenommen sei umgekehrt, daß die bilineare Form den 1 Rang hat. Dann existieren gemäß Satz I nichtsinguläre lineare Transformationen, die die Form zu $U'(B'AC)V = u_1v_1$ reduzieren. Nun überführen die Inversen der Transformationen

$$u_i = \sum_j r_{ij}x_j \qquad \text{und} \qquad v_i = \sum_j s_{ij}y_j$$

u_1v_1 zu $(\sum_j r_{ij}x_j)(\sum_j s_{ij}y_j) = f(x,y)$, und demgemäß ist $f(x, y)$ zerlegbar.

ERGÄNZUNGSAUFGABEN

5. Gib lineare Transformationen an, die jede der folgenden bilinearen Formen zur kanonischen Form (16.4) reduzieren.

(a) $x_1y_1 - 2x_1y_3 + 3x_2y_1 + x_2y_2 - 3x_2y_3 - x_3y_1 - x_3y_2 - x_3y_3$

(b) $X'\begin{bmatrix} 2 & -5 & 1 & 0 \\ -4 & -11 & 2 & 7 \\ 5 & -5 & 1 & 0 \end{bmatrix}Y$. (c) $X'\begin{bmatrix} 3 & 1 & 0 \\ -2 & 8 & -2 \\ 1 & 1 & -2 \\ 3 & 5 & 0 \end{bmatrix}Y$. (d) $X'\begin{bmatrix} 7 & 4 & 5 & 8 \\ 4 & 7 & 3 & 5 \\ 5 & 3 & 12 & 6 \\ 8 & 5 & 6 & 10 \end{bmatrix}Y$

6. Gib kogrediente Transformationen an, die

(a) $X'\begin{bmatrix} 1 & 2 & 3 \\ 2 & 5 & 4 \\ 3 & 4 & 14 \end{bmatrix}Y$ und (b) $X'\begin{bmatrix} 1 & 3 & 1 \\ 3 & 10 & 2 \\ 1 & 2 & 5 \end{bmatrix}Y$ zur kanonischen Form (16.6) reduzieren.

Anwort: (a) $C = \begin{bmatrix} 1 & -2 & -7 \\ 0 & 1 & 2 \\ 0 & 0 & 1 \end{bmatrix}$ (b) $C = \begin{bmatrix} 1 & -3 & -4\sqrt{3}/3 \\ 0 & 1 & \sqrt{3}/3 \\ 0 & 0 & \sqrt{3}/3 \end{bmatrix}$

7. Wenn B_1, B_2, C_1, C_2 nichtsinguläre n-quadratische Matrizen derart sind, daß $B_1A_1C_1 = B_2A_2C_2 = \begin{bmatrix} I_r & 0 \\ 0 & 0 \end{bmatrix}$ ist, gib die Transformation an, die $X'A_1Y$ in $U'A_2V$ überführen.

Anwort: $X = (B_2^{-1}B_1)'U$ und $Y = C_1C_2^{-1}V$

8. Interpretiere Aufgabe 23, Kapitel 5, mit Ausdrücken eines Paares bilinearer Formen.

9. Gib die Transformation an, die kontragredient zu $X = \begin{bmatrix} 1 & 1 & 0 \\ 0 & 1 & 1 \\ 1 & 0 & 1 \end{bmatrix}U$ ist. *Anwort*: $Y = \begin{bmatrix} \frac{1}{2} & \frac{1}{2} & -\frac{1}{2} \\ -\frac{1}{2} & \frac{1}{2} & \frac{1}{2} \\ \frac{1}{2} & -\frac{1}{2} & \frac{1}{2} \end{bmatrix}V$

10. Beweise, daß eine orthogonale Transformation kontragredient zu sich selbst ist, das heißt, es gelten $X = PU$ und $Y = PV$.

11. Beweise: Satz **IX**

12. Wenn $X'AY$ eine reelle nichtsinguläre bilineare Form ist, dann heißt $X'A^{-1}Y$ ihre **reziproke bilineare Form**. Man zeige, daß man reziproke bilineare Formen erhält, wenn reziproke bilineare Formen kogredient durch dieselbe orthogonale Transformation transformiert werden.

13. Unter Verwendung von Aufgabe 4, Kapitel 15, zeige man, daß es kogrediente Transformationen $X = PU$ und $Y = PV$ gibt, die eine alternierende bilineare Form mit dem Rang $r = 2t$ zu der kanonischen Form

$$u_1v_2 - u_2v_1 + u_3v_4 - u_4v_3 + \cdots + u_{2t-1}v_{2t} - u_{2t}v_{2t-1}$$

reduzieren.

14. Bestimme kanonische Formen für hermitesche und alternierende hermitesche bilineare Formen. *Hinweis*: Siehe (15.6) und (15.7).

KAPITEL 17

Quadratische Formen

EIN HOMOGENES POLYNOM des Types

(17.1) $$q = X'AX = \sum_{i=1}^{n} \sum_{j=1}^{n} a_{ij} x_i x_j,$$

dessen Koeffizienten a_{ij} Elemente von F sind, heißt eine quadratische Form auf F in den Variablen $x_1, x_2, \ldots, x_n$.

Beispiel 1. $q = x_1^2 + 2x_2^2 - 7x_3^2 - 4x_1 x_2 + 8x_1 x_3$ ist eine quadratische Form in den Variablen x_1, x_2, x_3. Die Matrix der Form kann man auf verschiedene Weise schreiben, wenn man zum Beispiel die Kreuzproduktausdrücke $-4x_1x_2$ und $8x_1x_3$ trennt, um die Ausdrücke $a_{12}x_1x_2$, $a_{21}x_2x_1$ und $a_{13}x_1x_3$, $a_{31}x_3x_1$ zu bilden. Wir werden uns einigen, daß **die Matrix einer quadratischen Form** symmetrisch sein muß und werden immer die Kreuzprodukte derart abtrennen, daß $a_{ij} = a_{ji}$ gilt. Demgemäß folgt

$$\begin{aligned} q &= x_1^2 + 2x_2^2 - 7x_3^2 - 4x_1x_2 + 8x_1x_3 \\ &= X' \begin{bmatrix} 1 & -2 & 4 \\ -2 & 2 & 0 \\ 4 & 0 & -7 \end{bmatrix} X \end{aligned}$$

Die symmetrische Matrix $A = [a_{ij}]$ heißt die **Matrix** der quadratischen Form, und den Rang von A nennt man den **Rang** der Form. Die quadratische Form heißt **singulär**, wenn für den Rang $r < n$ gilt; sonst heißt sie **nichtsingulär.**

TRANSFORMATIONEN. Die lineare Transformation auf F, $X = BY$, überführt die quadratische Form **(17.1)** mit der symmetrischen Matrix A auf F in die quadratische Form

(17.2) $$(BY)'A(BY) = Y'(B'AB)Y$$

mit der symmetischenr Matrix $B'AB$.

Zwei quadratische Formen in denselben Variabeln $x_1, x_2, \ldots, x_n$ heißen dann und nur dann äquivalent, wenn eine nichtsinguläre lineare Transformation $X = BY$ existiert, die zusammen mit $Y = IX$ eine der Formen in die andere überführt. Weil $B'AB$ zu A kongruent ist, erhalten wir:

I. Der Rang einer quadratischen Form ist bezüglich einer nichtsingulären Transformation der Variablen invariant.

II. Zwei quadratische Formen auf F sind dann und nur dann äquivalent auf F, wenn ihre Matrizen kongruent auf F sind.

Wegen Aufgabe 1, Kapitel 15, folgt, daß man eine quadratische Form mit dem Rang r zu der Form

(17.3) $$h_1 y_1^2 + h_2 y_2^2 + \cdots + h_r y_r^2, \qquad h_i \neq 0\ ,$$

in der nur Ausdrücke in den Quadraten der Variablen erscheinen, durch eine nichtsinguläre lineare Transformation $X = BY$ reduzieren kann. Wir rufen uns in Erinnerung, daß die Matrix B das Produkt von elementraren Spaltenmatrizen ist, während B' das Produkt in umgekehrter Reihenfolge derselben elmentaren Zeilenmatrizen ist.

Beispiel 2. Reduziere $q = X'\begin{bmatrix} 1 & -2 & 4 \\ -2 & 2 & 0 \\ 4 & 0 & -7 \end{bmatrix}X$ von Beispiel 1 auf die Form (17.3).

Wir erhalten $[A \;\; I] = \left[\begin{array}{ccc|ccc} 1 & -2 & 4 & 1 & 0 & 0 \\ -2 & 2 & 0 & 0 & 1 & 0 \\ 4 & 0 & -7 & 0 & 0 & 1 \end{array}\right] \underset{\sim}{C} \left[\begin{array}{ccc|ccc} 1 & 0 & 0 & 1 & 0 & 0 \\ 0 & -2 & 8 & 2 & 1 & 0 \\ 0 & 8 & -23 & -4 & 0 & 1 \end{array}\right]$

$$\underset{\sim}{C} \left[\begin{array}{ccc|ccc} 1 & 0 & 0 & 1 & 0 & 0 \\ 0 & -2 & 0 & 2 & 1 & 0 \\ 0 & 0 & 9 & 4 & 4 & 1 \end{array}\right] = [D \;\; B']$$

Demgemäß wird q durch $X = BY = \begin{bmatrix} 1 & 2 & 4 \\ 0 & 1 & 4 \\ 0 & 0 & 1 \end{bmatrix}Y$ zu $q' = y_1^2 - 2y_2^2 + 9y_3^2$.

Siehe Aufgaben 1–2.

REDUKTION VON LAGRANGE. Die Reduktion einer quadratischen Form zu der Form (17.3) kann man mit einem Verfahren, bekannt als die Reduktion von Lagrange, durchführen, das hauptsächlich daraus besteht, daß man wiederholt das Quadrat vervollständigt.

Beispiel 3.

$$\begin{aligned} q &= x_1^2 + 2x_2^2 - 7x_3^2 - 4x_1x_2 + 8x_1x_3 \\ &= \{x_1^2 - 4x_1(x_2 - 2x_3)\} + 2x_2^2 - 7x_3^2 \\ &= \{x_1^2 - 4x_1(x_2 - 2x_3) + 4(x_2 - 2x_3)^2\} + 2x_2^2 - 7x_3^2 - 4(x_2 - 2x_3)^2 \\ &= (x_1 - 2x_2 + 4x_3)^2 - 2(x_2^2 - 8x_2x_3) - 23x_3^2 \\ &= (x_1 - 2x_2 + 4x_3)^2 - 2(x_2^2 - 8x_2x_3 + 16x_3^2) + 9x_3^2 \\ &= (x_1 - 2x_2 + 4x_3)^2 - 2(x_2 - 4x_3)^2 + 9x_3^2 \end{aligned}$$

Demgemäß wird q durch $\begin{cases} y_1 = x_1 - 2x_2 + 4x_3 \\ y_2 = x_2 - 4x_3 \\ y_3 = x_3 \end{cases}$ oder $\begin{cases} x_1 = y_1 + 2y_2 + 4y_3 \\ x_2 = y_2 + 4y_3 \\ x_3 = y_3 \end{cases}$

zu $y_1^2 - 2y_2^2 + 9y_3^2$ reduziert.

Siehe Aufgabe 3.

REELLE QUADRATISCHE FORMEN. Es sei die reelle quadratische Form $q = X'AX$ durch eine reelle nichtsinguläre Transformation zu der Form (17.3) reduziert. Wenn eines oder mehrere der h_i negativ sind, dann existiert eine nichtsinguläre Transformation $X = CZ$, wobei man C aus B durch eine Folge von Zeilen- und Spaltentransformationen des Types 1 erhält, die q in

(17.4) $$s_1z_1^2 + s_2z_2^2 + \cdots + s_pz_p^2 - s_{p+1}z_{p+1}^2 - \cdots - s_rz_r^2$$

überführt, in der die Ausdrücke mit positiven Koeffizienten denen mit negativen Koeffizienten vorausgehen.

Die nichtsinguläre Transformation

$$w_i = \sqrt{s_i}\, z_i\,, \qquad (i = 1, 2, \ldots, r)$$

$$w_j = z_j \quad , \qquad (j = r+1, r+2, \ldots, n)$$

oder

$$Z = \operatorname{Diag}\left(\frac{1}{\sqrt{s_1}}, \frac{1}{\sqrt{s_2}}, \ldots, \frac{1}{\sqrt{s_r}}, 1, 1, \ldots, 1\right) W$$

überführt (**17.4**) in die kanonische Form

(17.5) $$w_1^2 + w_2^2 + \cdots + w_p^2 - w_{p+1}^2 - \cdots - w_r^2 .$$

Weil das Produkt von nichtsingulären Transformationen eine nichtsinguläre Transformation ist, erhalten wir demgemäß:

III. Jede reelle quadratische Form kann man durch eine reelle nichtsinguläre Transformation zur kanonischen Form (**17.5**) reduzieren, wobei p, die Anzahl der positiven Ausdrücke, der **Index** genannt wird und r der Rang der gegebenen quadratischen Form ist.

Beispiel 4. In Beispiel 2 wurde die quadratische Form $q = x_1^2 + 2x_2^2 - 7x_3^2 - 4x_1x_2 + 8x_1x_3$ zu $q' = y_1^2 - 2y_2^2 + 9y_3^2$ reduziert. Die nichtsinguläre Transformation $y_1 = z_1, y_2 = z_3, y_3 = z_2$ überführt q' in $q'' = z_1^2 + 9z_2^2 - 2z_3^2$, und die nichtsinguläre Transformation $z_1 = w_1$, $z_2 = w_2/3, z_3 = w_3/\sqrt{2}$ reduziert q'' zu $q''' = w_1^2 + w_2^2 - w_3^2$.

Kombiniert man die Transformationen, so reduzieren die nichtsinguläre lineare Transformation

$$x_1 = w_1 + \tfrac{4}{3}w_2 + \sqrt{2}\,w_3$$

$$x_2 = \tfrac{4}{3}w_2 + \tfrac{1}{2}\sqrt{2}\,w_3 \qquad \text{oder} \qquad X = \begin{bmatrix} 1 & 4/3 & \sqrt{2} \\ 0 & 4/3 & \frac{1}{2}\sqrt{2} \\ 0 & 1/3 & 0 \end{bmatrix} W$$

$$x_3 = \tfrac{1}{3}w_2$$

q zu $q''' = w_1^2 + w_2^2 - w_3^2$. Die quadratische Form hat den Rang 3 und den Index 2.

SYLVESTERSCHER TRÄGHEITSSATZ. In Aufgabe 5 beweisen wir den Trägheitssatz:

IV. Wird eine reelle quadratische Form durch zwei reelle nichtsinguläre Transformationen zur kanonischen Form (**17.5**) reduziert, dann haben sie denselben Rang und denselben Index.

Demgemäß hängt der Index einer reellen symmetrischen Matrix von der Matrix und nicht von den elementaren Transformationen ab, die (**15.2**) erzeugen.

Die Differenz zwischen der Anzahl der positiven und negativen Ausdrücke $p - (r - p)$ in (**17.5**) heißt die **Signatur** der quadratischen Form. Als eine Folge von Satz **IV** erhalten wir:

V. Zwei reelle quadratische Formen, beide in n Variablen, sind dann und nur dann äquivalent auf dem reellen Körper, wenn sie denselben Rang und denselben Index oder denselben Rang und dieselbe Signatur besitzen.

KOMPLEXE QUADRATISCHE FORMEN. Es sei die komplexe quadratische Form $X'AX$ durch eine nichtsinguläre Transformation zu der Form (**17.3**) reduziert. Offensichtlich überführt die nichtsinguläre Transformation

$$z_i = \sqrt{h_i}\, y_i\,, \qquad (i = 1, 2, \ldots, r)$$

$$z_j = y_j \quad , \qquad (j = r+1, r+2, \ldots, n)$$

oder

(17.3) in
$$Y = \text{Diag}\left(\frac{1}{\sqrt{h_1}}, \frac{1}{\sqrt{h_2}}, \ldots, \frac{1}{\sqrt{h_r}}, 1, 1, \ldots, 1\right) Z$$

(17.6)
$$z_1^2 + z_2^2 + \cdots + z_r^2$$

Wir erhalten:

VI. Jede quadratische Form auf dem komplexen Körper mit dem Rang r kann man durch eine nichtsinguläre Transformation auf dem komplexen Körper zu der kanonischen Form **(17.6)** reduzieren.

VII. Zwei komplexe quadratische Formen, beide in n Variablen, sind dann und nur dann äquivalent auf dem komplexen Körper, wenn sie denselben Rang haben.

DEFINITE UND SEMIDEFINITE FORMEN. Eine reelle nichtsinguläre quadratische Form $q = X'AX$, $|A| \neq 0$, in n Variablen heißt **positiv definit**, wenn ihr Rang und Index gleich sind. Demgemäß kann man in dem reellen Körper eine positive definite quadratische Form zu $y_1^2 + y_2^2 + \ldots + y_n^2$ reduzieren, und für jede nichttriviale Menge von Werten der x's gilt $q < 0$.

Eine reelle singuläre quadratische Form $q = X'AX$, $|A| = 0$, heißt **positiv semidefinit**, wenn ihr Rang und Index gleich sind, das heißt, wenn $r = p < n$ gilt. Demgemäß kann man in dem reellen Körper eine positiv semidefinite quadratische Form zu $y_1^2 + y_2^2 + \ldots + y_r^2$ mit $r < n$ reduzieren, und für jede beliebige nichttriviale Menge von Werten der x's gilt $q \leqslant 0$.

Eine reelle nichtsinguläre quadratische Form $q = X'AX$ heißt **negativ definit**, wenn ihr Index $p = 0$ ist, das heißt, $r = n$ und $p = 0$ gelten. Demgemäß kann man in dem reellen Körper eine negativ definite Form zu $-y_1^2 - y_2^2 - \ldots - y_n^2$ reduzieren, und für jede beliebige nichttriviale Menge von Werten der x's gilt $q < 0$.

Eine reelle singuläre quadratische Form $q = X'AX$ heißt **negativ semidefinit**, wenn ihr Index $p = 0$ ist, das heißt $r < n$ und $p = 0$ gelten. Demgemäß kann man in dem reellen Körper eine negativ semidefinite Form zu $-y_1^2 - y_2^2 - \ldots y_r^2$ reduzieren, und für jede nichttriviale Menge von Werten der x's gilt $q \leqslant 0$.

Offensichtlich ist $-q$ positiv definit (semidefinit), wenn q negativ definit (semidefinit) ist.

Für positive definite quadratische Formen erhalten wir:

VIII. Wenn $q = X'AX$ positiv definit ist, dann gilt $|A| > 0$.

HAUPTMINOREN. Ein Minor einer Matrix A heißt **Hauptminor**, wenn man ihn dadurch erhält, indem man gewisse Zeilen und die mit gleichen Nummern versehenen Spalten von A ausstreicht. Demgemäß sind die Diagonalelemente eines Hauptminors von A Diagonalelemente von A.

In Aufgabe 6 beweisen wir:

IX. Jede symmetrische Matrix mit dem Rang r hat mindestens einen Hauptminor von der Ordnung r, der von Null verschieden ist.

DEFINITE UND SEMIDEFINITE MATRIZEN. Eine Matrix A einer reellen quadratischen Form $q = X'AX$ heißt definit oder semidefinit, je nachdem, ob die quadratische Form definit oder semidefinit ist. Wir erhalten:

X. Eine reelle symmetrische Matrix A ist dann und nur dann positiv definit, wenn eine nichtsinguläre Matrix C derart existiert, daß $A = C'C$ ist.

XI. Eine reelle symmetrische Matrix A mit dem Rang r ist dann und nur dann positiv semidefinit, wenn eine Matrix C mit dem Rang r derart existiert, daß $A = C'C$ ist.

Siehe Aufgabe 7.

XII. Wenn A positiv definit ist, dann ist jeder Hauptminor von A positiv.

Siehe Aufgabe 8.

XIII. Wenn A positiv semidefinit ist, dann ist jeder Hauptminor von A nichtnegativ.

REGULÄRE QUADRATISCHE FORMEN. Für eine symmetrische Matrix $A = [a_{ij}]$ auf F definieren wir die **führenden Hauptminoren** als

(17.7) $$p_0 = 1, \quad p_1 = a_{11}, \quad p_2 = \begin{vmatrix} a_{11} & a_{12} \\ a_{21} & a_{22} \end{vmatrix}, \quad p_3 = \begin{vmatrix} a_{11} & a_{12} & a_{13} \\ a_{21} & a_{22} & a_{23} \\ a_{31} & a_{32} & a_{33} \end{vmatrix}, \quad \ldots, \quad p_n = |A|$$

In Aufgabe 9 beweisen wir:

XIV. Jede beliebige n-quadratische nichtsinguläre symmetrische Matrix A kann durch Vertauschen von gewissen Zeilen und Vertauschen der korrespondierenden Spalten so umgeordnet werden, daß nicht p_{n-1} und p_{n-2} beide Null sind.

XV. Wenn A eine symmetrische Matrix ist, und wenn $p_{n-2}p_n \neq 0$, aber $p_{n-1} = 0$ gelten, dann haben p_{n-2} und p_n entgegengesetzte Vorzeichen.

Beispiel 5. Für die quadratische Form $X'AX = X'\begin{bmatrix} 1 & 1 & 2 & 1 \\ 1 & 1 & 2 & 2 \\ 2 & 2 & 3 & 4 \\ 1 & 2 & 4 & 1 \end{bmatrix}X$ erhält man $p_0 = 1,\ p_1 = 1,\ p_2 = 0,$ $p_3 = 0,\ p_4 = |A| = 1.$

Hier gilt $\alpha_{33} \neq 0$; mit der Transformation $X = K_{34}\tilde{X}$ erhält man

(i) $$\tilde{X}'\begin{bmatrix} 1 & 1 & 1 & 2 \\ 1 & 1 & 2 & 2 \\ 1 & 2 & 1 & 4 \\ 2 & 2 & 4 & 3 \end{bmatrix}\tilde{X}$$

mit $p_0 = 1, p_1 = 1, p_2 = 0, p_3 = -1, p_4 = 1$. Demgemäß gilt für **(i)**, daß nicht beide p_2 und p_3 Null sind.

Eine symmetrische Matrix A mit dem Rang r nennt man **regulär geordnet**, wenn nicht zwei aufeinanderfolgende p's in der Folge $p_0, p_1, \ldots, p_r$ Null sind. Wenn A regulär geordnet ist, dann nennt man die quadratische Form $X'AX$ **regulär.** Die in Beispiel 5 gegebene Form ist nicht regulär; die quadratische Form **(i)** in demselben Beispiel ist regulär.

Es sei A eine symmetrische Matrix mit dem Rang r. Gemäß Satz **IX** enhält A mindestens einen nicht verschwindenden r-quadratischen Hauptminor M, dessen Elemente in die obere linke Ecke von A gebracht werden können. Dann gilt $p_r \neq 0$, während $p_{r+1} = p_{r+2} = \ldots = p_n = 0$ ist. Gemäß Satz **XIV** können die ersten r Zeilen und die ersten r Spalten so umgeordnet werden, daß mindestens einer von p_{r-1} und p_{r-2} verschieden von Null ist. Wenn $p_{r-1} \neq 0$ und $p_{r-2} = 0$ gelten, wenden wir das obige Verfahren auf die Matrix von p_{r-1} an; wenn $p_{r-2} \neq 0$ gilt, wenden wir das Verfahren auf die Matrix von p_{r-2} an usw., bis M regulär geordnet ist. Demgemäß erhalten wir:

XVI. Eine beliebige symmetrische Matrix (quadratische Form) mit dem Rang r kann regulär geordnet werden.

Siehe Aufgabe 10.

XVII. Eine reelle quadratische Form $X'AX$ ist dann und nur dann positiv definit, wenn ihr Rang n ist und alle führenden Hauptminoren positiv sind.

XVIII. Eine reelle quadratische Form $X'AX$ mit dem Rang r ist dann und nur dann positiv semidefinit. wenn jeder der Hauptminoren $p_0, p_1, \ldots, p_r$ positiv ist.

REDUKTIONSVERFAHREN VON KRONECKER. Das Verfahren von Kronecker, eine quadratische Form in eine Form zu reduzieren, in der nur die quadratischen Ausdrücke der Variablen erscheinen, basiert auf den Sätzen

XIX. Wenn $q = X'AX$ eine quadratische Form auf F in n Variablen mit dem Rang r ist, dann läßt sie sich mit einer nichtsingulären linearen Transformation auf F in die Form $q' = \tilde{X}'B\tilde{X}$ bringen, in der ein nichtsingulärer r-zeiliger Minor C von A die obere linke Ecke von B besetzt. Darüberhinaus existiert eine nichtsinguläre lineare Transformation auf F, die q zu $q'' = \tilde{X}'C\tilde{X}$, einer nichtsingulären quadratischen Form in r Variablen, reduziert.

XX. Wenn $q = X'AX$ eine nichtsinguläre quadratische Form auf F in n Variablen ist, und wenn $p_{n-1} = \alpha_{nn} \neq 0$ gilt, dann überführt die nichtsinguläre Transformation

$$\begin{cases} x_i = y_i + \alpha_{in} y_n, & (i = 1, 2, \ldots, n-1) \\ x_n = \alpha_{nn} y_n \end{cases}$$

oder

$$X = BY = \begin{bmatrix} 1 & 0 & 0 & \ldots & 0 & \alpha_{1n} \\ 0 & 1 & 0 & \ldots & 0 & \alpha_{2n} \\ \ldots & \ldots & \ldots & \ldots & \ldots & \ldots \\ 0 & 0 & 0 & \ldots & 1 & \alpha_{n-1,n} \\ 0 & 0 & 0 & \ldots & 0 & \alpha_{nn} \end{bmatrix} Y$$

q in $\sum_{i=1}^{n-1} \sum_{j=1}^{n-1} a_{ij} y_i y_j + p_{n-1} p_n y_n^2$, in der ein quadratischer Ausdruck in den Variablen isoliert worden ist.

Beispiel 6. Für die quadratische Form $X'AX = X' \begin{bmatrix} 1 & -2 & 4 \\ -2 & 2 & 0 \\ 4 & 0 & -7 \end{bmatrix} X$ erhält man $p_2 = \alpha_{33} = \begin{vmatrix} 1 & -2 \\ -2 & 2 \end{vmatrix} = -2 \neq 0.$

Die nichtsinguläre Transformation

$$\begin{cases} x_1 = y_1 + \alpha_{13} y_3 = y_1 \quad - 8y_3 \\ x_2 = y_2 + \alpha_{23} y_3 = \quad y_2 - 8y_3 \\ x_3 = \quad \alpha_{33} y_3 = \quad - 2y_3 \end{cases} \quad \text{oder} \quad X = \begin{bmatrix} 1 & 0 & -8 \\ 0 & 1 & -8 \\ 0 & 0 & -2 \end{bmatrix} Y$$

reduziert $X'AX$ zu

$$Y' \begin{bmatrix} 1 & 0 & 0 \\ 0 & 1 & 0 \\ -8 & -8 & -2 \end{bmatrix} \begin{bmatrix} 1 & -2 & 4 \\ -2 & 2 & 0 \\ 4 & 0 & -7 \end{bmatrix} \begin{bmatrix} 1 & 0 & -8 \\ 0 & 1 & -8 \\ 0 & 0 & -2 \end{bmatrix} Y = Y' \begin{bmatrix} 1 & -2 & 0 \\ -2 & 2 & 0 \\ 0 & 0 & 36 \end{bmatrix} Y$$

in der die Variable y_3 nur in quadratische Form erscheint.

XXI. Wenn $q = X'AX$ eine nichtsinguläre quadratische Form auf F ist, und wenn $\alpha_{n-1,n-1} = \alpha_{nn} = 0$, aber $\alpha_{n,n-1} \neq 0$ gilt, dann überführt die nichtsinguläre Transformation auf F

$$\begin{cases} x_i = y_i + \alpha_{i,n-1} y_{n-1} + \alpha_{in} y_n, & (i = 1, 2, \ldots, n-2) \\ x_{n-1} = \alpha_{n-1,n} y_n, \quad x_n = \alpha_{n,n-1} y_{n-1} \end{cases}$$

oder

$$X = BY = \begin{bmatrix} 1 & 0 & 0 & \ldots & 0 & \alpha_{1,n-1} & \alpha_{1n} \\ 0 & 1 & 0 & \ldots & 0 & \alpha_{2,n-1} & \alpha_{2n} \\ \ldots & \ldots & \ldots & \ldots & \ldots & \ldots & \ldots \\ 0 & 0 & 0 & \ldots & 1 & \alpha_{n-2,n-1} & \alpha_{n-2,n} \\ 0 & 0 & 0 & \ldots & 0 & 0 & \alpha_{n-1,n} \\ 0 & 0 & 0 & \ldots & 0 & \alpha_{n,n-1} & 0 \end{bmatrix} Y$$

q in $\sum_{i=1}^{n-2} \sum_{j=1}^{n-2} a_{ij} y_i y_j + 2\alpha_{n,n-1} p_n y_{n-1} y_n$.

Die weitere Transformation

$$\begin{cases} y_i = z_i, & (i = 1, 2, \ldots, n-2) \\ y_{n-1} = z_{n-1} - z_n \\ y_n = z_{n-1} + z_n \end{cases}$$

führt zu $\sum_{i=1}^{n-2} \sum_{j=1}^{n-2} a_{ij} z_i z_j + 2\alpha_{n,n-1} p_n (z_{n-1}^2 - z_n^2)$ in der zwei quadratische Ausdrücke mit entgegengesetzten Vorzeichen isoliert sind.

Beispiel 7. Für die quadratische Form

$$X'AX = X' \begin{bmatrix} 1 & 2 & 1 \\ 2 & 4 & 3 \\ 1 & 3 & 1 \end{bmatrix} X$$

ist $\alpha_{22} = \alpha_{33} = 0$, aber es gilt $\alpha_{32} = -1 \neq 0$. Die nichtsinguläre Transformation

$$\begin{cases} x_1 = y_1 + \alpha_{12} y_2 + \alpha_{13} y_3 \\ x_2 = \alpha_{23} y_3 \\ x_3 = \alpha_{32} y_2 \end{cases} \quad \text{oder} \quad X = \begin{bmatrix} 1 & 1 & 2 \\ 0 & 0 & -1 \\ 0 & -1 & 0 \end{bmatrix} Y$$

reduziert $X'AX$ zu

$$Y' \begin{bmatrix} 1 & 0 & 0 \\ 1 & 0 & -1 \\ 2 & -1 & 0 \end{bmatrix} \begin{bmatrix} 1 & 2 & 1 \\ 2 & 4 & 3 \\ 1 & 3 & 1 \end{bmatrix} \begin{bmatrix} 1 & 1 & 2 \\ 0 & 0 & -1 \\ 0 & -1 & 0 \end{bmatrix} Y = Y' \begin{bmatrix} 1 & 0 & 0 \\ 0 & 0 & 1 \\ 0 & 1 & 0 \end{bmatrix} Y = Y'BY = y_1^2 + 2y_2 y_3$$

Die Transformation

$$\begin{cases} y_1 = z_1 \\ y_2 = z_2 - z_3 \\ y_3 = z_2 + z_3 \end{cases} \quad \text{oder} \quad Y = \begin{bmatrix} 1 & 0 & 0 \\ 0 & 1 & -1 \\ 0 & 1 & 1 \end{bmatrix} Z$$

übeführt $Y'BY$ in

$$Z' \begin{bmatrix} 1 & 0 & 0 \\ 0 & 1 & 1 \\ 0 & -1 & 1 \end{bmatrix} \begin{bmatrix} 1 & 0 & 0 \\ 0 & 0 & 1 \\ 0 & 1 & 0 \end{bmatrix} \begin{bmatrix} 1 & 0 & 0 \\ 0 & 1 & -1 \\ 0 & 1 & 1 \end{bmatrix} Z = Z' \begin{bmatrix} 1 & 0 & 0 \\ 0 & 2 & 0 \\ 0 & 0 & -2 \end{bmatrix} Z = z_1^2 + 2z_2^2 - 2z_3^2$$

Betrachte nun eine quadratische Form in n Variablen mit dem Rang r. Gemäß Satz **XIX** kann man q zu $q_1 = X'AX$ reduzieren, wobei A einen nichtsingulären r-quadratischen Minor in der oberen linken Ecke und sonst nur Nullen hat. Gemäß Satz **XVI** kann A regulär geordnet werden.

Wenn $p_{r-1} \neq 0$ gilt, kann man mit Satz **XX** einen quadratischen Ausdruck isolieren

(17.8) $$p_{r-1} p_r y_r^2$$

Wenn $p_{r-1} = 0$ ist, aber $\alpha_{r-1,r-1} \neq 0$ gilt, dann führen Vertauschungen der letzten zwei Zeilen und der letzten zwei Spalten zu einer Matrix, in der $p_{r-1} = \alpha_{r-1,r-1} \neq$ gilt. Weil $p_{r-2} \neq 0$ gilt, kann man mit zweimaliger Anwendung des Satzes **XX** zwei quadratische Ausdrücke isolieren

(17.9) $$p_{r-2} \alpha_{r-1,r-1} y_{r-1}^2 + \alpha_{r-1,r-1} p_r y_r^2$$

die entgegengesetzte Vorzeichen haben, weil p_{r-2} und p_r gemäß Satz **XV** entgegengesetzte Vorzeichen haben.

Wenn $p_{r-1} = 0$ und $\alpha_{r-1,r-1} = 0$ sind, dann gilt (siehe Aufgabe 9) $\alpha_{r,r-1} \neq 0$, und unter Verwendung des Satzes **XXI** kann man zwei quadratische Ausdrücke

(17.10) $$2\alpha_{r,r-1}p_r(y_{r-1}^2 - y_r^2)$$

isolieren, die entgegengesetzte Vorzeichen besitzen.

Dieses Verfahren kann fortgesetzt werden, bis die gegebene quadratische Form zu einer anderen reduziert ist, die ausschließlich aus quadratischen Ausdrücken der Variablen besteht.

In (17.8) wird der isolierte Ausdruck entweder positiv oder negativ sein, je nachdem ob die Folge p_{r-1}, p_r eine Nichtvariation oder eine Variation der Vorzeichen aufzeigt. In (17.9) und (17.10) kann man sehen, daß die Folgen $p_{r-2}, \alpha_{r-1,r-1}, p_r$ und p_{r-2}, $\alpha_{r,r-1}, p_r$ eine Nichtvariation und eine Variation der Vorzeichen, ohne Berücksichtigung der Vorzeichen von $\alpha_{r-1,r-1}$ und $\alpha_{r,r-1}$, aufzeigen. Demgemäß erhalten wir:

XXII. Wenn $q = X'AX$ eine reguläre quadratische Form mit dem Rang r zur kanonischen Form mit dem Verfahren von Kronecker reduziert ist, dann gibt die Anzahl der positiven Ausdrücke die Anzahl der Nichtvariation der Vorzeichen, und die Anzahl der negativen Ausdrücke gibt die Anzahl der Variationen der Vorzeichen in der Folge $p_0, p_1, p_2, \ldots, p_r$ an, wobei eine Null in der Folge entweder als positiv oder als negativ gezählt wird,aber gezählt werden muß.

Siehe Aufgaben 11–13.

ZERLEGBARE QUADRATISCHE FORMEN. Es sei $X'AX \neq 0$ mit komplexen Koeffizienten die gegebene quadratische Form.

Angenommen sei, $X'AX$ ist so zerlegbar, daß

(i) $$X'AX = (a_1x_1 + a_2x_2 + \cdots + a_nx_n)(b_1x_1 + b_2x_2 + \cdots + b_nx_n)$$

gilt. Wenn die Faktoren linear unabhängig sind, ist mindestens eine Matrix $\begin{bmatrix} a_i & a_j \\ b_i & b_j \end{bmatrix}$ nichtsingulär. Es seien die Variablen und ihre Koeffizienten so umnumeriert, daß $\begin{bmatrix} a_i & a_j \\ b_i & b_j \end{bmatrix}$ zu $\begin{bmatrix} a_1 & a_2 \\ b_1 & b_2 \end{bmatrix}$ wird.

Die nichtsinguläre Transformation

$$\begin{cases} y_1 = a_1x_1 + a_2x_2 + \cdots + a_nx_n \\ y_2 = b_1x_1 + b_2x_2 + \cdots + b_nx_n \\ y_3 = x_3, \; \ldots, \; y_n = x_n \end{cases}$$

transformiert (i) in y_1y_2 mit dem Rang 2. Demgemäß hat (i) den Rang 2.

Sind dic Faktoren linear abhängig, so gilt für mindestens ein Element $a_i \neq 0$. Es seien die Variablen und ihre Koeffizienten so umnumeriert, daß a_1 für a_i steht. Die nichtsinguläre Transformation

$$\begin{cases} y_1 = a_1x_1 + a_2x_2 + \cdots + a_nx_n \\ y_2 = x_2, \; \ldots, \; y_n = x_n \end{cases}$$

transformiert (i) in $\frac{b_1}{a_1}y_1^2$ mit dem Rang 1. Demgemäß hat (i) den Rang 1.

Wenn die Form $X'AX$ andererseits den Rang 1 oder 2 hat, dann kann man sie entsprechend Satz **VI** zu y_1^2 bzw. $y_1^2 + y_2^2$ reduzieren, jede von ihnen kann man in dem komplexen Körper als das Produkt zweier linearer Faktoren schreiben.

Wir haben bewiesen:

XXIII. Eine quadratische Form $X'AX \neq 0$ mit komplexen Koeffizienten ist dann und nur dann das Produkt zweier linearer Faktoren, wenn für ihren Rang $r \leqslant 2$ gilt.

AUFGABEN MIT LÖSUNGEN

1. Reduziere $q = X'AX = X'\begin{bmatrix} 1 & 2 & 3 & 2 \\ 2 & 3 & 5 & 8 \\ 3 & 5 & 8 & 10 \\ 2 & 8 & 10 & -8 \end{bmatrix}X$ zu der Form (17.3).

Gemäß Beispiel 1, Kapitel 15, gilt

$$[A \mid I] = \left[\begin{array}{cccc|cccc} 1 & 2 & 3 & 2 & 1 & 0 & 0 & 0 \\ 2 & 3 & 5 & 8 & 0 & 1 & 0 & 0 \\ 3 & 5 & 8 & 10 & 0 & 0 & 1 & 0 \\ 2 & 8 & 10 & -8 & 0 & 0 & 0 & 1 \end{array}\right] \overset{C}{\sim} \left[\begin{array}{cccc|cccc} 1 & 0 & 0 & 0 & 1 & 0 & 0 & 0 \\ 0 & -1 & 0 & 0 & -2 & 1 & 0 & 0 \\ 0 & 0 & 4 & 0 & -10 & 4 & 0 & 1 \\ 0 & 0 & 0 & 0 & -1 & -1 & 1 & 0 \end{array}\right] = [D \mid P']$$

Die Transformation $X = PY = \begin{bmatrix} 1 & -2 & -10 & -1 \\ 0 & 1 & 4 & -1 \\ 0 & 0 & 0 & 1 \\ 0 & 0 & 1 & 0 \end{bmatrix}Y$ reduziert demgemäß q zu der geforderten Form $y_1^2 - y_2^2 + 4y_3^2$.

2. Reduziere $q = X'AX = X'\begin{bmatrix} 1 & 2 & 2 \\ 2 & 4 & 8 \\ 2 & 8 & 4 \end{bmatrix}X$ zu der Form (17.3).

Wir erhalten

$$[A \mid I] \overset{C}{\sim} \left[\begin{array}{ccc|ccc} 1 & 0 & 0 & 1 & 0 & 0 \\ 0 & 8 & 0 & -4 & 1 & 1 \\ 0 & 0 & -2 & 0 & -\frac{1}{2} & \frac{1}{2} \end{array}\right] = [D \mid P'] \quad .$$

Die Transformation $X = PY = \begin{bmatrix} 1 & -4 & 0 \\ 0 & 1 & -\frac{1}{2} \\ 0 & 1 & \frac{1}{2} \end{bmatrix}Y$ reduziert demgemäß q zu $y_1^2 + 8y_2^2 - 2y_3^2$.

3. Reduktion von Lagrange.

(*a*)
$$\begin{aligned} q &= 2x_1^2 + 5x_2^2 + 19x_3^2 - 24x_4^2 + 8x_1x_2 + 12x_1x_3 + 8x_1x_4 + 18x_2x_3 - 8x_2x_4 - 16x_3x_4 \\ &= 2\{x_1^2 + 2x_1(2x_2+3x_3+2x_4)\} + 5x_2^2 + 19x_3^2 - 24x_4^2 + 18x_2x_3 - 8x_2x_4 - 16x_3x_4 \\ &= 2\{x_1^2 + 2x_1(2x_2+3x_3+2x_4) + (2x_2+3x_3+2x_4)^2\} \\ &\qquad + 5x_2^2 + 19x_3^2 - 24x_4^2 + 18x_2x_3 - 8x_2x_4 - 16x_3x_4 - 2(2x_2+3x_3+2x_4)^2 \\ &= 2(x_1+2x_2+3x_3+2x_4)^2 - 3\{x_2^2 + 2x_2(x_3+4x_4)\} + x_3^2 - 32x_4^2 - 40x_3x_4 \\ &= 2(x_1+2x_2+3x_3+2x_4)^2 - 3(x_2+x_3+4x_4)^2 + 4(x_3-2x_4)^2 \end{aligned}$$

Die Transformation $\begin{cases} y_1 = x_1 + 2x_2 + 3x_3 + 2x_4 \\ y_2 = x_2 + x_3 + 4x_4 \\ y_3 = x_3 - 2x_4 \\ y_4 = x_4 \end{cases}$ reduziert demgemäß q zu $2y_1^2 - 3y_2^2 + 4y_3^2$.

(*b*) Für die quadratische Form von Aufgabe 2 erhalten wir

$$q = x_1^2 + 4x_1x_2 + 4x_1x_3 + 4x_2^2 + 16x_2x_3 + 4x_3^2 = (x_1 + 2x_2 + 2x_3)^2 + 8x_2x_3$$

Weil es keinen Ausdruck in x_2^2 oder in x_3^2, jedoch einen Ausdruck in x_2x_3 gibt, verwenden wir die nichtsinguläre Transformation

(i) $\qquad x_1 = z_1, \quad x_2 = z_2, \quad x_3 = z_2 + z_3$

um

$$q = (z_1+4z_2+2z_3)^2 + 8z_2^2 + 8z_2z_3 = (z_1+4z_2+2z_3)^2 + 8(z_2+\tfrac{1}{2}z_3)^2 - 2z_3^2 = y_1^2 + 8y_2^2 - 2y_3^2$$

zu erhalten. Es gilt $Y = \begin{bmatrix} 1 & 4 & 2 \\ 0 & 1 & \frac{1}{2} \\ 0 & 0 & 1 \end{bmatrix} Z$ und wegen (i) gilt $Z = \begin{bmatrix} 1 & 0 & 0 \\ 0 & 1 & 0 \\ 0 & -1 & 1 \end{bmatrix} X$; demgemäß erhalten wir

$$Y = \begin{bmatrix} 1 & 4 & 2 \\ 0 & 1 & \frac{1}{2} \\ 0 & 0 & 1 \end{bmatrix} \begin{bmatrix} 1 & 0 & 0 \\ 0 & 1 & 0 \\ 0 & -1 & 1 \end{bmatrix} X = \begin{bmatrix} 1 & 2 & 2 \\ 0 & \frac{1}{2} & \frac{1}{2} \\ 0 & -1 & 1 \end{bmatrix} X.$$

Die nichtsinguläre Transformation $X = \begin{bmatrix} 1 & -4 & 0 \\ 0 & 1 & -\frac{1}{2} \\ 0 & 1 & \frac{1}{2} \end{bmatrix} Y$ bewirkt demgemäß die Reduktion.

4. Unter Verwendung des Ergebnisses der Aufgabe 2

$$[A \mid I] \overset{C}{\sim} \left[\begin{array}{ccc|ccc} 1 & 0 & 0 & 1 & 0 & 0 \\ 0 & 8 & 0 & -4 & 1 & 1 \\ 0 & 0 & -2 & 0 & -\frac{1}{2} & \frac{1}{2} \end{array}\right]$$

und nach Anwendung der Transformationen $H_2(\frac{1}{4}\sqrt{2})$, $K_2(\frac{1}{4}\sqrt{2})$ und $H_3(\frac{1}{2}\sqrt{2})$, $K_3(\frac{1}{2}\sqrt{2})$ erhalten wir

$$[A \mid I] \overset{C}{\sim} \left[\begin{array}{ccc|ccc} 1 & 0 & 0 & 1 & 0 & 0 \\ 0 & 8 & 0 & -4 & 1 & 1 \\ 0 & 0 & -2 & 0 & -\frac{1}{2} & \frac{1}{2} \end{array}\right] \overset{C}{\sim} \left[\begin{array}{ccc|ccc} 1 & 0 & 0 & 1 & 0 & 0 \\ 0 & 1 & 0 & -\sqrt{2} & \frac{1}{4}\sqrt{2} & \frac{1}{4}\sqrt{2} \\ 0 & 0 & -1 & 0 & -\frac{1}{4}\sqrt{2} & \frac{1}{4}\sqrt{2} \end{array}\right] = [C \mid Q']$$

Die Transformation $X = QY = \begin{bmatrix} 1 & -\sqrt{2} & 0 \\ 0 & \frac{1}{4}\sqrt{2} & -\frac{1}{4}\sqrt{2} \\ 0 & \frac{1}{4}\sqrt{2} & \frac{1}{4}\sqrt{2} \end{bmatrix} Y$ reduziert demgemäß $q = X' \begin{bmatrix} 1 & 2 & 2 \\ 2 & 4 & 8 \\ 2 & 8 & 4 \end{bmatrix} X$ zu der kanonische Form $y_1^2 + y_2^2 - y_3^2$.

5. Beweise: Wenn eine reelle quadratische Form q durch zwei nichtsinguläre Transformationen in zwei verschiedene Formen

(i) $$y_1^2 + y_2^2 + \cdots + y_p^2 - y_{p+1}^2 - y_{p+2}^2 - \cdots - y_r^2$$

und

(ii) $$y_1^2 + y_2^2 + \cdots + y_q^2 - y_{q+1}^2 - y_{q+2}^2 - \cdots - y_r^2$$

überführt worden ist, dann gilt $p = q$.

Angenommen sei $q > p$. Es sei $X = FY$ die Transformation, die (i) produziert, und $X = GY$ sei die Transformation, die (ii) produziert. Dann überführen

$$Y = F^{-1}X = \left.\begin{matrix} b_{11}x_1 + b_{12}x_2 + \cdots + b_{1n}x_n \\ b_{21}x_1 + b_{22}x_2 + \cdots + b_{2n}x_n \\ \cdots\cdots\cdots\cdots\cdots\cdots\cdots \\ b_{n1}x_1 + b_{n2}x_2 + \cdots + b_{nn}x_n \end{matrix}\right\}$$

und

$$Y = G^{-1}X = \left.\begin{matrix} c_{11}x_1 + c_{12}x_2 + \cdots + c_{1n}x_n \\ c_{21}x_1 + c_{22}x_2 + \cdots + c_{2n}x_n \\ \cdots\cdots\cdots\cdots\cdots\cdots\cdots \\ c_{n1}x_1 + c_{n2}x_2 + \cdots + c_{nn}x_n \end{matrix}\right\}$$

(i) bzw. (ii) zurück in q. Demgemäß gilt

(iii)
$$\begin{aligned}&(b_{11}x_1+b_{12}x_2+\cdots+b_{1n}x_n)^2+\cdots+(b_{p1}x_1+b_{p2}x_2+\cdots+b_{pn}x_n)^2\\&\quad-(b_{p+1,1}x_1+b_{p+1,2}x_2+\cdots+b_{p+1,n}x_n)^2-\cdots-(b_{r1}x_1+b_{r2}x_2+\cdots+b_{rn}x_n)^2\\&=(c_{11}x_1+c_{12}x_2+\cdots+c_{1n}x_n)^2+\cdots+(c_{q1}x_1+c_{q2}x_2+\cdots+c_{qn}x_n)^2\\&\quad-(c_{q+1,1}x_1+c_{q+1,2}x_2+\cdots+c_{q+1,n}x_n)^2-\cdots-(c_{r1}x_1+c_{r2}x_2+\cdots+c_{rn}x_n)^2\end{aligned}$$

Betrachte die $r-q+p<r$ Gleichungen

$$\begin{cases}b_{11}x_1+b_{12}x_2+\cdots+b_{1n}x_n=0\\b_{21}x_1+b_{22}x_2+\cdots+b_{2n}x_n=0\\\dots\dots\dots\dots\\b_{p1}x_1+b_{p2}x_2+\cdots+b_{pn}x_n=0\end{cases}\qquad\begin{cases}c_{q+1,1}x_1+c_{q+1,2}x_2+\cdots+c_{q+1,n}x_n=0\\c_{q+2,1}x_1+c_{q+2,2}x_2+\cdots+c_{q+2,n}x_n=0\\\dots\dots\dots\dots\\c_{r1}x_1+c_{r2}x_2+\cdots+c_{rn}x_n=0\end{cases}$$

Gemäß Satz **IV**, Kapitel 10, haben sie eine nichttriviale Lösung, zum Beispiel $(\alpha_1, \alpha_2, \ldots, \alpha_n)$. Setzt man diese Lösung in (iii) ein, erhält man

$$\begin{aligned}&-(b_{p+1,1}\alpha_1+b_{p+1,2}\alpha_2+\cdots+b_{p+1,n}\alpha_n)^2-\cdots\cdots-(b_{r1}\alpha_1+b_{r2}\alpha_2+\cdots+b_{rn}\alpha_n)^2\\&=(c_{11}\alpha_1+c_{12}\alpha_2+\cdots+c_{1n}\alpha_n)^2+\cdots\cdots+(c_{q1}\alpha_1+c_{q2}\alpha_2+\cdots+c_{qn}\alpha_n)^2\end{aligned}$$

Offensichtlich erfordert dies, daß jeder der quadratischen Ausdrücke Null sein muß. Im Gegensatz zu der Hypothese ist weder F noch G nichtsingulär. Demgemäß gilt $q \leqslant p$. Eine Wiederholung des obigen Argumentes unter der Annahme, daß $q<p$ gilt, wird uns gleichfalls zu einem Widerspruch führen. Folglich gilt $q=p$.

6. Beweise: Jede symmetrische Matrix A mit dem Rang r hat mindestens einen Hauptminor von der Ordnung r, der von Null verschieden ist.

Weil A den Rang r hat, hat sie mindestens einen r-quadratischen Minor, der von Null verschieden ist. Angenommen sei, er steht in den Zeilen mit den Nummern $i_1, i_2, \ldots, i_r$. Jetzt seien die Zeilen so verschoben, daß sie die ersten r Zeilen der Matrix werden, und es seien die Spalten mit den Nummern $i_1, i_2, \ldots, i_r$ so nach vorne verschoben, daß sie die ersten r Spalten werden.

Die ersten r Zeilen sind linear unabhängig, während alle anderen Zeilen Linearkombinationen von ihnen sind. Verwendet man passende Linearkombinationen der ersten r Zeilen und addiert zu den anderen Zeilen, können diese letzten $n-r$ Zeilen zu Null reduziert werden. Weil A symmetrisch ist, werden dieselben Operationen bezüglich der Spalten die letzten $n-r$ Spalten zu Null reduzieren. Folglich erhalten wir die Matrix

$$\left[\begin{array}{cccc|c}a_{i_1i_1}&a_{i_1i_2}&\cdots&a_{i_1i_r}&\\a_{i_2i_1}&a_{i_2i_2}&\cdots&a_{i_2i_r}&0\\\dots&\dots&\dots&\dots&\\a_{i_ri_1}&a_{i_ri_2}&\cdots&a_{i_ri_r}&\\\hline&&0&&0\end{array}\right]$$

mit einem nicht verschwindenden Minor in der oberen linken Ecke der Matrix. Offensichtlich ist dieser Minor ein Hauptminor von A.

7. Beweise: Eine reelle symmetrische Matrix A mit dem Rang r ist dann und nur dann positiv semidefinit, wenn eine Matrix C mit dem Rang r derart existiert, daß $A=C'C$ ist.

Weil A den Rang r hat, ist $N_1=\begin{bmatrix}I_r&0\\0&0\end{bmatrix}$ ihre kanonische Form.

Dann existiert eine nichtsinguläre Matrix B derart, daß $A = B'N_1B$ ist. Weil $N_1' = N_1 = N_1^2$ gilt, erhalten wir $A = B'N_1B = B'N_1N_1B = B'N_1' \cdot N_1B$. Setze $C = N_1B$; dann hat C den Rang r, und es ist $A = C'C$, wie gefordert.

Umgekehrt sei C eine reelle n-quadratische Matrix mit dem Rang r; dann hat $A = C'C$ den Rang $s \leqslant r$. Ihre kanonische Form sei

$$N_2 \quad = \quad \text{Diag}\,(d_1, d_2, \ldots, d_s, 0, 0, \ldots, 0)\,,$$

wobei jedes d_i entweder $+1$ oder -1 ist. Dann existiert eine nichtsinguläre reelle Matrix E derart, daß $E'(C'C)E = N_2$ ist. Setze $CE = B = [b_{ij}]$. Weil $B'B = N_2$ ist, erhalten wir

$$b_{i1}^2 + b_{i2}^2 + \cdots + b_{in}^2 = d_i, \qquad (i = 1, 2, \ldots, s)$$

und

$$b_{j1}^2 + b_{j2}^2 + \cdots + b_{jn}^2 = 0, \qquad (j = s+1, s+2, \ldots, n)$$

Offensichtlich ist jedes $d_i > 0$, und A ist positiv semidefinit.

8. Beweise: Wenn A positiv definit ist, dann ist jeder Hauptminor von A positiv.

Es sei $q = X'AX$. Der Hauptminor von A, den man erhält, wenn man ihre i-te Zeile und Spalte streicht, ist die Matrix A_i der quadratischen Form q_1, die man aus q durch das Setzen von $x_i = 0$ erhält. Nun ist jeder Wert von q_i für nichttriviale Mengen von Werten ihrer Variablen gleichfalls ein Wert von q und ist folglich positiv. Demgemäß ist A_i positiv definit.

Dieses Argument kann für die Hauptminoren $A_{ij}, A_{ijk}, \ldots$ wiederholt werden, die man aus A durch das Streichen von zwei, drei, ... Zeilen und denselben Spalten von A erhält.

Gemäß Satz **VI** gilt $A_i > 0, A_{ij} > 0, \ldots$; demgemäß ist jeder Hauptminor positiv.

9. Beweise: Jede beliebige n-quadratische nichtsinguläre Matrix $A = [a_{ij}]$ kann durch Vertauschen gewisser Zeilen und das Vertauschen korrespondierender Spalten so umgeordnet werden, daß p_{n-1} und p_{n-1} nicht beide gleich Null sind.

Offensichtlich gilt dieser Satz für A mit der Ordnung 1 oder 2. Darüberhinaus gilt er für A mit der Ordnung $n > 2$, wenn $p_{n-1} = \alpha_{nn} \neq 0$ gilt. Angenommen sei $\alpha_{nn} = 0$; dann gilt entweder (a) einige $\alpha_{ii} \neq 0$ oder (b) alle $\alpha_{ii} = 0$.

Angenommen sei (a) einige $\alpha_{ii} \neq 0$. Wenn man die i-te Zeile und die i-te Spalte so verschoben hat, daß sie die Position der letzten Zeile und der letzten Spalte einnehmen, dann gilt für die neue Matrix $p_{n-1} = \alpha_{ii} \neq 0$.

Angenommen sei (b) alle $\alpha_{ii} = 0$. Weil $|A| \neq 0$ gilt, existiert mindestens ein $\alpha_{ni} \neq 0$. Man verschiebt die i-te Zeile in die $(n-1)$-te Position und die i-te Spalte in die $(n-1)$-te Position. In der neuen Matrix gilt $\alpha_{n-1,n} = \alpha_{n,n-1} \neq 0$. Gemäß **(6.6)** erhält man

$$\begin{vmatrix} \alpha_{n-1,n-1} & \alpha_{n-1,n} \\ \alpha_{n,n-1} & \alpha_{nn} \end{vmatrix} = \begin{vmatrix} 0 & \alpha_{n-1,n} \\ \alpha_{n-1,n} & 0 \end{vmatrix} = -\alpha_{n-1,n}^2 = p_{n-2}p_n$$

und $p_{n-2} \neq 0$.

Beachte, daß dieses gleichfalls Satz **XV** beweist.

10 Numeriere die Variablen so um, daß $q = X'AX = X' \begin{bmatrix} 0 & 0 & 2 & 1 \\ 0 & 1 & 3 & 1 \\ 2 & 3 & 4 & 1 \\ 1 & 1 & 1 & 1 \end{bmatrix} X$ regulär ist.

Hier gelten $p_0 = 1$, $p_1 = 0$, $p_2 = 0$, $p_3 = -4$, $p_4 = -3$. Weil $p_1 = p_2 = 0$, $p_3 \neq 0$ gilt, prüfen wir die Matrix $B = \begin{bmatrix} 0 & 0 & 2 \\ 0 & 1 & 3 \\ 2 & 3 & 4 \end{bmatrix}$ von p_3. Für den Kofaktor gilt $B_{22} = \begin{vmatrix} 0 & 2 \\ 2 & 4 \end{vmatrix} \neq 0$; das Vertauschen der zweiten und dritten Zeilen und der zweiten und dritten Spalten von A ergibt

$$X'\begin{bmatrix} 0 & 2 & 0 & 1 \\ 2 & 4 & 3 & 1 \\ 0 & 3 & 1 & 1 \\ 1 & 1 & 1 & 1 \end{bmatrix}X$$

mit $p_0 = 1$, $p_1 = 0$, $p_2 = -4$, $p_3 = -4$, $p_4 = -3$. Jetzt ist x_2 als x_3 und x_3 als x_2 umnumeriert.

11. Reduziere mit dem Verfahren von Kronecker $q = X'\begin{bmatrix} 1 & 2 & 3 & 4 \\ 2 & 1 & 5 & 6 \\ 3 & 5 & 2 & 3 \\ 4 & 6 & 3 & 4 \end{bmatrix}X$.

Hier gelten $p_0 = 0$, $p_1 = 1$, $p_2 = -3$, $p_3 = 20$, $p_4 = -5$, und q ist regulär. Die Folge der p's repräsentiert eine Nichtvariation und drei Variationen bezüglich der Vorzeichen; die reduzierte Form wird einen positiven und drei negative Ausdrücke haben.

Weil für jedes $p_i \neq 0$ gilt, führt das wiederholte Anwenden von Satz **XIX** zu der reduzierten Form

$$p_0p_1y_1^2 + p_1p_2y_2^2 + p_2p_3y_3^2 + p_3p_4y_4^2 = y_1^2 - 3y_2^2 - 60y_3^2 - 100y_4^2$$

12. Reduziere mit dem Verfahren von Kronecker $q = X'AX = X'\begin{bmatrix} 1 & 2 & 3 & 1 \\ 2 & 4 & 6 & 3 \\ 3 & 6 & 9 & 2 \\ 1 & 3 & 2 & 5 \end{bmatrix}X$.

Hier hat A den Rang 3, und es gilt $\alpha_{33} \neq 0$. Ein Vertauschen der letzten zwei Zeilen und der letzten zwei Spalten überführt A in $B = \begin{bmatrix} 1 & 2 & 1 & 3 \\ 2 & 4 & 3 & 6 \\ 1 & 3 & 5 & 2 \\ 3 & 6 & 2 & 9 \end{bmatrix}$, wobei $C = \begin{bmatrix} 1 & 2 & 1 \\ 2 & 4 & 3 \\ 1 & 3 & 5 \end{bmatrix} \neq 0$ gilt. Weil B den Rang 3 hat, kann sie zu $\begin{bmatrix} 1 & 2 & 1 & 0 \\ 2 & 4 & 3 & 0 \\ 1 & 3 & 5 & 0 \\ 0 & 0 & 0 & 0 \end{bmatrix}$ reduziert werden. Nun ist q zu $\tilde{X}'C\tilde{X} = \tilde{X}'\begin{bmatrix} 1 & 2 & 1 \\ 2 & 4 & 3 \\ 1 & 3 & 5 \end{bmatrix}\tilde{X}$ mit $p_0 = 1$, $p_1 = 1$, $p_2 = 0$, $p_3 = -1$ reduziert. Die reduzierte Form wird zwei positive und einen negativen Ausdruck enthalten. Weil $p_2 = 0$, aber $\gamma_{22} = \begin{vmatrix} 1 & 1 \\ 1 & 5 \end{vmatrix} = 4 \neq 0$ gilt, ist die reduzierte Form gemäß **(16.8)**

$$p_0p_1y_1^2 + p_1\gamma_{22}y_2^2 + \gamma_{22}p_3y_3^2 = y_1^2 + 4y_2^2 - 4y_3^2$$

13. Reduziere mit dem Verfahren von Kronecker $q = X'\begin{bmatrix} 1 & -2 & 1 & 2 \\ -2 & 4 & 1 & -1 \\ 1 & 1 & 1 & 2 \\ 2 & -1 & 2 & 1 \end{bmatrix}X$.

Hier gelten $p_0 = 1$, $p_1 = 1$, $p_2 = 0$, $p_3 = -9$, $p_4 = 27$; die reduzierte Form wird zwei positive und zwei negative Ausdrücke haben. Betrachte die Matrix $B = \begin{bmatrix} 1 & -2 & 1 \\ -2 & 4 & 1 \\ 1 & 1 & 1 \end{bmatrix}$ von p_3. Weil $\beta_{33} = 0$, aber $\beta_{32} = -3 \neq 0$ gelten, ist die reduzierte Form gemäß **(16.8)** und **(16.9)**

$$p_0\,p_1\,y_1^2 + 2\beta_{32}p_3\,(y_2^2 - y_3^2) + p_3\,p_4\,y_4^2 = y_1^2 + 54y_2^2 - 54y_3^2 - 243y_4^2$$

14. Beweise: Für eine Menge reeller n-Vektoren $X_1, X_2, \ldots, X_p$ gilt die Gleichung

$$|G| = \begin{vmatrix} X_1\cdot X_1 & X_1\cdot X_2 & \cdots & X_1\cdot X_p \\ X_2\cdot X_1 & X_2\cdot X_2 & \cdots & X_2\cdot X_p \\ \cdots & \cdots & \cdots & \cdots \\ X_p\cdot X_1 & X_p\cdot X_2 & \cdots & X_p\cdot X_p \end{vmatrix} \geq 0$$

dann und nur dann, wenn die Menge linear abhängig ist.

(a) Angenommen sei, die Vektoren X_i sind linear unabhängig, und $X = [x_1, x_2, \ldots, x_p]' \neq 0$ gelte. Dann folgen $Z = \sum_{i=1}^{p} X_i x_i \neq 0$ und $0 < Z\cdot Z = (\sum_{i=1}^{p} X_i x_i)\cdot(\sum_{j=1}^{p} X_j x_j) = X'(X_i' X_j)X = X'(X_i\cdot X_j)X = X'GX$

Weil diese quadratische Form positiv definit ist, gilt $|G| > 0$.

(b) Angenommen sei, die Vektoren X_i sind linear abhängig. Dann existieren Skalare $k_1, k_2, \ldots, k_p$, die nicht alle Null sind, derart, daß $\xi = \sum_{i=1}^{p} k_i X_i = 0$ gilt und folglich derart, daß

$$X_j\cdot\xi = k_1 X_j\cdot X_1 + k_2 X_j\cdot X_2 + \cdots + k_p X_j\cdot X_p = 0, \quad (j = 1,2,\ldots,p)$$

ist. Demgemäß hat das System homogener Gleichungen

$$X_j\cdot X_1 x_1 + X_j\cdot X_2 x_2 + \cdots + X_j\cdot X_p x_p = 0, \quad (j = 1,2,\ldots,p)$$

eine nichttriviale Lösung $x_i = k_i$, $(i = 1, 2, \ldots, p)$, und es ist $|G| = 0$.

Wir haben bewiesen, daß $|G| \geqslant 0$ gilt. Um die Umkehrung von (b) zu beweisen, müssen wir nur annehmen, daß $|G| = 0$ ist und die Schritte von (b) umdrehen, um $X_j\cdot\xi = 0$, $(j = 1,2,\ldots,p)$ mit $\xi = \sum_{i=1}^{p} k_i X_i$ zu erhalten. Demgemäß gelten $\sum_{j=1}^{p} k_j X_j\cdot\xi = \xi\cdot\xi = 0$ und $\xi = 0$, und die gegebenen Vektoren X_j sind linear abhängig.

ERGÄNZUNGSAUFGABEN

15. Schreibe die folgenden quadratischen Formen in Matrixschreibweise:

(a) $x_1^2 + 4x_1x_2 + 3x_2^2$ (b) $2x_1^2 - 6x_1x_2 + x_3^2$ (c) $x_1^2 - 2x_2^2 - 3x_3^2 + 4x_1x_2 + 6x_1x_3 - 8x_2x_3$

Antwort: (a) $X'\begin{bmatrix} 1 & 2 \\ 2 & 3 \end{bmatrix}X$ (b) $X'\begin{bmatrix} 2 & -3 & 0 \\ -3 & 0 & 0 \\ 0 & 0 & 1 \end{bmatrix}X$ (c) $X'\begin{bmatrix} 1 & 2 & 3 \\ 2 & -2 & -4 \\ 3 & -4 & -3 \end{bmatrix}X$

16. Schreibe vollständig die quadratische Form in den Variablen x_1, x_2, x_3, deren Matrix $\begin{bmatrix} 2 & -3 & 1 \\ -3 & 2 & 4 \\ 1 & 4 & -5 \end{bmatrix}$ ist.

Antwort: $2x_1^2 - 6x_1x_2 + 2x_1x_3 + 2x_2^2 + 8x_2x_3 - 5x_3^2$

17. Reduziere mit der Methode von Aufgabe 1 und mit der Reduktion von Lagrange:

(a) $X'\begin{bmatrix} 1 & 2 & 4 \\ 2 & 6 & -2 \\ 4 & -2 & 18 \end{bmatrix}X$ (b) $X'\begin{bmatrix} 1 & 1 & 1 & 1 \\ 1 & -1 & 3 & -3 \\ 1 & 3 & 3 & 1 \\ 1 & -3 & 1 & -3 \end{bmatrix}X$ (c) $X'\begin{bmatrix} 0 & 1 & 2 \\ 1 & 1 & -1 \\ 2 & -1 & 0 \end{bmatrix}X$ (d) $X'\begin{bmatrix} 0 & 0 & 1 \\ 0 & 1 & -2 \\ 1 & -2 & 3 \end{bmatrix}X$

Antwort: (a) $y_1^2 + 2y_2^2 - 48y_3^2$ (b) $y_1^2 - 2y_2^2 + 4y_3^2$ (c) $y_1^2 - y_2^2 + 8y_3^2$ (d) $y_1^2 - y_2^2 + y_3^2$

Hinweis: In (c) und (d) verwende $x_1 = z_3$, $x_2 = z_1$, $x_3 = z_2$.

18. (*a*) Zeige, daß $X'\begin{bmatrix}1 & 4\\0 & 0\end{bmatrix}X = X'\begin{bmatrix}1 & 2\\2 & 0\end{bmatrix}X$ gilt, obwohl die Matrizen verschiedene Ränge haben.

(*b*) Zeige, daß die symmetrische Matrix einer quadratischen Form eindeutig ist.

19. Zeige, daß auf dem reellen Körper $x_1^2 + x_2^2 - 4x_3^2 + 4x_2x_3$ und $9x_1^2 + 2x_2^2 + 2x_3^2 + 6x_1x_2 - 6x_1x_3 - 8x_2x_3$ äquivalent sind.

20. Beweise: Eine reelle symmetrische Matrix ist dann und nur dann positiv (negativ) definit, wenn sie kongruent auf dem reellen Körper zu I $(-I)$ ist.

21. Zeige, daß $X'AX$ von Aufgabe 12 durch $X = R\widetilde{X}$ zu $\widetilde{X}'C\widetilde{X}$ reduziert ist, wobei $R = K_{34}K_{41}(-5)K_{42}(1)$ gilt. Dann beweise Satz **XIX**.

22. (*a*) Wenn zwei reelle quadratische Formen in denselben Variablen positiv definit sind, zeige man, daß dies gleichfalls für ihre Summe gilt.

(*b*) Wenn q_1 eine positiv definite Form in $x_1, x_2, \ldots x_s$ ist, und q_2 eine positiv definite Form in $x_{s+1}, x_{s+2}, \ldots, x_n$ ist, zeige man, daß dann $q = q_1 + q_2$ eine positiv definite Form in $x_1, x_2, \ldots, x_n$ ist.

23. Beweise: Wenn C eine beliebige reelle nichtsinguläre Matrix ist, dann ist $C'C$ positiv definit. *Hinweis*: Betrachte $X'IX = Y'C'ICY$.

24. Beweise: Jede positiv definite Matrix A kann man als $A = C'C$ schreiben. (Die Aufgaben 23 und 24 vervollständigen den Beweis des Satzes **X**.) *Hinweis*: Betrachte $D'AD = I$.

25. Beweise: Wenn eine reelle symmetrische Matrix A positiv definit ist, dann gilt dies gleichfalls für A^p mit einer beliebigen ganzen Zahl p.

26. Beweise: Wenn A eine reelle positiv definite symmetrische Matrix ist und wenn B und C derart sind, daß $B'AB = I$ und $A = C'C$ gelten, dann ist CB orthogonal.

27. Beweise: Jeder Hauptminor einer positiv semidefiniten Matrix A ist gleich oder größer als Null.

28. Man zeige, daß $ax_1^2 - 2bx_1x_2 + cx_2^2$ dann und nur dann positiv definit ist, wenn $a > 0$ und $|A| = ac - b^2 > 0$ gelten.

29. Für jeden der Sätze **XX** und **XXI** verifiziere man den behaupteten Effekt der Transformation.

30. Mit der Reduktion von Kronecker transformiere man jede der folgenden Formen in die kanonische Form, nach dem man die Variablen, wenn nötig, neu numeriert hat.

(*a*) $X'\begin{bmatrix}1 & -1 & 0\\-1 & 2 & -1\\0 & -1 & 2\end{bmatrix}X$ (*c*) $X'\begin{bmatrix}1 & 2 & 1 & 2\\2 & 0 & 1 & 2\\1 & 1 & 1 & 2\\2 & 2 & 2 & 1\end{bmatrix}X$ (*e*) $X'\begin{bmatrix}1 & 0 & -2\\0 & 0 & 1\\-2 & 1 & 3\end{bmatrix}X$ (*g*) $X'\begin{bmatrix}0 & 0 & 1\\0 & 1 & -2\\1 & -2 & 3\end{bmatrix}X$

(*b*) $X'\begin{bmatrix}4 & -4 & 2\\-4 & 3 & -3\\2 & -3 & 1\end{bmatrix}X$ (*d*) $X'\begin{bmatrix}1 & 2 & 3 & 1\\2 & -4 & 6 & 2\\3 & 6 & 9 & 3\\1 & 2 & 3 & 1\end{bmatrix}X$ (*f*) $X'\begin{bmatrix}1 & 2 & -1\\2 & 4 & 2\\-1 & 2 & 3\end{bmatrix}X$ (*h*) $X'\begin{bmatrix}0 & 2 & 0 & 1\\2 & 4 & 3 & 1\\0 & 3 & 1 & 1\\1 & 1 & 1 & 1\end{bmatrix}X$

Hinweis: In (*g*) numeriere die Variablen um, um (*e*) zu erhalten und gleichfalls wie in Aufgabe 17 (*d*).

Antwort: (*a*) $p_0 = p_1 = p_2 = p_3 = 1;\ y_1^2 + y_2^2 + y_3^2$ (*e*) $p_0 = p_1 = 1,\ \alpha_{22} = -1,\ p_3 = -1;\ y_1^2 - y_2^2 + y_3^2$

(*b*) $4y_1^2 - 16y_2^2 + 16y_3^2$ (*f*) $p_0 = p_1 = 1,\ \alpha_{23} = -4,\ p_3 = -16;\ y_1^2 + 128y_2^2 - 128y_3^2$

(*c*) $y_1^2 - 4y_2^2 + 4y_3^2 - 3y_4^2$ (*g*) See (*e*).

(*d*) $y_1^2 - 8y_2^2$ (*h*) $4y_1^2 - 16y_2^2 + 16y_3^2 + 12y_4^2$

31. Zeige, daß $q = x_1^2 - 6x_2^2 - 6x_3^2 - 3x_4^2 - x_1x_2 - x_1x_3 + 2x_1x_4 + 13x_2x_3 - 11x_2x_4 + 9x_3x_4$ zerlegt werden kann.

KAPITEL 18

Hermitesche Formen

DIE FORM, DEFINIERT durch

(18.1) $$h \quad = \quad \bar{X}'HX \quad = \quad \sum_{i=1}^{n}\sum_{j=1}^{n} h_{ij}\bar{x}_i x_j \quad \text{mit} \quad \bar{h}_{ij} \;=\; h_{ji}\,,$$

wobei H hermitesch ist und die Komponenten von X in dem Körper der komplexen Zahlen sind, heißt eine **hermitesche Form**. Der Rang von H heißt der Rang der Form. Wenn H den Rang $r < n$ hat, dann heißt die Form **singulär**; sonst heißt sie **nichtsingulär**.

Wenn H und X reell sind, dann ist (18.1) eine reelle quadratische Form; folglich werden wir herausfinden, daß hier die Sätze analog zu denen von Kapitel 17 sind, und ihre Beweise hier erfordern nur kleinere Änderungen.

Weil H hermitesch ist, ist jedes h_{ii} und jedes $h_{ii}\bar{x}_i x_i$ reell. Darüber hinaus ist für das Paar von Kreuzprodukten $h_{ij}\bar{x}_i x_j$ und $h_{ji}\bar{x}_j x_i$

$$h_{ij}\bar{x}_i x_j \;+\; h_{ji}\bar{x}_j x_i \quad = \quad h_{ij}\bar{x}_i x_j \;+\; \bar{h}_{ij} x_i \bar{x}_j$$

reell. Demgemäß gilt

I. Die Werte einer hermiteschen Form sind reell.

Die nichtsinguläre lineare Transformation $X = BY$ überführt die hermitesche Form (18.1) in eine andere hermitesche Form

(18.2) $$(\overline{BY})'H(BY) \quad = \quad \bar{Y}'(\bar{B}'HB)Y$$

Zwei hermitesche Formen in denselben Variablen x_i heißen dann und nur dann **äquivalent**, wenn eine nichtsinguläre lineare Transformation $X = BY$ existiert, die zusammen mit $Y = IX$ eine der Formen in die andere überführt. Weil $\bar{B}'HB$ und H konjunktiv sind, erhalten wir

II. Der Rang einer hermiteschen Form ist bezüglich einer nichtsingulären Transformation der Variablen invariant.

und

III. Zwei hermitesche Formen sind dann und nur dann äquivalent, wenn ihre Matrizen konjunktiv sind.

REDUKTION ZUR KANONISCHEN FORM. Eine hermitesche Form (18.1) mit dem Rang r kann zu einer Diagonalform

(18.3) $$k_1\bar{y}_1 y_1 \;+\; k_2\bar{y}_2 y_2 \;+\; \cdots \;+\; k_r\bar{y}_r y_r, \quad \text{mit} \quad k_i \neq 0 \quad \text{und reell,}$$

durch eine nichtsinguläre lineare Transformation $X = BY$ reduziert werden. Wegen (18.2) ist die Matrix B ein Produkt von elementaren Spaltenmatrizen, während $\bar{B}'$ das Produkt der konjugierten elementaren Zeilenmatrizen in umgekehrter Reihenfolge ist.

Mit einer weiteren linearen Transformation kann (18.3) zu der kanonischen Form [siehe (15.6)]

(18.4) $$\bar{z}_1 z_1 \;+\; \bar{z}_2 z_2 \;+\; \cdots \;+\; \bar{z}_p z_p \;-\; \bar{z}_{p+1} z_{p+1} \;-\; \cdots \;-\; \bar{z}_r z_r$$

mit dem Index p und der Signatur $p-(r-p)$ reduziert werden. Hier hängt p gleichfalls von der gegebenen Form und nicht von der Transformation ab, die diese Form zu **(18.4)** reduziert hat.

IV. Zwei hermitesche Formen, beide in denselben n Variablen, sind dann und nur dann **äquivalent**, wenn sie denselben Rang und denselben Index oder denselben Rang und dieselbe Signatur haben.

DEFINITE UND SEMIDEFINITE FORMEN. Eine nichtsinguläre hermitesche Form $h = \bar{X}'HX$ in n Variablen heißt **positiv definit**, wenn ihr Rang und ihr Index gleich n sind. Demgemäß kann eine positiv definite hermitesche Form zu $\bar{y}_1y_1 + \bar{y}_2y_2 + \cdots + \bar{y}_ny_n$ reduziert werden, und für jede beliebige nichttriviale Menge von Werten der x's gilt $h > 0$.

Eine singuläre hermitesche Form $h = \bar{X}'HX$ heißt **positiv semidefinit**, wenn ihr Rang und ihr Index gleich sind, d. h., es gilt $r = p < n$. Demgemäß kann eine positiv semidefinite hermitesche Form zu $\bar{y}_1y_1 + \bar{y}_2y_2 + \cdots + \bar{y}_ry_r$ mit $r < n$ reduziert werden, und für jede beliebige nichttriviale Menge von Werten der x's gilt $h \geqslant 0$.

Die Matrix H einer hermiteschen Form $\bar{X}'HX$ heißt positiv definit oder positiv semidefinit, je nachdem ob die Form positiv definit oder positiv semidefinit ist.

V. Eine hermitesche Form ist dann und nur dann positiv definit, wenn eine nichtsinguläre Matrix C derart existiert, daß $H = \bar{C}'C$ ist.

VI. Wenn H positiv definit ist, dann ist jeder Hauptminor von H positiv und umgekehrt.

VII. Wenn H positiv semidefinit ist, dann ist jeder Hauptminor von H nichtnegativ und umgekehrt.

AUFGABEN MIT LÖSUNGEN

1. Reduziere $\bar{X}'\begin{bmatrix} 1 & 1+2i & 2-3i \\ 1-2i & 5 & -4-2i \\ 2+3i & -4+2i & 13 \end{bmatrix}X$ auf die kanonische Form **(18.4)**.

Nach Aufgabe 7, Kapitel 15, erhalten wir

$$\left[\begin{array}{ccc|ccc} 1 & 1+2i & 2-3i & 1 & 0 & 0 \\ 1-2i & 5 & -4-2i & 0 & 1 & 0 \\ 2+3i & -4+2i & 13 & 0 & 0 & 1 \end{array}\right] \underset{\sim}{HC} \left[\begin{array}{ccc|ccc} 1 & 0 & 0 & 1 & 0 & 0 \\ 0 & 1 & 0 & 2/\sqrt{10} & 1/\sqrt{10} & i/\sqrt{10} \\ 0 & 0 & -1 & (-4-4i)/\sqrt{10} & i/\sqrt{10} & 1/\sqrt{10} \end{array}\right]$$

Demgemäß reduziert die nichtsinguläre lineare Transformation

$$X = BY = \begin{bmatrix} 1 & 2/\sqrt{10} & (-4+4i)/\sqrt{10} \\ 0 & 1/\sqrt{10} & -i/\sqrt{10} \\ 0 & -i/\sqrt{10} & 1/\sqrt{10} \end{bmatrix} Y$$

die gegebene hermitesche Form zu $\bar{y}_1y_1 + \bar{y}_2y_2 - \bar{y}_3y_3$.

ERGÄNZUNGSAUFGABEN

2. Reduziere jede der folgenden Formen auf die kanonische Form.

(a) $\bar{X}'\begin{bmatrix} 1 & 1+2i \\ 1-2i & 2 \end{bmatrix}X$ (c) $\bar{X}'\begin{bmatrix} 1 & 1-3i & 2-3i \\ 1+3i & 1 & 2+3i \\ 2+3i & 2-3i & 4 \end{bmatrix}X$

(b) $\bar{X}'\begin{bmatrix} 0 & i \\ -i & 0 \end{bmatrix}X$ (d) $\bar{X}'\begin{bmatrix} 1 & 1-i & 3-2i \\ 1+i & 0 & 2-i \\ 3+2i & 2+i & 4 \end{bmatrix}X$

Hinweis: Um (*b*) zu lösen, multipliziere zunächst die zweite Zeile von H mit i und addiere sie zu der ersten Zeile.

Antwort: (*a*) $X = \begin{bmatrix} 1 & (-1-2i)/\sqrt{3} \\ 0 & 1/\sqrt{3} \end{bmatrix}Y$; $\bar{y}_1y_1 - \bar{y}_2y_2$

(*b*) $X = \dfrac{1}{\sqrt{2}}\begin{bmatrix} 1 & -i \\ -i & 1 \end{bmatrix}Y$; $\bar{y}_1y_1 - \bar{y}_2y_2$

(*c*) $X = \begin{bmatrix} 1 & (-1+3i)/3 & -1 \\ 0 & 1/3 & -1 \\ 0 & 0 & 1 \end{bmatrix}Y$; $\bar{y}_1y_1 - \bar{y}_2y_2$

(*d*) $X = \begin{bmatrix} 1 & (-1+i)/\sqrt{2} & (-1+3i)/\sqrt{10} \\ 0 & 1/\sqrt{2} & (-3-2i)/\sqrt{10} \\ 0 & 0 & 2/\sqrt{10} \end{bmatrix}Y$; $\bar{y}_1y_1 - \bar{y}_2y_2 - \bar{y}_3y_3$

3. Gib die lineare Transformation $X = BY$, die, gefolgt von $Y = IX$, an die (*a*) von Aufgabe 2 in (*b*) überführt.

Antwort: $X = \dfrac{1}{\sqrt{2}}\begin{bmatrix} 1 & (-1-2i)/\sqrt{3} \\ 0 & 1/\sqrt{3} \end{bmatrix}\begin{bmatrix} 1 & i \\ i & 1 \end{bmatrix}Y$

4. Zeige, daß $\bar{X}'\begin{bmatrix} 1 & 1+i & -1 \\ 1-i & 6 & -3+i \\ -1 & -3-i & 11 \end{bmatrix}X$ positiv definit ist, und daß $\bar{X}'\begin{bmatrix} 1 & 1+i & 1+2i \\ 1-i & 3 & 5 \\ 1-2i & 5 & 10 \end{bmatrix}X$ positiv semidefinit ist.

5. Beweise die Sätze **V-VII**.

6. Gib zu den Sätzen **XIX-XXI**, Kapitel 17, für quadratische Formen analoge Sätze für hermitesche Formen an.

7. Beweise: $\begin{vmatrix} 0 & x_1 & x_2 & \cdots & x_n \\ \bar{x}_1 & h_{11} & h_{12} & \cdots & h_{1n} \\ \bar{x}_2 & h_{21} & h_{22} & \cdots & h_{2n} \\ \cdots & \cdots & \cdots & \cdots & \cdots \\ \bar{x}_n & h_{n1} & h_{n2} & \cdots & h_{nn} \end{vmatrix} = -\sum_{i=1}^{n}\sum_{j=1}^{n} \eta_{ij}\bar{x}_i x_j$ wobei η_{ij} der Kofaktor von h_{ij} in $H = |h_{ij}|$ ist.

Hinweis: Verwende (**4.3**).

KAPITEL 19

Die charakteristische Gleichung einer Matrix

DAS PROBLEM. Es sei $Y = AX$ eine lineare Transformation auf F, wobei $A = [a_{ij}]$, $(i, j = 1, 2, \ldots, n)$ gilt. Im allgemeinen überführt die Transformation einen Vektor $X = [x_1, x_2, \ldots, x_n]'$ in einen Vektor $Y = [y_1, y_2, \ldots, y_n]'$, dessen alleinige Verknüpfung mit X durch die Transformation gegeben ist. Wir werden hier die Möglichkeit untersuchen, ob gewisse Vektoren X durch die Transformation in λX überführt werden können, wobei λ entweder ein Skalar von F oder eines beliebigen Körpers $\mathfrak{F}$ ist, von dem F ein Unterkörper ist.

Ein beliebiger Vektor X, der durch die Transformation in λX überführt wird, d. h., ein beliebiger Vektor X, für den

(19.1) $$AX = \lambda X$$

gilt, heißt ein **invarianter Vektor** bezüglich der Transformation.

DIE CHARAKTERISTISCHE GLEICHUNG. Aus (19.1) erhalten wir

(19.2) $$\lambda X - AX = (\lambda I - A)X = \begin{bmatrix} \lambda - a_{11} & -a_{12} & \cdots & -a_{1n} \\ -a_{21} & \lambda - a_{22} & \cdots & -a_{2n} \\ \cdots & \cdots & \cdots & \cdots \\ -a_{n1} & -a_{n2} & \cdots & \lambda - a_{nn} \end{bmatrix} \begin{bmatrix} x_1 \\ x_2 \\ \vdots \\ x_n \end{bmatrix} = 0$$

Das System homogener Gleichungen (19.2) hat dann und nur dann nichttriviale Lösungen, wenn

(19.3) $$|\lambda I - A| = \begin{vmatrix} \lambda - a_{11} & -a_{12} & \cdots & -a_{1n} \\ -a_{21} & \lambda - a_{22} & \cdots & -a_{2n} \\ \cdots & \cdots & \cdots & \cdots \\ -a_{n1} & -a_{n2} & \cdots & \lambda - a_{nn} \end{vmatrix} = 0$$

gilt. Die Entwicklung dieser Determiante ergibt ein Polynom $\phi(\lambda)$ des Grades n in λ, das als das **charakteristische Polynom** der Transformation oder der Matrix A bekannt ist. Die Gleichung $\phi(\lambda) = 0$ heißt die **charakteristische Gleichung** von A, und ihre Wurzeln $\lambda_1, \lambda_2, \ldots, \lambda_n$ heißen die **charakteristischen Wurzeln** von A. Wenn $\lambda = \lambda_i$ eine charakteristische Wurzel ist, dann hat (19.2) nichttriviale Lösungen, die Komponenten von **invarianten** oder **charakteristischen Vektoren** sind, die zu dieser Wurzel gehören (die zu dieser Wurzel korrespondieren).

Charakteristische Wurzeln werden auch **Eigenwerte** genannt; charakteristische Vektoren nennt man auch **Eigenvektoren**.

Beispiel 1. Bestimme die charakteristischen Wurzeln und dazugehörige invariante Vektoren für

$$A = \begin{bmatrix} 2 & 2 & 1 \\ 1 & 3 & 1 \\ 1 & 2 & 2 \end{bmatrix}. \begin{bmatrix} \lambda-2 & -2 & -1 \\ -1 & \lambda-3 & -1 \\ -1 & -2 & \lambda-2 \end{bmatrix} = \lambda^3 - 7\lambda^2 + 11\lambda - 5 = 0$$ ist die charakteristische Gleichung,

und $\lambda_1 = 5$, $\lambda_2 = 1$, $\lambda_3 = 1$ sind die charakteristischen Wurzeln.

Wenn $\lambda = \lambda_1 = 5$ ist, wird **(19.2)** zu

$$\begin{bmatrix} 3 & -2 & -1 \\ -1 & 2 & -1 \\ -1 & -2 & 3 \end{bmatrix} \begin{bmatrix} x_1 \\ x_2 \\ x_3 \end{bmatrix} = 0 \quad \text{oder} \quad \begin{bmatrix} 0 & 1 & -1 \\ 1 & 0 & -1 \\ 0 & 0 & 0 \end{bmatrix} \begin{bmatrix} x_1 \\ x_2 \\ x_3 \end{bmatrix} = 0,$$

weil $\begin{bmatrix} 3 & -2 & -1 \\ -1 & 2 & -1 \\ -1 & -2 & 3 \end{bmatrix}$ zeilenäquivalent mit $\begin{bmatrix} 0 & 1 & -1 \\ 1 & 0 & -1 \\ 0 & 0 & 0 \end{bmatrix}$ ist.

Durch $x_1 = x_2 = x_3 = 1$ ist eine Lösung gegeben; folglich wird in Verbindung mit der charakteristischen Wurzel $\lambda = 5$ der eindimensionalen Vektorraum durch den Vektor $[1, 1, 1]'$ erzeugt. Jeder Vektor $[k, k, k]'$ dieses Raumes ist ein invarianter Vektor von A.

Wenn $\lambda = \lambda_2 = 1$ gilt, wird **(19.2)** zu

$$\begin{bmatrix} -1 & -2 & -1 \\ -1 & -2 & -1 \\ -1 & -2 & -1 \end{bmatrix} \begin{bmatrix} x_1 \\ x_2 \\ x_3 \end{bmatrix} = 0 \quad \text{oder} \quad x_1 + 2x_2 + x_3 = 0$$

Zwei linear unabhängige Lösungen sind $(2, -1, 0)$ und $(1, 0, -1)$. Demgemäß wird in Verbindung mit der charakteristischen Wurzel $\lambda = 1$ der zweidimensionale Vektorraum durch $X_1 = [2, -1, 0]'$ und $X_2 = [1, 0, -1]'$ erzeugt. Jeder Vektor $hX_1 + kX_2 = [2h + k, -h, -k]'$ ist ein invarianter Vektor in A.

Siehe Aufgaben 1–2.

ALLGEMEINE SÄTZE. In Aufgabe 3 beweisen wir einen speziellen Fall $(k = 3)$ von

I. Wenn $\lambda_1, \lambda_2, \ldots, \lambda_k$ verschiedene charakteristische Wurzeln einer Matrix A sind, und wenn $X_1, X_2, \ldots, X_k$ von Null verschiedene invariante Vektoren, entsprechend mit diesen Wurzeln verknüpft, sind, dann sind die X's linear unabhängig.

In Aufgabe 4 beweisen wir einen speziellen Fall $(n = 3)$ von

II. Die k-te Ableitung von $\phi(\lambda) = |\lambda I - A|$, wobei A n-quadratisch ist, nach λ ist gleich dem $k!$-fachen der Summe der Hauptminoren von der Ordnung $n - k$ der charakteristischen Matrix, wenn $k < n$ gilt und gleich dem $n!$-fachen, wenn $k = n$ gilt und gleich Null, wenn $k > n$ gilt.

Als eine Konsequenz aus Satz **II** erhalten wir

III. Wenn λ_i eine r-fache charakteristische Wurzel einer n-quadratischen Matrix A ist, dann ist der Rang von $\lambda_i I - A$ nicht kleiner als $n - r$, und die Dimension des dazugehörigen invarianten Vektorraumes ist nicht größer als r.

Siehe Aufgabe 5.

Insbesondere gilt

III'. Wenn λ_i eine einfache charakteristische Wurzel einer n-quadratischen Matrix A ist, dann ist $n - 1$ der Rang von $\lambda_1 I - A$, und die Dimension des dazugehörigen invarianten Vektorraumes ist 1.

Beispiel 2. Für die Matrix $A = \begin{bmatrix} 2 & 2 & 1 \\ 1 & 3 & 1 \\ 1 & 2 & 2 \end{bmatrix}$ von Beispiel 1 lautet die charakteristische Gleichung $\phi(\lambda) = (\lambda - 5)(\lambda - 1)^2 = 0$. Der invariante Vektor $[1, 1, 1]'$, der zu der charakteristischen Wurzel $\lambda = 5$ gehört und die linear unabhängigen invarianten Vektoren $[2, -1, 0]'$ und $[1, 0, -1]'$, die zu der vielfachen Wurzel $\lambda = 1$ gehören, sind eine linear unabhängige Menge (siehe Satz **I**).

Der invariante Vektorraum, der zu der einfachen charakteristischen Wurzel $\lambda = 5$ gehört, hat die Dimension 1.

Der invariante Vektorraum, der zu der charakteristischen Wurzel $\lambda = 1$ der Vielfachheit 2 gehört, hat die Dimension 2 (siehe die Sätze **III** und **III'**)

Siehe gleichfalls Aufgabe 6.

Weil jeder beliebige Hauptminor von A' gleich dem korrespondierenden Hauptminor von A ist, erhalten wir wegen **(19.4)** der Aufgabe 1

IV. Die charakteristischen Wurzeln von A und A^t sind gleich.

Weil jeder beliebige Hauptminor von $\bar{A}$ die Konjugierte des korrespondierenden Hauptminors von A ist, erhalten wir

V. Die charakteristischen Wurzeln von $\bar{A}$ und von $\bar{A}'$ sind die Konjugierten der charakteristischen Wurzel von A.

Durch Vergleich der charakteristischen Gleichungen erhalten wir:

VI. Wenn die $\lambda_1, \lambda_2, \ldots, \lambda_n$ die charakteristischen Wurzeln einer n-quadratischen Matrix A sind, und wenn k ein Skalar ist, dann sind die $k\lambda_1, k\lambda_2, \ldots, k\lambda_n$ die charakteristischen Wurzeln von kA.

VII. Wenn die $\lambda_1, \lambda_2, \ldots, \lambda_n$ die charakteristischen Wurzeln einer n-quadratischen Matrix A sind, und wenn k ein Skalar ist, dann sind die $\lambda_1 - k, \lambda_2 - k, \ldots, \lambda_n - k$ die charakteristischen Wurzeln von $A - kI$.

In Aufgabe 7 beweisen wir

VIII. Wenn α eine charakteristische Wurzel einer nichtsingulären Matrix A ist, dann ist $|A|/\alpha$ eine charakteristische Wurzel von adj A.

AUFGABEN MIT LÖSUNGEN

1. Wenn A n-quadratisch ist, zeige man, daß

$$\textbf{(19.4)} \qquad \phi(\lambda) = |\lambda I - A| = \lambda^n + s_1\lambda^{n-1} + s_2\lambda^{n-2} + \ldots + s_{n-1}\lambda + (-1)^n|A|$$

gilt, wobei s_m, $(m = 1, 2, \ldots, n-1)$, das $(-1)^m$-fache der Summe aller m-quadratischen Hauptminoren von A ist.

Wir schreiben $|\lambda I - A|$ in der Form

$$\begin{vmatrix} \lambda - a_{11} & 0 - a_{12} & \ldots\ldots & 0 - a_{1n} \\ 0 - a_{21} & \lambda - a_{22} & \ldots\ldots & 0 - a_{2n} \\ \ldots & \ldots & \ldots & \ldots \\ 0 - a_{n1} & 0 - a_{n2} & \ldots\ldots & \lambda - a_{nn} \end{vmatrix}$$

und nehmen an, wobei jedes Element ein Binom ist, daß die Determinante als die Summe von 2^n Determinanten in Übereinstimmung mit Satz **VIII**, Kapitel 3, ausgedrückt wurde. Eine dieser Determinanten hat λ als Diagonalelemente und sonst nur Nullen; ihr Wert ist λ^n. Eine weitere ist frei von λ; ihr Wert ist $(-1)^n|A|$. Die übrigen Determinanten haben m Spalten, $(m = 1, 2, \ldots, n-1)$, von $-A$ und $n - m$ Spalten, wobei jede von ihnen genau ein von Null verschiedenes Element λ enthält.

Betrachte eine dieser Determinanten, und nimm an, daß ihre Spalten mit den Nummern $i_1, i_2, \ldots, i_m$ Spalten von $-A$ sind.

Nach einer geraden Anzahl von Vertauschungen (man zähle diese) von nebeneinanderliegenden Zeilen und nebeneinanderliegenden Spalten wird die Determinante zu

$$(-1)^m \left| \begin{array}{cccc|cccc} a_{i_1,i_1} & a_{i_1,i_2} & \cdots & a_{i_1,i_m} & & & & \\ a_{i_2,i_1} & a_{i_2,i_2} & \cdots & a_{i_2,i_m} & & & 0 & \\ \cdots & \cdots & \cdots & \cdots & & & & \\ a_{i_m,i_1} & a_{i_m,i_2} & \cdots & a_{i_m,i_m} & & & & \\ \hline \cdots & \cdots & \cdots & \cdots & \lambda & 0 & \cdots & 0 \\ & & & & 0 & \lambda & \cdots & 0 \\ a_{i_n,i_1} & a_{i_n,i_2} & \cdots & a_{i_n,i_m} & \cdots & \cdots & \cdots & \cdots \\ & & & & 0 & 0 & \cdots & \lambda \end{array} \right| \quad = \quad (-1)^m \left| A^{i_1,i_2,\ldots,i_m}_{i_1,i_2,\ldots,i_m} \right| \lambda^{n-m} ,$$

wobei $\left| A^{i_1,i_2,\ldots,i_m}_{i_1,i_2,\ldots,i_m} \right|$ ein m-quadratischer Hauptminor von A ist. Nun gilt

$$s_m \quad = \quad (-1)^m \sum_{\rho} \left| A^{i_1,i_2,\ldots,i_m}_{i_1,i_2,\ldots,i_m} \right|$$

wenn $(i_1, i_2, \ldots, i_m)$ die $\rho = \dfrac{n(n-1)\ldots(n-m+1)}{1\ 2 \ldots m}$ verschiedenen Kombinationen von $1, 2, \ldots, n$ für ein bestimmtes m durchläuft.

2. Verwende **(19.4)** von Aufgabe 1, um $|\lambda I - A|$ für $A = \begin{bmatrix} 1 & -4 & -1 & -4 \\ 2 & 0 & 5 & -4 \\ -1 & 1 & -2 & 3 \\ -1 & 4 & -1 & 6 \end{bmatrix}$ zu entwickeln.

Wir erhalten $\quad s_1 \quad = \quad 1 + 0 - 2 + 6 \quad = \quad 5$

$$s_2 \quad = \quad \begin{vmatrix} 1 & -4 \\ 2 & 0 \end{vmatrix} + \begin{vmatrix} 1 & -1 \\ -1 & -2 \end{vmatrix} + \begin{vmatrix} 1 & -4 \\ -1 & 6 \end{vmatrix} + \begin{vmatrix} 0 & 5 \\ 1 & -2 \end{vmatrix} + \begin{vmatrix} 0 & -4 \\ 4 & 6 \end{vmatrix} + \begin{vmatrix} -2 & 3 \\ -1 & 6 \end{vmatrix}$$

$$= \quad 8 - 3 + 2 - 5 + 16 - 9 \quad = \quad 9$$

$$s_3 \quad = \quad \begin{vmatrix} 1 & -4 & -1 \\ 2 & 0 & 5 \\ -1 & 1 & -2 \end{vmatrix} + \begin{vmatrix} 1 & -4 & -4 \\ 2 & 0 & -4 \\ -1 & 4 & 6 \end{vmatrix} + \begin{vmatrix} 1 & -1 & -4 \\ -1 & -2 & 3 \\ -1 & -1 & 6 \end{vmatrix} + \begin{vmatrix} 0 & 5 & -4 \\ 1 & -2 & 3 \\ 4 & -1 & 6 \end{vmatrix}$$

$$= \quad -3 + 16 - 8 + 2 \quad = \quad 7$$

$$|A| \quad = \quad 2\ .$$

Dann gilt $|\lambda I - A| = \lambda^4 - 5\lambda^3 + 9\lambda^2 - 7\lambda + 2.$

3. Es seien die λ_1, X_1; λ_2, X_2; λ_3, X_3 verschiedene charakteristische Wurzeln und dazugehörige invariante Vektoren von A. Zeige, daß die X_1, X_2, X_3 linear unabhängig sind.

Nimmt man das Gegenteil an, d. h., nimmt man an, daß Skalare a_1, a_2, a_3, die nicht alle Null sind, derart existieren, daß

(i) $$a_1 X_1 + a_2 X_2 + a_3 X_3 \quad = \quad 0$$

gilt. Multipliziere (i) mit A, und man erinnere sich, daß $A\ X_i = \lambda_i X_i$ gilt; wir erhalten

(ii) $$a_1 A X_1 + a_2 A X_2 + a_3 A X_3 \quad = \quad a_1 \lambda_1 X_1 + a_2 \lambda_2 X_2 + a_3 \lambda_3 X_3 \quad = \quad 0$$

Multipliziert man (ii) mit A, erhält man

(iii) $$a_1 \lambda_1^2 X_1 + a_2 \lambda_2^2 X_2 + a_3 \lambda_3^2 X_3 \quad = \quad 0\ .$$

Nun kann man (i), (ii) und (iii) schreiben als

(iv) $$\begin{bmatrix} 1 & 1 & 1 \\ \lambda_1 & \lambda_2 & \lambda_3 \\ \lambda_1^2 & \lambda_2^2 & \lambda_3^2 \end{bmatrix} \begin{bmatrix} a_1 X_1 \\ a_2 X_2 \\ a_3 X_3 \end{bmatrix} \quad = \quad 0$$

Wegen Aufgabe 5, Kapitel 3, gilt $B = \begin{vmatrix} 1 & 1 & 1 \\ \lambda_1 & \lambda_2 & \lambda_3 \\ \lambda_1^2 & \lambda_2^2 & \lambda_3^2 \end{vmatrix} \neq 0$; folglich existiert B^{-1}. Multipliziert man **(iv)** mit B^{-1}, erhalten wir $[a_1X_1, a_2X_2, a_3X_3]' = 0$. Dies erfordert aber $a_1 = a_2 = a_3 = 0$, was im Widerspruch zu der Hypothese steht.

Demgemäß sind die X_1, X_2, X_3 linear unabhängig.

4. Aus $\phi(\lambda) = |\lambda I - A| = \begin{vmatrix} \lambda - a_{11} & -a_{12} & -a_{13} \\ -a_{21} & \lambda - a_{22} & -a_{23} \\ -a_{31} & -a_{32} & \lambda - a_{33} \end{vmatrix}$ erhalten wir

$$\phi'(\lambda) = \begin{vmatrix} 1 & 0 & 0 \\ -a_{21} & \lambda - a_{22} & -a_{23} \\ -a_{31} & -a_{32} & \lambda - a_{33} \end{vmatrix} + \begin{vmatrix} \lambda - a_{11} & -a_{12} & -a_{13} \\ 0 & 1 & 0 \\ -a_{31} & -a_{32} & \lambda - a_{33} \end{vmatrix} + \begin{vmatrix} \lambda - a_{11} & -a_{12} & -a_{13} \\ -a_{21} & \lambda - a_{22} & -a_{23} \\ 0 & 0 & 1 \end{vmatrix}$$

$$= \begin{vmatrix} \lambda - a_{22} & -a_{23} \\ -a_{32} & \lambda - a_{33} \end{vmatrix} + \begin{vmatrix} \lambda - a_{11} & -a_{13} \\ -a_{31} & \lambda - a_{33} \end{vmatrix} + \begin{vmatrix} \lambda - a_{11} & -a_{12} \\ -a_{21} & \lambda - a_{22} \end{vmatrix}$$

= die Summe der Hauptminoren von $\lambda I - A$ der Ordnung zwei

$$\phi''(\lambda) = \begin{vmatrix} 1 & 0 \\ -a_{32} & \lambda - a_{33} \end{vmatrix} + \begin{vmatrix} \lambda - a_{22} & -a_{23} \\ 0 & 1 \end{vmatrix} + \begin{vmatrix} 1 & 0 \\ -a_{31} & \lambda - a_{33} \end{vmatrix} + \begin{vmatrix} \lambda - a_{11} & -a_{13} \\ 0 & 1 \end{vmatrix}$$
$$+ \begin{vmatrix} 1 & 0 \\ -a_{21} & \lambda - a_{22} \end{vmatrix} + \begin{vmatrix} \lambda - a_{11} & -a_{12} \\ 0 & 1 \end{vmatrix}$$

$$= 2\{(\lambda - a_{11}) + (\lambda - a_{22}) + (\lambda - a_{33})\}$$

= 2! mal die Summe der Hauptminoren von $\lambda I - A$ der Ordnung eins

$$\phi'''(\lambda) = 3!$$

Gleichfalls gilt $\phi^{(iv)}(\lambda) = \phi^{(v)}(\lambda) = \ldots = 0$.

5. **Beweise: Wenn λ_i eine r-fache charakteristische Wurzel einer n-quadratischen Matrix A ist, dann ist der Rang von $\lambda_i I - A$ nicht kleiner als $n - r$, und die Dimension des dazugehörigen invarianten Vektorraumes ist nicht größer als r.**

Weil λ_i eine r-fache Wurzel von $\phi(\lambda) = 0$ ist, gelten $\phi(\lambda) = 0$, $\phi(\lambda_i) = \phi'(\lambda_i) = \phi''(\lambda_i) = \ldots = \phi^{(r-1)}(\lambda_i) = 0$ und $\phi^{(r)}(\lambda_i) \neq 0$. Nun ist $\phi^{(r)}(\lambda_i)$ das $r!$-fache der Summe der Hauptminoren der Ordnung $n - r$ von $\lambda_i I - A$; folglich kann nicht jeder Hauptminor verschwinden, und $\lambda_i I - A$ hat den Rang von mindestens $n - r$. Wegen **(11.2)** hat der dazugehörige invariante Vektorraum von $\lambda_i I - A$, d. h., ihr Nullraum, die Dimension von höchstens r.

6. **Gib für die Matrix von Aufgabe 2 die charakteristischen Wurzeln und die dazugehörigen invarianten Vektorräume an.**

Die charakteristischen Wurzeln sind 1, 1, 1, 2.

Für $\lambda = 2$ hat $\lambda I - A = \begin{bmatrix} 1 & 4 & 1 & 4 \\ -2 & 2 & -5 & 4 \\ 1 & -1 & 4 & -3 \\ 1 & -4 & 1 & -4 \end{bmatrix} \sim \begin{bmatrix} 1 & 0 & 1 & 0 \\ 0 & 0 & 0 & 0 \\ 0 & 0 & 3 & -2 \\ 0 & 1 & 0 & 1 \end{bmatrix}$ den Rang 3; ihr Nullraum hat die Dimension 1. Der dazugehörige invariante Vektorraum ist einer, der durch $[2, 3, -2, -3]'$ erzeugt wird.

Für $\lambda = 1$ hat $\lambda I - A = \begin{bmatrix} 0 & 4 & 1 & 4 \\ -2 & 1 & -5 & 4 \\ 1 & -1 & 3 & -3 \\ 1 & -4 & 1 & -5 \end{bmatrix} \sim \begin{bmatrix} 0 & 0 & 5 & -4 \\ 0 & -1 & 1 & -2 \\ 1 & 0 & 2 & -1 \\ 0 & 0 & 0 & 0 \end{bmatrix}$ den Rang 3; ihr Nullraum hat die Dimension 1. Der dazugehörige invariante Vektorraum ist einer, der durch $[3, 6, -4, -5]'$ erzeugt wird.

7. **Beweise: Wenn α eine von Null verschiedene charakteristische Wurzel der nichtsingulären n-quadratischen Matrix A ist, dann ist $|A|/\alpha$ eine charakteristische Wurzel von adj A.**

Wegen Aufgabe 1 gelten

(i) $$\alpha^n + s_1\alpha^{n-1} + \ldots + s_{n-1}\alpha + (-1)^n|A| = 0$$

wobei s_i, $(i = 1, 2, \ldots, n-1)$, das $(-1)^i$-fache der Summe aller i-quadratischen Hauptminoren von A ist und

$$|\mu I - \text{adj } A| = \mu^n + S_1\mu^{n-1} + \ldots + S_{n-1}\mu + (-1)^n|\text{adj } A|,$$

wobei S_j, $(j = 1, 2, \ldots, n-1)$, das $(-1)^j$-fache der Summe der j-quadratischen Hauptminoren von adj A ist.

Wegen **(6.4)** und der Definitionen von s_i und S_j gelten $S_1 = (-1)^n s_{n-1}$, $S_2 = (-1)^n|A|s_{n-2}$, …, $S_{n-1} = (-1)^n|A|^{n-2}s_1$, und $|\text{adj } A| = |A|^{n-1}$; dann gelten

$$|\mu I - \text{adj } A| = (-1)^n\{(-1)^n\mu^n + s_{n-1}\mu^{n-1} + s_{n-2}|A|\mu^{n-2} + \ldots + s_2|A|^{n-3}\mu^2 + s_1|A|^{n-2}\mu + |A|^{n-1}\}$$

und

$$|A|^{1-n}|\mu I - \text{adj } A| = (-1)^n\{1 + s_1(\frac{\mu}{|A|}) + \ldots + s_{n-1}(\frac{\mu}{|A|})^{n-1} + (-1)^n(\frac{\mu}{|A|})^n|A|\} = f(\mu)$$

Nun gilt $$f(\frac{|A|}{\alpha}) = (-1)^n\{1 + s_1(\frac{1}{\alpha}) + \ldots + s_{n-1}(\frac{1}{\alpha})^{n-1} + (-1)^n(\frac{1}{\alpha})^n|A|\},$$

und wegen **(i)** folgt

$$\alpha^n f(\frac{|A|}{\alpha}) = (-1)^n\{\alpha^n + s_1\alpha^{n-1} + \ldots + s_{n-1}\alpha + (-1)^n|A|\} = 0$$

Folglich ist $|A|/\alpha$ eine charakteristische Wurzel von adj A.

8. **Beweise: Die charakteristische Gleichung einer orthogonalen Matrix P ist eine reziproke Gleichung.**

Wir erhalten

$$\phi(\lambda) = |\lambda I - P| = |\lambda PIP' - P| = |-P\lambda(\frac{1}{\lambda}I - P')| = \pm\lambda^n|\frac{1}{\lambda}I - P| = \pm\lambda^n\phi(\frac{1}{\lambda})$$

ERGÄNZUNGSAUFGABEN

9. Bestimme für die folgenden Matrizen die charakteristischen Wurzeln und eine Basis für jeden der dazugehörigen invarianten Vektorräume.

$(a)\ \begin{bmatrix} 1 & 0 & -1 \\ 1 & 2 & 1 \\ 2 & 2 & 3 \end{bmatrix}$ $(c)\ \begin{bmatrix} 1 & 2 & 2 \\ 0 & 2 & 1 \\ -1 & 2 & 2 \end{bmatrix}$ $(e)\ \begin{bmatrix} -2 & -8 & -12 \\ 1 & 4 & 4 \\ 0 & 0 & 1 \end{bmatrix}$ $(g)\ \begin{bmatrix} 2 & 1 & 1 \\ 1 & 2 & 1 \\ 0 & 0 & 1 \end{bmatrix}$ $(i)\ \begin{bmatrix} 1 & -1 & -1 \\ 1 & -1 & 0 \\ 1 & 0 & -1 \end{bmatrix}$

$(b)\ \begin{bmatrix} 1 & 1 & -2 \\ -1 & 2 & 1 \\ 0 & 1 & -1 \end{bmatrix}$ $(d)\ \begin{bmatrix} 0 & 1 & 0 \\ 0 & 0 & 1 \\ 1 & -3 & 3 \end{bmatrix}$ $(f)\ \begin{bmatrix} -3 & -9 & -12 \\ 1 & 3 & 4 \\ 0 & 0 & 1 \end{bmatrix}$ $(h)\ \begin{bmatrix} 2 & 2 & 0 \\ 2 & 2 & 0 \\ 0 & 0 & 1 \end{bmatrix}$ $(j)\ \begin{bmatrix} 2-i & 0 & i \\ 0 & 1+i & 0 \\ i & 0 & 2-i \end{bmatrix}$

$(k)\ \begin{bmatrix} 3 & 2 & 2 & -4 \\ 2 & 3 & 2 & -1 \\ 1 & 1 & 2 & -1 \\ 2 & 2 & 2 & -1 \end{bmatrix}$ $(l)\ \begin{bmatrix} 5 & 6 & -10 & 7 \\ -5 & -4 & 9 & -6 \\ -3 & -2 & 6 & -4 \\ -3 & -3 & 7 & -5 \end{bmatrix}$ $(m)\ \begin{bmatrix} -1 & -1 & -6 & 3 \\ 1 & -2 & -3 & 0 \\ -1 & 1 & 0 & 1 \\ -1 & -1 & -5 & 3 \end{bmatrix}$

Antwort: (*a*) 1, $[1, -1, 0]'$; 2, $[2, -1, -2]'$; 3, $[1, -1, -2]'$
(*b*) −1, $[1, 0, 1]'$; 2, $[1, 3, 1]'$; 1, $[3, 2, 1]'$
(*c*) 1, $[1, 1, -1]'$; 2, $[2, 1, 0]'$;
(*d*) 1, $[1, 1, 1]'$

(*e*) 2, [2, −1, 0]′; 0, [4, −1, 0]′; 1, [4, 0, −1]′
(*f*) 0, [3, −1, 0]′; 1, [12, −4, −1]′
(*g*) 1, [1, 0, −1]′, [0, 1, −1]′; 3, [1, 1, 0]′
(*h*) 0, [1, −1, 0]′; 1, [0, 0, 1]′; 4, [1, 1, 0]′
(*i*) −1, [0, 1, −1]′; *i*, [1 + *i*, 1, 1]′; −*i*, [1 − *i*, 1, 1]′
(*j*) 2, [1, 0, 1]′; 1 + *i*, [0, 1, 0]′; 2 − 2*i*, [1, 0, −1]′
(*k*) 1, [1, 0, −1, 0]′, [1, −1, 0, 0]′; 2, [−2, 4, 1, 2]′; 3, [0, 3, 1, 2]′
(*l*) 1, [1, 2, 3, 2]′; −1, [−3, 0, 1, 4]′
(*m*) 0, [2, 1, 0, 1]′; 1, [3, 0, 1, 4]′; −1, [3, 0, 1, 2]′

10. Beweise: Wenn X ein Einheitsvektor ist, und wenn $AX = \lambda X$ ist, dann gilt $X'AX = \lambda$.

11. Beweise: Die charakteristischen Wurzeln einer Diagonalmatrix sind die Elemente ihrer Diagonalen, und die dazugehörigen invarianten Vektoren sind die Elementarvektoren E_i.

12. Beweise die Sätze **I** und **VI**.

13. Beweise Satz **VII**.
Hinweis: Wenn $|\lambda I - A| = (\lambda - \lambda_1)(\lambda - \lambda_2)\ldots(\lambda - \lambda_n)$ ist, dann gilt $|(\lambda + k)I - A| = (\lambda + k - \lambda_1)(\lambda + k - \lambda_2)\ldots(\lambda + k - \lambda_n)$.

14. Beweise: Die charakteristischen Wurzeln der direkten Summe $\text{Diag}(A_1, A_2, \ldots, A_s)$ sind die charakteristischen Wurzeln von $A_1, A_2, \ldots, A_s$.

15. Beweise: Wenn A und $N = \begin{bmatrix} I_r & 0 \\ 0 & 0 \end{bmatrix}$ n-quadratisch mit $r < n$ sind, zeige man, daß NA und AN dieselbe charakteristische Gleichung haben.

16. Beweise: Wenn die n-quadratische Matrix A den Rang r hat, dann sind mindestens $n - r$ ihrer charakteristischen Wurzel Null.

17. Beweise: Wenn A und B n-quadratisch sind und A nichtsingulär ist, dann haben $A^{-1}B$ und BA^{-1} dieselben charakteristischen Wurzeln.

18. Für A und B von Aufgabe 17 zeige man, daß B und $A^{-1}BA$ dieselben charakteristischen Wurzeln haben.

19. Es sei A eine n-quadratische Matrix. Schreibe $|\lambda I - A^{-1}| = |-\lambda A^{-1}(\frac{1}{\lambda}I - A)|$ und schließe, daß die $1/\lambda_1, 1/\lambda_2, \ldots, 1/\lambda$ die charakteristischen Wurzeln von A^{-1} sind.

20. Beweise: Die charakteristischen Wurzeln einer orthogonalen Matrix P haben den absoluten Wert 1.
Hinweis: Wenn λ_i und X_i eine charakteristische Wurzel bzw. ein dazugehöriger invarianter Vektor von P sind, dann gilt $X_i'X_i = (PX_i)'(PX_i) = \lambda_i\lambda_i X_i' X_i$.

21. Beweise: Wenn $\lambda_i \neq \pm 1$ eine charakteristische Wurzel ist und X_i der dazugehörige invariante Vektor einer orthogonalen Matrix P, dann gilt $X_i' X_i = 0$.

22. Beweise: Die charakteristischen Wurzeln einer unitären Matrix haben den absoluten Wert 1.

23. Unter Verwendung von Satz **II** erhalte:

$\phi(0) = (-1)^n |A|$

$\phi'(0) = (-1)^{n-1}$ mal die Summe der Hauptminoren von der Ordnung $n - 1$ von A

. . . .

$\phi^{(r)}(0) = (-1)^{n-r} r!$ mal die Summe der Hauptminoren von der Ordnung $n - r$ von A

. . . .

$\phi^{(n)}(0) = n!$

24. Setze aus Aufgabe 23 in

$$\phi(\lambda) = \phi(0) + \phi'(0)\cdot\lambda + \frac{1}{2!}\phi''(0)\cdot\lambda^2 + \ldots + \frac{1}{n!}\phi^{(n)}(0)\cdot\lambda^n$$

ein, um **(19.4)** zu erhalten.

Ähnliche Matrizen ⊆ Äquivalente Matrizen
$B = R^{-1}AR$ $B = PAQ$ mit $R, P, Q \in GL(n; K)$

KAPITEL 20

Ähnlichkeit

ZWEI n**-QUADRATISCHE MATRIZEN** A und B auf F werden **ähnlich** auf F genannt, wenn eine nichtsinguläre Matriz R auf F derart existiert, daß

(20.1) $$B = R^{-1}AR$$

gilt.

Beispiel 1. Die Matrizen $A = \begin{bmatrix} 2 & 2 & 1 \\ 1 & 3 & 1 \\ 1 & 2 & 2 \end{bmatrix}$ von Beispiel 1, Kapitel 19, und

$$B = R^{-1}AR = \begin{bmatrix} 7 & -3 & -3 \\ -1 & 1 & 0 \\ -1 & 0 & 1 \end{bmatrix} \begin{bmatrix} 2 & 2 & 1 \\ 1 & 3 & 1 \\ 1 & 2 & 2 \end{bmatrix} \begin{bmatrix} 1 & 3 & 3 \\ 1 & 4 & 3 \\ 1 & 3 & 4 \end{bmatrix} = \begin{bmatrix} 5 & 14 & 13 \\ 0 & 1 & 0 \\ 0 & 0 & 1 \end{bmatrix}$$

sind ähnlich.

Die charakteristische Gleichung $(\lambda - 5)(\lambda - 1)^2 = 0$ von B ist gleichfalls die charakteristische Gleichung von A.

Ein invarianter Vektor von B, der zu $\lambda = 5$ gehört, ist $Y_1 = [1, 0, 0]'$, und es ist schnell gezeigt, daß $X_1 = RY_1 = [1, 1, 1]'$ ein invarianter Vektor von A ist, welcher derselben charakteristischen Wurzel $\lambda = 5$ zugeordnet ist. Der Leser möge zeigen, daß $Y_2 = [7, -2, 0]'$ und $Y_3 = [17, -3, -2]'$ ein Paar von linear unabhängigen invarianten Vektoren von B, zugehörig zu $\lambda = 1$, ist, während $X_2 = RY_3$ und $X_3 = RY_3$ ein Paar von linear unabhängigen invarianten Vektoren von A ist, zugehörig zu derselben Wurzel $\lambda = 1$.

Beispiel 1 illustriert die folgenden Sätze:

I. Zwei ähnliche Matrizen haben dieselben charakteristischen Wurzeln.

Für einen Beweis siehe Aufgabe 1.

II. Wenn Y ein invarianter Vektor von $B = R^{-1}AR$ ist, der mit der charakteristischen Wurzel λ_i von B korrespondiert, dann ist $X = RY$ ein invarianter Vektor von A, der mit derselben charakteristischen Wurzel λ_i von A korrespondiert.

Für einen Beweis siehe Aufgabe 2.

DIAGONALMATRIZEN. Die charakteristischen Wurzeln einer diagonalen Matrix $D = \text{Diag}(a_1, a_2, \ldots, a_n)$ sind einfach die Diagonalelemente.

Eine Diagonalmatrix hat immer n linear unabhängige invariante Vektoren. Die Elementarvektoren E_i sind solch eine Menge, weil $DE_i = a_iE_i$, $(i = 1, 2, \ldots, n)$ gilt.

Als Konsequenz erhalten wir (siehe Aufgaben 3 und 4 für die Beweise)

III. Eine beliebige n-quadratische Matrix A, ähnlich zu einer Diagonalmatrix, hat n linear unabhängige invariante Vektoren.

IV. Wenn eine n-quadratische Matrix A n linear unabhängige invariante Vektoren hat, dann ist sie ähnlich zu einer Diagonalmatrix

Siehe Aufgabe 5.

In Aufgabe 6 beweisen wir

V. Auf einem Körper F ist eine n-quadratische Matrix A dann und nur dann zu einer Diagonalmatrix ähnlich, wenn $\lambda I - A$ vollständig in F enthalten ist, und die Vielfachheit jedes λ_i gleich der Dimension des Nullraumes von $\lambda_i I - A$ ist.

Nicht jede n-quadratische Matrix ist einer Diagonalmatrix ähnlich. Die Matrix von Beispiel 6, Kapitel 19, ist hierfür ein Beispiel. Korrespondierend mit der dreifachen Wurzel $\lambda = 1$ hat dort der Nullraum von $\lambda I - A$ die Dimension 1.

Gleichwohl können wir beweisen:

VI. Jede n-quadratische Matrix A ist einer triangulären Matrix ähnlich, deren Diagonalelemente die charakteristischen Wurzeln von A sind.

Siehe Aufgaben 7–8.

Als Spezialfälle erhalten wir:

VII. Wenn A eine beliebige reelle n-quadratische Matrix mit reellen charakteristischen Wurzeln ist, dann existiert eine orthogonale Matrix P derart, daß $P^{-1}AP = P'AP$ triangulär ist und als Diagonalelemente die charakteristischen Wurzeln von A besitzt.

Siehe Aufgaben 9–10.

VIII. Wenn A eine beliebige n-quadratische Matrix mit komplexen Elementen oder eine reelle n-quadratische Matrix mit komplexen charakteristischen Wurzeln ist, dann existiert eine unitäre Matrix U derart, daß $U^{-1}AU = \overline{U}'AU$ triangulär ist und als Diagonalelemente die charakteristischen Wurzeln von A besitzt.

Siehe Aufgabe 11.

Die Matrizen A und $P^{-1}AP$ von Satz **VII** heißen **orthogonal ähnlich.**

Die Matrizen A und $U^{-1}AU$ von Satz **VIII** heißen **unitär ähnlich.**

DIAGONALÄHNLICHE MATRIZEN. Eine Matrix A, die einer Diagonalmatrix ähnlich ist, heißt **diagonalähnlich.** Satz **IV** ist die Basis für die Untersuchung gewisser Typen von diagonalähnlichen Matrizen im nächsten Kapitel.

AUFGABEN MIT LÖSUNGEN

1. Beweise: Zwei ähnliche Matrizen haben dieselben charakteristischen Wurzeln.

Es seien A und $B = R^{-1}AR$ ähnliche Matrizen; dann gelten

(*i*) $$\lambda I - B \;=\; \lambda I - R^{-1}AR \;=\; R^{-1}\lambda IR - R^{-1}AR \;=\; R^{-1}(\lambda I - A)R$$

und

$$|\lambda I - B| \;=\; |R^{-1}|\cdot|\lambda I - A|\cdot|R| \;=\; |\lambda I - A|$$

Demgemäß haben A und B dieselbe charakteristische Gleichung und dieselben charakteristischen Wurzeln.

2. Beweise: Wenn Y ein invarianter Vektor von $B = R^{-1}AR$ ist, der zu der charakteristischen Wurzel λ_i korrespondiert, dann ist $X = RY$ ein invarianter Vektor von A, der mit derselben charakteristischen Wurzel λ_i von A korrespondiert.

Gemäß Hypothese gelten $BY = \lambda_i Y$ und $RB = AR$; dann gilt

$$AX \;=\; ARY \;=\; RBY \;=\; R\lambda_i Y \;=\; \lambda_i RY \;=\; \lambda_i X$$

und X ist ein invarianter Vektor von A, der mit der charakteristischen Wurzel λ_i korrespondiert.

3. Beweise: Eine beliebige Matrix A, die einer Diagonalmatrix ähnlich ist, hat n linear unabhängige invariante Vektoren.

Es sei $R^{-1}AR = \text{Diag}(b_1, b_2, \ldots, b_n) = B$. Nun sind die Elementarvektoren $E_1, E_2, \ldots, E_n$ invariante Vektoren von B. Dann sind gemäß Satz **II** die Vektoren $X_j = RE_j$ invariante Vektoren von A. Weil R nichtsingulär ist, sind ihre Spaltenkonvektoren linear unabhängig.

4. Beweise: Wenn eine n-quadratische Matrix A n linear unabhängige invariante Vektoren hat, dann ist sie einer Diagonalmatrix ähnlich.

Es seien die n linear unabhängigen invarianten Vektoren $X_1, X_2, \ldots, X_n$ den entsprechenden charakteristischen Wurzeln $\lambda_1, \lambda_2, \ldots, \lambda_n$ derart zugehörig, daß $AX_i = \lambda_i X_i$, $(i = 1, 2, \ldots, n)$, gilt. Es sei $R = [X_1, X_2, \ldots, X_n]$; dann gilt

$$AR = [AX_1, AX_2, \ldots, AX_n] = [\lambda_1 X_1, \lambda_2 X_2, \ldots, \lambda_n X_n]$$

$$= [X_1, X_2, \ldots, X_n] \begin{bmatrix} \lambda_1 & 0 & 0 & \ldots & 0 \\ 0 & \lambda_2 & 0 & \ldots & 0 \\ \ldots & \ldots & \ldots & \ldots & \ldots \\ 0 & 0 & 0 & \ldots & \lambda_n \end{bmatrix} = R\,\mathrm{Diag}(\lambda_1, \lambda_2, \ldots, \lambda_n).$$

Folglich gilt $R^{-1}AR = \mathrm{Diag}\,(\lambda_1, \lambda_2, \ldots, \lambda_n$.

5. Eine Menge von linear unabhängigen invarianten Vektoren der Matrix A von Beispiel 1, Kapitel 19, ist

$$X_1 = [1, 1, 1]', \quad X_2 = [2, -1, 0]', \quad X_3 = [1, 0, -1]'$$

Nimm $R = [X_1, X_2, X_3] = \begin{bmatrix} 1 & 2 & 1 \\ 1 & -1 & 0 \\ 1 & 0 & -1 \end{bmatrix}$; dann gilt $R^{-1} = \frac{1}{4}\begin{bmatrix} 1 & 2 & 1 \\ 1 & -2 & 1 \\ 1 & 2 & -3 \end{bmatrix}$, und

$$R^{-1}AR = \frac{1}{4}\begin{bmatrix} 1 & 2 & 1 \\ 1 & -2 & 1 \\ 1 & 2 & -3 \end{bmatrix}\begin{bmatrix} 2 & 2 & 1 \\ 1 & 3 & 1 \\ 1 & 2 & 2 \end{bmatrix}\begin{bmatrix} 1 & 2 & 1 \\ 1 & -1 & 0 \\ 1 & 0 & -1 \end{bmatrix} = \begin{bmatrix} 5 & 0 & 0 \\ 0 & 1 & 0 \\ 0 & 0 & 1 \end{bmatrix}.$$

ist eine Diagonalmatrix.

6. Beweise: Auf einem Körper F ist eine n-quadratische Matrix A dann und nur dann einer Diagonalmatrix ähnlich, wenn $\lambda I - A$ Faktoren vollständig in F enthalten sind und die Vielfachheit jedes λ_i gleich der Dimension des Nullraumes von $\lambda_i I - A$ ist.

Zunächst nehmen man an, daß $R^{-1}AR = \mathrm{Diag}\,(\lambda_1, \lambda_2, \ldots, \lambda_n) = B$ gilt, und daß genau k dieser charakteristischen Wurzeln gleich den λ_i sind. Dann hat $\lambda_i I - B$ genau k Nullen in ihrer Diagonalen und folglich ist ihr Rang $n - k$; ihr Nullraum hat dann die Dimension $n - (n - k) = k$. Weil $\lambda_i I - A = R\,(\lambda_i I - B)R^{-1}$ gilt, hat $\lambda i I - A$ denselben Rang $n - k$ und Rangabfall k wie $\lambda_i I - B$.

Umgekehrt seien $\lambda_1, \lambda_2, \ldots, \lambda_s$ die verschiedenen charakteristischen Wurzeln von A mit entsprechenden Vielfachen $r_1, r_2, \ldots, r_s$, wobei $r_1 + r_2 + \ldots + r_s = n$ gilt. Bezeichne mit $V_{r_1}, V_{r_2}, \ldots, V_{r_s}$ die dazugehörigen invarianten Vektorräume. Nimm $X_{i1}, X_{i2}, \ldots, X_{ir_i}$ als eine Basis des invarianten Vektorraumes V_{r_i}, $(i = 1, 2, \ldots, s)$. Nimm an, daß Skalare a_{ij}, die nicht alle Null sind, derart existieren, daß

(i) $$(a_{11}X_{11} + a_{12}X_{12} + \ldots + a_{1r_1}X_{1r_1}) + (a_{21}X_{21} + a_{22}X_{22} + \ldots + a_{2r_2}X_{2r_2}) + \ldots + (a_{s1}X_{s1} + a_{s2}X_{s2} + \ldots + a_{sr_s}X_{sr_s}) = 0$$

ist.

Nun gilt für jeden Vektor $Y_i = a_{i1}X_{i1} + a_{i2}X_{i2} + \ldots + a_{ir_i}X_{ir_i}) = 0$, $(i = 1, 2, \ldots, s)$, andererseits ist er ein invarianter Vektor, und gemäß Satz **I** ist ihre Gesamtheit linear unabhängig. Dieses widerspricht **(i)**; demgemäß bilden die X's eine Basis von V_n, und A ist einer Diagonalmatrix gemäß Satz **IV** ähnlich.

7. Beweise: Jede n-quadratische Matrix A ist einer triangulären Matrix ähnlich, deren Diagonalelemente die charakteristischen Wurzeln von A sind.

Es seien $\lambda_1, \lambda_2, \ldots, \lambda_n$ die charakteristischen Wurzeln von A, und es sei X_1 ein invarianter Vektor von A, korrespondierend mit der charakteristischen Wurzel λ_1. Nimm X_1 als die erste Spalte einer nichtsingulären Matrix Q_1, deren übrige Spalten derart sind, daß $|Q_1| \neq 0$ gilt. Die erste Spalte von AQ_1 ist $AX_1 = \lambda_1 X_1$, und die erste Spalte von $Q_1^{-1}AQ_1$ ist $Q_1^{-1}\lambda_1 X_1$. Aber dies ist $[\lambda_1, 0, \ldots, 0]'$, nämlich gleich der ersten Spalte von $Q_1^{-1}\lambda_1 Q_1$. Demgemäß gilt

(i) $$Q_1^{-1}AQ_1 = \begin{bmatrix} \lambda_1 & B_1 \\ 0 & A_1 \end{bmatrix},$$

wobei A_1 von der Ordnung $n-1$ ist.

Weil $|\lambda I - Q_1^{-1}AQ_1| = (\lambda - \lambda_1)|\lambda I - A_1|$ gilt, und $Q_1^{-1}AQ_1$ und A dieselben charakteristischen Wurzeln haben, folgt, daß $\lambda_2, \lambda_3, \ldots, \lambda_n$ die charakteristischen Wurzeln von A_1 sind. Wenn $n = 2$ ist, gilt $A_1 = [\lambda_2]$, und der Satz ist mit $Q = Q_1$ bewiesen.

Andererseits sei X_2 ein invarianter Vektor von A_1, der mit der charakteristischen Wurzel λ_2 korrespondiert. Nimm X_2 als die erste Spalte einer nichtsingulären Matrix Q_2, deren übrige Spalten derart sind, daß $|Q_2| \neq 0$ gilt. Dann folgt

(ii) $$Q_2^{-1}A_1Q_2 = \begin{bmatrix} \lambda_2 & B_2 \\ 0 & A_2 \end{bmatrix},$$

wobei A_2 von der Ordnung $n-2$ ist. Wenn $n = 3$ ist, gilt $A_2 = [\lambda_3]$, und der Satz ist mit

$Q = Q_1 \cdot \begin{bmatrix} I_1 & 0 \\ 0 & Q_2 \end{bmatrix}$ bewiesen.

Andererseits wiederholen wir das Verfahren, und nach höchstens $n-1$ Schritten erhalten wir

(iii) $$Q = Q_1 \cdot \begin{bmatrix} I_1 & 0 \\ 0 & Q_2 \end{bmatrix}\begin{bmatrix} I_2 & 0 \\ 0 & Q_3 \end{bmatrix} \cdots \begin{bmatrix} I_{n-2} & 0 \\ 0 & Q_{n-1} \end{bmatrix}$$

derart, daß $Q^{-1}AQ$ triangulär ist und als Diagonalelemente die charakteristischen Wurzeln von A besitzt.

8. Gib eine nichtsinguläre Matrix Q derart an, daß $Q^{-1}AQ$ triangulär ist, für

$$A = \begin{bmatrix} 9 & -1 & 8 & -9 \\ 6 & -1 & 5 & -5 \\ -5 & 1 & -4 & 5 \\ 4 & 0 & 5 & -4 \end{bmatrix}$$

Hier gilt $|\lambda I - A| = (\lambda^2 - 1)(\lambda^2 - 4)$ und die charakteristischen Wurzeln sind $1, -1, 2, -2$. Nimm $[5, 5, -1, 3]$, einen invarianten Vektor, korrespondierend zu der charakteristischen Wurzel 1, als die erste Spalte einer nichtsingulären Matrix Q_1, deren übrige Spalten Elementarvektoren sind, zum Beispiel

$$Q_1 = \begin{bmatrix} 5 & 0 & 0 & 0 \\ 5 & 1 & 0 & 0 \\ -1 & 0 & 1 & 0 \\ 3 & 0 & 0 & 1 \end{bmatrix}$$

Dann gelten

$$Q_1^{-1} = \frac{1}{5}\begin{bmatrix} 1 & 0 & 0 & 0 \\ -5 & 5 & 0 & 0 \\ 1 & 0 & 5 & 0 \\ -3 & 0 & 0 & 5 \end{bmatrix} \quad \text{und} \quad Q_1^{-1}AQ_1 = \frac{1}{5}\begin{bmatrix} 5 & -1 & 8 & -9 \\ 0 & 0 & -15 & 20 \\ 0 & 4 & -12 & 16 \\ 0 & 3 & 1 & 7 \end{bmatrix} = \begin{bmatrix} 1 & B_1 \\ 0 & A_1 \end{bmatrix}$$

Eine charakteristische Wurzel von A_1 ist -1, und ein dazugehöriger invarianter Vektor ist $[4, 0, -1]'$.

Nimm $Q_2 = \begin{bmatrix} 4 & 0 & 0 \\ 0 & 1 & 0 \\ -1 & 0 & 1 \end{bmatrix}$; dann gelten

$$Q_2^{-1} = \frac{1}{4}\begin{bmatrix} 1 & 0 & 0 \\ 0 & 4 & 0 \\ 1 & 0 & 4 \end{bmatrix} \quad \text{und} \quad Q_2^{-1}A_1Q_2 = \frac{1}{20}\begin{bmatrix} -20 & -15 & 20 \\ 0 & -48 & 64 \\ 0 & -11 & 48 \end{bmatrix} = \begin{bmatrix} -1 & B_2 \\ 0 & A_2 \end{bmatrix}$$

Eine charakteristische Wurzel von A_2 ist 2, und ein dazugehöriger invarianter Vektor ist $[8, 11]'$.

Nimm $Q_3 = \begin{bmatrix} 8 & 0 \\ 11 & 1 \end{bmatrix}$; dann gelten

$$Q_3^{-1} = \frac{1}{8}\begin{bmatrix} 1 & 0 \\ -11 & 8 \end{bmatrix} \quad \text{und} \quad Q_3^{-1}A_2Q_3 = \begin{bmatrix} 2 & 2/5 \\ 0 & -2 \end{bmatrix}$$

Dann gelten

$$Q = Q_1 \cdot \begin{bmatrix} I_1 & 0 \\ 0 & Q_2 \end{bmatrix} \cdot \begin{bmatrix} I_2 & 0 \\ 0 & Q_3 \end{bmatrix} = \begin{bmatrix} 5 & 0 & 0 & 0 \\ 5 & 4 & 0 & 0 \\ -1 & 0 & 8 & 0 \\ 3 & -1 & 11 & 1 \end{bmatrix}, \quad Q^{-1} = \frac{1}{160}\begin{bmatrix} 32 & 0 & 0 & 0 \\ -40 & 40 & 0 & 0 \\ 4 & 0 & 20 & 0 \\ -180 & 40 & -220 & 160 \end{bmatrix}$$

und

$$Q^{-1}AQ = \begin{bmatrix} 1 & 1 & -7 & -9/5 \\ 0 & -1 & 5 & 1 \\ 0 & 0 & 2 & 2/5 \\ 0 & 0 & 0 & -2 \end{bmatrix}$$

9. Wenn A eine beliebige reelle n-quadratische Matrix mit reellen charakteristischen Wurzeln ist, dann existiert eine orthogonale Matrix P derart, daß $P^{-1}AP$ triangulär ist, und die als Diagonalelemente die charakteristischen Wurzeln von A hat.

Es seien $\lambda_1, \lambda_2, \ldots, \lambda_n$ die charakteristischen Wurzeln von A. Weil die Wurzeln reell sind, sind die dazugehörigen invarianten Vektoren gleichfalls reell. Wie in Aufgabe 7 sei Q_1 als erste Spalte mit der Eigenschaft gebildet, einen invarianten Vektor, korrespondierend zu λ_1, zu besitzen. Unter Verwendung des Gram-Schmidtschen Verfahrens erhält man aus Q_1 eine orthogonale Matrix P_1, deren erste Spalte proportional zu der von Q_1 ist. Dann erhält man

$$P_1^{-1}AP_1 = \begin{bmatrix} \lambda_1 & B_1 \\ 0 & A_1 \end{bmatrix},$$

wobei A_1 von der Ordnung $n-1$ ist und als charakteristische Wurzeln $\lambda_2, \lambda_3, \ldots, \lambda_n$ besitzt.

Als nächstes bilde Q_2 so, daß sie als erste Spalte einen invarianten Vektor von A_1 besitzt, der zu der Wurzel λ_2 korrespondiert, und unter Verwendung des Gram-Schmidtschen Verfahrens erhält man eine orthogonale Matrix P_2. Dann gilt

$$P_2^{-1}A_1P_2 = \begin{bmatrix} \lambda_2 & B_2 \\ 0 & A_2 \end{bmatrix}$$

Nach genügenden Wiederholungen bildet man die orthogonale Matrix

$$P = P_1 \cdot \begin{bmatrix} I_1 & 0 \\ 0 & P_2 \end{bmatrix} \cdots \begin{bmatrix} I_{n-2} & 0 \\ 0 & P_{n-1} \end{bmatrix},$$

für die $P^{-1}AP$ triangulär mit den charakteristischen Wurzeln von A als Diagonalelemente ist.

10. Gib eine orthogonale Matrix P derart an, daß

$$P^{-1}AP = P^{-1}\begin{bmatrix} 2 & 2 & 1 \\ 1 & 3 & 1 \\ 1 & 2 & 2 \end{bmatrix}P$$

triangulär ist und die charakteristischen Wurzeln von A als Diagonalelemente besitzt.

Wegen Beispiel 1, Kapitel 19, sind die charakteristischen Wurzeln 5, 1, 1, und ein invarianter Vektor, korrespondierend mit $\lambda = 1$, ist $[1, 0, -1]'$.

Wir nehmen $Q_1 = \begin{bmatrix} 1 & 0 & 0 \\ 0 & 1 & 0 \\ -1 & 0 & 1 \end{bmatrix}$ und erhalten nach Anwendung des Gram-Schmidtchen Verfahrens

$$P_1 = \begin{bmatrix} 1/\sqrt{2} & 0 & 1/\sqrt{2} \\ 0 & 1 & 0 \\ -1/\sqrt{2} & 0 & 1/\sqrt{2} \end{bmatrix},$$

eine orthogonale Matrix, deren erste Spalte proportional zu $[1, 0, -1]'$ ist.

Wir erhalten

$$P_1^{-1}AP_1 = \begin{bmatrix} 1/\sqrt{2} & 0 & -1/\sqrt{2} \\ 0 & 1 & 0 \\ 1/\sqrt{2} & 0 & 1/\sqrt{2} \end{bmatrix}\begin{bmatrix} 2 & 2 & 1 \\ 1 & 3 & 1 \\ 1 & 2 & 2 \end{bmatrix}\begin{bmatrix} 1/\sqrt{2} & 0 & 1/\sqrt{2} \\ 0 & 1 & 0 \\ -1/\sqrt{2} & 0 & 1/\sqrt{2} \end{bmatrix} = \begin{bmatrix} 1 & 0 & 0 \\ 0 & 3 & \sqrt{2} \\ 0 & 2\sqrt{2} & 3 \end{bmatrix} = \begin{bmatrix} 1 & B_1 \\ 0 & A_1 \end{bmatrix}$$

A_1 hat $\lambda = 1$ als eine charakteristische Wurzel und $[1, -\sqrt{2}]'$ als zugehörigen invarianten Vektor. Aus $Q_2 = \begin{bmatrix} 1 & 0 \\ -\sqrt{2} & 1 \end{bmatrix}$ erhalten wir mit dem Gram-Schmidtschen Verfahren die orthogonale Matrix $P_2 = \begin{bmatrix} 1/\sqrt{3} & 2/\sqrt{6} \\ -2/\sqrt{6} & 1/\sqrt{3} \end{bmatrix}$. Dann ist

$$P = P_1 \cdot \begin{bmatrix} I_1 & 0 \\ 0 & P_2 \end{bmatrix} = \begin{bmatrix} 1/\sqrt{2} & -1/\sqrt{3} & 1/\sqrt{6} \\ 0 & 1/\sqrt{3} & 2/\sqrt{6} \\ -1/\sqrt{2} & -1/\sqrt{3} & 1/\sqrt{6} \end{bmatrix}$$

orthogonal, und es gilt $P^{-1}AP = \begin{bmatrix} 1 & 0 & 0 \\ 0 & 1 & -\sqrt{2} \\ 0 & 0 & 5 \end{bmatrix}$

11. Gib eine unitäre Matrix U derart an, daß $U^{-1}AU$ triangulär ist und als Diagonalelemente die charakteristischen Wurzeln von A hat für

$$A = \begin{bmatrix} 5+5i & -1+i & -6-4i \\ -4-6i & 2-2i & 6+4i \\ 2+3i & -1+i & -3-2i \end{bmatrix}$$

Die charakteristische Gleichung von A ist $\lambda(\lambda^2 + (-4-i)\lambda + 5 - i) = 0$ und die charakteristischen Wurzeln sind $0,\ 1-i,\ 3+2i$. Für $\lambda = 0$ nimm $[1, -1, 1]'$ als zugehörigen invarianten Vektor, und bilde $Q_1 = \begin{bmatrix} 1 & 0 & 0 \\ -1 & 1 & 0 \\ 1 & 0 & 1 \end{bmatrix}$. Das Gram-Schmidtsche Verfahren liefert die unitäre Matrix

$$U_1 = \begin{bmatrix} 1/\sqrt{3} & 1/\sqrt{6} & -1/\sqrt{2} \\ -1/\sqrt{3} & 2/\sqrt{6} & 0 \\ 1/\sqrt{3} & 1/\sqrt{6} & 1/\sqrt{2} \end{bmatrix}$$

Nun ist

$$U_1^{-1}AU_1 = \begin{bmatrix} 0 & -2\sqrt{2}(1-i) & -(26+24i)/\sqrt{6} \\ 0 & 1-i & (2+3i)/\sqrt{3} \\ 0 & 0 & 3+2i \end{bmatrix}$$

so, daß für diese Wahl von Q_1 die geforderte Matrix $U = U_1$ ist.

12. Gib eine orthogonale Matrix P derart an, daß $P^{-1}AP$ triangulär ist und als Diagonalelemente die charakteristischen Wurzeln von A hat für

$$A = \begin{bmatrix} 3 & -1 & 1 \\ -1 & 5 & -1 \\ 1 & -1 & 3 \end{bmatrix}$$

Die charakteristischen Wurzeln sind $2, 3, 6$, und die zugehörigen invarianten Vektoren können als $[1, 0, -1]'$ $[1, 1, 1]'$, $[1, -2, 1]'$ entsprechend genommen werden. Nun sind diese drei Vektoren sowohl linear unabhängig als auch zueinander orthogonal. Nimmt man

$$P = \begin{bmatrix} 1/\sqrt{2} & 1/\sqrt{3} & 1/\sqrt{6} \\ 0 & 1/\sqrt{3} & -2/\sqrt{6} \\ -1/\sqrt{2} & 1/\sqrt{3} & 1/\sqrt{6} \end{bmatrix}$$

so erhalten wir $P^{-1}AP = \text{Diag}\,(2, 3, 6)$. Dieses Ergebnis empfiehlt ein tieferes Studium der reellen symmetrischen Matrix, wie sie im nächsten Kapitel durchgeführt wird.

ERGÄNZUNGSAUFGABEN

13. Gib für jede der Matrizen A von Aufgabe 9(*a*), (*b*), (*c*) und (*d*), Kapitel 19, eine orthogonale Matrix P derart an, daß $P^{-1}AP$ triangulär ist und als Diagonalelemente die charakteristischen Wurzeln von A hat.

Antwort: (*a*) $\begin{bmatrix} 1/\sqrt{2} & 1/3\sqrt{2} & 2/3 \\ -1/\sqrt{2} & 1/3\sqrt{2} & 2/3 \\ 0 & -4/3\sqrt{2} & 1/3 \end{bmatrix}$ (*c*) $\begin{bmatrix} 1/\sqrt{3} & 1/\sqrt{2} & -1/\sqrt{6} \\ 1/\sqrt{3} & 0 & 2/\sqrt{6} \\ -1/\sqrt{3} & 1/\sqrt{2} & 1/\sqrt{6} \end{bmatrix}$

(*b*) $\begin{bmatrix} 1/\sqrt{2} & 0 & -1/\sqrt{2} \\ 0 & 1 & 0 \\ 1/\sqrt{2} & 0 & 1/\sqrt{2} \end{bmatrix}$ (*d*) $\begin{bmatrix} 1/\sqrt{3} & -1/\sqrt{2} & -1/\sqrt{6} \\ 1/\sqrt{3} & 0 & 2/\sqrt{6} \\ 1/\sqrt{3} & 1/\sqrt{2} & -1/\sqrt{6} \end{bmatrix}$

14. Erkläre, warum die Matrizen (*a*) und (*b*) von Aufgabe 13 einer Diagonalmatrix ähnlich sind, während dies für (*c*) und (*d*) nicht gilt. Überprüfe die Matrizen (*a*) – (*m*) von Aufgabe 9, Kapitel 19, und bestimme die, die einer Diagonalmatrix ähnlich sind, die die charakteristischen Wurzeln als Diagonalelemente besitzt.

15. Für jede der Matrizen A von Aufgabe 9 (*i*) und (*j*), Kapitel 19, gib eine unitäre Matrix U derart an, daß $U^{-1}AU$ triangulär ist und als Diagonalelemente die charakteristischen Wurzeln von A besitzt.

Antwort: (*i*) $\begin{bmatrix} 0 & 1/\sqrt{2} & -(1+i)/2 \\ 1/\sqrt{2} & (1-i)/2\sqrt{2} & \frac{1}{2} \\ -1/\sqrt{2} & (1-i)/2\sqrt{2} & \frac{1}{2} \end{bmatrix}$ (*j*) $\begin{bmatrix} 1/\sqrt{2} & 0 & -1/\sqrt{2} \\ 0 & 1 & 0 \\ 1/\sqrt{2} & 0 & 1/\sqrt{2} \end{bmatrix}$

16. Beweise: Wenn A reell und symmetrisch und P orthogonal ist, dann ist $P^{-1}AP$ reell und symmetrisch.

17. Führe die notwendige Modifizierung von Aufgabe 9 durch, um Satz **VIII** zu beweisen.

18. Es seien B_i und C_i ähnliche Matrizen für $(i = 1, 2, \ldots, m)$. Zeige, daß

$$B = \text{Diag}(B_1, B_2, \ldots, B_m) \quad \text{und} \quad C = \text{Diag}(C_1, C_2, \ldots, C_m)$$

ähnlich sind. Hinweis: Nimm an, daß $C_i = R_i^{-1}B_iR_i$ ist, und bilde $R = \text{Diag}(R_1, R_2, \ldots, R_m)$.

19. Es seien $B = \text{Diag}(B_1, B_2)$ und $C = \text{Diag}(B_2, B_1)$. Schreibe $I = \text{Diag}(I_1, I_2)$, wobei die Ordnungen von I_1 und I_2 denen von B_1 bzw. B_2 entsprechen und definiere $R = \begin{bmatrix} 0 & I_1 \\ I_2 & 0 \end{bmatrix}$ Um zu beweisen, daß B und C ähnlich sind, zeige, daß $R^{-1}BR = C$ ist.

20. Erweitere das Ergebnis von Aufgabe 19 auf $B = \text{Diag}(B_1, B_2, \ldots, B_m)$.und auf C, einer beliebigen Matrix die man durch Vertauschen der B_i auf der Diagonalen erhält.

21. Wenn A und B n-quadratisch sind, dann haben AB und BA dieselben charakteristischen Wurzeln. Hinweis: Es sei $PAQ = N$; dann gelten $PABP^{-1} = NQ^{-1}BP^{-1}$ und $Q^{-1}BAQ = Q^{-1}BP^{-1}N$. Siehe Aufgabe 15, Kapitel 19.

22. Wenn $A_1, A_2, \ldots, A_s$ nichtsingulär und von derselben Ordnung sind, zeige, daß $A_1A_2 \ldots A_s$, $A_2A_3 \ldots A_sA_1$, $A_3 \ldots A_sA_1A_2, \ldots$ dieselbe charakteristische Gleichung besitzen.

23. Es sei $Q^{-1}AQ = B$, wobei B triangulär ist und als Diagonalelemente die charakteristischen Wurzeln $\lambda_1, \lambda_2, \ldots, \lambda_n$ von A besitzt.

(*a*) Zeige, daß $Q^{-1}A^kQ$ triangulär ist und als Diagonalelemente die k-ten Potenzen der charakteristischen Wurzeln von A besitz.

(*b*) Zeige, daß $\sum_{i=1}^{n} \lambda_i^k = \text{Sp}(A^k)$ gilt.

24. Zeige, daß Ähnlichkeit eine Äquivalenzrelation ist.

25. Zeige, daß $\begin{bmatrix} 2 & 2 & 1 \\ 1 & 3 & 1 \\ 1 & 2 & 2 \end{bmatrix}$ und $\begin{bmatrix} 2 & 1 & -1 \\ 0 & 2 & -1 \\ -3 & -2 & 3 \end{bmatrix}$ dieselben charakteristischen Wurzeln besitzen aber nicht ähnlich sind.

KAPITEL 21

Ähnlichkeit zu einer Diagonalmatrix

REELLE SYMMETRISCHE MATRIZEN. Die Beschäftigung mit reellen symmetrischen Matrizen und hermiteschen Matrizen kann kombiniert durchgeführt werden, wir werden sie jedoch getrennt behandeln. Für reelle symmetrische Matrizen erhalten wir:

I. Die charakteristischen Wurzeln einer reellen symmetrischen Matrix sind alle reell.

Siehe Aufgabe 1.

II. Die invarianten Vektoren, zugehörig zu verschiedenen charakteristischen Wurzeln einer reellen symmetrischen Matrix, sind zueinander orthogonal.

Siehe Aufgabe 2.

Wenn A reell und symmetrisch ist, dann ist jedes B_i von Aufgabe 9, Kapitel 20, gleich 0; folglich gilt

III. Wenn A eine reelle n-quadratische symmetrische Matrix mit den charakteristischen Wurzeln $\lambda_1, \lambda_2, \ldots, \lambda_n$ ist, dann existiert eine reelle orthogonale Matrix P derart, daß $P'AP = P^{-1}AP = \text{Diag}(\lambda_1, \lambda_2, \ldots, \lambda_n)$ ist.

Satz **III** beinhaltet

IV. Wenn λ_i eine charakteristische Wurzel des Vielfachen r_i einer reellen symmetrischen Matrix ist, dann gibt es, zugehörig zu λ_i, einen invarianten Raum der Dimension r_i.

In Ausdrücken einer reellen quadratischen Form wird Satz **III** zu

V. Jede reelle quadratische Form $q = X'AX$ kann man mit einer orthogonalen Transformation $X = BY$ zu einer kanonischen Form

$$\lambda_1 y_1^2 + \lambda_2 y_2^2 + \ldots + \lambda_r y_r^2 \tag{21.1}$$

reduzieren, wobei r der Rang von A ist und die $\lambda_1, \lambda_2, \ldots, \lambda_r$ ihre von Null verschiedenen charakteristischen Wurzeln sind.

Demgemäß entspricht der Rang von q der Anzahl der von Null verschiedener charakteristischen Wurzeln von A, während der Index der Anzahl der positiven charakteristischen Wurzeln oder gemäß der Regel für Vorzeichen von Descartes der Anzahl der Variationen der Vorzeichen in $|\lambda I - A| = 0$ entspricht.

VI. Eine reelle symmetrische Matrix ist dann und nur dann positiv definit, wenn alle ihre charakteristischen Wurzeln positiv sind.

ORTHOGONALE ÄHNLICHKEIT. Wenn P eine orthogonale Matrix ist, und $B = P^{-1}AP$ gilt, dann heißt B **orthogonal ähnlich** zu A. Weil $P^{-1} = P'$ ist, ist B gleichfalls orthogonal kongruent und orthogonal äquivalent zu A. Satz **III** kann man umschreiben als

VII. Jede reelle symmetrische Matrix A ist orthogonal ähnlich zu einer Diagonalmatrix, deren Diagonalelemente die charakteristischen Wurzen von A sind.

Siehe Aufgabe 3.

Es seien die charakteristischen Wurzeln der reellen symmetrischen Matrix A so angeordnet, daß $\lambda_1 \geqq \lambda_2 \geqq \ldots \geqq \lambda_n$ gilt. Dann ist $\text{Diag}(\lambda_1, \lambda_2, \ldots, \lambda_n)$ eine eindeutige Diagonalmatrix, ähnlich zu A. Die Gesamtheit aller solcher Diagonalmatrizen bildet eine kanonische Menge für reelle symmetrische Matrizen bezüglich orthogonaler Ähnlichkeit. Wir erhalten:

VIII. Zwei reelle symmetrische Matrizen sind dann und nur dann orthogonal ähnlich, wenn sie dieselben charakteristischen Wurzeln besitzen, d. h., dann und nur dann, wenn sie ähnlich sind.

PAARE REELLER QUADRATISCHER FORMEN. In Aufgabe 4 beweisen wir

IX. Wenn $X'AX$ und $X'BX$ reelle quadratische Formen in $(x_1, x_2, \ldots, x_n)$ positiv definit ist, und wenn $X'BX$ positiv definit ist, dann existiert eine reelle nichtsinguläre lineare Transformation $X = CY$, die $X'AX$ in

$$\lambda_1 y_1^2 + \lambda_2 y_2^2 + \ldots + \lambda_n y_n^2$$

und $X'BX$ in

$$y_1^2 + y_2^2 + \ldots + y_n^2$$

überführt, wobei λ_i die Wurzeln von $|\lambda B - A| = 0$ sind.

Siehe gleichfalls die Aufgaben 4–5.

HERMITESCHE MATRIZEN. Analog den Sätze für reelle symmetrische Matrizen erhalten wir

X. Die charakteristischen Wurzeln einer hermiteschen Matrix sind reell.

Siehe Aufgabe 7.

XI. Die invarianten Vektoren, zugehörig zu verschiedenen charakteristischen Wurzeln einer hermiteschen Matrix, sind zueinander orthogonal.

XII. Wenn H eine n-quadratische hermitesche Matrix mit den charakteristischen Wurzeln $\lambda_1, \lambda_2, \ldots, \lambda_n$ ist, dann existiert eine unitäre Matrix U derart, daß $\bar{U}'HU = U^{-1}HU = \text{Diag}(\lambda_1, \lambda_2, \ldots, \lambda_n)$ gilt. Die Matrix H heißt **unitär ähnlich** zu $U^{-1}HU$.

XIII. Wenn λ_i eine charakteristische Wurzel des Vielfachen r_i der hermiteschen Matrix H ist, dann gibt es, zugehörig zu λ_i, einen invarianten Raum mit der Dimension r_i.

Es seien die charakteristischen Wurzeln der hermiteschen Matrix H so angeordnet, daß $\lambda_1 \leqq \lambda_2 \leqq \ldots \leqq \lambda_n$ gilt. Dann ist $\text{Diag}(\lambda_1, \lambda_2, \ldots, \lambda_n)$ eine eindeutige Diagonalmatrix, ähnlich zu H. Die Gesamtheit solcher Diagonalmatrizen bildet eine kanonische Menge für hermitesche Matrizen bezüglich unitärer Ähnlichkeit. Dann folgt

XIV. Zwei hermitesche Matrizen sind dann und nur dann unitär ähnlich, wenn sie dieselben charakteristischen Wurzeln besitzen, d. h., dann und nur dann, wenn sie ähnlich sind.

NORMALE MATRIZEN. Eine n-quadratische Matrix A heißt normal, wenn $A\bar{A}' = \bar{A}'A$ gilt. Normale Matrizen schließen diagonale, reelle symmetrische, reelle schiefsymmetrische, orthogonale, hermitesche, schiefhermitesche und unitäre Matrizen ein.

Es sei A eine normale Matrix, und U sei eine unitäre Matrix, und man schreibe $B = \bar{U}'AU$. Dann gelten $\bar{B}' = \bar{U}'\bar{A}'U$ und $\bar{B}'B = \bar{U}'\bar{A}'U \cdot \bar{U}'AU = \bar{U}'\bar{A}'AU = \bar{U}'A\bar{A}'U = \bar{U}'AU \cdot \bar{U}'\bar{A}'U = B\bar{B}'$. Demgemäß erhalten wir

XV. Wenn A eine normale Matrix ist, und U eine unitäre Matrix ist, dann ist $B = \bar{U}'AU$ eine normale Matrix.

In Aufgabe 8 beweisen wir

XVI. Wenn X_i ein invarianter Vektor ist, der mit der charakteristischen Wurzel λ_i einer normalen Matrix A korrespondiert, dann ist X_i gleichfalls ein invarianter Vektor von $\bar{A}'$, der zu der charakteristischen Wurzel $\bar{\lambda}_i$ korrespondiert.

In Aufgabe 9 beweisen wir

XVII. Eine quadratische Matrix A ist dann und nur dann unitär ähnlich zu einer Diagonalmatrix, wenn A normal ist.

Als eine Konsequenz erhalten wir

XVIII. Wenn A normal ist, dann sind die invarianten Vektoren, die zu den verschiedenen charakteristischen Wurzeln korrespondieren, orthogonal.

Siehe Aufgabe 10.

XIX. Wenn λ_i eine charakteristische Wurzel des Vielfachen r_i einer Normalmatrix A ist, dann hat der zugehörige invariante Vektorraum die Dimension r_i.

XX. Zwei normale Matrizen sind dann und nur dann unitär ähnlich, wenn sie dieselben charakteristischen Wurzeln besitzen, d. h., dann und nur dann, wenn sie ähnlich sind.

AUFGABEN MIT LÖSUNGEN

1. Beweise: Die charakteristischen Wurzeln einer n-quadratischen reellen symmetrischen Matrix A sind alle reell.

Nimm an, daß $h + ik$ eine komplexe charakteristische Wurzel von A ist. Betrachte

$$B = \{(h+ik)I - A\}\{(h-ik)I - A\} = (hI - A)^2 + k^2 I,$$

die reell und singulär ist, weil $(h + ik)I - A$ singulär ist. Es existiert ein von Null verschiedener reeller Vektor X derart, daß $BX = 0$ ist, und folglich gilt

$$X'BX = X'(hI - A)^2 X + k^2 X'X = X'(hI - A)'(hI - A)X + k^2 X'X = 0$$

Der Vektor $(hI - A)X$ ist reell; folglich gilt $\{(hI - A)X\}' \{(hI - A)X\} \geqq 0$. Gleichfalls gilt $X'X > 0$. Demgemäß ist $k = 0$, und es gibt keine komplexen Wurzeln.

2. Beweise: Die invarianten Vektoren, die verschiedenen charakteristischen Wurzeln einer reellen symmetrischen Matrix A zugehörig sind, sind zueinander orthogonal.

Es seien X_1 und X_2 invariante Vektoren, die verschiedenen charakteristischen Wurzeln λ_1 bzw. λ_2 von A zugehörig sind. Dann gelten

$AX_1 = \lambda_1 X_1$ und $AX_2 = \lambda_2 X_2$, gleichfalls $X_2'AX_1 = \lambda_1 X_2'X_1$ und $X_1'AX_2 = \lambda_2 X_1'X_2$.

Unter Verwendung von Transponierten erhält man

$$X_1'AX_2 = \lambda_1 X_1'X_2 \quad \text{und} \quad X_2'AX_1 = \lambda_2 X_2'X_1.$$

Dann gilt $\lambda_1 X_1'X_2 = \lambda_2 X_1'X_2$, und es ist $X_1'X_2 = 0$, weil $\lambda_1 \neq \lambda_2$ gilt. Demgemäß sind X_1 und X_2 orthogonal.

3. Gib eine orthogonale Matrix P derart an, daß $P^{-1}AP$ diagonal ist und als Diagonalelemente die charakteristischen Wurzeln von A hat für

$$A = \begin{bmatrix} 7 & -2 & 1 \\ -2 & 10 & -2 \\ 1 & -2 & 7 \end{bmatrix}.$$

Die charakteristische Gleichung ist

$$\begin{vmatrix} \lambda-7 & 2 & -1 \\ 2 & \lambda-10 & 2 \\ -1 & 2 & \lambda-7 \end{vmatrix} = \lambda^3 - 24\lambda^2 + 180\lambda - 432 = 0,$$

und die charakteristischen Wurzeln sind 6, 6, 12.

Für $\lambda = 6$ erhalten wir $\begin{bmatrix} -1 & 2 & -1 \\ 2 & -4 & 2 \\ -1 & 2 & -1 \end{bmatrix}\begin{bmatrix} x_1 \\ x_2 \\ x_3 \end{bmatrix} = 0$ oder $x_1 - 2x_2 + x_3 = 0$ und wählen als zugehörige invariante Vektoren das zueinander orthogonale Paar $X_1 = [1, 0, -1]'$ und $X_2 = [1, 1, 1]'$. Wenn $\lambda = 12$ ist, nehmen wir $X_3 = [1, -2, 1]'$ als zugehörigen invarianten Vektor.

Unter Verwendung der normalisierten Form dieser Vektoren als Spalten von P, erhalten wir

$$P = \begin{bmatrix} 1/\sqrt{2} & 1/\sqrt{3} & 1/\sqrt{6} \\ 0 & 1/\sqrt{3} & -2/\sqrt{6} \\ -1/\sqrt{2} & 1/\sqrt{3} & 1/\sqrt{6} \end{bmatrix}$$

Der Leser möge als eine Übung zeigen, daß $P^{-1}AP = \text{Diag}(6, 6, 12)$ gilt.

4. Beweise: Wenn $X'AX$ und $X'BX$ reelle quadratische Formen in $(x_1, x_2, \ldots, x_n)$ sind, und wenn $X'BX$ positiv definit ist, existiert eine reelle nichtsinguläre lineare Transformation $X = CY$, die $X'AX$ in $\lambda_1 y_1^2 + \lambda_2 y_2^2 + \ldots + \lambda_n y_n^2$ und $X'BX$ in $y_1^2 + y_2^2 + \ldots + y_n^2$ überführt, wobei $\lambda_1, \lambda_2, \ldots, \lambda_n$ die Wurzeln von $|\lambda B - A| = 0$ sind.

Gemäß Satz **VII** existiert eine orthogonale Transformation $X = GV$, die $X'BX$ in

(i) $$V'(G'BG)V = \mu_1 v_1^2 + \mu_2 v_2^2 + \ldots + \mu_n v_n^2$$

überführt, wobei $\mu_1, \mu_2, \ldots, \mu_n$ die charakteristischen Wurzeln (alle positiv) von B sind.

Es sei $H = \text{Diag}(1/\sqrt{\mu_1}, 1/\sqrt{\mu_2}, \ldots, 1/\sqrt{\mu_n})$. $V = HW$ überführt dann (i) in

(ii) $$W'(H'G'BGH)W = w_1^2 + w_2^2 + \ldots + w_n^2$$

Für die reelle quadratische Form $W'(H'G'AGH)W$ existiert nun eine orthogonale Transformation $W = KY$, die sie in

$$Y'(K'H'G'AGHK)Y = \lambda_1 y_1^2 + \lambda_2 y_2^2 + \ldots + \lambda_n y_n^2$$

überführt, wobei $\lambda_1, \lambda_2, \ldots, \lambda_n$ die charakteristischen Wurzeln von $H'G'AGH$ sind. Demgemäß existiert eine reelle nichtsinguläre Transformation $X = CY = GHKY$, die $X'AX$ in $\lambda_1 y_1^2 + \lambda_2 y_2^2 + \ldots + \lambda_n y_n^2$ und $X'BX$ in

$$Y'(K'H'G'BGHK)Y = Y'(K^{-1}IK)Y = y_1^2 + y_2^2 + \ldots + y_n^2$$

überführt.

Weil für alle Werte von λ

$$\begin{aligned} K'H'G'(\lambda B - A)GHK &= \lambda K'H'G'BGHK - K'H'G'AGHK = \text{Diag}(\lambda, \lambda, \ldots, \lambda) - \text{Diag}(\lambda_1, \lambda_2, \ldots, \lambda_n) \\ &= \text{Diag}(\lambda - \lambda_1, \lambda - \lambda_2, \ldots, \lambda - \lambda_n) \end{aligned}$$

gilt, folgt, daß $\lambda_1, \lambda_2, \ldots, \lambda_n$ die Wurzeln von $|\lambda B - A| = 0$ sind.

5. Wegen Aufgabe 3 überführt die lineare Transformation

$$X = (GH)W = \begin{bmatrix} 1/\sqrt{2} & 1/\sqrt{3} & 1/\sqrt{6} \\ 0 & 1/\sqrt{3} & -2/\sqrt{6} \\ -1/\sqrt{2} & 1/\sqrt{3} & 1/\sqrt{6} \end{bmatrix} \begin{bmatrix} 1/\sqrt{6} & 0 & 0 \\ 0 & 1/\sqrt{6} & 0 \\ 0 & 0 & 1/2\sqrt{3} \end{bmatrix} W$$

$$= \begin{bmatrix} 1/2\sqrt{3} & 1/3\sqrt{2} & 1/6\sqrt{2} \\ 0 & 1/3\sqrt{2} & -1/3\sqrt{2} \\ -1/2\sqrt{3} & 1/3\sqrt{2} & 1/6\sqrt{2} \end{bmatrix} W$$

$$q = X'BX = X' \begin{bmatrix} 7 & -2 & 1 \\ -2 & 10 & -2 \\ 1 & -2 & 7 \end{bmatrix} X \quad \text{in} \quad W'IW.$$

Dieselbe Transformation überführt

$$X'AX = X' \begin{bmatrix} 3 & -1 & 1 \\ -1 & 5 & -1 \\ 1 & -1 & 3 \end{bmatrix} X \quad \text{in} \quad W' \begin{bmatrix} 1/3 & 0 & 0 \\ 0 & \frac{1}{2} & 0 \\ 0 & 0 & \frac{1}{2} \end{bmatrix} W$$

Weil diese eine Diagonalmatrix ist, ist die Transformation $W = KY$ von Aufgabe 4 gleich der Einheitstransformation $W = IY$.

Demgemäß überführt die reelle lineare Transformation $X = CY = (GH)\,Y$ die positiv definite quadratische Form $X'BX$ in $y_1^2 + y_2^2 + y_3^2$ und die quadratische Form $X'AX$ in $\frac{1}{3}y_1^2 + \frac{1}{2}y_2^2 + \frac{1}{2}y_3^2$. Der Leser möge als eine Übung zeigen, daß $|\lambda B - A| = 36(3\lambda - 1)(2\lambda - 1)^2$ gilt.

6. Beweise: Jede nichtsinguläre reelle Matrix A kann man als $A = CP$ schreiben, wobei C positiv definit symmetrisch und P orthogonal ist.

Weil A nichtsingulär ist, ist AA' positiv definit symmetrisch gemäß Satz **X**, Kapitel 17. Dann gibt es eine orthogonale Matrix Q derart, daß $Q^{-1}AA'Q = \text{Diag}\,(k_1, k_2, \ldots, k_n) = B$ mit jedem $k_i > 0$ gilt. Definiere $B_1 = \text{Diag}\,(\sqrt{k_1}, \sqrt{k_2}, \ldots, \sqrt{k_n})$ und $C = QB_1Q^{-1}$. Nun ist C positiv definit symmetrisch, und es gilt

$$C^2 \;=\; QB_1Q^{-1}QB_1Q^{-1} \;=\; QB_1^2Q^{-1} \;=\; QBQ^{-1} \;=\; AA'.$$

Definiere $P = C^{-1}A$. Dann gilt $PP' = C^{-1}AA'C^{-1} = C^{-1}C^{-2}C^{-1} = I$, und P ist orthogonal. Dann gilt $A = CP$, wobei, wie gefordert, C positiv definit symmetrisch und P orthogonal ist.

7. Beweise: Die charakteristischen Wurzeln einer hermitischen Matrix sind reell.

Es sei λ_i eine charakteristische Wurzel der hermiteschen Matrix H. Dann existiert ein von Null verschiedener Vektor X_i derart, daß $HX_i = \lambda_i X_i$ ist. Nun ist $\bar{X}_i' HX_i = \lambda_i \bar{X}_i' X_i$ reel und von Null verschieden, und gleichfalls erhalten wir die konjugierte Transponierte $\bar{X}_i' HX_i = \bar{\lambda}_i \bar{X}_i' X_i$. Demgemäß gilt $\bar{\lambda}_i = \lambda_i$, und λ_i ist reell.

8. Beweise: Wenn X_i ein invarianter Vektor ist, der zu einer charakteristischen Wurzel λ_i einer normalen Matrix A korrespondiert, dann ist X_i ein invarianter Vektor von $\bar{A}'$, der zu der charakteristischen Wurzel $\bar{\lambda}_i$ korrespondiert.

Weil A normal ist, gilt

$$(\lambda I - A)(\overline{\lambda I - A})' \;=\; (\lambda I - A)(\bar{\lambda} I - \bar{A}') \;=\; \lambda\bar{\lambda} I - \lambda\bar{A}' - \bar{\lambda}A + A\bar{A}'$$
$$=\; \bar{\lambda}\lambda I - \lambda\bar{A}' - \bar{\lambda}A + \bar{A}'A \;=\; (\overline{\lambda I - A})'(\lambda I - A)$$

so, daß $\lambda I - A$ normal ist. Gemäß Hypothese gilt $BX_i = (\lambda_i I - A)X_i = 0$; dann gelten

$$(\overline{BX_i})'(BX_i) = \bar{X}_i'\bar{B}'\cdot BX_i = \bar{X}_i' B\cdot\bar{B}'X_i = (\bar{B}'X_i)'(\bar{B}'X_i) = 0 \quad \text{und} \quad \bar{B}'X_i = (\bar{\lambda}_i I - \bar{A}')X_i = 0$$

Demgemäß ist X_i ein invarianter Vektor von $\bar{A}'$, der mit der charakteristischen Wurzel $\bar{\lambda}$ korrespondiert.

9. Beweise: Eine n-quadratische Matrix A ist dann und nur dann unitär ähnlich zu einer Diagonalmatrix, wenn A normal ist.

Angenommen A ist normal. Gemäß Satz **VIII**, Kapitel 20, existiert eine unitäre Matrix U derart, daß

$$\bar{U}'AU \;=\; \begin{bmatrix} \lambda_1 & b_{12} & b_{13} & \cdots & b_{1,n-1} & b_{1n} \\ 0 & \lambda_2 & b_{23} & \cdots & b_{2,n-1} & b_{2n} \\ \cdots & \cdots & \cdots & \cdots & \cdots & \cdots \\ 0 & 0 & 0 & \cdots & \lambda_{n-1} & b_{n-1,n} \\ 0 & 0 & 0 & \cdots & 0 & \lambda_n \end{bmatrix} \;=\; B$$

gilt.

Gemäß Satz **XV** ist B normal, so daß $\bar{B}'B = B\bar{B}'$ gilt. Nun ist $\bar{\lambda}_1\lambda_1$ das Element in der ersten Zeile und ersten Spalte von $\bar{B}'B$, während

$$\lambda_1\bar{\lambda}_1 + b_{12}\bar{b}_{12} + b_{13}\bar{b}_{13} + \ldots + b_{1n}\bar{b}_{1n}$$

das korrespondierende Element von $B\bar{B}'$ ist.

Weil diese Elemente gleich sind, und weil jedes $b_{1j}\bar{b}_{1j} \geqq 0$ ist, schließen wir, daß jedes $b_{1j} = 0$ ist. Fortgesetzt mit den korrespondierenden Elementen in der zweiten Zeile und zweiten Spalte, . . ., schließen wir, daß jedes b_{ij} von B Null ist. Demgemäß gilt $B = \text{Diag}\,(\lambda_1, \lambda_2, \ldots, \lambda_n)$. Umgekehrt sei A diagonal; dann ist A normal.

10. Beweise: Wenn A normal ist, dann sind die invarianten Vektoren, die zu verschiedenen charakteristischen Wurzeln korrespondieren, orthogonal.

Es seien λ_1, X_1 und λ_2, X_2 verschiedene charakteristische Wurzeln und zugehörige invariante Vektoren von A. Dann gelten $AX_1 = \lambda_1 X_1$ und $AX_2 = \lambda_2 X_2$ und gemäß Aufgabe 8 $\bar{A}'X_1 = \bar{\lambda}_1 X_1$ und $\bar{A}'X_2 = \bar{\lambda}_2 X_2$. Nun gilt $\bar{X}_2' A X_1 = \lambda_1 \bar{X}_2' X_1$, und unter Verwendung der konjugierten Transponierten gilt $\bar{X}_1' \bar{A}' X_2 = \bar{\lambda}_1 \bar{X}_1' X_2$. Es ist aber $\bar{X}_1' \bar{A}' X_2 = \bar{\lambda}_2 \bar{X}_1' X_2$. Demgemäß gilt $\bar{\lambda}_1 \bar{X}_1' X_2 = \bar{\lambda}_2 \bar{X}_1' X_2$, und es ist $\bar{X}_1' X_2 = 0$, wie gefordert, weil $\bar{\lambda}_1 \neq \bar{\lambda}_2$ gilt.

11. Betrachte den Kegel $x_1^2 - 12x_1x_2 - 4x_2^2 = 40$ oder

(i) $$X'AX = X'\begin{bmatrix} 1 & -6 \\ -6 & -4 \end{bmatrix} X = 40$$

in Bezug auf die rechtwinkligen Koordinatenachsen OX_1 und OX_2.

Die charakteristische Gleichung von A lautet

$$|\lambda I - A| = \begin{vmatrix} \lambda - 1 & 6 \\ 6 & \lambda + 4 \end{vmatrix} = (\lambda - 5)(\lambda + 8) = 0$$

Für die charakteristischen Wurzeln $\lambda_1 = 5$ und $\lambda_2 = -8$ nehmen wir $[3, -2]'$ bzw. $[2, 3]'$ als zugehörige invariante Vektoren. Nun bilden wir die Orthogonalmatrix $P = \begin{bmatrix} 3/\sqrt{13} & 2/\sqrt{13} \\ -2/\sqrt{13} & 3/\sqrt{13} \end{bmatrix}$, deren Spalten die zwei Vektoren nach der Normalisierung sind. Die Transformation $X = PY$ reduziert (i) zu

$$Y'\begin{bmatrix} 3/\sqrt{13} & -2/\sqrt{13} \\ 2/\sqrt{13} & 3/\sqrt{13} \end{bmatrix}\begin{bmatrix} 1 & -6 \\ -6 & -4 \end{bmatrix}\begin{bmatrix} 3/\sqrt{13} & 2/\sqrt{13} \\ -2/\sqrt{13} & 3/\sqrt{13} \end{bmatrix}Y = Y'\begin{bmatrix} 5 & 0 \\ 0 & -8 \end{bmatrix}Y = 5y_1^2 - 8y_2^2 = 40.$$

Der Kegel ist eine Hyperbel.

Neben dem Verfahren ist dies die vertraute Rotation der Achsen in der analytischen Geometrie in der Ebene mit dem Effekt der Elimination des Kreuzproduktausdruckes in der Gleichung eines Kegels. Beachte, daß gemäß Satz **VII** das Ergebnis bekannt ist, sobald man die charakteristischen Wurzeln gefunden hat.

12. Ein Problem der analytischen Geometrie des Raumes ist die Reduzierung der Gleichung einer Quadrikfläche auf die einfachste Form durch Translation und Rotation der Achsen. Die Hauptarbeit bereitet das Finden des Mittelpunktes und die Bestimmung der Hauptrichtungen, d. h., der Richtungen der Achsen nach der Rotation. Ohne Versuch, die Schritte zu rechtfertigen, verfolgen wir hier die Rolle, die zwei Matrizen bei einer solchen Reduktion der Gleichung einer zentralen Quadrik spielen.

Betrachte die Fläche $3x^2 + 2xy + 2xz + 4yz - 2x - 14y + 2z - 9 = 0$ und die symmetrischen Matrizen

$$A = \begin{bmatrix} 3 & 1 & 1 \\ 1 & 0 & 2 \\ 1 & 2 & 0 \end{bmatrix} \quad \text{und} \quad B = \begin{bmatrix} 3 & 1 & 1 & -1 \\ 1 & 0 & 2 & -7 \\ 1 & 2 & 0 & 1 \\ -1 & -7 & 1 & -9 \end{bmatrix}$$

die aus den Ausdrücken vom Grad 2 bzw. aus allen Ausdrücken gebildet werden.

Die charakteristische Gleichung von A lautet

$$|\lambda I - A| = \begin{bmatrix} \lambda - 3 & -1 & -1 \\ -1 & \lambda & -2 \\ -1 & -2 & \lambda \end{bmatrix} = 0.$$

Die charakteristischen Wurzeln und zugehörigen invarianten Einheitsvektoren lauten:

$$\lambda_1 = 1,\ v_1 = \left[\frac{1}{\sqrt{3}}, \frac{-1}{\sqrt{3}}, \frac{-1}{\sqrt{3}}\right]'; \quad \lambda_2 = 4,\ v_2 = \left[\frac{2}{\sqrt{6}}, \frac{1}{\sqrt{6}}, \frac{1}{\sqrt{6}}\right]'; \quad \lambda_3 = -2,\ v_3 = \left[0, \frac{-1}{\sqrt{2}}, \frac{1}{\sqrt{2}}\right]'$$

Unter ausschließlicher Verwendung der elementaren Transformationen in der Zeile $H_j(k)$ und $H_{ij}(k)$, wobei $j \neq 4$ gilt, erhalten wir

$$B = \begin{bmatrix} B_1 \\ B_2 \end{bmatrix} = \begin{bmatrix} 3 & 1 & 1 & -1 \\ 1 & 0 & 2 & -7 \\ 1 & 2 & 0 & 1 \\ \hline -1 & -7 & 1 & -9 \end{bmatrix} \sim \begin{bmatrix} 0 & 0 & 1 & -4 \\ 0 & 1 & 0 & 0 \\ 1 & 0 & 0 & 1 \\ \hline 0 & 0 & 0 & -4 \end{bmatrix} = \begin{bmatrix} D_1 \\ D_2 \end{bmatrix}$$

Betrachtet man B_1 als die erweiterte Matrix des Systems von Gleichungen $\begin{cases} 3x + y + z - 1 = 0 \\ x + 2z - 7 = 0 \\ x + 2y + 1 = 0 \end{cases}$,

erhält man aus D_1 die Lösung $x = -1, y = 0, z = 4$ oder $C(-1, 0, 4)$. Aus D_2 erhalten wir $d = -4$.

Der Rang von A ist 3 und der Rang von B ist 4; die Quadrik besitzt $C(-1, 0, 4)$ als Zentrum. Die geforderte reduzierte Gleichung lautet

$$\lambda_1 X^2 + \lambda_2 Y^2 + \lambda_3 Z^2 + d = X^2 + 4Y^2 - 2Z^2 - 4 = 0$$

Die Gleichungen der Translation sind $x = x' - 1,\ y = y',\ z = z' + 4$.

Die Hauptrichtungen sind v_1, v_2, v_3. Bezeichne mit E die Inverse von $[v_1, v_2, v_3]$. Die Gleichungen der Rotation der Achsen bezüglich der Hauptrichtungen sind

$$\begin{bmatrix} x' \\ y' \\ z' \end{bmatrix} = [X\ Y\ Z] \cdot E = [X\ Y\ Z] \begin{bmatrix} 1/\sqrt{3} & -1/\sqrt{3} & -1/\sqrt{3} \\ 2/\sqrt{6} & 1/\sqrt{6} & 1/\sqrt{6} \\ 0 & -1/\sqrt{2} & 1/\sqrt{2} \end{bmatrix}$$

ERGÄNZUNGSAUFGABEN

13. Für jede der folgenden reellen symmetrischen Matrizen A gib eine orthogonale Matrix P derart an, daß $P^{-1}AP$ diagonal ist und als Diagonalelemente die charakteristischen Wurzeln von A besitzt.

(*a*) $\begin{bmatrix} 2 & 0 & -1 \\ 0 & 2 & 0 \\ -1 & 0 & 2 \end{bmatrix}$, (*b*) $\begin{bmatrix} 2 & 0 & 1 \\ 0 & 3 & 0 \\ 1 & 0 & 2 \end{bmatrix}$, (*c*) $\begin{bmatrix} 2 & -4 & 2 \\ -4 & 2 & -2 \\ 2 & -2 & -1 \end{bmatrix}$, (*d*) $\begin{bmatrix} 3 & 2 & 2 \\ 2 & 2 & 0 \\ 2 & 0 & 4 \end{bmatrix}$, (*e*) $\begin{bmatrix} 4 & -1 & 1 \\ -1 & 4 & -1 \\ 1 & -1 & 4 \end{bmatrix}$

Antwort: (*a*) $\begin{bmatrix} 1/\sqrt{2} & 0 & 1/\sqrt{2} \\ 0 & 1 & 0 \\ 1/\sqrt{2} & 0 & -1/\sqrt{2} \end{bmatrix}$, (*b*) $\begin{bmatrix} 1/\sqrt{2} & 1/\sqrt{6} & 1/\sqrt{3} \\ 0 & -2/\sqrt{6} & 1/\sqrt{3} \\ -1/\sqrt{2} & 1/\sqrt{6} & 1/\sqrt{3} \end{bmatrix}$, (*c*) $\begin{bmatrix} 2/3 & 1/3 & 2/3 \\ -2/3 & 2/3 & 1/3 \\ 1/3 & 2/3 & -2/3 \end{bmatrix}$

(*d*) $\begin{bmatrix} 2/3 & 1/3 & 2/3 \\ -2/3 & 2/3 & 1/3 \\ -1/3 & -2/3 & 2/3 \end{bmatrix}$, (*e*) $\begin{bmatrix} 1/\sqrt{6} & 1/\sqrt{2} & 1/\sqrt{3} \\ 2/\sqrt{6} & 0 & -1/\sqrt{3} \\ 1/\sqrt{6} & -1/\sqrt{2} & 1/\sqrt{3} \end{bmatrix}$

14. Gib eine lineare Transformation an, die $X'BX$ zu $y_1^2 + y_2^2 + y_3^2$ und $X'AX$ zu $\lambda_1 y_1^2 + \lambda_2 y_2^2 + \lambda_3 y_3^2$ reduziert, wobei die λ_i die Wurzeln von $|\lambda B - A| = 0$ sind für

(*a*) $A = \begin{bmatrix} 7 & -2 & 1 \\ -2 & 10 & -2 \\ 1 & -2 & 7 \end{bmatrix}$, $B = \begin{bmatrix} 2 & 0 & 1 \\ 0 & 3 & 0 \\ 1 & 0 & 2 \end{bmatrix}$ (*b*) $A = \begin{bmatrix} 7 & -4 & -4 \\ -4 & 1 & -8 \\ -4 & -8 & 1 \end{bmatrix}$, $B = \begin{bmatrix} 2 & 2 & 2 \\ 2 & 5 & 4 \\ 2 & 4 & 5 \end{bmatrix}$

Antwort: (*a*) $\begin{bmatrix} 1/\sqrt{2} & 1/3\sqrt{2} & 1/3 \\ 0 & -2/3\sqrt{2} & 1/3 \\ -1/\sqrt{2} & 1/3\sqrt{2} & 1/3 \end{bmatrix}$, (*b*) $\begin{bmatrix} 2/3 & 2/3 & 1/3\sqrt{10} \\ -2/3 & 1/3 & 2/3\sqrt{10} \\ 1/3 & -2/3 & 2/3\sqrt{10} \end{bmatrix}$

15. Beweise Satz **IV**.
Hinweis: Wenn $P^{-1}AP = \text{Diag}(\lambda_1, \lambda_1, \ldots, \lambda_1, \lambda_{r+1}, \lambda_{r+2}, \ldots, \lambda_n)$ ist, dann gilt $P^{-1}(\lambda_1 I - A)P =$ Diag $(0, 0, \ldots, 0,$ und $\lambda_1 - \lambda_{r+1}, \lambda_1 - \lambda_{r+2}, \ldots, \lambda_1 - \lambda_n)$ hat den Rang $n - r$.

16. Um den Satz **XI** zu beweisen, modifiziere man den Beweis in Aufgabe 2.

17. Beweise die Sätze **XII**, **XIII** und **XIX**.

18. Identifiziere jeweils den geometrischen Ort

(*a*) $20x_1^2 - 24x_1x_2 + 27x_2^2 = 369$, (*c*) $108x_1^2 - 312x_1x_2 + 17x_2^2 = 900$,

(*b*) $3x_1^2 + 2x_1x_2 + 3x_2^2 = 4$, (*d*) $x_1^2 + 2x_1x_2 + x_2^2 = 8$

19. Es sei A reell und schiefsymmetrisch. Beweise

(*a*) Jede charakteristische Wurzel von A ist entweder Null oder rein imaginär.
(*b*) $I + A$ ist nichtsingulär, $I - A$ ist nichtsingulär.
(*c*) $B = (I + A)^{-1}(I - A)$ ist orthogonal. (Siehe Aufgabe 35, Kapitel 13.)

20. Beweise: Wenn A normal und nichtsingulär ist, so gilt dies gleichfalls für A^{-1}.

21. Beweise: Wenn A normal ist, dann ist A ähnlich zu A'.

22. Beweise: Eine quadratische Matrix A ist dann und nur dann normal, wenn man sie als $H + iK$ ausdrücken kann, wobei H und K vertauschbare hermitesche Matrizen sind.

23. Wenn A n-quadratisch ist und die charakteristischen Wurzeln $\lambda_1, \lambda_2, \ldots, \lambda_n$ besitzt, dann ist A dann und nur dann normal, wenn $\lambda_1\bar{\lambda}_1, \lambda_2\bar{\lambda}_2, \ldots, \lambda_n\bar{\lambda}_n$ die charakteristischen Wurzeln von $A\bar{A}'$ sind.
Hinweis: Schreibe $U^{-1}AU = T = [t_{ij}]$ wobei U unitär und T triangulär ist. Sp $(T\bar{T}')$ = Sp $(A\bar{A}')$ erfordert $t_{ij} = 0$ für $i \neq j$.

24. Beweise: Wenn A nichtsingulär ist, dann ist $A\bar{A}'$ eine positiv definite hermitesche Matrix. Stelle den Satz für eine reelle und nichtsinguläre Matrix A auf.

25. Beweise: Wenn A und B n-quadratisch und normal sind, und wenn A und $\bar{B}'$ vertauschbar sind, dann sind AB und BA normal.

26. $$\phi(\lambda) = (\lambda - \lambda_1)^{r_1}(\lambda - \lambda_2)^{r_2} \ldots (\lambda - \lambda_s)^{r_s}$$
sei die charakteristische Funktion einer n-quadratischen Matrix A, und nimm an, daß eine nichtsinguläre Matrix P derart existiert, daß

(*1*) $$P^{-1}AP = \text{Diag}(\lambda_1 I_{r_1}, \lambda_2 I_{r_2}, \ldots, \lambda_s I_{r_s})$$
gilt. Definiere mit B_i, $(i = 1, 2, \ldots, s)$, die n-quadratische Matrix Diag $(0, 0, \ldots, 0, I_{r_i}, 0, \ldots, 0)$, die man dadurch erhält, daß λ_i durch 1 und λ_j, $(j \neq i)$, durch 0 auf der rechten Seite von (*1*) ersetzt wird und definiere
$$E_i = PB_iP^{-1}, \quad (i = 1, 2, \ldots, s)$$

Zeige, daß jeweils gilt:

(*a*) $P^{-1}AP = \lambda_1 B_1 + \lambda_2 B_2 + \ldots + \lambda_s B_s$
(*b*) $A = \lambda_1 E_1 + \lambda_2 E_2 + \ldots + \lambda_s E_s$
(*c*) Jedes E_i ist idempotent.
(*d*) $E_i E_j = 0$ für $i \neq j$.
(*e*) $E_1 + E_2 + \ldots + E_s = I$
(*f*) Der Rang von E_i ist gleich der Vielfachheit der charakteristischen Wurzel λ_i.
(*g*) $(\lambda_i I - A)E_i = 0$, $(i = 1, 2, \ldots, s)$
(*h*) Wenn $p(x)$ ein beliebiges Polynom in x ist, dann gilt $p(A) = p(\lambda_1)E_1 + p(\lambda_2)E_2 + \ldots + p(\lambda_s)E_s$.
Hinweis: Stelle $A^2 = \lambda_1^2 E_1 + \lambda_2^2 E_2 + \ldots + \lambda_s^2 E_s$, $A^3 = \lambda_1^3 E_1 + \lambda_2^3 E_2 + \ldots + \lambda_s^3 E_s, \ldots$ auf.

(*i*) Jedes E_i ist ein Polynom in A.
Hinweis: Definiere $f(\lambda) = (\lambda - \lambda_1)(\lambda - \lambda_2)\dots(\lambda - \lambda_s)$ und $f_i(\lambda) = f(\lambda)/(\lambda - \lambda_i)$, $(i = 1, 2, \dots, s)$. Dann gilt $f_i(A) = f_i(\lambda_i)\,E_i$.

(*j*) Eine Matrix B ist dann und nur dann mit A vertauschbar, wenn sie mit jedem E_i vertauschbar ist.
Hinweis: Wenn B mit A vertauschbar ist, dann ist sie mit jedem Polynom in A vertauschbar.

(*k*) Wenn A normal ist, dann ist jedes E_i hermitesch.

(*l*) Wenn A nichtsingulär ist, dann gilt

$$A^{-1} = \lambda_1^{-1}E_1 + \lambda_2^{-1}E_2 + \dots + \lambda_s^{-1}E_s$$

(*m*) Wenn A eine positiv definite hermitesche Matrix ist, dann ist

$$H = A^{1/2} = \sqrt{\lambda_1}\,E_1 + \sqrt{\lambda_2}\,E_2 + \dots + \sqrt{\lambda_s}\,E_s$$

eine positiv definite hermitesche Matrix.

(*n*) Die Gleichung (*b*) heißt die **Spektralzerlegung** von A. Man zeige, daß diese eindeutig ist.

27. (*a*) Gib die Spektralzerlegung an für

$$A = \begin{bmatrix} 24 & -20 & 10 \\ -20 & 24 & -10 \\ 10 & -10 & 9 \end{bmatrix} = 49\begin{bmatrix} 4/9 & -4/9 & 2/9 \\ -4/9 & 4/9 & -2/9 \\ 2/9 & -2/9 & 1/9 \end{bmatrix} + 4\begin{bmatrix} 5/9 & 4/9 & -2/9 \\ 4/9 & 5/9 & 2/9 \\ -2/9 & 2/9 & 8/9 \end{bmatrix}$$

(*b*) Ermittle $A^{-1} = \dfrac{1}{196}\begin{bmatrix} 29 & 20 & -10 \\ 20 & 29 & 10 \\ -10 & 10 & 44 \end{bmatrix}$

(*c*) Ermittle $A^{1/2} = \begin{bmatrix} 38/9 & -20/9 & 10/9 \\ -20/9 & 38/9 & -10/9 \\ 10/9 & -10/9 & 23/9 \end{bmatrix}$

28. Beweise: Wenn A normal und mit B vertauschbar ist, dann sind $\bar{A}'$ und B vertauschbar.
Hinweis: Verwende Aufgabe 26(*j*).

29. Beweise: Wenn A nichtsingulär ist, dann existieren eine unitäre Matrix U und eine positiv definite hermitesche Matrix H derart, daß $A = HU$ ist.
Hinweis: Definiere H durch $H^2 = A\bar{A}'$ und $U = H^{-1}A$.

30. Beweise: Wenn A nichtsingulär ist, dann ist A dann und nur dann normal, wenn H und U von Aufgabe 29 vertauschbar sind.

31. Beweise: Die quadratische Matrix A ist dann und nur dann ähnlich zu einer Diagonalmatrix, wenn eine positiv definite hermitesche Matrix H derart existiert, daß $H^{-1}AH$ normal ist.

32. Beweise: Eine reelle symmetrische (hermitesche) Matrix ist dann und nur dann idempotent, wenn ihre charakteristischen Wurzeln Nullen und Einsen sind.

33. Beweise: Wenn A reell symmetrisch (hermitesch) und idempotent ist, dann gilt $r_A = \text{Sp}\,(A)$.

34. Es sei A normal, $B = I + A$ sei nichtsingulär, und es gelte $C = B^{-1}\bar{B}'$.
Beweise: (*a*) A und $(\bar{B}')^{-1}$ sind vertauschbar, (*b*) C ist unitär.

35. Beweise: Wenn H hermitesch ist, dann ist $(I + iH)^{-1}(I - iH)$ unitär.

36. Wenn A n-quadratisch ist, dann wird die Menge der Zahlen $\bar{X}'AX$, wobei X ein Einheitsvektor ist, der **Körper von Werten** von A genannt. Beweise:

(*a*) Die charakteristischen Wurzeln von A befinden sich in ihrem Körper von Werten.

(*b*) Jedes Diagonalelement von A und jedes Diagonalelement von $U^{-1}AU$, wobei U unitär ist, befindet sich in dem Körper von Werten von A.

(*c*) Wenn A reell symmetrisch (hermitesch) ist, dann ist jedes Element in ihrem Körper von Werten reell.

(*d*) Wenn A reell symmetrisch (hermitesch) ist, dann entspricht ihr Körper von Werten dem der Menge der reellen Zahlen $\lambda_1 \leqq \lambda \leqq \lambda_n$, wobei λ_1 die kleinste und λ_n die größte charakteristische Wurzel von A ist.

KAPITEL 22

Polynome auf einem Körper

DAS GEBIET DES POLYNOMS AUF F. Es sei bezeichnet λ ein abstraktes Symbol (Unbestimmte), von dem man annimmt, daß es mit sich selbst und mit den Elementen eines Körpers F kommutativ ist. Der Ausdruck

$$f(\lambda) = a_n\lambda^n + a_{n-1}\lambda^{n-1} + \cdots + a_1\lambda + a_0\lambda^0, \tag{22.1}$$

wobei die a_i in F sind, heiß ein **Polynom in** λ **auf** F.

Wenn jedes $a_i = 0$ ist, dann heißt (22.1) das **Nullpolynom**, und wir schreiben $f(\lambda) = 0$. Wenn $a_n \neq 0$ gilt, dann heißt (22.1) vom Grad n, und a_n heißt sein **führender** (höchster) **Koeffizient**. Das Polynom $f(\lambda) = a_0\lambda^0 = a_0 \neq 0$ nenne man vom Grad Null; der Grad des Nullpolynoms ist nicht definiert.

Wenn $a_n = 1$ in (22.1) gilt, dann heißt das Polynom **normiert**.

Zwei Polynome in λ heißen **gleich**, wenn sie, abgesehen von Ausdrücken mit Nullkoeffizienten, dieselben Ausdrücke enthalten.

Die Gesamtheit von Polynomen (22.1) heißt ein **Gebiet des Polynoms** $F[\lambda]$ auf F.

SUMMEN UND PRODUKTE. Betrachtet man die individuellen Polynome von $F[\lambda]$ als Elemente eines Zahlensystems, dann hat das Gebiet des Polynoms die meisten, aber nicht alle, der Eigenschaften eines Körpers. Zum Beispiel gelten

$$f(\lambda) + g(\lambda) = g(\lambda) + f(\lambda) \quad \text{und} \quad f(\lambda)\cdot g(\lambda) = g(\lambda)\cdot f(\lambda)$$

Wenn $f(\lambda)$ den Grad m und $g(\lambda)$ den Grad n haben, dann gelten

(i) $f(\lambda) + g(\lambda)$ hat den Grad m, wenn $m > n$ gilt, den Grad von höchsten m, wenn $m = n$ gilt und den Grad n, wenn $m < n$ gilt.

(ii) $f(\lambda)\cdot g(\lambda)$ hat den Grad $m + n$.

Wenn $f(\lambda) \neq 0$ gilt, während $f(\lambda)\cdot g(\lambda) = 0$ ist, dann gilt $g(\lambda) = 0$.

Wenn $g(\lambda) \neq 0$ gilt und $h(\lambda)\cdot g(\lambda) = k(\lambda)\cdot g(\lambda)$ ist, dann gilt $h(\lambda) = k(\lambda)$.

QUOTIENTEN. In Aufgabe 1 beweisen wir

I. Wenn $f(\lambda)$ und $g(\lambda) \neq 0$ Polynome in $F[\lambda]$ sind, dann existieren eindeutige Polynome $h(\lambda)$ und $r(\lambda)$ in $F[\lambda]$, wobei $r(\lambda)$ entweder das Nullpolynom ist oder einen kleineren Grad als $g(\lambda)$ hat, derart, daß

$$f(\lambda) = h(\lambda)\cdot g(\lambda) + r(\lambda) \tag{22.2}$$

gilt.

Hier heißt $r(\lambda)$ das Restglied der Division von $f(\lambda)$ durch $g(\lambda)$. Wenn $r(\lambda) = 0$ ist, dann heißt $g(\lambda)$ Teiler von $f(\lambda)$, während $g(\lambda)$ und $h(\lambda)$ **Faktoren** von $f(\lambda)$ genannt werden.

Es sei $f(\lambda) = h(\lambda) \cdot g(\lambda)$. Wenn $g(\lambda)$ den Grad Null hat, d. h., wenn $g(\lambda) = c$ eine Konstante ist, dann nenne man die Zerlegung **trivial.** Ein nichttriviales Polynom auf F heißt **irreduzibel** auf F, wenn seine einzige Zerlegung trivial ist.

Beispiel 1. Auf dem rationalen Körper ist $\lambda^2 - 3$ irreduzibel; auf dem reellen Körper läßt es sich zerlegen als $(\lambda + \sqrt{3})(\lambda - \sqrt{3})$. Auf dem reellen Körper (und folglich auf dem rationalen Körper) ist $\lambda^2 + 4$ irreduzibel; auf dem komplexen Körper kann man es zerlegen als $(\lambda + 2i)(\lambda - 2i)$.

DER SATZ ÜBER DAS RESTGLIED. Es sei $f(\lambda)$ ein beliebiges Polynom, und es gelte $g(\lambda) = \lambda - a$. Dann wird (22.2) zu

$$f(\lambda) = h(\lambda) \cdot (\lambda - a) + r, \tag{22.3}$$

wobei r frei von λ ist. Gemäß (22.3) gilt $f(a) = r$, und wir erhalten:

II. Wenn man $f(\lambda)$ durch $\lambda - a$ teilt, ohne daß man ein Restglied frei von λ erhält, ist dieses Restglied $f(a)$.

III. Ein Polynom $f(\lambda)$ hat $\lambda - a$ dann und nur dann als Faktor, wenn $f(a) = 0$ gilt.

GRÖSSTER GEMEINSAMER TEILER. Wenn $h(\lambda)$ sowohl $f(\lambda)$ als auch $g(\lambda)$ teilt, nennt man es einen **gemeinsamen Teiler** von $f(\lambda)$ und $g(\lambda)$.

Ein Polynom $d(\lambda)$ heißt der **größte gemeinsame Teiler** von $f(\lambda)$ und $g(\lambda)$, wenn

(i) $d(\lambda)$ normiert ist,

(ii) $d(\lambda)$ ein gemeinsamer Teiler von $f(\lambda)$ und $g(\lambda)$ ist,

(iii) jeder gemeinsamer Teiler von $f(\lambda)$ und $g(\lambda)$ ein Teiler von $d(\lambda)$ ist.

In Beispiel 2 beweisen wir

IV. Wenn $f(\lambda)$ und $g(\lambda)$ Polynome in $F[\lambda]$ sind, wobei nicht beide das Nullpolynom sind, haben sie einen eindeutigen größten gemeinsamen Teiler $d(\lambda)$, und es existieren Polynome $h(\lambda)$ und $k(\lambda)$ in $F[\lambda]$ derart, daß

$$d(\lambda) = h(\lambda) \cdot f(\lambda) + k(\lambda) \cdot g(\lambda) \tag{22.4}$$

gilt. Siehe gleichfalls Aufgabe 3.

Wenn die einzigen gemeinsamen Teiler von $f(\lambda)$ und $g(\lambda)$ Konstanten sind, dann ist $d(\lambda) = 1$ ihr größter gemeinsamer Teiler.

Beispiel 2. Der größte gemeinsame Teiler von $f(\lambda) = (\lambda^2 + 4)(\lambda^2 + 3\lambda + 5)$ und $g(\lambda) = (\lambda^2 - 1)(\lambda^2 + 3\lambda + 5)$ ist $\lambda^2 + 3\lambda + 5$, und (22.4) ist hier

$$\lambda^2 + 3\lambda + 5 = \frac{1}{5}f(\lambda) - \frac{1}{5}g(\lambda)$$

Wir erhalten also $(1 - \lambda^2) \cdot f(\lambda) + (\lambda^2 + 4) \cdot g(\lambda) = 0$. Dieses illustriert

V. Wenn der größte gemeinsame Teiler von $f(\lambda)$ den Grad $n > 0$ hat und $g(\lambda)$ mit dem Grad $m > 0$ nicht 1 ist, dann existieren von Null verschiedene Polynome $a(\lambda)$ vom Grad $< m$ und $b(\lambda)$ vom Grad $< n$ derart, daß

$$a(\lambda) \cdot f(\lambda) + b(\lambda) \cdot g(\lambda) = 0$$

gilt und umgekehrt.

Siehe Aufgabe 4.

POLYNOME, DIE (RELATIV) PRIM ZUEINANDER SIND. Zwei Polynome heißen **(relativ) prim zueinander**, wenn ihr größter gemeinsamer Teiler 1 ist.

VI. Wenn $g(\lambda)$ irreduzibel in $F[\lambda]$ ist, und $f(\lambda)$ ein beliebiges Polynom von $F[\lambda]$ ist, dann ist entweder $f(\lambda)$ in $g(\lambda)$ enthalten oder $g(\lambda)$ ist (relativ) prim zu $f(\lambda)$.

VII. Wenn $g(\lambda)$ irreduzibel ist, aber $f(\lambda) \cdot h(\lambda)$ teilt, dann teilt es wenigstens eines von $f(\lambda)$ und $h(\lambda)$.

VIII. Wenn $f(\lambda)$ und $g(\lambda)$ (relativ) prim zueinander sind und wenn jedes $h(\lambda)$ teilt, dann teilen sie gleichfalls $f(\lambda) \cdot g(\lambda)$.

EINDEUTIGE FAKTORZERLEGUNG. In Aufgabe 5 beweisen wir

IX. Jedes von Null verschiedene Polynom $f(\lambda)$ von $F[\lambda]$ kann man als

$$f(\lambda) = c \cdot q_1(\lambda) \cdot q_2(\lambda) \ldots q_r(\lambda) \tag{22.5}$$

schreiben, wobei $c \neq 0$ eine Konstante ist und die $q_i(\lambda)$ normierte irreduzible Polynome von $F[\lambda]$ sind.

AUFGABEN MIT LÖSUNGEN

1. Beweise: Wenn $f(\lambda)$ und $g(\lambda) \neq 0$ Polynome in $F[\lambda]$ sind, dann existieren eindeutige Polynome $h(\lambda)$ und $r(\lambda)$ in $F[\lambda]$, wobei $r(\lambda)$ entweder das Nullpolynom ist oder den Grad kleiner als den von $g(\lambda)$ hat, derart, daß

$$f(\lambda) = h(\lambda) \cdot g(\lambda) + r(\lambda) \tag{i}$$

gilt.

Es seien

$$f(\lambda) = a_n\lambda^n + a_{n-1}\lambda^{n-1} + \cdots + a_1\lambda + a_0$$

und

$$g(\lambda) = b_m\lambda^m + b_{m-1}\lambda^{m-1} + \cdots + b_1\lambda + b_0, \qquad b_m \neq 0$$

Offensichtlich gilt der Satz, wenn $f(\lambda) = 0$ ist oder wenn $n \geqslant m$ gilt. Angenommen sei, daß $n \geqslant m$ gilt, dann ist

$$f(\lambda) - \frac{a_n}{b_m}\lambda^{n-m}g(\lambda) = f_1(\lambda) = c_p\lambda^p + c_{p-1}\lambda^{p-1} + \cdots + c_0$$

entweder das Nullpolynom oder hat einen Grad, der kleiner ist als der von $f(\lambda)$.

Wenn $f_1(\lambda) = 0$ einen Grad kleiner als den von $g(\lambda)$ hat, dann haben wir den Satz mit $h(\lambda) = \frac{a_n}{b_m}\lambda^{n-m}$ und $r(\lambda) = f_1(\lambda)$ bewiesen. Andererseits bilden wir

$$f(\lambda) - \frac{a_n}{b_m}\lambda^{n-m}g(\lambda) - \frac{c_p}{b_m}\lambda^{p-m}g(\lambda) = f_2(\lambda)$$

Wiederum, wenn $f_2(\lambda) = 0$ einen Grad kleiner als den von $g(\lambda)$ hat, haben wir den Satz bewiesen. Andererseits wiederholen wir das Verfahren. Weil in jedem Schritt der Grad des Restgliedes (es sei $\neq$ o angenommen) reduziert ist, erhalten wir wahrscheinlich ein Restglied $r(\lambda) = f_s(\lambda)$, das entweder das Nullpolynom oder vom Grad kleiner als das von $g(\lambda)$ ist.

Für einen eindeutigen Beweis nehmen wir

$$f(\lambda) = h(\lambda) \cdot g(\lambda) + r(\lambda) \quad \text{und} \quad f(\lambda) = k(\lambda) \cdot g(\lambda) + s(\lambda)$$

an, wobei der Grad von $r(\lambda)$ bzw. $s(\lambda)$ kleiner als der von $g(\lambda)$ ist. Dann gelten

$$h(\lambda) \cdot g(\lambda) + r(\lambda) = k(\lambda) \cdot g(\lambda) + s(\lambda)$$

und

$$[k(\lambda) - h(\lambda)]g(\lambda) = r(\lambda) - s(\lambda)$$

Nun hat $r(\lambda) - s(\lambda)$ einen Grad, der kleiner als m ist, falls nicht $k(\lambda) - h(\lambda) = 0$ ist. $[k(\lambda) - h(\lambda)]\,g(\lambda)$ hat einen Grad gleich oder größer als m. Mit $k(\lambda) - h(\lambda) = 0$ gilt $r(\lambda) - s(\lambda) = 0$ derart, daß $k(\lambda) = h(\lambda)$ und $r(\lambda) = s(\lambda)$ sind. Dann sind sowohl $h(\lambda)$ als auch $r(\lambda)$ eindeutig.

2. Beweise: Wenn $f(\lambda)$ und $g(\lambda)$ Polynome in $F[\lambda]$ sind, die nicht beide Null sind, dann haben sie einen eindeutigen größten gemeinsamen Teiler $d(\lambda)$, und es existieren Polynome $h(\lambda)$ und $k(\lambda)$ in F derart, daß

(*a*) $$d(\lambda) = h(\lambda)\cdot f(\lambda) + k(\lambda)\cdot g(\lambda)$$

gilt.

Wenn zum Beispiel $f(\lambda) = 0$ ist, dann gilt $d(\lambda) = b_m^{-1}\,g(\lambda)$, wobei b_m der führende Koeffizient von $g(\lambda)$ ist, und wir erhalten (*a*) mit $h(\lambda) = 1$ und $k(\lambda) = b_m^{-1}$.

Als nächstes nimm an, daß der Grad von $g(\lambda)$ nicht größer als der von $f(\lambda)$ ist. Gemäß Satz **I** erhalten wir

(i) $$f(\lambda) = q_1(\lambda)\cdot g(\lambda) + r_1(\lambda)\,,$$

wobei $r_1(\lambda) = 0$ einen Grad kleiner als den von $g(\lambda)$ hat. Wenn $r_1(\lambda) = 0$ ist, dann gilt $d(\lambda) = b_m^{-1}\,g(\lambda)$ und wir erhalten (*a*) mit $h(\lambda) = 0$ und $k(\lambda) = b_m^{-1}$.

Wenn $r_1(\lambda) \neq 0$ gilt, erhalten wir

(ii) $$g(\lambda) = q_2(\lambda)\cdot r_1(\lambda) + r_2(\lambda)\,,$$

wobei $r_2(\lambda) = 0$ einen Grad kleiner als den von $r_1(\lambda)$ hat. Wenn $r_2(\lambda) = 0$ ist, erhalten wir aus **(i)**

$$r_1(\lambda) = f(\lambda) - q_1(\lambda)\cdot g(\lambda)\,,$$

und daraus erhält man (*a*) durch Division durch den führenden Koeffizienten von $r_1(\lambda)$.

Wenn $r_2(\lambda) \neq 0$ gilt, erhalten wir

(iii) $$r_1(\lambda) = q_3(\lambda)\cdot r_2(\lambda) + r_3(\lambda)\,,$$

wobei $r_3(\lambda) = 0$ einen Grad kleiner als den von $r_2(\lambda)$ hat. Wenn $r_3(\lambda) = 0$ ist, erhalten wir aus **(i)** und **(ii)**

$$\begin{aligned} r_2(\lambda) &= g(\lambda) - q_2(\lambda)\cdot r_1(\lambda) = g(\lambda) - q_2(\lambda)[f(\lambda) - q_1(\lambda)\cdot g(\lambda)] \\ &= -q_2(\lambda)\cdot f(\lambda) + [1 + q_1(\lambda)\cdot q_2(\lambda)]g(\lambda) \end{aligned}$$

und daraus erhält man (*a*), indem man durch den führenden Koeffizienten von $r_2(\lambda)$ dividiert.

Führt man das Verfahren unter der Annahme durch, daß jedes neues Restglied von Null verschieden ist, erhält man allgemein

(iv) $$r_i(\lambda) = q_{i+2}(\lambda)\cdot r_{i+1}(\lambda) + r_{i+2}(\lambda)$$

darüber hinaus muß das Verfahren mit

(v) $$r_{s-2}(\lambda) = q_s(\lambda)\cdot r_{s-1}(\lambda) + r_s(\lambda), \qquad r_s(\lambda) \neq 0$$

und

(vi) $$r_{s-1}(\lambda) = q_{s+1}(\lambda)\cdot r_s(\lambda)$$

abschließen.

$r_s(\lambda)$ teilt wegen **(vi)** $r_{s-1}(\lambda)$ und gemäß **(v)** gleichfalls $r_{s-2}(\lambda)$. Aus **(iv)** erhalten wir

$$r_{s-3}(\lambda) = q_{s-1}(\lambda)\cdot r_{s-2}(\lambda) + r_{s-1}(\lambda)$$

derart, daß $r_{s-3}(\lambda)$ in $r_s(\lambda)$ enthalten ist. Wiederholt man die Schritte, die uns zu **(vi)** geführt haben, können wir schließen, daß $r_s(\lambda)$ sowohl $f(\lambda)$ als auch $g(\lambda)$ teilt. Wenn c der führende Koeffizient von $r_s(\lambda)$ ist, dann gilt $d(\lambda) = c^{-1}r_s(\lambda)$.

Wegen **(i)** erhalten wir $r_1(\lambda) = f(\lambda) - q_1(\lambda)\cdot g(\lambda) = h_1(\lambda)\cdot f(\lambda) + k_1(\lambda)\cdot g(\lambda)$, und nach Einsetzen in **(ii)** erhalten wir

$$r_2(\lambda) = -q_2(\lambda)\cdot f(\lambda) + [1 + q_1(\lambda)\cdot q_2(\lambda)]g(\lambda) = h_2(\lambda)\cdot f(\lambda) + k_2(\lambda)\cdot g(\lambda)$$

Wegen **(iii)** gilt $r_3(\lambda) = r_1(\lambda) - q_3(\lambda)\cdot r_2(\lambda)$. Setzt man diesen Ausdruck für $r_1(\lambda)$ und $r_2(\lambda)$ ein, erhalten wir

$$\begin{aligned} r_3(\lambda) &= [1 + q_2(\lambda)\cdot q_3(\lambda)]f(\lambda) + [-q_1(\lambda) - q_3(\lambda) - q_1(\lambda)\cdot q_2(\lambda)\cdot q_3(\lambda)]g(\lambda) \\ &= h_3(\lambda)\cdot f(\lambda) + k_3(\lambda)\cdot g(\lambda) \end{aligned}$$

Setzen wir das Verfahren fort, erhalten wir schließlich

$$r_s(\lambda) = h_s(\lambda)\cdot f(\lambda) + k_s(\lambda)\cdot g(\lambda)$$

Dann ist $d(\lambda) = c^{-1}r_s(\lambda) = c^{-1}h_s(\lambda)\cdot f(\lambda) + c^{-1}k_s(\lambda)\cdot g(\lambda) = h(\lambda)\cdot f(\lambda) + k(\lambda)\cdot g(\lambda)$ wie gefordert.

Zur Übung möge der Leser beweisen, daß $d(\lambda)$ eindeutig ist.

3. Gib den größten gemeinsamen Teiler $d(\lambda)$ von

$$f(\lambda) = 3\lambda^5 + 7\lambda^4 + 11\lambda + 6 \quad \text{und} \quad g(\lambda) = \lambda^4 + 2\lambda^3 - \lambda^2 - \lambda + 2$$

an und drücke $d(\lambda)$ in der Form des Satzes **III** aus.

Wir finden

(i) $f(\lambda) = (3\lambda+1)g(\lambda) + (\lambda^3 + 4\lambda^2 + 6\lambda + 4)$

(ii) $g(\lambda) = (\lambda-2)(\lambda^3 + 4\lambda^2 + 6\lambda + 4) + (\lambda^2 + 7\lambda + 10)$

(iii) $\lambda^3 + 4\lambda^2 + 6\lambda + 4 = (\lambda-3)(\lambda^2 + 7\lambda + 10) + (17\lambda + 34)$

und

(iv) $\lambda^2 + 7\lambda + 10 = (\frac{1}{17}\lambda + \frac{5}{17})(17\lambda + 34)$

Der größte gemeinsame Teiler ist $\frac{1}{17}(17\lambda+34) = \lambda + 2$.

Wegen **(iii)** erhält man

$$17\lambda + 34 = (\lambda^3 + 4\lambda^2 + 6\lambda + 4) - (\lambda - 3)(\lambda^2 + 7\lambda + 10)$$

Setzt man für $\lambda^2 + 7\lambda + 10$ entsprechend aus **(ii)** ein, erhält man

$$\begin{aligned} 17\lambda + 34 &= (\lambda^3 + 4\lambda^2 + 6\lambda + 4) - (\lambda - 3)[g(\lambda) - (\lambda-2)(\lambda^3 + 4\lambda^2 + 6\lambda + 4)] \\ &= (\lambda^2 - 5\lambda + 7)(\lambda^3 + 4\lambda^2 + 6\lambda + 4) - (\lambda - 3)g(\lambda) \end{aligned}$$

und setzt man für $\lambda^3 + 4\lambda^2 + 6\lambda + 4$ aus **(i)** ein, erhält man

$$17\lambda + 34 = (\lambda^2 - 5\lambda + 7)f(\lambda) + (-3\lambda^3 + 14\lambda^2 - 17\lambda - 4)g(\lambda)$$

Dann gilt

$$\lambda + 2 = \frac{1}{17}(\lambda^2 - 5\lambda + 7)\cdot f(\lambda) + \frac{1}{17}(-3\lambda^3 + 14\lambda^2 - 17\lambda - 4)\cdot g(\lambda)$$

4. Beweise: Wenn der größte gemeinsame Teiler von $f(\lambda)$ den Grad $n > 0$ hat und $g(\lambda)$ mit dem Grad $m > 0$ ungleich 1 ist, dann existieren von Null verschiedene Polynome $a(\lambda)$ mit dem Grad $< m$ und $b(\lambda)$ mit dem Grad $< n$ derart, daß

(*a*) $$a(\lambda)\cdot f(\lambda) + b(\lambda)\cdot g(\lambda) = 0$$

gilt und umgekehrt.

Der größte gemeinsame Teiler von $f(\lambda)$ und $g(\lambda)$ sei $d(\lambda) \neq 1$; dann gelten

$$f(\lambda) = d(\lambda)\cdot f_1(\lambda) \quad \text{und} \quad g(\lambda) = d(\lambda)\cdot g_1(\lambda),$$

wobei $f_1(\lambda)$ den Grad $< n$ und $g_1(\lambda)$ den Grad $< m$ haben. Nun gelten

$$g_1(\lambda)\cdot f(\lambda) = g_1(\lambda)\cdot d(\lambda)\cdot f_1(\lambda) = g(\lambda)\cdot f_1(\lambda)$$

und

$$g_1(\lambda)\cdot f(\lambda) + [-f_1(\lambda)\cdot g(\lambda)] = 0$$

Nimmt man $a(\lambda) = g_1(\lambda)$ und $b(\lambda) = -f_1(\lambda)$, erhalten wir demgemäß (*a*).

Umgekehrt nehmen wir an, $f(\lambda)$ und $g(\lambda)$ sind (relativ) prim zueinander und (*a*) gilt. Dann existieren gemäß Satz **IV** Polynome $h(\lambda)$ und $k(\lambda)$ derart, daß

$$h(\lambda)\cdot f(\lambda) + k(\lambda)\cdot g(\lambda) = 1$$

ist. Dann gilt unter Verwendung von (*a*)

$$\begin{aligned} a(\lambda) &= a(\lambda)\cdot h(\lambda)\cdot f(\lambda) + a(\lambda)\cdot k(\lambda)\cdot g(\lambda) \\ &= -b(\lambda)\cdot h(\lambda)\cdot g(\lambda) + a(\lambda)\cdot k(\lambda)\cdot g(\lambda) \end{aligned}$$

und $a(\lambda)$ ist in $g(\lambda)$ enthalten. Dieses ist jedoch unmöglich; folglich können $f(\lambda)$ und $g(\lambda)$ nicht (relativ) prim zueinander sein, wenn (*a*) gilt.

5. Beweise: Jedes von Null verschiedene Polynom $f(\lambda)$ in $F[\lambda]$ kann man als

$$f(\lambda) = c \cdot q_1(\lambda) \cdot q_2(\lambda) \ldots q_r(\lambda)$$

schreiben, wobei $c \neq 0$ eine Konstante ist und die $q_i(\lambda)$ normierte irreduzible Polynome in $F[\lambda]$ sind.

Schreibe

(i) $$f(\lambda) = a_n \cdot f_1(\lambda)$$

wobei a_n der führende Koeffizient von $f(\lambda)$ ist. Wenn $f_1(\lambda)$ irreduzibel ist, dann genügt **(i)** den Bedingungen des Satzes. Andererseits gibt es eine Zerlegung

(ii) $$f(\lambda) = a_n \cdot g(\lambda) \cdot h(\lambda)$$

Wenn $g(\lambda)$ und $h(\lambda)$ irreduzibel sind, dann genügt **(ii)** den Bedingungen des Satzes. Andererseits führt eine Zerlegung zu einer Menge von normierten irreduziblen Faktoren.

Um die Eindeutigkeit zu beweisen, nehme man an, daß

$$a_n \cdot q_1(\lambda) \cdot q_2(\lambda) \ldots q_r(\lambda) \quad \text{und} \quad a_n \cdot p_1(\lambda) \cdot p_2(\lambda) \ldots p_s(\lambda)$$

zwei Zerlegungen mit $r < s$ sind. Weil $q_1(\lambda)$ das Produkt $p_1(\lambda) \cdot p_2(\lambda) \ldots p_s(\lambda)$ teilt, muß es einige der $p_i(\lambda)$ teilen, die man nach einer Änderung der Numerierung als $p_1(\lambda)$ nehmen kann. Weil $p_1(\lambda)$ normiert und irreduzibel ist, gilt $q_1(\lambda) = p_1(\lambda)$. $q_2(\lambda)$ teilt dann $p_2(\lambda) \cdot p_3(\lambda) \ldots p_s(\lambda)$, und es gilt nach einer Wiederholung des obigen Argumentes $q_2(\lambda) = p_2(\lambda)$. Wahrscheinlich erhalten wir $q_i(\lambda) = p_i(\lambda)$ für $i = 1, 2, \ldots, r$, und es gilt $p_{r+1}(\lambda) \cdot p_{r+2}(\lambda) \ldots p_s(\lambda) = 1$. Weil die letzte Gleichung unmöglich ist, gilt $r = s$, und die Eindeutigkeit ist bewiesen.

ERGÄNZUNGSAUFGABEN

6. Gib ein Beispiel dafür, daß der Grad von $f(\lambda) + g(\lambda)$ kleiner als der Grad von entweder $f(\lambda)$ oder $g(\lambda)$ ist.

7. Beweise Satz **III**.

8. Beweise: Wenn $f(\lambda)$ $g(\lambda)$ und $h(\lambda)$ teilt, dann teilt es auch $g(\lambda) \pm h(\lambda)$.

9. Gib eine notwendige und hinreichende Bedingung dafür an, daß zwei von Null verschieden Polynome $f(\lambda)$ und $g(\lambda)$ in $F[\lambda]$ einander teilen.

10. Gib den größten gemeinsamen Teiler in der Form des Satzes **IV** für jede der folgenden Polynome an.

(a) $f(\lambda) = 2\lambda^5 - \lambda^3 + 2\lambda^2 - 6\lambda - 4$, $\quad g(\lambda) = \lambda^4 - \lambda^3 - \lambda^2 + 2\lambda - 2$

(b) $f(\lambda) = \lambda^4 - \lambda^3 - 3\lambda^2 - 11\lambda + 6$, $\quad g(\lambda) = \lambda^3 - 2\lambda^2 - 2\lambda - 3$

(c) $f(\lambda) = 2\lambda^5 + 5\lambda^4 + 4\lambda^3 - \lambda^2 - \lambda + 1$, $\quad g(\lambda) = \lambda^3 + 2\lambda^2 + 2\lambda + 1$

(d) $f(\lambda) = 3\lambda^4 - 4\lambda^3 + \lambda^2 - 5\lambda + 6$, $\quad g(\lambda) = \lambda^2 + 2\lambda + 2$

Antwort: (a) $\lambda^2 - 2 = -\frac{1}{3}(\lambda - 1)f(\lambda) + \frac{1}{3}(2\lambda^2 + 1)g(\lambda)$

(b) $\lambda - 3 = -\frac{1}{13}(\lambda + 4)f(\lambda) + \frac{1}{13}(\lambda^2 + 5\lambda + 5)g(\lambda)$

(c) $\lambda + 1 = \frac{1}{13}(\lambda + 4)f(\lambda) + \frac{1}{13}(-2\lambda^3 - 9\lambda^2 - 2\lambda + 9)g(\lambda)$

(d) $1 = \frac{1}{102}(5\lambda + 2)f(\lambda) + \frac{1}{102}(-15\lambda^3 + 44\lambda^2 - 55\lambda + 45)g(\lambda)$

11. Beweise Satz **VI**.

Hinweis: $d(\lambda)$ sei der größte gemeinsame Teiler von $f(\lambda)$ und $g(\lambda)$; dann gilt $g(\lambda) = d(\lambda) \cdot h(\lambda)$ und entweder $d(\lambda)$ oder $d(\lambda)$ ist eine Konstante.

12. Beweise die Sätze **VII** und **VIII**.

13. Beweise: Wenn $f(\lambda)$ (relativ) prim zu $g(\lambda)$ ist und $g(\lambda) \cdot a(\lambda)$ teilt, dann teilt es auch $a(\lambda)$.

14. Das kleinste gemeinsame Vielfache von $f(\lambda)$ und $g(\lambda)$ ist ein normiertes Polynom, das ein Vielfaches der beiden Polynome $f(\lambda)$ und $g(\lambda)$ ist und den kleinsten Grad hat. Gib den größten gemeinsamen Teiler und das kleinste gemeinsame Vielfache an für
(*a*) $f(\lambda) = \lambda^3 - 1$, $g(\lambda) = \lambda^2 - 1$
(*b*) $f(\lambda) = (\lambda-1)(\lambda+1)^2(\lambda+2)$, $g(\lambda) = (\lambda+1)(\lambda+2)^3(\lambda-3)$

Antwort: (*a*) G. g. T. $= \lambda - 1$; k. g. V. $= (\lambda^2 - 1)(\lambda^2 + \lambda + 1)$
(*b*) G. g. T. $= (\lambda + 1)(\lambda + 2)$; k. g. V. $= (\lambda - 1)(\lambda + 1)^2(\lambda + 2)^3(\lambda - 3)$

15. Gegeben sei $A = \begin{bmatrix} 1 & 2 & 2 \\ 2 & 1 & 2 \\ 2 & 2 & 1 \end{bmatrix}$; zeige
(*a*) $\phi(\lambda) = \lambda^3 - 3\lambda^2 - 9\lambda - 5$ und $\phi(A) = A^3 - 3A^2 - 9A - 5I = 0$
(*b*) $m(A) = 0$, wenn $m(\lambda) = \lambda^2 - 4\lambda - 5$ gilt.

16. Welche Eigenschaft eines Körpers wird durch das Gebiet des Polynoms nicht erfüllt?

17. Der Skalar c heißt eine **Wurzel** des Polynoms $f(\lambda)$, wenn $f(c) = 0$ ist. Beweise: Der Skalar c ist eine Wurzel von $f(\lambda)$ dann und nur dann, wenn $\lambda - c$ ein Faktor von $f(\lambda)$ ist.

18. Angenommen sei $f(\lambda) = (\lambda - c)^k g(\lambda)$. (*a*) Zeige, daß c eine Wurzel des Vielfachen $k > 1$ von $f'(\lambda)$ ist. (*b*) Zeige, daß c eine Wurzel des Vielfachen $k > 1$ von $f(\lambda)$ dann und nur dann ist, wenn c eine Wurzel sowohl von $f(\lambda)$ als auch von $f'(\lambda)$ ist.

19. Nimm $f(\lambda)$ und $g(\lambda)$, die nicht beide gleich Null sind, in $F[\lambda]$ mit dem größten gemeinsamen Teiler $d(\lambda)$. Es sei K ein beliebiger Körper, der F enthält. Wenn man $D(\lambda)$ als den größten gemeinsamen Teiler von $f(\lambda)$ und $g(\lambda)$ in $K[\lambda]$ betrachtet, zeige man, daß $D(\lambda) = d(\lambda)$ gilt.
Hinweis: Es sei $d(\lambda) = h(\lambda) \cdot f(\lambda) + k(\lambda) \cdot g(\lambda)$, $f(\lambda) = s(\lambda) \cdot D(\lambda)$, $g(\lambda) = t(\lambda) \cdot D(\lambda)$ und $D(\lambda) = c(\lambda) \cdot d(\lambda)$.

20. Beweise: Eine n-quadratische Matrix A ist normal, wenn man $\bar{A}'$ als ein Polynom

$$a_s A^s + a_{s-1} A^{s-1} + \ldots + a_1 A + a_0 I$$

in A ausdrücken kann.

KAPITEL 23

Lambda-Matrizen

DEFINITIONEN. Es sei $F[\lambda]$ ein Gebiet des Polynoms, das aus allen Polynomen in λ mit Koeffizienten in F besteht. Eine von Null verschiedene $m \times n$ Matrix auf $F[\lambda]$

$$\textbf{(23.1)} \qquad A(\lambda) = [a_{ij}(\lambda)] = \begin{bmatrix} a_{11}(\lambda) & a_{12}(\lambda) & \dots & a_{1n}(\lambda) \\ a_{21}(\lambda) & a_{22}(\lambda) & \dots & a_{2n}(\lambda) \\ \dots & \dots & \dots & \dots \\ a_{m1}(\lambda) & a_{m2}(\lambda) & \dots & a_{mn}(\lambda) \end{bmatrix}$$

heißt eine λ-Matrix.

Es sei p der größte Grad in λ der Polynome $a_{ij}(\lambda)$ von (23.1). Dann kann man $A(\lambda)$ als eine **Polynommatrix** mit dem Grad p in λ schreiben

$$\textbf{(23.2)} \qquad A(\lambda) = A_p\lambda^p + A_{p-1}\lambda^{p-1} + \dots + A_1\lambda + A_0,$$

wobei die A_i $m \times n$ Matrizen auf F sind.

Beispiel 1. $A(\lambda) = \begin{bmatrix} \lambda^2+\lambda+1 & \lambda^4+2\lambda^3+3\lambda^2+5 \\ \lambda^3-4 & \lambda^3-3\lambda^2 \end{bmatrix}$

$$= \begin{bmatrix} 0 & 1 \\ 0 & 0 \end{bmatrix}\lambda^4 + \begin{bmatrix} 0 & 2 \\ 1 & 1 \end{bmatrix}\lambda^3 + \begin{bmatrix} 1 & 3 \\ 0 & -3 \end{bmatrix}\lambda^2 + \begin{bmatrix} 1 & 0 \\ 0 & 0 \end{bmatrix}\lambda + \begin{bmatrix} 1 & 5 \\ -4 & 0 \end{bmatrix}$$

ist eine λ-Matrix oder Polynommatrix mit dem Grad vier.

Wenn $A(\lambda)$ n-quadratisch ist, dann heißt sie singulär oder nichtsingulär, je nachdem, ob $|A(\lambda)|$ Null oder nicht Null ist. Weiterhin heißt $A(\lambda)$ **eigentlich** oder **uneigentlich**, je nachdem, ob A_p nichtsingulär oder singulär ist. Die Polynommatrix von Beispiel 1 ist nichtsingulär und uneigentlich.

OPERATIONEN MIT λ-MATRIZEN. Betrachte die zwei n-quadratischen λ-Matrizen oder Polynommatrizen auf $F(\lambda)$

$$\textbf{(23.3)} \qquad A(\lambda) = A_p\lambda^p + A_{p-1}\lambda^{p-1} + \dots + A_1\lambda + A_0$$

und

$$\textbf{(23.4)} \qquad B(\lambda) = B_q\lambda^q + B_{q-1}\lambda^{q-1} + \dots + B_1\lambda + B_0 .$$

Die Matrizen (23.3) und (23.4) nennt man gleich $A(\lambda) = B(\lambda)$, vorausgesetzt,es gelten $p = q$ und $A_i = B_i$, $(i = 0, 1, 2, \dots, p)$.

Die Summe $A(\lambda) + B(\lambda)$ ist eine λ-Matrix $C(\lambda)$, die man dadurch erhält, indem man die korrespondierenden Elemente der zwei λ-Matrizen addiert.

Das Produkt $A(\lambda) \cdot B(\lambda)$ ist eine λ-Matrix oder Polynommatrix mit dem Grad höchstens $p + q$. Wenn entweder $A(\lambda)$ oder $B(\lambda)$ nichtsingulär ist, dann ist der Grad von $A(\lambda) \cdot B(\lambda)$ und gleichfalls von $B(\lambda) \cdot A(\lambda)$ genau $p + q$.

Die Gleichung (23.3) wird nicht dadurch gestört, wenn λ durch einen beliebigen Skalar k von F ersetzt wird. Setzt man zum Beispiel $\lambda = k$ in (23.3) ein, erhält man

$$A(k) = A_p k^p + A_{p-1}k^{p-1} + \dots + A_1 k + A_0 .$$

Obwohl man zwei Ergebnisse erhalten kann, wenn λ durch eine n-quadratische Matrix C ersetzt wird, sind allgemein zwei n-quadratische Matrizen nicht vertauschbar. Wir definieren

(23.5) $$A_R(C) = A_p C^p + A_{p-1} C^{p-1} + \dots + A_1 C + A_0$$

und

(23.6) $$A_L(C) = C^p A_p + C^{p-1} A_{p-1} + \dots + CA_1 + A_0,$$

die entsprechend **rechte und linke funktionale Werte** von $A(\lambda)$ genannt werden.

Beispiel 2. Es seien $A(\lambda) = \begin{bmatrix} \lambda^2 & \lambda+1 \\ \lambda-2 & \lambda^2+2 \end{bmatrix} = \begin{bmatrix} 1 & 0 \\ 0 & 1 \end{bmatrix}\lambda^2 + \begin{bmatrix} 0 & 1 \\ 1 & 0 \end{bmatrix}\lambda + \begin{bmatrix} 0 & 1 \\ -2 & 2 \end{bmatrix}$ und $C = \begin{bmatrix} 1 & 2 \\ 3 & 4 \end{bmatrix}$

Dann gelten $$A_R(C) = \begin{bmatrix} 1 & 0 \\ 0 & 1 \end{bmatrix}\begin{bmatrix} 1 & 2 \\ 3 & 4 \end{bmatrix}^2 + \begin{bmatrix} 0 & 1 \\ 1 & 0 \end{bmatrix}\begin{bmatrix} 1 & 2 \\ 3 & 4 \end{bmatrix} + \begin{bmatrix} 0 & 1 \\ -2 & 2 \end{bmatrix} = \begin{bmatrix} 10 & 15 \\ 14 & 26 \end{bmatrix}$$

und

$$A_L(C) = \begin{bmatrix} 1 & 2 \\ 3 & 4 \end{bmatrix}^2\begin{bmatrix} 1 & 0 \\ 0 & 1 \end{bmatrix} + \begin{bmatrix} 1 & 2 \\ 3 & 4 \end{bmatrix}\begin{bmatrix} 0 & 1 \\ 1 & 0 \end{bmatrix} + \begin{bmatrix} 0 & 1 \\ -2 & 2 \end{bmatrix} = \begin{bmatrix} 9 & 12 \\ 17 & \cdot \end{bmatrix}$$

Siehe Aufgabe 1.

DIVISION. In Aufgabe 2 beweisen wir

I. Wenn $A(\lambda)$ und $B(\lambda)$ Polynommatrizen (23.3) und (23.4) sind, und wenn B_q nichtsingulär ist, dann existieren eindeutige Polynommatrizen $Q_1(\lambda), R_1(\lambda)$; $Q_2(\lambda), R_2(\lambda)$, wobei $R_1(\lambda)$ und $R_2(\lambda)$ entweder Null oder einen Grad kleiner als der Grad von $B(\lambda)$ haben, derart, daß

(23.7) $$A(\lambda) = Q_1(\lambda) \cdot B(\lambda) + R_1(\lambda)$$

und

(23.8) $$A(\lambda) = B(\lambda) \cdot Q_2(\lambda) + R_2(\lambda)$$

gelten. Wenn $R_1(\lambda) = 0$ ist, dann heißt $B(\lambda)$ ein **rechter Teiler** von $A(\lambda)$; wenn $R_2(\lambda) = 0$ ist, dann heißt $B(\lambda)$ ein **linker Teiler** von $A(\lambda)$.

Beispiel 3. Wenn $A(\lambda) = \begin{bmatrix} \lambda^4 + \lambda^2 + \lambda - 1 & \lambda^3 + \lambda^2 + \lambda + 2 \\ 2\lambda^3 - \lambda & 2\lambda^2 + 2\lambda \end{bmatrix}$ und $B(\lambda) = \begin{bmatrix} \lambda^2 + 1 & 1 \\ \lambda & \lambda^2 + \lambda \end{bmatrix}$

sind, dann gelten

$$A(\lambda) = \begin{bmatrix} \lambda^2 - 1 & \lambda - 1 \\ 2\lambda & 2 \end{bmatrix}\begin{bmatrix} \lambda^2+1 & 1 \\ \lambda & \lambda^2+\lambda \end{bmatrix} + \begin{bmatrix} 2\lambda & 2\lambda+3 \\ -5\lambda & -2\lambda \end{bmatrix} = Q_1(\lambda) \cdot B(\lambda) + R_1(\lambda)$$

und

$$A(\lambda) = \begin{bmatrix} \lambda^2+1 & 1 \\ \lambda & \lambda^2+\lambda \end{bmatrix}\begin{bmatrix} \lambda^2 & \lambda+1 \\ \lambda-1 & 1 \end{bmatrix} = B(\lambda) \cdot Q_2(\lambda)$$

Hier ist $B(\lambda)$ ein linker Teiler von $A(\lambda)$.

Siehe Aufgabe 3.

Eine Polynommatrix der Form

(23.9) $$B(\lambda) = b_q \lambda^q \cdot I_n + b_{q-1}\lambda^{q-1} \cdot I_n + \dots + b_1\lambda \cdot I_n + b_0 I_n = b(\lambda) \cdot I_n$$

heißt **skalare Polynommatrix.** Eine skalare Polynommatrix $B(\lambda) = b(\lambda) \cdot I_n$ ist mit jeder n-quadratischen Polynommatrix vertauschbar.

Wenn in (23.7) und (23.8) $B(\lambda) = b(\lambda) \cdot I$ gilt, dann ist

(23.10) $$A(\lambda) = Q_1(\lambda) \cdot B(\lambda) + R_1(\lambda) = B(\lambda) \cdot Q_1(\lambda) + R_1(\lambda)$$

Beispiel 4. Es seien $A(\lambda) = \begin{bmatrix} \lambda^2 + 2\lambda & \lambda+1 \\ \lambda^2 - 1 & 2\lambda+1 \end{bmatrix}$ und $B(\lambda) = (\lambda + 2)I_2$. Dann gelten

$$A(\lambda) = \begin{bmatrix} \lambda & 1 \\ \lambda-2 & 2 \end{bmatrix}\begin{bmatrix} \lambda+2 & 0 \\ 0 & \lambda+2 \end{bmatrix} + \begin{bmatrix} 0 & -1 \\ 3 & -3 \end{bmatrix} = Q_1(\lambda)\cdot B(\lambda) + R_1(\lambda)$$

und

$$A(\lambda) = \begin{bmatrix} \lambda+2 & 0 \\ 0 & \lambda+2 \end{bmatrix}\begin{bmatrix} \lambda & 1 \\ \lambda-2 & 2 \end{bmatrix} + \begin{bmatrix} 0 & -1 \\ 3 & -3 \end{bmatrix} = B(\lambda)\cdot Q_1(\lambda) + R_1(\lambda)$$

Wenn $R_1(\lambda) = 0$ in (23.10) ist, dann gilt $A(\lambda) = b(\lambda)\cdot I \cdot Q_1(\lambda)$, und wir erhalten

II. Eine Polynommatrix $A(\lambda) = [a_{ij}(\lambda)]$ mit dem Grad n ist durch eine skalare Polynommatrix $B(\lambda) = b(\lambda)\cdot I_n$ dann und nur dann teilbar, wenn jedes $a_{ij}(\lambda)$ durch $b(\lambda)$ teilbar ist.

DER SATZ ÜBER DAS RESTGLIED. Es sei $A(\lambda)$ die λ-Matrix von (23.3), und es sei $B = [b_{ij}]$ eine n-quadratische Matrix auf F. Weil $\lambda I - B$ nichtsingulär ist, können wir

(23.11) $$A(\lambda) = Q_1(\lambda)\cdot(\lambda I - B) + R_1$$

und

(23.12) $$A(\lambda) = (\lambda I - B)\cdot Q_2(\lambda) + R_2$$

schreiben, wobei R_1 und R_2 frei von λ sind. Man kann zeigen

III. Wenn die Polynommatrix $A(\lambda)$ von (23.3) durch $\lambda I - B$ geteilt ist, wobei $B = [b_{ij}]$ n-quadratisch ist, ohne daß Restglieder R_1 und R_2, die frei von λ sind, erhalten werden, dann gelten

$$R_1 = A_R(B) = A_p B^p + A_{p-1}B^{p-1} + \ldots + A_1 B + A_0$$

und

$$R_2 = A_L(B) = B^p A_p + B^{p-1}A_{p-1} + \ldots + BA_1 + A_0$$

Beispiel 5. Es seien $A(\lambda) = \begin{bmatrix} \lambda^2 & \lambda+1 \\ \lambda-2 & \lambda^2+2 \end{bmatrix}$ und $\lambda I - B = \begin{bmatrix} \lambda-1 & -2 \\ -3 & \lambda-4 \end{bmatrix}$. Dann gelten

$$A(\lambda) = \begin{bmatrix} \lambda+1 & 3 \\ 4 & \lambda+4 \end{bmatrix}\begin{bmatrix} \lambda-1 & -2 \\ -3 & \lambda-4 \end{bmatrix} + \begin{bmatrix} 10 & 15 \\ 14 & 26 \end{bmatrix} = Q_1(\lambda)\cdot(\lambda I - B) + R_1$$

und

$$A(\lambda) = \begin{bmatrix} \lambda-1 & -2 \\ -3 & \lambda-4 \end{bmatrix}\begin{bmatrix} \lambda+1 & 3 \\ 4 & \lambda+4 \end{bmatrix} + \begin{bmatrix} 9 & 12 \\ 17 & 27 \end{bmatrix} = (\lambda I - B)Q_2(\lambda) + R_2$$

Wegen Beispiel 2 gelten $R_1 = A_R(B)$ und $R_2 = A_L(B)$ in Übereinstimmung mit Satz III.

Wenn $A(\lambda)$ eine skalare Polynommatrix

$$A(\lambda) = f(\lambda)\cdot I = a_p I\lambda^p + a_{p-1}I\lambda^{p-1} + \ldots + a_1 I\lambda + a_0 I$$

ist, dann sind die Restglieder in (23.11) und (23.12) so identisch, daß

$$R_1 = R_2 = a_p B^p + a_{p-1}B^{p-1} + \ldots + a_1 B + a_0 I$$

gilt, und wir erhalten

IV. Wenn eine skalare Polynommatrix $f(\lambda)\cdot I_n$ durch $\lambda I_n - B$ geteilt wird, ohne daß ein Restglied R, das frei von λ ist, erhalten wird, dann gilt $R = f(B)$.

Als eine Konsequenz erhalten wir

V. Eine skalare Polynommatrix $f(\lambda)\cdot I_n$ ist dann und nur dann durch $\lambda I_n - B$ teilbar, wenn $f(B) = 0$ ist.

SATZ VON CAYLEY-HAMILTON. Betrachte die n-quadratische Matrix $A = [a_{ij}]$, die die charakteristische Matrix $\lambda I - A$ und die charakteristische Gleichung $\phi(\lambda) = |\lambda I - A| = 0$ hat. Gemäß (6.2) gilt

$$(\lambda I - A)\cdot \operatorname{adj}(\lambda I - A) = \phi(\lambda)\cdot I$$

Dann ist $\phi(\lambda)\cdot I$ durch $\lambda I - A$ teilbar, und es gilt $\phi(A) = 0$ gemäß Satz V. Demgemäß erhalten wir

VI. Jede quadratische Matrix $A = [a_{ij}]$ genügt ihrer charakteristischen Gleichung $\phi(\lambda) = 0$.

Beispiel 6. Die charakteristische Gleichung von $A = \begin{bmatrix} 2 & 2 & 1 \\ 1 & 3 & 1 \\ 1 & 2 & 2 \end{bmatrix}$ ist $\lambda^3 - 7\lambda^2 + 11\lambda - 5 = 0$. Dann gelten

$$A^2 = \begin{bmatrix} 7 & 12 & 6 \\ 6 & 13 & 6 \\ 6 & 12 & 7 \end{bmatrix}, \qquad A^3 = \begin{bmatrix} 32 & 62 & 31 \\ 31 & 63 & 31 \\ 31 & 62 & 32 \end{bmatrix},$$

und

$$\begin{bmatrix} 32 & 62 & 31 \\ 31 & 63 & 31 \\ 31 & 62 & 32 \end{bmatrix} - 7\begin{bmatrix} 7 & 12 & 6 \\ 6 & 13 & 6 \\ 6 & 12 & 7 \end{bmatrix} + 11\begin{bmatrix} 2 & 2 & 1 \\ 1 & 3 & 1 \\ 1 & 2 & 2 \end{bmatrix} - 5\begin{bmatrix} 1 & 0 & 0 \\ 0 & 1 & 0 \\ 0 & 0 & 1 \end{bmatrix} = 0$$

Siehe Aufgabe 4.

AUFGABEN MIT LÖSUNGEN

1. Für die Matrix $A(\lambda) = \begin{bmatrix} \lambda^2+\lambda & \lambda^2 \\ \lambda+1 & 1 \end{bmatrix}$ berechne $A_R(C)$ und $A_L(C)$, wenn $C = \begin{bmatrix} 1 & -1 \\ 0 & 2 \end{bmatrix}$ gilt.

Es gelten $A(\lambda) = \begin{bmatrix} 1 & 1 \\ 0 & 0 \end{bmatrix}\lambda^2 + \begin{bmatrix} 1 & 0 \\ 1 & 0 \end{bmatrix}\lambda + \begin{bmatrix} 0 & 0 \\ 1 & 1 \end{bmatrix}$ und $C^2 = \begin{bmatrix} 1 & -3 \\ 0 & 4 \end{bmatrix}$; dann erhalten wir

$$A_R(C) = \begin{bmatrix} 1 & 1 \\ 0 & 0 \end{bmatrix}\begin{bmatrix} 1 & -3 \\ 0 & 4 \end{bmatrix} + \begin{bmatrix} 1 & 0 \\ 1 & 0 \end{bmatrix}\begin{bmatrix} 1 & -1 \\ 0 & 2 \end{bmatrix} + \begin{bmatrix} 0 & 0 \\ 1 & 1 \end{bmatrix}$$

$$= \begin{bmatrix} 1 & 1 \\ 0 & 0 \end{bmatrix} + \begin{bmatrix} 1 & -1 \\ 1 & -1 \end{bmatrix} + \begin{bmatrix} 0 & 0 \\ 1 & 1 \end{bmatrix} = \begin{bmatrix} 2 & 0 \\ 2 & 0 \end{bmatrix}$$

und

$$A_L(C) = \begin{bmatrix} 1 & -3 \\ 0 & 4 \end{bmatrix}\begin{bmatrix} 1 & 1 \\ 0 & 0 \end{bmatrix} + \begin{bmatrix} 1 & -1 \\ 0 & 2 \end{bmatrix}\begin{bmatrix} 1 & 0 \\ 1 & 0 \end{bmatrix} + \begin{bmatrix} 0 & 0 \\ 1 & 1 \end{bmatrix} = \begin{bmatrix} 1 & 1 \\ 3 & 1 \end{bmatrix}$$

2. Beweise: Wenn $A(\lambda)$ und $B(\lambda)$ die λ-Matrizen (23.3) und (23.4) sind, und wenn B_q nichtsingulär ist, dann existieren eindeutige Polynommatrizen $Q_1(\lambda), R_1(\lambda)$; $Q_2(\lambda), R_2(\lambda)$, wobei $R_1(\lambda)$ und $R_2(\lambda)$ entweder Null oder vom Grad kleiner als der Grad von $B(\lambda)$ sind, derart, daß

(i) $$A(\lambda) = Q_1(\lambda)\cdot B(\lambda) + R_1(\lambda)$$

und

(ii) $$A(\lambda) = B(\lambda)\cdot Q_2(\lambda) + R_2(\lambda)$$

gelten.

Wenn $p < q$ gilt, dann gilt (i) mit $Q_1(\lambda) = 0$ und $R_1(\lambda) = A(\lambda)$. Nimm an, daß $p \geqq q$ gilt; dann ist

$$A(\lambda) - A_p B_q^{-1} B(\lambda)\lambda^{p-q} = C(\lambda),$$

wobei $C(\lambda)$ entweder Null oder vom Grad höchstens $p-1$ ist.

Wenn $C(\lambda)$ Null oder vom Grad kleiner als q ist, erhalten wir (i) mit

$$Q_1(\lambda) = A_p B_q^{-1}\lambda^{p-q} \quad \text{und} \quad R_1(\lambda) = C(\lambda)$$

Wenn $C(\lambda) = C_s\lambda^s + \ldots$ mit $s > q$ ist, bilde

$$A(\lambda) - A_p B_q^{-1} B(\lambda)\lambda^{p-q} - C_s B_q^{-1} B(\lambda)\lambda^{s-q} = D(\lambda)$$

Wenn $D(\lambda)$ entweder Null oder vom Grad kleiner als q ist, erhalten wir (i) mit

$$Q_1(\lambda) = A_p B_q^{-1}\lambda^{p-q} + C_s B_q^{-1}\lambda^{s-q} \quad \text{und} \quad R_1(\lambda) = D(\lambda)$$

wenn nicht, setzen wir das Verfahren fort. Weil diese Ergebnisse in einer Folge von Polynommatrizen $C(\lambda)$, $D(\lambda)$, . . . mit abnehmenden Graden ist, erhalten wir schließlich eine Polynommatrix, die entweder Null oder vom Grad kleiner als q ist, und wir erhalten (i).

Um (ii) zu erhalten, beginnen wir mit

$$A(\lambda) - B(\lambda) B_q^{-1} A_p \lambda^{p-q}$$

Diese Ableitung zusammen mit dem Beweis für die Eindeutigkeit kann der Leser als eine Übung durchführen. Siehe Aufgabe 1, Kapitel 22.

3. Für $A(\lambda) = \begin{bmatrix} \lambda^4 + 2\lambda^3 - 1 & \lambda^3 - \lambda - 1 \\ \lambda^3 + \lambda^2 + 1 & \lambda^3 + 1 \end{bmatrix}$ und $B(\lambda) = \begin{bmatrix} 2\lambda^2 - \lambda & -\lambda^2 + \lambda - 1 \\ -\lambda^2 + 2 & \lambda^2 - \lambda \end{bmatrix}$

gib Matrizen $Q_1(\lambda), R_1(\lambda)$; $Q_2(\lambda), R_2(\lambda)$ derart an, daß

(*a*) $A(\lambda) = Q_1(\lambda)\cdot B(\lambda) + R_1(\lambda)$, (*b*) $A(\lambda) = B(\lambda)\cdot Q_2(\lambda) + R_2(\lambda)$ wie in Aufgabe 2 gelten.

Wir erhalten
$$A(\lambda) = \begin{bmatrix} 1 & 0 \\ 0 & 0 \end{bmatrix}\lambda^4 + \begin{bmatrix} 2 & 1 \\ 1 & 1 \end{bmatrix}\lambda^3 + \begin{bmatrix} 0 & 0 \\ 1 & 0 \end{bmatrix}\lambda^2 + \begin{bmatrix} 0 & -1 \\ 0 & 0 \end{bmatrix}\lambda + \begin{bmatrix} -1 & -1 \\ 1 & 1 \end{bmatrix}$$

und
$$B(\lambda) = \begin{bmatrix} 2 & -1 \\ -1 & 1 \end{bmatrix}\lambda^2 + \begin{bmatrix} -1 & 1 \\ 0 & -1 \end{bmatrix}\lambda + \begin{bmatrix} 0 & -1 \\ 2 & 0 \end{bmatrix}$$

Hier gelten $B_2 = \begin{bmatrix} 2 & -1 \\ -1 & 1 \end{bmatrix}$ und $B_2^{-1} = \begin{bmatrix} 1 & 1 \\ 1 & 2 \end{bmatrix}$.

(*a*) Wir berechnen

$$A(\lambda) - A_4 B_2^{-1} B(\lambda)\lambda^2 = \begin{bmatrix} 3 & 1 \\ 1 & 1 \end{bmatrix}\lambda^3 + \begin{bmatrix} -2 & 1 \\ 1 & 0 \end{bmatrix}\lambda^2 + \begin{bmatrix} 0 & -1 \\ 0 & 0 \end{bmatrix}\lambda + \begin{bmatrix} -1 & -1 \\ 1 & 1 \end{bmatrix} = C(\lambda)$$

$$C(\lambda) - C_3 B_2^{-1} B(\lambda)\lambda = \begin{bmatrix} 2 & 2 \\ 3 & 1 \end{bmatrix}\lambda^2 + \begin{bmatrix} -10 & 3 \\ -6 & 2 \end{bmatrix}\lambda + \begin{bmatrix} -1 & -1 \\ 1 & 1 \end{bmatrix} = D(\lambda)$$

und

$$D(\lambda) - D_2 B_2^{-1} B(\lambda) = \begin{bmatrix} -6 & 5 \\ -2 & 3 \end{bmatrix}\lambda + \begin{bmatrix} -13 & 3 \\ -9 & 5 \end{bmatrix} = \begin{bmatrix} -6\lambda - 13 & 5\lambda + 3 \\ -2\lambda - 9 & 3\lambda + 5 \end{bmatrix} = R_1(\lambda)$$

Dann gilt
$$Q_1(\lambda) = (A_4\lambda^2 + C_3\lambda + D_2) B_2^{-1} = \begin{bmatrix} 1 & 1 \\ 0 & 0 \end{bmatrix}\lambda^2 + \begin{bmatrix} 4 & 5 \\ 2 & 3 \end{bmatrix}\lambda + \begin{bmatrix} 4 & 6 \\ 4 & 5 \end{bmatrix} = \begin{bmatrix} \lambda^2 + 4\lambda + 4 & \lambda^2 + 5\lambda + 6 \\ 2\lambda + 4 & 3\lambda + 5 \end{bmatrix}$$

(*b*) Wir berechnen

$$A(\lambda) - B(\lambda) B_2^{-1} A_4 \lambda^2 = \begin{bmatrix} 2 & 1 \\ 2 & 1 \end{bmatrix}\lambda^3 + \begin{bmatrix} 1 & 0 \\ -1 & 0 \end{bmatrix}\lambda^2 + \begin{bmatrix} 0 & -1 \\ 0 & 0 \end{bmatrix}\lambda + \begin{bmatrix} -1 & -1 \\ 1 & 1 \end{bmatrix} = E(\lambda)$$

$$E(\lambda) - B(\lambda) B_2^{-1} E_3\lambda = \begin{bmatrix} -1 & -1 \\ 5 & 3 \end{bmatrix}\lambda^2 + \begin{bmatrix} 6 & 2 \\ -8 & -4 \end{bmatrix}\lambda + \begin{bmatrix} -1 & -1 \\ 1 & 1 \end{bmatrix} = F(\lambda)$$

und

$$F(\lambda) - B(\lambda) B_2^{-1} F_2 = \begin{bmatrix} 1 & -1 \\ 1 & 1 \end{bmatrix}\lambda + \begin{bmatrix} 8 & 4 \\ -7 & -3 \end{bmatrix} = \begin{bmatrix} \lambda + 8 & -\lambda + 4 \\ \lambda - 7 & \lambda - 3 \end{bmatrix} = R_2(\lambda)$$

Dann gilt $$Q_2(\lambda) = B_2^{-1}(A_4\lambda^2 + E_3\lambda + F_2) = \begin{bmatrix}1 & 0\\1 & 0\end{bmatrix}\lambda^2 + \begin{bmatrix}4 & 2\\6 & 3\end{bmatrix}\lambda + \begin{bmatrix}4 & 2\\9 & 5\end{bmatrix} = \begin{bmatrix}\lambda^2+4\lambda+4 & 2\lambda+2\\ \lambda^2+6\lambda+9 & 3\lambda+5\end{bmatrix}$$

4. Für $A = \begin{bmatrix}1 & 1 & 2\\3 & 1 & 1\\2 & 3 & 1\end{bmatrix}$ verwende die Tatsache, daß A ihrer charakteristischen Gleichung genügt, um A^3 und A^4 zu berechnen; gleichfalls die Tatsache, daß A nichtsingulär ist, um A^{-1} und A^{-2} zu berechnen.

$$|\lambda I - A| = \begin{vmatrix}\lambda-1 & -1 & -2\\-3 & \lambda-1 & -1\\-2 & -3 & \lambda-1\end{vmatrix} = \lambda^3 - 3\lambda^2 - 7\lambda - 11 = 0$$

Dann gelten

$$A^3 = 3A^2 + 7A + 11I = 3\begin{bmatrix}8 & 8 & 5\\8 & 7 & 8\\13 & 8 & 8\end{bmatrix} + 7\begin{bmatrix}1 & 1 & 2\\3 & 1 & 1\\2 & 3 & 1\end{bmatrix} + 11\begin{bmatrix}1 & 0 & 0\\0 & 1 & 0\\0 & 0 & 1\end{bmatrix} = \begin{bmatrix}42 & 31 & 29\\45 & 39 & 31\\53 & 45 & 42\end{bmatrix}$$

$$A^4 = 3A^3 + 7A^2 + 11A = 3\begin{bmatrix}42 & 31 & 29\\45 & 39 & 31\\53 & 45 & 42\end{bmatrix} + 7\begin{bmatrix}8 & 8 & 5\\8 & 7 & 8\\13 & 8 & 8\end{bmatrix} + 11\begin{bmatrix}1 & 1 & 2\\3 & 1 & 1\\2 & 3 & 1\end{bmatrix} = \begin{bmatrix}193 & 160 & 144\\224 & 177 & 160\\272 & 224 & 193\end{bmatrix}$$

Wegen $11I = -7A - 3A^2 + A^3$ erhalten wir

$$A^{-1} = \frac{1}{11}\{-7I - 3A + A^2\} = \frac{1}{11}\left\{-7\begin{bmatrix}1 & 0 & 0\\0 & 1 & 0\\0 & 0 & 1\end{bmatrix} - 3\begin{bmatrix}1 & 1 & 2\\3 & 1 & 1\\2 & 3 & 1\end{bmatrix} + \begin{bmatrix}8 & 8 & 5\\8 & 7 & 8\\13 & 8 & 8\end{bmatrix}\right\} = \frac{1}{11}\begin{bmatrix}-2 & 5 & -1\\-1 & -3 & 5\\7 & -1 & -2\end{bmatrix}$$

$$A^{-2} = \frac{1}{11}\{-7A^{-1} - 3I + A\} = \frac{1}{121}\left\{-7\begin{bmatrix}-2 & 5 & -1\\-1 & -3 & 5\\7 & -1 & -2\end{bmatrix} - 33\begin{bmatrix}1 & 0 & 0\\0 & 1 & 0\\0 & 0 & 1\end{bmatrix} + 11\begin{bmatrix}1 & 1 & 2\\3 & 1 & 1\\2 & 3 & 1\end{bmatrix}\right\} = \frac{1}{121}\begin{bmatrix}-8 & -24 & 29\\40 & -1 & -24\\-27 & 40 & -8\end{bmatrix}$$

5. Es seien $\lambda_1, \lambda_2, \ldots, \lambda_n$ die charakteristischen Wurzeln einer n-quadratischen Matrix A, und es sei $h(x)$ ein Polynom mit dem Grad p in x. Beweise, daß $|h(A)| = h(\lambda_1) \cdot h(\lambda_2) \ldots h(\lambda_n)$ gilt.

Wir erhalten

(i) $$|\lambda I - A| = (\lambda - \lambda_1)(\lambda - \lambda_2)\ldots(\lambda - \lambda_n)$$

Es sei

(ii) $$h(x) = c(s_1 - x)(s_2 - x)\ldots(s_p - x)$$

Dann gelten

$$h(A) = c(s_1 I - A)(s_2 I - A)\ldots(s_p I - A)$$

und

$$\begin{aligned} |h(A)| &= c^p |s_1 I - A| \cdot |s_2 I - A| \dots |s_p I - A| \\ &= \{c(s_1-\lambda_1)(s_1-\lambda_2)\dots(s_1-\lambda_n)\} \\ &\quad \cdot \{c(s_2-\lambda_1)(s_2-\lambda_2)\dots(s_2-\lambda_n)\} \dots \{c(s_p-\lambda_1)(s_p-\lambda_2)\dots(s_p-\lambda_n)\} \\ &= \{c(s_1-\lambda_1)(s_2-\lambda_1)\dots(s_p-\lambda_1)\} \\ &\quad \cdot \{c(s_1-\lambda_2)(s_2-\lambda_2)\dots(s_p-\lambda_2)\} \dots \{c(s_1-\lambda_n)(s_2-\lambda_n)\dots(s_p-\lambda_n)\} \\ &= h(\lambda_1)\, h(\lambda_2) \dots h(\lambda_n) \end{aligned}$$

unter Verwendung von (ii).

ERGÄNZUNGSAUFGABEN

6. Für $A(\lambda) = \begin{bmatrix} \lambda^2+2\lambda & \lambda \\ \lambda^2+1 & \lambda-1 \end{bmatrix}$ und $B(\lambda) = \begin{bmatrix} \lambda^2 & \lambda^2+\lambda \\ \lambda+1 & \lambda \end{bmatrix}$ berechne:

(a) $A(\lambda) + B(\lambda) = \begin{bmatrix} 2\lambda^2+2\lambda & \lambda^2+2\lambda \\ \lambda^2+\lambda+2 & 2\lambda-1 \end{bmatrix}$

(b) $A(\lambda) - B(\lambda) = \begin{bmatrix} 2\lambda & -\lambda^2 \\ \lambda^2-\lambda & -1 \end{bmatrix}$

(c) $A(\lambda) \cdot B(\lambda) = \begin{bmatrix} \lambda^4+2\lambda^3+\lambda^2+\lambda & \lambda^4+3\lambda^3+3\lambda^2 \\ \lambda^4+2\lambda^2-1 & \lambda^4+\lambda^3+2\lambda^2 \end{bmatrix}$

(d) $B(\lambda) \cdot A(\lambda) = \begin{bmatrix} 2\lambda^4+3\lambda^3+\lambda^2+\lambda & 2\lambda^3-\lambda \\ 2\lambda^3+3\lambda^2+3\lambda & 2\lambda^2 \end{bmatrix}$

7. Für $A(\lambda) = \begin{bmatrix} \lambda^2+1 & \lambda^2 \\ \lambda+2 & \lambda-1 \end{bmatrix}$, $B(\lambda) = \begin{bmatrix} \lambda^2 & \lambda \\ -\lambda^2 & 1 \end{bmatrix}$ und $C = \begin{bmatrix} 1 & 0 \\ 2 & -1 \end{bmatrix}$ berechne:

$A_R(C) = \begin{bmatrix} 2 & 1 \\ 5 & -2 \end{bmatrix}$, $B_R(C) = \begin{bmatrix} 3 & -1 \\ -1 & 1 \end{bmatrix}$, $A_R(C) \cdot B_R(C) = \begin{bmatrix} 5 & -1 \\ 17 & -7 \end{bmatrix}$, $B_R(C) \cdot A_R(C) = \begin{bmatrix} 1 & 5 \\ 3 & -3 \end{bmatrix}$,

$P_R(C) = \begin{bmatrix} 5 & -1 \\ 9 & -3 \end{bmatrix}$, $Q_R(C) = \begin{bmatrix} 3 & 3 \\ 3 & -3 \end{bmatrix}$;

$A_L(C) = \begin{bmatrix} 2 & 1 \\ 1 & -2 \end{bmatrix}$, $B_L(C) = \begin{bmatrix} 1 & 1 \\ -1 & 3 \end{bmatrix}$, $A_L(C) \cdot B_L(C) = \begin{bmatrix} 1 & 5 \\ 3 & -5 \end{bmatrix}$, $B_L(C) \cdot A_L(C) = \begin{bmatrix} 3 & -1 \\ 1 & -7 \end{bmatrix}$,

$P_L(C) = \begin{bmatrix} 1 & 3 \\ 3 & 1 \end{bmatrix}$, $Q_L(C) = \begin{bmatrix} 5 & 1 \\ 3 & -5 \end{bmatrix}$.

wobei $P(\lambda) = A(\lambda) \cdot B(\lambda)$ und $Q(\lambda) = B(\lambda) \cdot A(\lambda)$ gelten.

8. Wenn $A(\lambda)$ und $B(\lambda)$ eigentliche n-quadratische λ-Matrizen mit dem Grad p bzw. q sind,und wenn $C(\lambda)$ eine beliebige, von Null verschiedene λ-Matrix ist, zeige man, daß der Grad des dreifachen Produktes in beliebiger Ordnung mindestens $p + q$ ist.

9. Gib für jedes Paar der Matrizen $A(\lambda)$ und $B(\lambda)$ Matrizen $Q_1(\lambda), R_1(\lambda);\ Q_2(\lambda), R_2(\lambda)$ an, die (23.7) und (23.8) genügen.

(a) $A(\lambda) = \begin{bmatrix} \lambda^2+2\lambda & \lambda \\ \lambda^2+1 & \lambda^2-\lambda \end{bmatrix}, \quad B(\lambda) = \begin{bmatrix} \lambda & \lambda \\ 1 & -\lambda \end{bmatrix}$

(b) $A(\lambda) = \begin{bmatrix} -\lambda^2+\lambda & -\lambda^2+2\lambda+2 \\ -\lambda^2+2\lambda-1 & 1 \end{bmatrix}, \quad B(\lambda) = \begin{bmatrix} \lambda-1 & -1 \\ 0 & \lambda-2 \end{bmatrix}$

(c) $A(\lambda) = \begin{bmatrix} \lambda^3-2\lambda+1 & \lambda^4+\lambda^2+7\lambda-2 & 5\lambda^2+2\lambda+4 \\ \lambda^4+3\lambda^2-3\lambda-1 & 3\lambda^3+2\lambda+2 & 4\lambda^2+6\lambda+1 \\ 2\lambda^3-\lambda+2 & \lambda^3+2\lambda^2 & \lambda^3+\lambda^2+8\lambda-4 \end{bmatrix},$

$B(\lambda) = \begin{bmatrix} \lambda^2+1 & 1 & 3\lambda-1 \\ 2\lambda & \lambda^2 & \lambda+1 \\ \lambda-2 & 2\lambda & \lambda^2 \end{bmatrix}$

(d) $A(\lambda) = \begin{bmatrix} 3\lambda^4+\lambda^2-1 & \lambda^3-1 & \lambda^2-\lambda \\ \lambda^3-\lambda^2+1 & \lambda^4+\lambda^2+2 & \lambda-1 \\ \lambda^2+\lambda & \lambda+1 & 2\lambda^4+\lambda-2 \end{bmatrix}, \quad B(\lambda) = \begin{bmatrix} \lambda^2-2\lambda-1 & \lambda^2+1 & \lambda+1 \\ \lambda+1 & \lambda^2+\lambda & \lambda^2-2\lambda \\ \lambda & \lambda-2 & \lambda^2+\lambda-1 \end{bmatrix}.$

Antwort: (a) $Q_1(\lambda) = \begin{bmatrix} \lambda+1 & \lambda \\ \lambda & 1 \end{bmatrix}, \quad R_1(\lambda) = 0; \quad Q_2(\lambda) = \begin{bmatrix} 2\lambda & \lambda-1 \\ -\lambda+2 & -\lambda+2 \end{bmatrix}, \quad R_2(\lambda) = \begin{bmatrix} 0 & 0 \\ 1 & 1 \end{bmatrix}$

(b) $Q_1(\lambda) = \begin{bmatrix} -\lambda & -\lambda-1 \\ -\lambda+1 & -1 \end{bmatrix}, \quad R_1(\lambda) = 0; \quad Q_2(\lambda) = \begin{bmatrix} -\lambda-1 & -\lambda+1 \\ -\lambda & 0 \end{bmatrix}, \quad R_2(\lambda) = \begin{bmatrix} -1 & 3 \\ -1 & 1 \end{bmatrix}$

(c) $Q_1(\lambda) = \begin{bmatrix} -\lambda+1 & \lambda^2+3 & -\lambda+7 \\ \lambda^2-1 & 3\lambda+5 & -3\lambda+2 \\ 2\lambda-3 & \lambda & \lambda-6 \end{bmatrix}, \quad R_1(\lambda) = \begin{bmatrix} -16\lambda+14 & -6\lambda-3 & -5\lambda+2 \\ -21\lambda+4 & -2\lambda+3 & \lambda-5 \\ 5\lambda-7 & 10\lambda+3 & 18\lambda-7 \end{bmatrix}$

$Q_2(\lambda) = \begin{bmatrix} \lambda-1 & \lambda^2 & 2 \\ \lambda^2+1 & \lambda & 3 \\ -1 & 2 & \lambda+1 \end{bmatrix}, \quad R_2(\lambda) = 0$

(d) $Q_1(\lambda) = \begin{bmatrix} 3\lambda^2+6\lambda+31 & -3\lambda^2-5\lambda-16 & 3\lambda^2-7\lambda+8 \\ \lambda-3 & \lambda^2-\lambda-1 & -\lambda^2+4\lambda-7 \\ -2\lambda-1 & 7 & 2\lambda^2-2\lambda-1 \end{bmatrix}$

$R_1(\lambda) = \begin{bmatrix} 81\lambda+46 & -12\lambda-16 & -85\lambda-23 \\ 4\lambda-1 & 15\lambda-9 & 12\lambda-5 \\ -9\lambda-8 & -7\lambda & 17\lambda-2 \end{bmatrix}$

$Q_2(\lambda) = \begin{bmatrix} 3\lambda^2+5\lambda+31 & -\lambda^2-\lambda-4 & 2\lambda^2-4\lambda+3 \\ \lambda-14 & \lambda^2 & -2\lambda^2+6\lambda-6 \\ -3\lambda-2 & 3 & 2\lambda^2-2\lambda-2 \end{bmatrix}$

$R_2(\lambda) = \begin{bmatrix} 71\lambda+46 & -12\lambda-8 & -\lambda+11 \\ -26\lambda-30 & 11\lambda+6 & 4\lambda-4 \\ -15\lambda-30 & 2\lambda+4 & 16\lambda-16 \end{bmatrix}$

10. Verifiziere in Aufgabe 9(*b*), daß $R_1(\lambda) = A_R(C)$ und $R_2(\lambda) = A_L(C)$ mit $B(\lambda) = \lambda I - C$ gelten.

11. Gegeben sind $B(\lambda) = \begin{bmatrix} \lambda^2+1 & 3\lambda+1 \\ \lambda-2 & \lambda^2-3\lambda+2 \end{bmatrix}$ und $C(\lambda) = \begin{bmatrix} \lambda+2 & \lambda \\ \lambda-3 & \lambda+1 \end{bmatrix}$.

(*a*) Berechne $A(\lambda) = B(\lambda) \cdot C(\lambda)$.

(*b*) Gib $Q(\lambda)$ und $R(\lambda)$ mit dem Grad höchstens eins derart an, daß $A(\lambda) = Q(\lambda) \cdot B(\lambda) + R(\lambda)$ gilt.

Antwort: $\begin{bmatrix} \lambda^3+5\lambda^2-7\lambda-1 & \lambda^3+3\lambda^2+5\lambda+1 \\ \lambda^3-5\lambda^2+11\lambda-10 & \lambda^3-\lambda^2-3\lambda+2 \end{bmatrix} = \begin{bmatrix} \lambda+4 & \lambda+3 \\ \lambda-6 & \lambda-1 \end{bmatrix} B(\lambda) + \begin{bmatrix} -9\lambda+1 & -\lambda-9 \\ 13\lambda-6 & 9\lambda+10 \end{bmatrix}$

12. Berechne für $A = \begin{bmatrix} 1 & 2 \\ 1 & 1 \end{bmatrix}$ wie in Aufgabe 4

$$A^2 = \begin{bmatrix} 3 & 4 \\ 2 & 3 \end{bmatrix}, \quad A^3 = \begin{bmatrix} 7 & 10 \\ 5 & 7 \end{bmatrix}, \quad A^4 = \begin{bmatrix} 17 & 24 \\ 12 & 17 \end{bmatrix}$$

$$A^{-1} = \begin{bmatrix} -1 & 2 \\ 1 & -1 \end{bmatrix}, \quad A^{-2} = \begin{bmatrix} 3 & -4 \\ -2 & 3 \end{bmatrix}, \quad A^{-3} = \begin{bmatrix} -7 & 10 \\ 5 & -7 \end{bmatrix}$$

13. Beweise: Wenn A und B ähnliche Matrizen sind und $g(\lambda)$ ein beliebiges Skalarpolynom ist, dann sind $g(A)$ und $g(B)$ ähnlich.
Hinweis: Man zeige zuerst, daß A^k und B^k für eine beliebige positive ganze Zahl k ähnlich sind.

14. Beweise: Wenn $B = \text{Diag}(B_1, B_2, \ldots B_m)$ ist und $g(\lambda)$ ein beliebiges Skalarpolynom ist, dann gilt

$$g(B) = \text{Diag}(g(B_1), g(B_2), \ldots g(B_m))$$

15. Beweise Satz **III**.
Hinweis: Verifiziere: $\lambda I - B$ teilt $A(\lambda) - A_R(B)$.

16. Die Matrix C heißt eine **Wurzel** der skalaren Polynommatrix $B(\lambda)$ von (23.9), wenn $B(C) = 0$ ist. Beweise: Die Matrix C ist dann und nur dann eine Wurzel von $B(\lambda)$, wenn die charakteristische Matrix von C $B(\lambda)$ teilt.

17. Beweise: Wenn $\lambda_1, \lambda_2, \ldots, \lambda_n$ die charakteristischen Wurzeln von A sind, und wenn $f(A)$ ein beliebiges Skalarpolynom in A ist, dann sind $f(\lambda_1), f(\lambda_2), \ldots, f(\lambda_n)$ die charakteristischen Wurzeln von $f(A)$.
Hinweis: Schreibe $\lambda - f(x) = c(x_1 - x)(x_2 - x) \ldots (x_s - x)$ so, daß $|\lambda I - f(A)| = c^n |x_1 I - A| \cdot |x_2 I - A| \ldots |x_s I - A|$ ist. Nun verwende $|x_i I - A| = (x_i - \lambda_1)(x_i - \lambda_2) \ldots (x_i - \lambda_n)$ und $c(x_1 - \lambda_j)(x_2 - \lambda_j) \ldots (x_s - \lambda_j) = \lambda - f(\lambda_j)$.

18. Gib für $A = \begin{bmatrix} 1 & -1 & 0 \\ 2 & 3 & 2 \\ 1 & 1 & 2 \end{bmatrix}$ die charakteristischen Wurzeln von $f(A) = A^2 - 2A + 3$ an.

19. Gib den Satz von Aufgabe 5 als einen Hilfssatz von Aufgabe 17 an.

20. Beweise: Wenn X ein invarianter Vektor von A von Aufgabe 17 ist, dann ist X ein invarianter Vektor von $f(A)$.

21. Es sei $A(t) = [a_{ij}(t)]$, wobei die $a_{ij}(t)$ reelle Polynome in der reellen Variablen t sind. Nimm

$$A(t) = \begin{bmatrix} t^2+t+1 & t^4+2t^3+3t^2+5 \\ t^3-4 & t^3-3t^2 \end{bmatrix} = \begin{bmatrix} 0 & 1 \\ 0 & 0 \end{bmatrix} t^4 + \begin{bmatrix} 0 & 2 \\ 1 & 1 \end{bmatrix} t^3 + \begin{bmatrix} 1 & 3 \\ 0 & -3 \end{bmatrix} t^2 + \begin{bmatrix} 1 & 0 \\ 0 & 0 \end{bmatrix} t + \begin{bmatrix} 1 & 5 \\ -4 & 0 \end{bmatrix}$$

und differenziere das letzte Glied so, als wäre es ein Polynom mit konstanten Koeffizienten, gemäß der Definition

$$\frac{d}{dt} A(t) = \left[\frac{d}{dt} a_{ij}(t) \right]$$

22. Gib Formeln an für:

(*a*) $\frac{d}{dt}\{A(t) + B(t)\}$; (*b*) $\frac{d}{dt}\{cA(t)\}$, wobei c eine Konstante ist oder $c = [c_{ij}]$ gilt; (*c*) $\frac{d}{dt}\{A(t) \cdot B(t)\}$;

(*d*) $\frac{d}{dt} A^{-1}(t)$.

Hinweis: Für (*c*) schreibe $A(t) \cdot B(t) = C(t) = [c_{ij}(t)]$ und differenziere $c_{ij}(t) = \sum_{k=1}^{n} a_{ik}(t)\, b_{kj}(t)$. Für (*d*) verwende $A(t) \cdot A^{-1}(t) = I$.

KAPITEL 24

Smith'sche Normalform

UNTER EINER ELEMENTAREN TRANSFORMATION bezüglich einer λ-Matrix $A(\lambda)$ auf $F[\lambda]$ versteht man:

(*1*) Das Vertauschen der i-ten und j-ten Zeile, bezeichnet mit H_{ij}; das Vertauschen der i-ten und j-ten Spalte, bezeichnet mit K_{ij}.

(*2*) Die Multiplikation der i-ten Zeile mit einer von Null verschiedenen Konstanten k, bezeichnet mit $H_i(k)$; die Multiplikation der i-ten Spalte mit einer Null verschiedenen Konstanten k, bezeichnet mit $K_i(k)$.

(*3*) Die Addition zu der i-ten Zeile des Produktes von $f(\lambda)$, einem Polynom von $F[\lambda]$, mit der j-ten Zeile, bezeichnet mit $H_{ij}(f(\lambda))$; die Addition zu der i-ten Spalte des Produktes von $f(\lambda)$ mit der j-ten Spalte, bezeichnet mit $K_{ij}(f(\lambda))$.

Dies sind die elementaren Transformationen von Kapitel 5, außer, daß in (*3*) das Wort Skalar durch das Wort Polynom ersetzt wurde. Eine elementare Transformation und die elementare Matrix, die man durch das Anwenden der elementaren Transformation auf I erhält, wird durch dasselbe Symbol bezeichnet. Gleichfalls wird eine Zeilentransformation bezüglich $A(\lambda)$ durchgeführt, indem man sie auf der linken Seite mit dem passenden H multipliziert, und eine Spaltentransformation wird durchgeführt, indem man $A(\lambda)$ auf der rechten Seite mit dem passenden K multipliziert.

Parallel zu Kapitel 5 erhalten wir

I. Jede Elementarmatrix in $F[\lambda]$ hat eine Inverse, die wieder eine Elementarmatrix in $F[\lambda]$ ist.

II. Wenn $|A(\lambda)| = k \neq 0$ mit k in F gilt, dann ist $A(\lambda)$ ein Produkt von Elementarmatrizen.

III. Der Rang einer λ-Matrix ist bezüglich elementarer Transformation invariant.

Zwei n-quadratische λ-Matrizen $A(\lambda)$ und $B(\lambda)$ mit Elementen in $F[\lambda]$ heißen **äquivalent**, vorausgesetzt, es existieren $P(\lambda) = H_S \ldots H_2 \cdot H_1$ und $Q(\lambda) = K_1 \cdot K_2 \ldots K_t$ derart, daß

(24.1) $$B(\lambda) = P(\lambda) \cdot A(\lambda) \cdot Q(\lambda)$$

gilt. Demgemäß gilt

IV. Äquivalente $m \times n$ λ-Matrizen haben den gleichen Rang.

DIE KANONISCHE MENGE. In den Aufgaben 1 und 2 beweisen wir

V. Es seien $A(\lambda)$ und $B(\lambda)$ äquivalente Matrizen mit dem Rang r; Dann ist der größte gemeinsame Teiler aller s-quadratischen Minoren von $A(\lambda)$, $s \leq r$ gleichfalls der größte gemeinsame Teiler aller s-quadratischen Minoren von $B(\lambda)$.

In Aufgabe 3 beweisen wir

VI. Jede λ-Matrix $A(\lambda)$ mit dem Rang r kann man durch Elementartransformationen auf die **Smith'sche Normalform**

(24.2)
$$N(\lambda) = \begin{bmatrix} f_1(\lambda) & 0 & \dots & 0 & \dots & 0 \\ 0 & f_2(\lambda) & \dots & 0 & \dots & 0 \\ \dots & \dots & \dots & \dots & \dots & \dots \\ 0 & 0 & \dots & f_r(\lambda) & \dots & 0 \\ 0 & 0 & \dots & 0 & \dots & 0 \\ \dots & \dots & \dots & \dots & \dots & \dots \\ 0 & 0 & \dots & 0 & \dots & 0 \end{bmatrix}$$

reduzieren, wobei gilt; jedes $f_i(\lambda)$ ist normiert, und $f_i(\lambda)$ teilt $f_{i+1}(\lambda)$, $(i = 1, 2, \dots, r-1)$.

Wenn eine λ-Matrix $A(\lambda)$ mit dem Rang r auf **(24.2)** reduziert ist, dann ist der größte gemeinsame Teiler aller s-quadratischen Minoren von $A(\lambda)$, $s \leqq r$, gleich dem größten gemeinsamen Teiler aller s-quadratischen Minoren von $N(\lambda)$ gemäß Satz **V**. Jedes $f_i(\lambda)$ teilt $f_{i+1}(\lambda)$ in $N(\lambda)$, daher ist der größte gemeinsame Teiler aller s-quadratischen Minoren von $N(\lambda)$ und demgemäß von $A(\lambda)$

(24.3)
$$g_s(\lambda) = f_1(\lambda) \cdot f_2(\lambda) \cdot \ldots \cdot f_s(\lambda), \qquad (s = 1, 2, \dots, r)$$

Angenommen $A(\lambda)$ sei auf

$$N(\lambda) = \textbf{Diag}\,(f_1(\lambda), f_2(\lambda), \dots, f_r(\lambda), 0, \dots, 0)$$

und auf

$$N_1(\lambda) = \textbf{Diag}\,(h_1(\lambda), h_2(\lambda), \dots, h_r(\lambda), 0, \dots, 0)$$

reduziert. Gemäß **(24.3)** gilt

$$g_s(\lambda) = f_1(\lambda) \cdot f_2(\lambda) \cdot \ldots \cdot f_s(\lambda) = h_1(\lambda) \cdot h_2(\lambda) \cdot \ldots \cdot h_s(\lambda)$$

Nun gelten $g_1(\lambda) = f_1(\lambda) = h_1(\lambda)$, $g_2(\lambda) = f_1(\lambda) \cdot f_2(\lambda) = h_1(\lambda) \cdot h_2(\lambda)$ derart, daß $f_2(\lambda) = h_2(\lambda), \dots$ ist; wenn wir $g_0(\lambda) = 1$ definieren, dann gilt allgemein

(24.4)
$$g_s(\lambda)/g_{s-1}(\lambda) = f_s(\lambda) = h_s(\lambda), \qquad (s = 1, 2, \dots, r),$$

und wir erhalten

VII. Die Matrix $N(\lambda)$ von **(24.2)** ist eindeutig durch die gegebene Matrix $A(\lambda)$ determiniert.

Demgemäß bilden die Smith'schen Normalmatrizen eine kanonische Menge bezüglich der Äquivalenz auf $F[\lambda]$.

Beispiel 1. Betrachte $A(\lambda) = \begin{bmatrix} \lambda+2 & \lambda+1 & \lambda+3 \\ \lambda^3+2\lambda^2+\lambda & \lambda^3+\lambda^2+\lambda & 2\lambda^3+3\lambda^2+\lambda \\ \lambda^2+3\lambda+2 & \lambda^2+2\lambda+1 & 3\lambda^2+6\lambda+3 \end{bmatrix}$.

Man findet schnell, daß $g_1(\lambda) = 1$ der größte gemeinsame Teiler eines einzeiligen Minors (Elemente) von $A(\lambda)$ ist, daß $g_2(\lambda) = \lambda$ der größte gemeinsame Teiler eines zweizeiligen Minors von $A(\lambda)$ ist und daß $g_3(\lambda) = \frac{1}{2}|A(\lambda)| = \lambda^3 + \lambda^2$ gilt. Dann erhalten wir gemäß **(24.4)**

$$f_1(\lambda) = g_1(\lambda) = 1, \quad f_2(\lambda) = g_2(\lambda)/g_1(\lambda) = \lambda, \quad f_3(\lambda) = g_3(\lambda)/g_2(\lambda) = \lambda^2 + \lambda,$$

und die Smith'sche Normalform von $A(\lambda)$ ist

$$N(\lambda) = \begin{bmatrix} 1 & 0 & 0 \\ 0 & \lambda & 0 \\ 0 & 0 & \lambda^2+\lambda \end{bmatrix}$$

Für eine andere Reduktion siehe Aufgabe 4.

INVARIANTE FAKTOREN. Die Polynome $f_1(\lambda), f_2(\lambda), \dots, f_r(\lambda)$ in der Hauptdiagonalen der Smith'schen Normalform von $A(\lambda)$ heißen **invariante Faktoren** von $A(\lambda)$. Wenn $f_k(\lambda) = 1$, $k \leqq r$ gilt, dann ist $f_1(\lambda) = f_2(\lambda) = \dots = f_k(\lambda) = 1$, und jedes heißt ein **trivialer** invarianter Faktor.

Als eine Konsequenz von Satz **VII** erhalten wir

VIII. Zwei n-quadratische λ-Matrizen auf $F[\lambda]$ sind dann und nur dann äquivalent auf $F[\lambda]$, wenn sie dieselben invarianten Faktoren besitzen.

ELEMENTARTEILER. Es sei $A(\lambda)$ eine n-quadratische λ-Matrix auf $F[\lambda]$, und es seien ihre invarianten Faktoren als

$$f_i(\lambda) = \{p_1(\lambda)\}^{q_{i1}}\{p_2(\lambda)\}^{q_{i2}}\ldots\{p_s(\lambda)\}^{q_{is}}, \quad (i = 1, 2, \ldots, r) \qquad \textbf{(24.5)}$$

ausgedrückt, wobei die $p_1(\lambda), p_2(\lambda), \ldots, p_s(\lambda)$ verschiedene normierte, irreduzible Polynome auf $F[\lambda]$ sind. Einige der q_{ij} können Null sein, und der korrespondierende Faktor kann fortfallen; gleichwohl gilt $q_{i+1,j} \geqq q_{ij}$, $(i = 1, 2, \ldots, r-1;\ j = 1, 2, \ldots, s)$, weil $f_{i+1}(\lambda)$ in $f_i(\lambda)$ enthalten ist.

Die Faktoren $\{p_j(\lambda)\}^{q_{ij}} \neq 1$, die in **(24.5)** erscheinen, heißen **Elementarteiler** auf $F[\lambda]$ von $A(\lambda)$.

Beispiel 2. Angenommen sei, eine 10-quadratische λ-Matrix $A(\lambda)$ auf dem rationalen Körper habe die Smith'sche Normalform

$$\left[\begin{array}{ccccc|c} 1 & 0 & 0 & 0 & 0 & \\ 0 & 1 & 0 & 0 & 0 & \\ 0 & 0 & (\lambda-1)(\lambda^2+1) & 0 & 0 & 0 \\ 0 & 0 & 0 & (\lambda-1)(\lambda^2+1)^2\lambda & 0 & \\ 0 & 0 & 0 & 0 & (\lambda-1)^2(\lambda^2+1)^2\lambda^2(\lambda^2-3) & \\ \hline & & 0 & & & 0 \end{array}\right]$$

Der Rang ist 5. Die invarianten Faktoren sind

$$f_1(\lambda) = 1, \quad f_2(\lambda) = 1, \quad f_3(\lambda) = (\lambda-1)(\lambda^2+1),$$
$$f_4(\lambda) = (\lambda-1)(\lambda^2+1)^2\lambda, \quad f_5(\lambda) = (\lambda-1)^2(\lambda^2+1)^2\lambda^2(\lambda^2-3)$$

Die Elementarteiler sind

$$(\lambda-1)^2,\ \lambda-1,\ \lambda-1,\ (\lambda^2+1)^2,\ (\lambda^2+1)^2,\ (\lambda^2+1),\ \lambda^2,\ \lambda,\ \lambda^2-3$$

Beachte, daß die Elementarteiler nicht notwendigerweise verschieden sind; in der Auflistung taucht jeder Elementarteiler so oft auf, wie er in den invarianten Faktoren erscheint.

Beispiel 3. (*a*) Auf dem reellen Körper bleiben die invarianten Faktoren von $A(\lambda)$ von Beispiel 2 unverändert, die Elementarteiler aber sind

$$(\lambda-1)^2,\ \lambda-1,\ \lambda-1,\ (\lambda^2+1)^2,\ (\lambda^2+1)^2,\ (\lambda^2+1),\ \lambda^2,\ \lambda,\ \lambda-\sqrt{3},\ \lambda+\sqrt{3},$$

weil $\lambda^2 - 3$ zerlegt werden kann.

(*b*) Auf dem komplexen Körper bleiben die invarianten Faktoren unverändert, die Elementarteiler sind jedoch

$$(\lambda-1)^2,\ \lambda-1,\ \lambda-1,\ (\lambda+i)^2,\ (\lambda+i)^2,\ \lambda+i,\ (\lambda-i)^2,$$
$$(\lambda-i)^2,\ \lambda-i,\ \lambda^2,\ \lambda,\ \lambda-\sqrt{3},\ \lambda+\sqrt{3}$$

Die invarianten Faktoren einer λ-Matrix bestimmen ihren Rang und ihre Elementarteiler; umgekehrt bestimmen der Rang und die Elementarteiler die invarianten Faktoren.

Beispiel 4. Es seien die Elementarteiler der 6-quadratischen λ-Matrix $A(\lambda)$ mit dem Rang 5

$$\lambda^3,\ \lambda^2,\ \lambda,\ (\lambda-1)^2,\ (\lambda-1)^2,\ \lambda-1,\ (\lambda+1)^2,\ \lambda+1$$

Gib die invarianten Faktoren an und schreibe die Smith'sche kanonische Form auf.

Um $f_5(\lambda)$ zu bilden, bilde das kleinste gemeinsame Vielfache der Elementarteiler, d. h., bilde

$$f_5(\lambda) = \lambda^3(\lambda-1)^2(\lambda+1)^2$$

Um $f_4(\lambda)$ zu bilden, entfernen wir die Elementarteiler, die in $f_5(\lambda)$ verwendet wurden, aus der ursprünglichen Liste und bilden das kleinste gemeinsame Vielfache aus den übrigen, d. h.,

$$f_4(\lambda) = \lambda^2(\lambda-1)^2(\lambda+1)$$

Nach Fortsetzung erhält man $f_3(\lambda) = \lambda(\lambda-1)$. Nun sind keine Elementarteiler mehr übrig; dann gilt $f_2(\lambda) = f_1(\lambda) = 1$. Die Smith'sche kanonische Form ist

$$N(\lambda) = \begin{bmatrix} 1 & 0 & 0 & 0 & 0 & 0 \\ 0 & 1 & 0 & 0 & 0 & 0 \\ 0 & 0 & \lambda(\lambda-1) & 0 & 0 & 0 \\ 0 & 0 & 0 & \lambda^2(\lambda-1)^2(\lambda+1) & 0 & 0 \\ 0 & 0 & 0 & 0 & \lambda^3(\lambda-1)^2(\lambda+1)^2 & 0 \\ 0 & 0 & 0 & 0 & 0 & 0 \end{bmatrix}$$

Weil die invarianten Faktoren einer λ-Matrix bezüglich elementarer Transformationen invariant sind, so gilt dies gleichfalls für Elementarteiler. Demgemäß erhalten wir

IX. Zwei n-quadratische λ-Matrizen auf $F[\lambda]$ sind dann und nur dann äquivalent auf $F[\lambda]$, wenn sie denselben Rang und dieselben Elementarteiler besitzen.

AUFGABEN MIT LÖSUNGEN

1. Beweise: Wenn $P(\lambda)$ ein Produkt von Elementarmatrizen ist, dann ist der größte gemeinsame Teiler aller s-quadratischen Minoren von $P(\lambda) \cdot A(\lambda)$ gleichfalls der größte gemeinsame Teiler aller s-quadratischen Minoren von $A(\lambda)$.

Man muß nur $P(\lambda) \cdot A(\lambda)$ betrachten, wobei $P(\lambda)$ jeweils die drei Typen von Elementarmatrizen H darstellt.

Es sei $R(\lambda)$ ein s-quadratischer Minor von $A(\lambda)$, und es sei $S(\lambda)$ der s-quadratische Minor von $P(\lambda) \cdot A(\lambda)$, der dieselbe Position wie $R(\lambda)$ innehat. Betrachte $P(\lambda) = H_{ij}$; die Wirkung auf $A(\lambda)$ ist entweder **(i)** $R(\lambda)$ bleibt unverändert, oder **(ii)** zwei Zeilen von $R(\lambda)$ werden vertauscht, oder **(iii)** eine Zeile von $R(\lambda)$ wird mit einer Zeile vertauscht, die nicht zu $R(\lambda)$ gehört. Für den Fall **(i)** gilt $S(\lambda) = R(\lambda)$; in dem Fall von **(ii)** gilt $S(\lambda) = -R(\lambda)$; in dem Fall von **(iii)** ist $S(\lambda)$, bis auf möglicherweise das Vorzeichen, ein anderes s-quadratischer Minor von $A(\lambda)$.

Betrachte $P(\lambda) = H_j(k)$; dann gilt entweder $S(\lambda) = R(\lambda)$ oder $S(\lambda) = kR(\lambda)$.

Schließlich betrachte $P(\lambda) = H_{ij}(f(\lambda))$. Die Wirkung auf $A(\lambda)$ ist entweder **(i)** $R(\lambda)$ bleibt unverändert, oder **(ii)** eine der Zeilen von $R(\lambda)$ ändert sich durch die Addition des $f(\lambda)$-fachen einer anderen Zeile von $R(\lambda)$, oder **(iii)** eine der Zeilen von $R(\lambda)$ ändert sich durch die Addition des $f(\lambda)$-fachen einer Zeile, die nicht zu $R(\lambda)$ gehört. In dem Fall von **(i)** und **(ii)** gilt $S(\lambda) = R(\lambda)$; in dem Fall von **(iii)** gilt

$$S(\lambda) = R(\lambda) \pm f(\lambda) \cdot T(\lambda),$$

wobei $T(\lambda)$ ein s-quadratischer Minor von $A(\lambda)$ ist.

Demgemäß ist jeder beliebige s-quadratische Minor von $P(\lambda) \cdot A(\lambda)$ eine Linearkombination von s-quadratischen Minoren von $A(\lambda)$. Wenn $g(\lambda)$ der größte gemeinsame Teiler aller s-quadratischen Minoren von $A(\lambda)$ ist und $g_1(\lambda)$ der größte gemeinsame Teiler aller s-quadratischen Minoren von $P(\lambda) \cdot A(\lambda)$ ist, dann ist $g_1(\lambda)$ in $g(\lambda)$ enthalten. Es sei $B(\lambda) = P(\lambda) \cdot A(\lambda)$.

Nun gilt $A(\lambda) = P^{-1}(\lambda) \cdot B(\lambda)$, und $P^{-1}(\lambda)$ ist ein Produkt von Elementarmatrizen. $g_1(\lambda)$ teilt demgemäß $g(\lambda)$, und es gilt $g_1(\lambda) = g(\lambda)$.

2. Beweise: Wenn $P(\lambda)$ und $Q(\lambda)$ Produkte von Elementarmatrizen sind, dann ist der größte gemeinsame Teiler aller s-quadratischen Minoren von $P(\lambda) \cdot A(\lambda) \cdot Q(\lambda)$ gleichfalls der größte gemeinsame Teiler aller s-quadratischen Minoren von $A(\lambda)$.

Es seien $B(\lambda) = P(\lambda) \cdot A(\lambda)$ und $C(\lambda) = B(\lambda) \cdot Q(\lambda)$. Weil $C'(\lambda) = Q'(\lambda) \cdot B'(\lambda)$ ist und $Q'(\lambda)$ ein Produkt von Elementarmatrizen ist, ist der größte gemeinsame Teiler aller s-quadratischen Minoren von $C'(\lambda)$ gleich der größte gemeinsame Teiler aller s-quadratischen Minoren von $B'(\lambda)$. Der größte gemeinsame Teiler aller s-quadratischen Minoren von $C'(\lambda)$ ist aber der größte gemeinsame Teiler aller s-quadratischen Minoren von $C(\lambda)$, und das gleiche gilt für $B'(\lambda)$ und $B(\lambda)$. Demgemäß ist der größte gemeinsame Teiler aller s-quadratischen Minoren von $C(\lambda) = P(\lambda) \cdot A(\lambda) \cdot Q(\lambda)$ der größte gemeinsame Teiler aller s-quadratischen Minoren von $A(\lambda)$.

3. Beweise: Jede λ-Matrix $A(\lambda) = [a_{ij}(\lambda)]$ mit dem Rang r kann man mit elementaren Transformationen auf die Smith'sche Normalform

$$N(\lambda) = \begin{bmatrix} f_1(\lambda) & 0 & \ldots & 0 & \ldots & 0 \\ 0 & f_2(\lambda) & \ldots & 0 & \ldots & 0 \\ \ldots & \ldots & \ldots & \ldots & \ldots & \ldots \\ 0 & 0 & \ldots & f_r(\lambda) & \ldots & 0 \\ 0 & 0 & \ldots & 0 & \ldots & 0 \\ \ldots & \ldots & \ldots & \ldots & \ldots & \ldots \\ 0 & 0 & \ldots & 0 & \ldots & 0 \end{bmatrix}$$

reduzieren, wobei jedes $f_i(\lambda)$ normiert ist und $f_{i+1}(\lambda)$, $(i = 1, 2, \ldots, r-1)$, in $f_i(\lambda)$ enthalten ist.

Der Satz hat Gültigkeit für $A(\lambda) = 0$. Angenommen sei $A(\lambda) \neq 0$; dann gibt es ein Element $a_{ij}(\lambda) \neq 0$ vom kleinsten Grad. Mittels einer Transformation vom Typ 2 kann man dieses Element normieren und mit passenden Vertauschungen von Zeilen und Spalten in die (1, 1)-Position in der Matrix bringen, wobei es zum neuen $a_{11}(\lambda)$ wird.

(*a*) Angenommen sei $a_{11}(\lambda)$ teilt jedes andere Element von $A(\lambda)$. Dann kann man durch Transformationen vom Typ 3 $A(\lambda)$ zu

(i) $$\begin{bmatrix} f_1(\lambda) & 0 \\ 0 & B(\lambda) \end{bmatrix}$$

reduzieren, wobei $f_1(\lambda) = a_{11}(\lambda)$ gilt.

(*b*) Angenommen sei, daß $a_{11}(\lambda)$ nicht jedes Element von $A(\lambda)$ teilt. Es sei $a_{1j}(\lambda)$ ein Element in der ersten Zeile, das nicht durch $a_{11}(\lambda)$ teilbar ist. Gemäß Satz **I**, Kapitel 23, können wir

$$a_{1j}(\lambda) = q(\lambda)\,a_{11}(\lambda) + r_{1j}(\lambda)$$

schreiben, wobei $r_{1j}(\lambda)$ einen kleineren Grad als den von $a_{11}(\lambda)$ hat. Von der j-ten Spalte subtrahiere das Produkt aus $q(\lambda)$ und der ersten Spalte so, daß das Element in der ersten Zeile und j-ten Spalte jetzt $r_{1j}(\lambda)$ ist. Mit einer Transformation vom Typ 2 ersetze dieses Element durch eines, das normiert ist, und bringe es mit einem Vertauschen von Spalten in die (1, 1)-Position wie das neue $a_{11}(\lambda)$. Wenn $a_{11}(\lambda)$ nun jedes Element von $A(\lambda)$ teilt, fahren wir fort, um **(i)** zu erhalten. Andererseits erhalten wir nach einer begrenzten Anzahl von Wiederholungen des obigen Verfahrens eine Matrix, in der jedes Element in der ersten Zeile und der ersten Spalte durch ein Element teilbar ist, das die (1, 1)-Position inne hat.

Wenn dieses Element jedes Element von $A(\lambda)$ teilt, fahren wir fort, um **(i)** zu erhalten. Andererseits nehmen wir an, daß $a_{ij}(\lambda)$ nicht durch $a_{11}(\lambda)$ teilbar ist. Es seien $a_{i1}(\lambda) = q_{i1}(\lambda) \cdot a_{11}(\lambda)$ und $a_{1j}(\lambda) = q_{1j}(\lambda) \cdot a_{11}(\lambda)$. Von der i-ten Zeile subtrahieren wir das Produkt aus $q_{i1}(\lambda)$ und der ersten Zeile. Dieses ersetzt $a_{i1}(\lambda)$ durch Null und $a_{ij}(\lambda)$ durch $a_{ij}(\lambda) - q_{i1}(\lambda) \cdot a_{1j}(\lambda)$. Nun addieren wir die i-te Zeile zu der ersten. Dabei bleibt $a_{11}(\lambda)$ unverändert, aber ersetzt $a_{1j}(\lambda)$ durch

$$a_{ij}(\lambda) - q_{i1}(\lambda)\cdot a_{1j}(\lambda) + a_{1j}(\lambda) = a_{ij}(\lambda) + q_{1j}(\lambda)\{1 - q_{i1}(\lambda)\}a_{11}(\lambda)$$

Weil dieser Ausdruck nicht durch $a_{11}(\lambda)$teilbar ist, teilen wir ihn durch$a_{11}(\lambda)$ und wie schon zuvor, erhalten wir einen neuen Ersatz (das Restglied) für $a_{11}(\lambda)$. Dieses Verfahren wird so lange fortgesetzt, wie das normierte Polynom, zuletzt ausgewählt als $a_{11}(\lambda)$, nicht jedes Element der Matrix teilt. Nach einer endlichen Anzahl von Schritten müssen wir ein $a_{11}(\lambda)$ erhalten, das nicht jedes Element teilt und erhalten schließlich **(i)**.

Als nächstes behandeln wir $B(\lambda)$ auf die gleiche Weise und erhalten

$$\begin{bmatrix} f_1(\lambda) & 0 & 0 \\ 0 & f_2(\lambda) & 0 \\ 0 & 0 & C(\lambda) \end{bmatrix}.$$

Schließlich erhalten wir die Smith'sche Normalform.

Weil $f_1(\lambda)$ ein Teiler jedes Elementes von $B(\lambda)$ und $f_2(\lambda)$ der größte gemeinsame Teiler der Elemente von $B(\lambda)$ ist, ist $f_2(\lambda)$ in $f_1(\lambda)$ enthalten. Ähnlich findet man heraus, daß $f_{i+1}(\lambda)$ in $f_i(\lambda)$ enthalten ist.

4. Reduziere

$$A(\lambda) = \begin{bmatrix} \lambda+2 & \lambda+1 & \lambda+3 \\ \lambda^3+2\lambda^2+\lambda & \lambda^3+\lambda^2+\lambda & 2\lambda^3+3\lambda^2+\lambda \\ \lambda^2+3\lambda+2 & \lambda^2+2\lambda+1 & 3\lambda^2+6\lambda+3 \end{bmatrix}$$

auf ihre Smith'sche Normalform.

Hier braucht man nicht dem Verfahren von Aufgabe 3 folgen. Das Element $f_1(\lambda)$ der Smith'schen Normalform ist der größte gemeinsame Teiler der Elemente von $A(\lambda)$; und dies ist offensichtlich 1. Wir fahren fort, um sofort ein solches Element in der $(1, 1)$-Position zu erhalten und erhalten **(i)** von Aufgabe 3. Nach Subraktion der zweiten Spalte von der ersten erhalten wir

$$A(\lambda) \sim \begin{bmatrix} 1 & \lambda+1 & \lambda+3 \\ \lambda^2 & \lambda^3+\lambda^2+\lambda & 2\lambda^3+3\lambda^2+\lambda \\ \lambda+1 & \lambda^2+2\lambda+1 & 3\lambda^2+6\lambda+3 \end{bmatrix} \sim \begin{bmatrix} 1 & \lambda+1 & \lambda+3 \\ 0 & \lambda & \lambda^3+\lambda \\ 0 & 0 & 2\lambda^2+2\lambda \end{bmatrix}$$

$$\sim \begin{bmatrix} 1 & 0 & 0 \\ 0 & \lambda & \lambda^3+\lambda \\ 0 & 0 & 2\lambda^2+2\lambda \end{bmatrix} = \begin{bmatrix} 1 & 0 \\ 0 & B(\lambda) \end{bmatrix}$$

Nun ist λ der größte gemeinsame Teiler der Elemente von $B(\lambda)$. Dann gilt

$$\begin{bmatrix} 1 & 0 & 0 \\ 0 & \lambda & \lambda^3+\lambda \\ 0 & 0 & 2\lambda^2+2\lambda \end{bmatrix} \sim \begin{bmatrix} 1 & 0 & 0 \\ 0 & \lambda & 0 \\ 0 & 0 & 2\lambda^2+2\lambda \end{bmatrix} \sim \begin{bmatrix} 1 & 0 & 0 \\ 0 & \lambda & 0 \\ 0 & 0 & \lambda^2+\lambda \end{bmatrix},$$

und dies ist die geforderte Form.

5. Reduziere

$$A(\lambda) = \begin{bmatrix} \lambda & \lambda-1 & \lambda+2 \\ \lambda^2+\lambda & \lambda^2 & \lambda^2+2\lambda \\ \lambda^2-2\lambda & \lambda^2-3\lambda+2 & \lambda^2+\lambda-3 \end{bmatrix}$$

auf ihre Smith'sche Normalform.

Wir erhalten

$$A(\lambda) \sim \begin{bmatrix} 1 & \lambda-1 & \lambda+2 \\ \lambda & \lambda^2 & \lambda^2+2\lambda \\ \lambda-2 & \lambda^2-3\lambda+2 & \lambda^2+\lambda-3 \end{bmatrix} \sim \begin{bmatrix} 1 & \lambda-1 & \lambda+2 \\ 0 & \lambda & 0 \\ 0 & 0 & \lambda+1 \end{bmatrix} \sim \begin{bmatrix} 1 & 0 & 0 \\ 0 & \lambda & 0 \\ 0 & 0 & \lambda+1 \end{bmatrix}$$

$$\sim \begin{bmatrix} 1 & 0 & 0 \\ 0 & \lambda & -\lambda-1 \\ 0 & 0 & \lambda+1 \end{bmatrix} \sim \begin{bmatrix} 1 & 0 & 0 \\ 0 & -1 & -\lambda-1 \\ 0 & \lambda+1 & \lambda+1 \end{bmatrix} \sim \begin{bmatrix} 1 & 0 & 0 \\ 0 & 1 & \lambda+1 \\ 0 & 0 & -\lambda^2-\lambda \end{bmatrix} \sim \begin{bmatrix} 1 & 0 & 0 \\ 0 & 1 & 0 \\ 0 & 0 & \lambda(\lambda+1) \end{bmatrix}$$

unter Verwendung der elementaren Transformationen $K_{12}(-1)$; $H_{21}(-\lambda)$, $H_{31}(-\lambda+2)$; $K_{21}(-\lambda+1)$, $K_{31}(-\lambda-2)$; $H_{23}(-1)$; $K_{23}(1)$; $H_{32}(\lambda+1)$, $H_2(-1)$; $K_{32}(-\lambda-1)$, $K_3(-1)$.

ERGÄNZUNGSAUFGABEN

6. Zeige, daß $H_{ij}K_{ij} = H_i(k)K_i(1/k) = H_{ij}(f(\lambda)) \cdot K_{ji}(-f(\lambda)) = I$ gilt.

7. Beweise: Eine n-quadratische λ-Matrix $A(\lambda)$ ist dann und nur dann ein Produkt aus Elementarmatrizen, wenn $|A(\lambda)|$ eine von Null verschiedene Konstante ist.

8. Beweise: Eine n-quadratische λ-Matrix $A(\lambda)$ kann man dann und nur dann auf I durch elementare Transformationen reduzieren, wenn $|A(\lambda)|$ eine von Null verschiedene Konstante ist.

9. Beweise: Eine λ-Matrix $A(\lambda)$ auf $F[\lambda]$ hat dann und nur dann eine Inverse mit Elementen in $F[\lambda]$, wenn $A(\lambda)$ ein Produkt aus Elementarmatrizen ist.

10. Gib die Matrizen $P(\lambda)$ und $Q(\lambda)$ derart an, daß $P(\lambda)\cdot A(\lambda)\cdot Q(\lambda) = I$ ist und gib schließlich

$$A(\lambda)^{-1} = Q(\lambda)\cdot P(\lambda)$$

an für

$$A(\lambda) = \begin{bmatrix} \lambda+1 & 0 & 1 \\ 1 & \lambda+1 & \lambda \\ 2 & \lambda+2 & \lambda+1 \end{bmatrix}$$

Hinweis: Siehe Aufgabe 6, Kapitel 5. *Antwort:* $\begin{bmatrix} 1 & \lambda+2 & -\lambda-1 \\ \lambda-1 & \lambda^2+2\lambda-1 & -\lambda^2-\lambda+1 \\ -\lambda & -\lambda^2-3\lambda-2 & \lambda^2+2\lambda+1 \end{bmatrix}$

11. Reduziere jeweils auf ihre Smith'sche Normalform:

(*a*) $$\begin{bmatrix} \lambda & \lambda & \lambda-1 \\ \lambda^2+\lambda & \lambda^2+2\lambda & \lambda^2-1 \\ 2\lambda^2-2\lambda & \lambda^2-2\lambda & 2\lambda^2-3\lambda+2 \end{bmatrix} \sim \begin{bmatrix} 1 & 0 & 0 \\ 0 & \lambda & 0 \\ 0 & 0 & \lambda^2 \end{bmatrix}$$

(*b*) $$\begin{bmatrix} \lambda^2+1 & \lambda^3+\lambda & 2\lambda^3-\lambda^2+\lambda \\ \lambda-1 & \lambda^2+1 & \lambda^2-2\lambda+1 \\ \lambda^2 & \lambda^3 & 2\lambda^3-\lambda^2+1 \end{bmatrix} \sim \begin{bmatrix} 1 & 0 & 0 \\ 0 & \lambda+1 & 0 \\ 0 & 0 & \lambda^3+1 \end{bmatrix}$$

(*c*) $$\begin{bmatrix} \lambda+1 & 2\lambda-2 & \lambda-2 & \lambda^2 \\ \lambda^2+\lambda+1 & 2\lambda^2-2\lambda+1 & \lambda^2-2\lambda & \lambda^3 \\ \lambda^2-\lambda-2 & 3\lambda^2-7\lambda+4 & 2\lambda^2-5\lambda+4 & \lambda^3-2\lambda^2 \\ \lambda^3+\lambda^2 & 2\lambda^3-2\lambda^2 & \lambda^3-2\lambda^2 & \lambda^3 \end{bmatrix} \sim \begin{bmatrix} 1 & 0 & 0 & 0 \\ 0 & 1 & 0 & 0 \\ 0 & 0 & \lambda^2-\lambda & 0 \\ 0 & 0 & 0 & \lambda^4-\lambda^3 \end{bmatrix}$$

(*d*) $$\begin{bmatrix} \lambda^2+2\lambda+1 & \lambda^2+\lambda & \lambda^3+\lambda^2+\lambda-1 & \lambda^2+\lambda \\ \lambda^2+\lambda+1 & \lambda^2+1 & \lambda^3 & \lambda^2-1 \\ \lambda^2+\lambda & \lambda^2 & \lambda^3+\lambda-1 & \lambda^2 \\ \lambda^3+\lambda^2 & \lambda^3 & \lambda^4 & \lambda^3+\lambda^2-1 \end{bmatrix} \sim \begin{bmatrix} 1 & 0 & 0 & 0 \\ 0 & 1 & 0 & 0 \\ 0 & 0 & \lambda-1 & 0 \\ 0 & 0 & 0 & \lambda^2-1 \end{bmatrix}$$

(*e*) $$\begin{bmatrix} \lambda^2+1 & \lambda^2+3\lambda+3 & \lambda^2+4\lambda-2 & \lambda^2+3 \\ \lambda-2 & \lambda-1 & \lambda+2 & \lambda-2 \\ 3\lambda+1 & 4\lambda+3 & 2\lambda+2 & 3\lambda+2 \\ \lambda^2+2\lambda & \lambda^2+6\lambda+4 & \lambda^2+6\lambda-1 & \lambda^2+2\lambda+3 \end{bmatrix} \sim I_4$$

(*f*) $$\begin{bmatrix} \lambda^2 & 0 & 0 \\ 0 & \lambda^2-2\lambda+1 & 0 \\ 0 & 0 & \lambda+1 \end{bmatrix} \sim \begin{bmatrix} 1 & 0 & 0 \\ 0 & 1 & 0 \\ 0 & 0 & \lambda^2(\lambda-1)^2(\lambda+1) \end{bmatrix}$$

12. Gib die Elementarteiler auf dem rationalen Körper, dem reellen Körper und dem komplexen Körper für jede der Matrizen von Aufgabe 11 an.

13. Die folgenden Polynome sind nichttriviale invariante Faktoren einer Matrix. Gib ihre Elementarteiler in dem reellen Körper an.

(*a*) $\lambda^2 - \lambda,\ \lambda^3 - \lambda^2,\ \lambda^6 - 2\lambda^5 + \lambda^4$

(*b*) $\lambda + 1,\ \lambda^2 - 1,\ (\lambda^2 - 1)^2,\ (\lambda^2 - 1)^3$

(*c*) $\lambda,\ \lambda^3 + \lambda,\ \lambda^7 - \lambda^6 + 2\lambda^5 - 2\lambda^4 + \lambda^3 - \lambda^2$

(*d*) $\lambda,\ \lambda^3 + \lambda,\ \lambda^5 + 2\lambda^3 + \lambda,\ \lambda^6 + \lambda^5 + 2\lambda^4 + 2\lambda^3 + \lambda^2 + \lambda$

Antwort: (*a*) $\lambda^4,\ \lambda^2,\ \lambda,\ (\lambda - 1)^2,\ \lambda - 1,\ \lambda - 1$

(*b*) $\lambda + 1,\ \lambda + 1,\ (\lambda + 1)^2,\ (\lambda + 1)^3,\ \lambda - 1,\ (\lambda - 1)^2,\ (\lambda - 1)^3$

(*c*) $\lambda,\ \lambda,\ \lambda^2,\ \lambda^2 + 1,\ (\lambda^2 + 1)^2,\ \lambda - 1$

(*d*) $\lambda,\ \lambda,\ \lambda,\ \lambda,\ \lambda^2 + 1,\ (\lambda^2 + 1)^2,\ (\lambda^2 + 1)^2,\ \lambda + 1$

14. Die folgenden Polynome sind die Elementarteiler einer Matrix, deren Rang sechs ist. Was sind ihre invarianten Faktoren?

(*a*) $\lambda,\ \lambda,\ \lambda + 1,\ \lambda + 2,\ \lambda + 3,\ \lambda + 4$

(*b*) $\lambda^3,\ \lambda^2,\ \lambda,\ (\lambda - 1)^2,\ \lambda - 1$

(*c*) $(\lambda - 1)^3,\ (\lambda - 1)^2,\ (\lambda - 1)^2,\ \lambda - 1,\ (\lambda + 1)^2$

(*d*) $\lambda^5,\ \lambda^3,\ \lambda,\ (\lambda + 2)^5,\ (\lambda + 2)^4,\ (\lambda + 2)^2$

Antwort: (*a*) $1,\ 1,\ 1,\ 1,\ \lambda,\ \lambda(\lambda + 1)(\lambda + 2)(\lambda + 3)(\lambda + 4)$

(*b*) $1,\ 1,\ 1,\ \lambda,\ \lambda^2(\lambda - 1),\ \lambda^3(\lambda - 1)^2$

(*c*) $1,\ 1,\ \lambda - 1,\ (\lambda - 1)^2,\ (\lambda - 1)^2,\ (\lambda - 1)^3(\lambda + 1)^2$

(*d*) $1,\ 1,\ 1,\ \lambda(\lambda + 2)^2,\ \lambda^3(\lambda + 2)^4,\ \lambda^5(\lambda + 2)^5$

15. Löse das System gewöhnlicher linearer Differentialgleichungen

$$\begin{cases} Dx_1 + (D+1)x_2 = 0 \\ (D+2)x_1 - (D-1)x_3 = t \\ (D+1)x_2 + (D+2)x_3 = e^t \end{cases},$$

wobei die x_1, x_2, x_3 die unbekannten reellen Funktionen einer reellen Variablen t sind und $D = \frac{d}{dt}$ gilt.

Hinweis: Das System läßt sich in Matrixschreibweise so darstellen

$$AX = \begin{bmatrix} D & D+1 & 0 \\ D+2 & 0 & -D+1 \\ 0 & D+1 & D+2 \end{bmatrix} \begin{bmatrix} x_1 \\ x_2 \\ x_3 \end{bmatrix} = \begin{bmatrix} 0 \\ t \\ e^t \end{bmatrix} = H$$

Nun setzen sich die Polynome in D von A so zusammen wie die Polynome in λ einer λ-Matrix; folglich erhalten wir, wenn wir mit einer Rechenform beginnen, die ähnlich zu der von Aufgabe 6, Kapitel 5, ist und unter Verwendung der so geordneten elementaren Transformationen
$K_{12}(-1),\ H_1(-1),\ K_{21}(D+1),\ H_{21}(-D-2),\ H_{31}(D+1),\ K_{23}(D),\ H_{23}(-4),\ K_2(\frac{1}{2}),\ K_{32}(5D+7),\ H_{32}(-\frac{1}{2}D),\ H_3(2),\ K_3(1/5)$ obtain

$$PAQ = \begin{bmatrix} -1 & 0 & 0 \\ 5D+6 & 1 & -4 \\ -5D^2-8D-2 & -D & 4D+2 \end{bmatrix} A \begin{bmatrix} 1 & \frac{1}{2}(D+1) & \frac{1}{10}(5D^2+12D+7) \\ -1 & -\frac{1}{2}D & -\frac{1}{10}(5D^2+7D) \\ 0 & \frac{1}{2}D & \frac{1}{10}(5D^2+7D+2) \end{bmatrix} = \begin{bmatrix} 1 & 0 & 0 \\ 0 & 1 & 0 \\ 0 & 0 & D^2+\frac{9}{5}D+\frac{4}{5} \end{bmatrix} = N_1$$

die Smith'sche Normalform von A.

Verwende die lineare Transformation $X = QY$, um $AX = H$ in $AQY = H$ zu überführen und aus $PAQY = N_1Y = PH$ erhalte

$$y_1 = 0,\quad y_2 = t - 4e^t,\quad (D^2 + \tfrac{9}{5}D + \tfrac{4}{5})y_3 = 6e^t - 1 \quad \text{und} \quad y_3 = K_1e^{-4t/5} + K_2e^{-t} + \tfrac{5}{3}e^t - \tfrac{5}{4}$$

Schließlich verwende $X = QY$, um die geforderte Lösung

$$x_1 = 3C_1e^{-4t/5} + \tfrac{1}{2}t - \tfrac{3}{8},\quad x_2 = 12C_1e^{-4t/5} + C_2e^{-t} - \tfrac{1}{2},\quad x_3 = -2C_1e^{-4t/5} + \tfrac{1}{3}e^t + \tfrac{1}{4}$$

zu erhalten.

KAPITEL 25

Das Minimalpolynom einer Matrix

DIE CHARAKTERISTISCHE MATRIX $\lambda I - A$ einer n-quadratischen Matrix A auf F ist eine nichtsinguläre λ-Matrix, die invariante Faktoren und Elementarteiler besitzt. Unter Verwendung von (24.4) kann man leicht zeigen

I. Wenn D eine Diagonalmatrix ist, dann sind die Elementarteiler $\lambda I - D$ ihre Diagonalelemente.

In Aufgabe 1 beweisen wir

II. Zwei n-quadratische Matrizen A und B auf F sind dann und nur dann ähnlich auf F, wenn ihre charakteristischen Matrizen dieselben invarianten Faktoren oder denselben Rang und dieselben Elementarteiler in $F[\lambda]$ haben.

Aus den Sätzen **I** und **II** erhalten wir

III. Eine n-quadratische Matrix A auf F ist dann und nur dann ähnlich zu einer Diagonalmatrix, wenn $\lambda I - A$ lineare Elementarteiler in $F[\lambda]$ besitzt.

ÄHNLICHKEITSINVARIANTEN. Die invarianten Faktoren von $\lambda I - A$ heißen **Ähnlichkeitsinvarianten** von A.

Es seien $P(\lambda)$ und $Q(\lambda)$ nichtsinguläre Matrizen derart, daß $P(\lambda) \cdot (\lambda I - A) \cdot Q(\lambda)$ die Smith'sche Normalform

$$\text{Diag}\,(f_1(\lambda), f_2(\lambda), \ldots, f_n(\lambda))$$

ist. Nun gilt $|P(\lambda) \cdot (\lambda I - A) \cdot Q(\lambda)| \;=\; |P(\lambda)| \cdot |Q(\lambda)|\,\phi(\lambda) \;=\; f_1(\lambda) \cdot f_2(\lambda) \cdot \ldots \cdot f_n(\lambda)$.

Weil $\phi(\lambda)$ und $f_i(\lambda)$ normiert sind, gilt $|P(\lambda)| \cdot |Q(\lambda)| = 1$, und wir erhalten

IV. Das charakteristische Polynom einer n-quadratischen Matrix A ist das Produkt aus den invarianten Faktoren von $\lambda I - A$ oder aus den Ähnlichkeitsinvarianten von A.

DAS MINIMALPOLYNOM. Gemäß dem Satz von Cayley-Hamilton (Kapitel 23) genügt jede n-quadratische Matrix A ihrer charakteristischen Gleichung $\phi(\lambda) = 0$ vom Grad n. Dieses normierte Polynom $m(\lambda)$ vom minimalen Grad derart, daß $m(A) = 0$ ist, heißt das **Minimalpolynom** von A, und $m(\lambda) = 0$ heißt die **Minimalgleichung** von A. ($m(\lambda)$ heißt gleichfalls die **Minimalfunktion** von A.)

Das elementarste Verfahren, um das Minimalpolynom von $A \neq 0$ zu finden, umfaßt die folgende Vorschrift:

(i) Wenn $A = a_0 I$ ist, dann folgt $m(\lambda) = \lambda - a_0$;

(ii) Wenn $A \neq aI$ für alle a ist, aber $A^2 = a_1 A + a_0 I$ gilt, dann folgt $m(\lambda) = \lambda^2 - a_1\lambda - a_0$;

(iii) Wenn $A^2 \neq aA + bI$ für alle a und b ist, aber $A^3 = a_2 A^2 + a_1 A + a_0 I$ gilt, dann folgt

$$m(\lambda) \;=\; \lambda^3 - a_2\lambda^2 - a_1\lambda - a_0$$

usw.

Beispiel 1. Gib das Minimalpolynom von $A = \begin{bmatrix} 1 & 2 & 2 \\ 2 & 1 & 2 \\ 2 & 2 & 1 \end{bmatrix}$ an.

Offensichtlich ist die Lösung $A - a_0 I = 0$ unmöglich. Setze

$$A^2 = \begin{bmatrix} 9 & 8 & 8 \\ 8 & 9 & 8 \\ 8 & 8 & 9 \end{bmatrix} = a_1 \begin{bmatrix} 1 & 2 & 2 \\ 2 & 1 & 2 \\ 2 & 2 & 1 \end{bmatrix} + a_0 \begin{bmatrix} 1 & 0 & 0 \\ 0 & 1 & 0 \\ 0 & 0 & 1 \end{bmatrix}$$

Unter Verwendung der ersten zwei Elemente der ersten Zeile jeder Matrix erhalten wir $\begin{cases} 9 = a_1 + a_0 \\ 8 = 2a_1 \end{cases}$;

dann gelten $a_1 = 4$ und $a_0 = 5$. Nach (und nicht vor) dem Prüfen für jedes Element von A^2 schließen wir, daß $A^2 = 4A + 5I$ ist, und das geforderte Minimalpolynom ist $\lambda^2 - 4\lambda - 5$.

In Aufgabe 2 beweisen wir

V. Wenn A eine beliebige n-quadratische Matrix auf F und $f(\lambda)$ ein beliebiges Polynom auf F ist, dann gilt $f(A) = 0$ dann und nur dann, wenn $f(\lambda)$ in dem Minimalpolynom in $m(\lambda)$ von A enthalten ist.

In Aufgabe 3 beweisen wir

VI. Das Minimalpolynom $m(\lambda)$ einer n-quadratischen Matrix A ist die Ähnlichkeitsvariante $f_n(\lambda)$ von A, die den höchsten Grad hat.

Weil die Ähnlichkeitsvarianten $f_1(\lambda)$, $f_2(\lambda), \ldots, f_{n-1}(\lambda)$ alle $f_n(\lambda)$ teilen, erhalten wir

VII. Das charakteristische Polynom $\phi(\lambda)$ von A ist das Produkt aus dem Minimalpolynom von A mit gewissen normierten Faktoren von $m(\lambda)$.

Und:

VIII. Die charakteristische Matrix einer n-quadratischen Matrix A hat dann und nur dann verschiedene lineare Elementarteiler, wenn $m(\lambda)$, das Minimalpolynom von A, nur verschiedene lineare Faktoren besitzt.

NICHTDEROGATORISCHE MATRIZEN. Eine n-quadratische Matrix A, deren charakteristisches Polynom und Minimalpolynom identisch sind, heißt **nichtderogatorisch**; sonst nennt man sie **derogatorisch**. Wir erhalten

IX. Eine n-quadratische Matrix A ist dann und nur dann nichtderogatorisch, wenn A genau eine nichttriviale Ähnlichkeitsinvariante besitzt.

Gleichfalls kann man einfach zeigen

X. Wenn B_1 und B_2 Minimalpolynome $m_1(\lambda)$ bzw. $m_2(\lambda)$ haben, dann ist das Minimalpolynom $m(\lambda)$ der direkten Summe $D = \text{Diag}(B_1, B_2)$ gleich dem kleinsten gemeinsamen Vielfachen von $m_1(\lambda)$ und $m_2(\lambda)$.

Dieses Ergebnis kann man auf die direkte Summe von m Matrizen erweitern.

XI. Es seien $g_1(\lambda)$, $g_2(\lambda), \ldots, g_m(\lambda)$ verschiedene, normierte und irreduzible Polynome in $F[\lambda]$ und es sei A_j eine nichtderogatorische Matrix derart, daß $|\lambda I - A_j| = \{g_j(\lambda)\}^{a_j}$, $(j = 1, 2, \ldots, m)$ gilt. $B = \text{Diag}(A_1, A_2, \ldots, A_m)$ hat sowohl als charakteristisches als auch als Minimalpolynom $\phi(\lambda) = \{g_1(\lambda)\}^{a_1} \cdot \{g_2(\lambda)\}^{a_2} \cdots \{g_m(\lambda)\}^{a_m}$

BEGLEITMATRIX. Es sei A nichtderogatorisch mit der nichttrivialen Ähnlichkeitsinvarianten

(25.1) $$g(\lambda) = f_n(\lambda) = \lambda^n + a_{n-1}\lambda^{n-1} + \cdots + a_1\lambda + a_0$$

Wir definieren als Begleitmatrix von $g(\lambda)$

(25.2) $$C(g) = [-a], \quad \text{wenn } g(\lambda) = \lambda + a$$

gilt, und für $n \neq 1$

(25.3) $$C(g) = \begin{bmatrix} 0 & 1 & 0 & 0 & 0 & 0 \\ 0 & 0 & 1 & 0 & 0 & 0 \\ \cdots & \cdots & \cdots & \cdots & \cdots & \cdots \\ 0 & 0 & 0 & 0 & 1 & 0 \\ 0 & 0 & 0 & 0 & 0 & 1 \\ -a_0 & -a_1 & -a_2 \;\ldots & -a_{n-3} & -a_{n-2} & -a_{n-1} \end{bmatrix}$$

In Aufgabe 4 beweisen wir

XII. Die Begleitmatrix $C(g)$ eines Polynoms $g(\lambda)$ besitzt $g(\lambda)$ gleichzeitig als charakteristisches Polynom und als Minimalpolynom.

(Einige Autoren ziehen es vor, $C(g)$ als die Transportierte der Matrix zu bezeichnen, wie sie in **(25.3)** gegeben wurde. Beide Formen werden hier benutzt.)

Siehe Aufgabe 5.

Einfach zu zeigen ist

XIII. Wenn A nichtderogatorisch mit der nichttrivialen Ähnlichkeitsvarianten $f_n(\lambda) = (\lambda - a)^n$ ist, dann haben

(25.4) $$J = [a], \text{ mit } n = 1 \text{ und } J = \begin{bmatrix} a & 1 & 0 & \ldots & 0 & 0 \\ 0 & a & 1 & \ldots & 0 & 0 \\ \cdots & \cdots & \cdots & \cdots & \cdots & \cdots \\ 0 & 0 & 0 & \ldots & a & 1 \\ 0 & 0 & 0 & \ldots & 0 & a \end{bmatrix} \text{ mit } n > 1$$

$f_n(\lambda)$ als ihr charakteristisches Polynom und als Minimalpolynom.

AUFGABEN MIT LÖSUNGEN

1. Beweise: Zwei n-quadratische A und B auf F sind dann und nur dann ähnlich auf F, wenn ihre charakteristischen Matrizen dieselben invarianten Faktoren oder dieselben Elementarteiler in $F[\lambda]$ besitzen.

Angenommen sei, A und B sind ähnlich. Aus **(i)** von Aufgabe 1, Kapitel 20, folgt, daß $\lambda I - A$ und $\lambda I - B$ äquivalent sind. Dann haben sie gemäß der Sätze **VIII** und **IX** von Kapitel 24 dieselben invarianten Faktoren und dieselben Elementarteiler.

Es haben umgekehrt $\lambda I - A$ *und* $\lambda I - B$ dieselben invarianten Faktoren oder Elementarteiler. Dann existieren gemäß Satz **VIII**, Kapitel 24, nichtsinguläre λ-Matrizen $P(\lambda)$ und $Q(\lambda)$ derart, daß

$$P(\lambda) \cdot (\lambda I - A) \cdot Q(\lambda) = \lambda I - B$$

oder

(i) $$P(\lambda) \cdot (\lambda I - A) = (\lambda I - B) \cdot Q^{-1}(\lambda)$$

ist. Es seien

(ii) $$P(\lambda) = (\lambda I - B) \cdot S_1(\lambda) + R_1$$

(iii) $$Q(\lambda) = S_2(\lambda) \cdot (\lambda I - B) + R_2$$

(iv) $$Q^{-1}(\lambda) = S_3(\lambda) \cdot (\lambda I - A) + R_3$$

wobei R_1, R_2 und R_3 frei von λ sind. Eingesetzt in **(i)** erhalten wir

$$(\lambda I - B) \cdot S_1(\lambda) \cdot (\lambda I - A) + R_1(\lambda I - A) = (\lambda I - B) \cdot S_3(\lambda) \cdot (\lambda I - A) + (\lambda I - B) R_3$$

oder

(v) $$(\lambda I - B) \{ S_1(\lambda) - S_3(\lambda) \} (\lambda I - A) = (\lambda I - B) R_3 - R_1(\lambda I - A)$$

Dann ist $S_1(\lambda) - S_3(\lambda) = 0$ und es gilt

(vi) $$(\lambda I - B)R_3 = R_1(\lambda I - A),$$

weil andererseits die linke Seite von **(v)** einen Grad von höchstens zwei hat, während die rechte Seite einen Grad von höchstens eins hat.

Unter Verwendung von **(iii)**, **(iv)** und **(vi)** erhalten wir

$$\begin{aligned} I &= Q(\lambda)\cdot Q^{-1}(\lambda) \\ &= Q(\lambda)\{S_3(\lambda)\cdot(\lambda I - A) + R_3\} \\ &= Q(\lambda)\cdot S_3(\lambda)\cdot(\lambda I - A) + \{S_2(\lambda)\cdot(\lambda I - B) + R_2\}R_3 \\ &= Q(\lambda)\cdot S_3(\lambda)\cdot(\lambda I - A) + S_2(\lambda)\cdot(\lambda I - B)R_3 + R_2R_3 \\ &= Q(\lambda)\cdot S_3(\lambda)\cdot(\lambda I - A) + S_2(\lambda)\cdot R_1\cdot(\lambda I - A) + R_2R_3 \end{aligned}$$

oder

(vii) $$I - R_2R_3 = \{Q(\lambda)\cdot S_3(\lambda) + S_2(\lambda)\cdot R_1\}(\lambda I - A)$$

Nun ist $Q(\lambda)\cdot S_3(\lambda) + S_2(\lambda)R_1 = 0$, und es gilt $I = R_2R_3$, weil andererseits die linke Seite von **(vii)** einen Grad Null in λ hat, während die rechte Seite einen Grad von höchstens eins hat. Demgemäß gilt $R_3 = R_2^{-1}$, und wir erhalten wegen **(vi)**

$$\lambda I - B = R_1(\lambda I - A)R_2 = \lambda R_1R_2 - R_1AR_2$$

Weil A, B, R_1 und R_2 frei von λ sind, gilt $R_1 = R_2^{-1}$; dann ist $\lambda I - B = \lambda I - R_2^{-1}AR_2$, und A und B sind ähnlich, was zu beweisen war.

2. **Beweise: Wenn A eine beliebige n-quadratische Matrix auf F ist, und $f(\lambda)$ ein beliebiges Polynom in $F[\lambda]$ ist, dann gilt $f(A) = 0$ dann und nur dann, wenn $f(\lambda)$ in dem Minimalpolynom $m(\lambda)$ von A enthalten ist.**

Gemäß dem Divisionsalgorithmus, Kapitel 22, gilt

$$f(\lambda) = q(\lambda)\cdot m(\lambda) + r(\lambda)$$

und dann folgt

$$f(A) = q(A)\cdot m(A) + r(A) = r(A)$$

Angenommen sei $f(A) = 0$; dann ist $r(A) = 0$. Wenn $r(\lambda) \neq 0$ gilt, ist ihr Grad kleiner als der von $m(\lambda)$, im Gegensatz zu der Hypothese, daß $m(\lambda)$ das Minimalpolynom von A ist. Demgemäß ist $r(\lambda) = 0$ und $f(\lambda)$ ist in $m(\lambda)$ enthalten.

Nimm umgekehrt $f(\lambda) = q(\lambda)\cdot m(\lambda)$. Dann ist $f(A) = q(A)\cdot m(A) = 0$.

3. **Beweise: Das Minimalpolynom $m(\lambda)$ einer n-quadratischen Matrix A ist die Ähnlichkeitsvariante $f_n(\lambda)$ von A, die den höchsten Grad besitzt.**

Es bezeichne $g_{n-1}(\lambda)$ den größten gemeinsamen Teiler der $(n-1)$-quadratischen Minoren von $\lambda I - A$. Dann gelten

$$|\lambda I - A| = \phi(\lambda) = g_{n-1}(\lambda)\cdot f_n(\lambda)$$

und

$$\operatorname{adj}(\lambda I - A) = g_{n-1}(\lambda)\cdot B(\lambda)$$

wobei 1 der größte gemeinsame Teiler der Elemente von $B(\lambda)$ ist.

Nun ist $(\lambda I - A)\cdot\operatorname{adj}(\lambda I - A) = \phi(\lambda)\cdot I$ derart, daß

$$(\lambda I - A)\cdot g_{n-1}(\lambda)\cdot B(\lambda) = g_{n-1}(\lambda)\cdot f_n(\lambda)\cdot I$$

oder

(i) $$(\lambda I - A)\cdot B(\lambda) = f_n(\lambda)\cdot I$$

gilt. Dann ist $\lambda I - A$ ein Teiler von $f_n(\lambda)\cdot I$, und gemäß Satz **V**, Kapitel 23, gilt $f_n(A) = 0$.

Gemäß Satz V ist $f_n(\lambda)$ in $m(\lambda)$ enthalten. Es sei

(ii) $$f_n(\lambda) = q(\lambda) \cdot m(\lambda)$$

Weil $m(A) = 0$ ist, ist $\lambda I - A$ ein Teiler von $m(\lambda) \cdot I$, z. B.

$$m(\lambda) \cdot I = (\lambda I - A) \cdot C(\lambda)$$

Dann gelten unter Verwendung von **(i)** und **(ii)**

$$(\lambda I - A) \cdot B(\lambda) = f_n(\lambda) \cdot I = q(\lambda) \cdot m(\lambda) \cdot I = q(\lambda) \cdot (\lambda I - A) \cdot C(\lambda)$$

und

$$B(\lambda) = q(\lambda) \cdot C(\lambda)$$

Nun teilt $q(\lambda)$ jedes Element von $B(\lambda)$; folglich ist $q(\lambda) = 1$, und gemäß **(ii)** gilt

$$f_n(\lambda) = m(\lambda) ,$$

was zu beweisen war.

4. Beweise: Die Begleitmatrix $C(g)$ eines Polynoms $g(\lambda)$ besitzt $g(\lambda)$ sowohl als ihr charakteristisches Polynom als auch als Minimalpolynom.

Die charakteristische Matrix von **(25.3)** ist

$$\begin{bmatrix} \lambda & -1 & 0 & \ldots & 0 & 0 \\ 0 & \lambda & -1 & \ldots & 0 & 0 \\ \ldots & \ldots & \ldots & \ldots & \ldots & \ldots \\ 0 & 0 & 0 & \ldots & \lambda & -1 \\ a_0 & a_1 & a_2 & \ldots & a_{n-2} & \lambda + a_{n-1} \end{bmatrix}$$

Zu der ersten Spalte addiere λ mal die zweite Spalte λ^2 mal die dritte Spalte und $\ldots, \lambda^{n-1}$ mal die letzte Spalte, um

$$G(\lambda) = \begin{bmatrix} 0 & -1 & 0 & \ldots & 0 & 0 \\ 0 & \lambda & -1 & \ldots & 0 & 0 \\ \ldots & \ldots & \ldots & \ldots & \ldots & \ldots \\ 0 & 0 & 0 & \ldots & \lambda & -1 \\ g(\lambda) & a_1 & a_2 & \ldots & a_{n-2} & \lambda + a_{n-1} \end{bmatrix}$$

zu erhalten.

Weil $|G(\lambda)| = g(\lambda)$ gilt, ist $g(\lambda)$ das charakteristische Polynom von $C(g)$. Weil der Minor des Elementes $g(\lambda)$ in $G(\lambda)$ ± 1 ist, ist 1 der größte gemeinsame Teiler aller $(n-1)$-quadratischen Minoren von $G(\lambda)$. Demgemäß ist $C(g)$ nichtderogatorisch, und ihr Minimalpolynom ist $g(\lambda)$.

5. Die Begleitmatrix von $g(\lambda) = \lambda^5 + 2\lambda^3 - \lambda^2 + 6\lambda - 5$ ist

$$\begin{bmatrix} 0 & 1 & 0 & 0 & 0 \\ 0 & 0 & 1 & 0 & 0 \\ 0 & 0 & 0 & 1 & 0 \\ 0 & 0 & 0 & 0 & 1 \\ 5 & -6 & 1 & -2 & 0 \end{bmatrix} \quad \text{oder} \quad \begin{bmatrix} 0 & 0 & 0 & 0 & 5 \\ 1 & 0 & 0 & 0 & -6 \\ 0 & 1 & 0 & 0 & 1 \\ 0 & 0 & 1 & 0 & -2 \\ 0 & 0 & 0 & 1 & 0 \end{bmatrix}$$

ERGÄNZUNGSAUFGABEN

6. Gib die Begleitmatrix jeder der folgenden Polynome an:

(a) $\lambda^3+\lambda^2-2\lambda-1$ (d) $\lambda^4-2\lambda^3-\lambda^2+2\lambda$

(b) $(\lambda^2-4)(\lambda+2)$ (e) $\lambda^2(\lambda^2+1)$

(c) $(\lambda-1)^3$ (f) $(\lambda+2)(\lambda^3-2\lambda^2+4\lambda-8)$

Antwort: (a) $\begin{bmatrix}0&1&0\\0&0&1\\1&2&-1\end{bmatrix}$ (b) $\begin{bmatrix}0&1&0\\0&0&1\\8&4&-2\end{bmatrix}$ (c) $\begin{bmatrix}0&1&0\\0&0&1\\1&-3&3\end{bmatrix}$

(d) $\begin{bmatrix}0&1&0&0\\0&0&1&0\\0&0&0&1\\0&-2&1&2\end{bmatrix}$ (e) $\begin{bmatrix}0&1&0&0\\0&0&1&0\\0&0&0&1\\0&0&-1&0\end{bmatrix}$ (f) $\begin{bmatrix}0&1&0&0\\0&0&1&0\\0&0&0&1\\16&0&0&0\end{bmatrix}$

7. Beweise: Jede 2-quadratische Matrix $A=[a_{ij}]$, für die $(a_{11}-a_{22})^2+4a_{12}a_{21}\neq 0$ gilt, ist nichtderogatorisch.

8. Reduziere $G(\lambda)$ von Aufgabe 4 zu $\text{Diag}\,(1,1,\ldots,1,g(\lambda))$.

9. Für jede der folgenden Matrizen A **(i)** gib das charakteristische Polynom und das Minimalpolynom an und **(ii)** liste die nichttrivialen invarianten Faktoren und die Elementarteiler in dem rationalen Körper auf.

(a) $\begin{bmatrix}1&0&0\\0&2&0\\0&0&3\end{bmatrix}$ (b) $\begin{bmatrix}1&1&3\\5&2&6\\-2&-1&-3\end{bmatrix}$ (c) $\begin{bmatrix}2&0&0\\0&1&0\\0&0&1\end{bmatrix}$ (d) $\begin{bmatrix}1&2&2\\2&1&2\\2&2&1\end{bmatrix}$ (e) $\begin{bmatrix}1&1&2\\1&1&2\\1&1&2\end{bmatrix}$

(f) $\begin{bmatrix}2&1&1&1\\4&2&3&0\\-6&-2&-3&-2\\-3&-1&-1&-2\end{bmatrix}$ (g) $\begin{bmatrix}2&-3&1&-3\\-1&-6&-3&-6\\-3&-3&-4&-3\\2&6&4&6\end{bmatrix}$ (h) $\begin{bmatrix}-5&4&-6&3&8\\-2&3&-2&1&2\\4&-3&4&-1&-6\\4&-2&4&0&-4\\-1&0&-2&1&2\end{bmatrix}$

Antwort: (a) $\phi(\lambda)=m(\lambda)=(\lambda-1)(\lambda-2)(\lambda-3)$; i. F. $(\lambda-1)(\lambda-2)(\lambda-3)$; E.-T. $(\lambda-1)$, $(\lambda-2)$, $(\lambda-3)$

(b) $\phi(\lambda)=m(\lambda)=\lambda^3$; i. F. = E.-T. = λ^3

(c) $\phi(\lambda)=(\lambda-1)^2(\lambda-2)$; i. F. $\lambda-1$, $(\lambda-1)(\lambda-2)$
$m(\lambda)=(\lambda-1)(\lambda-2)$; E.-T. $\lambda-1$, $\lambda-1$, $\lambda-2$

(d) $\phi(\lambda)=(\lambda+1)^2(\lambda-5)$; i. F. $\lambda+1$, $(\lambda+1)(\lambda-5)$
$m(\lambda)=(\lambda+1)(\lambda-5)$; E.-T. $\lambda+1$, $\lambda+1$, $\lambda-5$

(e) $\phi(\lambda)=\lambda^3-4\lambda^2$; i. F. λ, $\lambda^2-4\lambda$
$m(\lambda)=\lambda^2-4\lambda$; E.-T. λ, λ, $\lambda-4$

(f) $\phi(\lambda)=\lambda(\lambda+1)^2(\lambda-1)$; i. F. $\lambda+1$, $\lambda^3-\lambda$
$m(\lambda)=\lambda(\lambda^2-1)$; E.-T. λ, $\lambda+1$, $\lambda+1$, $\lambda-1$

(g) $\phi(\lambda)=\lambda^2(\lambda+1)^2$; i. F. λ, $\lambda(\lambda+1)^2$
$m(\lambda)=\lambda(\lambda+1)^2$; E.-T. λ, λ, $(\lambda+1)^2$

(h) $\phi(\lambda)=(\lambda-2)(\lambda^2-\lambda-2)^2$; i. F. $\lambda-2$, $\lambda^2-\lambda-2$, $\lambda^2-\lambda-2$
$m(\lambda)=\lambda^2-\lambda-2$; E.-T. $\lambda-2$, $\lambda-2$, $\lambda-2$, $\lambda+1$, $\lambda+1$

Hinweis: i. F. bedeutet invarianter Faktor und E.-T. bedeutet Elementarteiler.

10. Beweise die Sätze **VII** und **VIII**.

11. Beweise Satz **X**.
Hinweis: $m(D)=\text{Diag}\,(m(B_1),\ m(B_2))=0$ erfordert $m(B_1)=m(B_2)=0$; deshalb ist $m(\lambda)$ sowohl in $m_1(\lambda)$ als auch in $m_2(\lambda)$ enthalten.

12. Beweise Satz **XI**.

13. Wenn A n-quadratisch und k die kleinste positive ganze Zahl derart ist, daß $A^k = 0$ gilt, dann heißt A *nilpotent* vom Index k. Zeige, daß A dann und nur dann nilpotent vom Index k ist, wenn ihre charakteristischen Wurzeln alle Null sind.

14. (*a*) Die charakteristischen Wurzeln einer n-quadratischen idempotenten Matrix A sind entweder 0 oder 1.
(*b*) Der Rang von A ist gleich der Anzahl der charakteristischen Wurzeln, die 1 sind.

15. Beweise: Es seien $A, B. C$ und D n-quadratische Matrizen auf F, wobei C und D nichtsingulär sind. Dann existieren nichtsinguläre Matrizen P und Q derart, daß $PCQ = A$ und $PDQ = B$ dann und nur dann gelten, wenn $R(\lambda) = \lambda C - A$ und $S(\lambda) = \lambda D - B$ dieselben invarianten Faktoren oder dieselben Elementarteiler besitzen.
Hinweis: Folge dem Beweis in Aufgabe 1, beachte aber, daß Ähnlichkeit hier durch Äquivalenz ersetzt wird.

16. Beweise: Wenn das Minimalpolynom $m(\lambda)$ einer nichtsingulären Matrix A vom Grad s ist, dann läßt sich A^{-1} als ein Skalarpolynom vom Grad $s - 1$ in A ausdrücken.

17. Verwende das Minimalpolynom, um die Inverse der Matrix A von Aufgabe 9(*h*) zu errechnen.

18. Beweise: Jeder lineare Faktor $\lambda - \lambda_i$ von $\phi(\lambda)$ ist ein Faktor von $m(\lambda)$.
Hinweis: Dieser Satz geht analog zu Satz **VII**, oder nimm das Gegenteil an und schreibe $m(\lambda) = (\lambda - \lambda_i)\, q(\lambda) + r,\ r \neq 0$. Dann gilt $(A - \lambda_i I)\, q(A) + rI = 0$, und $A - \lambda_i I$ hat eine Inverse.

19. Verwende $A = \begin{bmatrix} 1 & 1 \\ 0 & 1 \end{bmatrix}$ um zu zeigen, daß das Minimalpolynom nicht das Produkt verschiedener Faktoren von $\phi(\lambda)$ ist.

20. Beweise: Wenn $g(\lambda)$ ein beliebiges Skalarpolynom in λ ist, dann ist $g(A)$ dann und nur dann singulär, wenn der größte gemeinsame Teiler von $g(\lambda)$ und $m(\lambda)$, das Minimalpolynom von A, $d(\lambda) \neq 1$ ist.
Hinweis: **(i)** Nimm $d(\lambda) \neq 1$ an und verwende Satz **V**, Kapitel 22.
(ii) Nimm $d(\lambda) = 1$ an und verwende Satz **IV**, Kapitel 22.

21. Schließe aus Aufgabe 20, daß, wenn $g(A)$ nichtsingulär ist, dann $[g(A)]^{-1}$ als ein Polynom in A mit einem Grad kleiner als den von $m(\lambda)$ ausdrückbar ist.

22. Beweise: Wenn das Minimalpolynom $m(\lambda)$ von A auf F irreduzibel in $F[\lambda]$ ist und einen Grad s in λ hat, dann bildet die Menge aller Skalarpolynome in A mit Koeffizienten in F mit dem Grad $< s$ einen Körper.

23. Es seien A und B quadratische Matrizen, und bezeichne mit $m(\lambda)$ und $n(\lambda)$ entsprechend die Minimalpolynome von AB und BA. Beweise:
(*a*) $m(\lambda) = n(\lambda)$, wenn nicht beide A und B singulär sind.
(*b*) $m(\lambda)$ und $n(\lambda)$ unterscheiden sich höchstens durch einen Faktor λ, wenn beide A und B singulär sind.
Hinweis: $B \cdot m(AB) \cdot A = (BA) \cdot m(BA) = 0$ und $A \cdot n(BA) \cdot B = (AB) \cdot n(AB) = 0$.

24. Es habe A die Dimension $m \times n$ und B die Dimension $n \times m$, $m > n$, und bezeichne mit $\phi(\lambda)$ und $\psi(\lambda)$ entsprechend die charakteristischen Polynome von AB und BA. Zeige, daß $\phi(\lambda) = \lambda^{m-n}\psi(\lambda)$ gilt.

25. Es sei X_i ein invarianter Vektor, der zu einer einfachen charakteristischen Wurzel von A gehört. Beweise: Wenn A und B vertauschbar sind, dann ist X_i ein invarianter Vektor von B.

26. Wenn die Matrizen A und B vertauschbar sind, bilde einen Satz, der die invarianten Vektoren von B betrifft, wenn A nur einfache charakteristische Wurzeln besitzt.

KAPITEL 26

Kanonische Formen bezüglich der Ähnlichkeit

DAS PROBLEM. In Kapitel 25 wurde gezeigt, daß die charakteristischen Matrizen zweier ähnlicher n-quadratischer Matrizen A und $R^{-1}AR$ auf F dieselben invarianter Faktoren und dieselben Elementarteiler haben. In diesem Kapitel stellen wir die Menge aller Matrizen $R^{-1}AR$ dar, die **(i)** einfach in der Struktur sind und **(ii)** entweder hinsichtlich der invarianten Faktoren oder hinsichtlich der Elementarteiler betrachtet werden. Diese vier Matrizen werden **kanonische Formen** von A genannt. Diese korrespondieren mit der kanonischen Matrix $N = \begin{bmatrix} I_r & 0 \\ 0 & 0 \end{bmatrix}$, wie sie früher für alle $m \times n$ Matrizen mit dem Rang r bezüglich der Äquivalenz eingeführt wurde.

DIE RATIONALE KANONISCHE FORM. Es sei A eine n-quadratische Matrix auf F, und man nehme zunächst an, daß ihre charakteristische Matrix gerade einen nichttrivialen invarianten Faktor $f_n(\lambda)$ besitzt. Wie in Kapitel 25 gezeigt, muß die Begleitmatrix $C(f_n)$ von $f_n(\lambda)$ ähnlich zu A sein. Wir definieren sie als die **rationale kanonische Form** S aller Matrizen, die ähnlich zu A sind.

Nimm als nächstes an, daß die Smithsche Normalform von $\lambda I - A$

$$\text{Diag}\,(1, 1, \ldots, 1, f_j(\lambda), f_{j+1}(\lambda), \ldots, f_n(\lambda)) \tag{26.1}$$

mit dem nichttrivialen invarianten Faktor $f_i(\lambda)$ von dem Grad s_i, $(i = j, j+1, \ldots, n)$, ist. Als die **rationale kanonische Form** aller Matrizen, die ähnlich zu A sind, definieren wir

$$S = \text{Diag}\,(C(f_j), C(f_{j+1}), \ldots, C(f_n)). \tag{26.2}$$

Um zu zeigen, daß A und S dieselben Ähnlichkeitsinvarianten besitzen, beachten wir, daß $C(f_i)$ ähnlich zu $D_i = \text{Diag}\,(1, 1, \ldots, 1, f_i(\lambda))$ ist und demgemäß, daß S ähnlich zu $\text{Diag}\,(D_j, D_{j+1}, \ldots, D_n)$ ist. Durch eine Folge von Vertauschungen von zwei Zeilen und denselben zwei Spalten erreichen wir, daß S ähnlich zu

$$\text{Diag}\,(1, 1, \ldots, 1, f_j(\lambda), f_{j+1}(\lambda), \ldots, f_n(\lambda))$$

ist.

Wir haben bewiesen:

I. Jede quadratische Matrix A ist ähnlich zu der direkten Summe (26.2) der Begleitmatrizen von nichttrivialen invarianten Faktoren von $\lambda I - A$.

Beispiel 1. Es seien die nichttrivialen Ähnlichkeitsinvarianten von A auf dem rationalen Körper

$$f_8(\lambda) = \lambda + 1, \qquad f_9(\lambda) = \lambda^3 + 1, \qquad f_{10}(\lambda) = \lambda^6 + 2\lambda^3 + 1$$

Dann gilt

$$C(f_8) = [-1], \qquad C(f_9) = \begin{bmatrix} 0 & 1 & 0 \\ 0 & 0 & 1 \\ -1 & 0 & 0 \end{bmatrix}, \qquad C(f_{10}) = \begin{bmatrix} 0 & 1 & 0 & 0 & 0 & 0 \\ 0 & 0 & 1 & 0 & 0 & 0 \\ 0 & 0 & 0 & 1 & 0 & 0 \\ 0 & 0 & 0 & 0 & 1 & 0 \\ 0 & 0 & 0 & 0 & 0 & 1 \\ -1 & 0 & 0 & -2 & 0 & 0 \end{bmatrix}$$

und

$$S = \mathrm{Diag}\left(C(f_8), C(f_9), C(f_{10})\right) = \begin{bmatrix} -1 & 0 & 0 & 0 & 0 & 0 & 0 & 0 & 0 & 0 \\ 0 & 0 & 1 & 0 & 0 & 0 & 0 & 0 & 0 & 0 \\ 0 & 0 & 0 & 1 & 0 & 0 & 0 & 0 & 0 & 0 \\ 0 & -1 & 0 & 0 & 0 & 0 & 0 & 0 & 0 & 0 \\ 0 & 0 & 0 & 0 & 0 & 1 & 0 & 0 & 0 & 0 \\ 0 & 0 & 0 & 0 & 0 & 0 & 1 & 0 & 0 & 0 \\ 0 & 0 & 0 & 0 & 0 & 0 & 0 & 1 & 0 & 0 \\ 0 & 0 & 0 & 0 & 0 & 0 & 0 & 0 & 1 & 0 \\ 0 & 0 & 0 & 0 & 0 & 0 & 0 & 0 & 0 & 1 \\ 0 & 0 & 0 & 0 & -1 & 0 & 0 & -2 & 0 & 0 \end{bmatrix}$$

ist die geforderte Form von Satz **I**.

Beachte: Die Ordnung, in der die Begleitmatrizen entlang der Diagonalen angeordnet werden, ist unwesentlich. Gleichfalls ist

$$\begin{bmatrix} -1 & 0 & 0 & 0 & 0 & 0 & 0 & 0 & 0 & 0 \\ 0 & 0 & 0 & -1 & 0 & 0 & 0 & 0 & 0 & 0 \\ 0 & 1 & 0 & 0 & 0 & 0 & 0 & 0 & 0 & 0 \\ 0 & 0 & 1 & 0 & 0 & 0 & 0 & 0 & 0 & 0 \\ 0 & 0 & 0 & 0 & 0 & 0 & 0 & 0 & 0 & -1 \\ 0 & 0 & 0 & 0 & 1 & 0 & 0 & 0 & 0 & 0 \\ 0 & 0 & 0 & 0 & 0 & 1 & 0 & 0 & 0 & 0 \\ 0 & 0 & 0 & 0 & 0 & 0 & 1 & 0 & 0 & -2 \\ 0 & 0 & 0 & 0 & 0 & 0 & 0 & 1 & 0 & 0 \\ 0 & 0 & 0 & 0 & 0 & 0 & 0 & 0 & 1 & 0 \end{bmatrix}$$

unter Verwendung der Transponierten jeder der obigen Begleitmatrizen eine Permutationsform.

EINE ZWEITE KANONISCHE FORM. Die charakteristische Matrix von A habe als nichttriviale invariante Faktoren die Polynome $f_i(\lambda)$ von **(26.1)**. Angenommen sei, daß die Elementarteiler Potenzen von t verschiedenen irreduziblen Polynomen in $F[\lambda]$ sind: $p_1(\lambda)$, $p_2(\lambda)$, . . ., $p_t(\lambda)$. Es sei

(26.3) $$f_i(\lambda) = \{p_1(\lambda)\}^{q_{1i}}\{p_2(\lambda)\}^{q_{2i}}\ldots\{p_t(\lambda)\}^{q_{ti}}; \quad (i = j, j+1, \ldots, n),$$

wobei nicht jeder Faktor erscheinen muß, weil einige der q's Null sein können. Die Begleitmatrix $C(p_k^{q_{ki}})$ eines beliebigen vorliegenden Faktors hat $\{p_k(\lambda)\}^{q_{ki}}$ als die einzige nichttriviale Ähnlichkeitsvariante; demgemäß ist $C(f_i)$ ähnlich zu

$$\mathrm{Diag}\left(C(p_1^{q_{1i}}), C(p_2^{q_{2i}}), \ldots, C(p_t^{q_{ti}})\right).$$

Wir erhalten:

II. Jede quadratische Matrix A auf F ist ähnlich zu der direkten Summe der Begleitmatrizen der Elementarteiler auf F von $\lambda I - A$.

Beispiel 2. Für die Matrix A von Beispiel 1 sind $\lambda+1$, $\lambda+1$, $(\lambda+1)^2$, $\lambda^2-\lambda+1$, $(\lambda^2-\lambda+1)^2$ die Elementarteiler auf dem rationalen Körper. Ihre entsprechenden Begleitmatrizen sind

$$[-1], \quad [-1], \quad \begin{bmatrix} 0 & 1 \\ -1 & -2 \end{bmatrix}, \quad \begin{bmatrix} 0 & 1 \\ -1 & 1 \end{bmatrix}, \quad \begin{bmatrix} 0 & 1 & 0 & 0 \\ 0 & 0 & 1 & 0 \\ 0 & 0 & 0 & 1 \\ -1 & 2 & -3 & 2 \end{bmatrix},$$

und die kanonische Form von Satz **II** ist

$$\begin{bmatrix} -1 & 0 & 0 & 0 & 0 & 0 & 0 & 0 & 0 & 0 \\ 0 & -1 & 0 & 0 & 0 & 0 & 0 & 0 & 0 & 0 \\ 0 & 0 & 0 & 1 & 0 & 0 & 0 & 0 & 0 & 0 \\ 0 & 0 & -1 & -2 & 0 & 0 & 0 & 0 & 0 & 0 \\ 0 & 0 & 0 & 0 & 0 & 1 & 0 & 0 & 0 & 0 \\ 0 & 0 & 0 & 0 & -1 & 1 & 0 & 0 & 0 & 0 \\ 0 & 0 & 0 & 0 & 0 & 0 & 0 & 1 & 0 & 0 \\ 0 & 0 & 0 & 0 & 0 & 0 & 0 & 0 & 1 & 0 \\ 0 & 0 & 0 & 0 & 0 & 0 & 0 & 0 & 0 & 1 \\ 0 & 0 & 0 & 0 & 0 & 0 & -1 & 2 & -3 & 2 \end{bmatrix}$$

DIE JAKOBSONSCHE FORM. Es sei A die Matrix aus dem obigen Abschnitt mit den Elementarteilern ihrer charakteristischen Matrix, ausgedrückt als Potenzen irreduzibler Polynome in $F[\lambda]$. Betrachte einen Elementarteiler $\{p(\lambda)\}^q$. Wenn $q = 1$ ist, verwende $C(p)$, die Begleitmatrix; wenn $q > 1$ gilt, bilde man

$$C_q(p) = \begin{bmatrix} C(p) & M & 0 & \dots & 0 & 0 \\ 0 & C(p) & M & \dots & 0 & 0 \\ \dots & \dots & \dots & \dots & \dots & \dots \\ \dots & \dots & \dots & \dots & \dots & \dots \\ 0 & 0 & 0 & \dots & C(p) & M \\ 0 & 0 & 0 & \dots & 0 & C(p) \end{bmatrix}, \tag{26.4}$$

wobei M eine Matrix von derselben Ordnung wie $C(p)$ ist und die das Element 1 in der unteren linken Ecke und sonst nur Nullen hat. Die Matrix $C_q(p)$ von **(26.4)** mit der Bedingung, daß $C_1(p) = C(p)$ gilt, heißt die „**Hyperbegleitmatrix**" von $\{p(\lambda)\}^q$. Beachte, daß in **(26.4)** die Einsen in einer durchgehenden Linie genau über der Diagonalen stehen.

Verwendet man die Permutationsmatrix $C'(p)$, dann ist die Hyperbegleitmatrix von $\{p(\lambda)\}^q$

$$C_q(p) = \begin{bmatrix} C'(p) & 0 & 0 & \dots & 0 & 0 \\ N & C'(p) & 0 & \dots & 0 & 0 \\ 0 & N & C'(p) & \dots & 0 & 0 \\ \dots & \dots & \dots & \dots & \dots & \dots \\ 0 & 0 & 0 & \dots & C'(p) & 0 \\ 0 & 0 & 0 & \dots & N & C'(p) \end{bmatrix},$$

wobei N eine Matrix von derselben Ordnung wie $C'(p)$ ist und die das Element 1 in der oberen rechten Ecke und sonst nur Nullen besitzt. In dieser Form gibt es eine durchgehende Linie von Einsen genau unterhalb der Diagonalen.

Beispiel 3. Es sei $\{p(\lambda)\}^q = (\lambda^2 + 2\lambda - 1)^4$. Dann gelten $C(p) = \begin{bmatrix} 0 & 1 \\ 1 & -2 \end{bmatrix}$, $M = \begin{bmatrix} 0 & 0 \\ 1 & 0 \end{bmatrix}$ und

$$C_q(p) = \begin{bmatrix} 0 & 1 & 0 & 0 & 0 & 0 & 0 & 0 \\ 1 & -2 & 1 & 0 & 0 & 0 & 0 & 0 \\ 0 & 0 & 0 & 1 & 0 & 0 & 0 & 0 \\ 0 & 0 & 1 & -2 & 1 & 0 & 0 & 0 \\ 0 & 0 & 0 & 0 & 0 & 1 & 0 & 0 \\ 0 & 0 & 0 & 0 & 1 & -2 & 1 & 0 \\ 0 & 0 & 0 & 0 & 0 & 0 & 0 & 1 \\ 0 & 0 & 0 & 0 & 0 & 0 & 1 & -2 \end{bmatrix}$$

In Aufgabe 1 wurde gezeigt, daß $C_q(p)$ als einzige nichttriviale Ähnlichkeitsvariante $\{p(\lambda)\}^q$ besitzt. Demgemäß ist $C_q(p)$ ähnlich zu $C(p^q)$ und kann dafür in die kanonische Form von Satz **II** eingesetzt werden. Wir erhalten:

III. Jede quadratische Matrix A auf F ist ähnlich zu der direkten Summe von Hyperbegleitmatrizen der Elementarteiler auf F von $\lambda I - A$.

Beispiel 4. Für die Matrix A von Beispiel 2 sind die Hyperbegleitmatrizen der Elementarteiler $\lambda + 1$, $\lambda + 1$ und $\lambda^2 - \lambda + 1$ ihre Begleitmatrizen, die Hyperbegleitmatrix von $(\lambda + 1)^2$ ist $\begin{bmatrix} -1 & 1 \\ 0 & -1 \end{bmatrix}$ und die von $(\lambda^2 - \lambda + 1)^2$ ist $\begin{bmatrix} 0 & 1 & 0 & 0 \\ -1 & 1 & 1 & 0 \\ 0 & 0 & 0 & 1 \\ 0 & 0 & -1 & 1 \end{bmatrix}$. Demgemäß ist die kanonische Form von Satz **III**

$$\begin{bmatrix} -1 & 0 & 0 & 0 & 0 & 0 & 0 & 0 & 0 & 0 \\ 0 & -1 & 0 & 0 & 0 & 0 & 0 & 0 & 0 & 0 \\ 0 & 0 & -1 & 1 & 0 & 0 & 0 & 0 & 0 & 0 \\ 0 & 0 & 0 & -1 & 0 & 0 & 0 & 0 & 0 & 0 \\ 0 & 0 & 0 & 0 & 0 & 1 & 0 & 0 & 0 & 0 \\ 0 & 0 & 0 & 0 & -1 & 1 & 0 & 0 & 0 & 0 \\ 0 & 0 & 0 & 0 & 0 & 0 & 0 & 1 & 0 & 0 \\ 0 & 0 & 0 & 0 & 0 & 0 & -1 & 1 & 1 & 0 \\ 0 & 0 & 0 & 0 & 0 & 0 & 0 & 0 & 0 & 1 \\ 0 & 0 & 0 & 0 & 0 & 0 & 0 & 0 & -1 & 1 \end{bmatrix}.$$

Die Verwendung des Ausdruckes „rational" in Verbindung mit der kanonischen Form von Satz **I** ist etwas irreführend. Ursprünglich wurde er verwendet, um anzuzeigen, daß nur rationale Operationen in dem Körper der Elemente von A nötig waren, um die kanonische Form zu bilden. Dies gilt tatsächlich gleichfalls für die kanonische Formen (wie sie später eingeführt wurden) der Sätze **II** und **III**. Um die Verwirrung vollständig zu machen, nennt man die kanonische Form von Satz **III** gelegentlich die rationale kanonische Form.

DIE KLASSISCHE KANONISCHE FORM. Es seien die Elementarteiler der charakteristischen Matrix von A Potenzen linearer Polynome. Die kanonische Form von Satz **III** ist dann die direkte Summe von Hyperbegleitmatrizen der Form

$$(26.5) \qquad C_q(p) = \begin{bmatrix} a_i & 1 & 0 & \dots & 0 & 0 \\ 0 & a_i & 1 & \dots & 0 & 0 \\ \dots & \dots & \dots & \dots & \dots & \dots \\ 0 & 0 & 0 & \dots & a_i & 1 \\ 0 & 0 & 0 & \dots & 0 & a_i \end{bmatrix}$$

korrespondierend mit dem Elementarteiler $\{p(\lambda)\}^q = (\lambda - a_i)^q$. Für ein Beispiel siehe Aufgabe 2.

Dieser Spezialfall der kanonischen Form von Satz **III** ist als die **Jordansche** oder **klassische kanonische Form** bekannt. [Beachte, daß $C_q(p)$ von **(26.5)** von dem Typ J von **(25.4)** ist.] Wir erhalten:

IV. Es sei $\mathfrak{F}$ der Körper, in dem das charakteristische Polynom einer Matrix A in lineare Polynome zerlegt wird. Dann ist A ähnlich auf $\mathfrak{F}$ zu der direkten Summe von Hyperbegleitmatrizen der Form **(26.5)**, wobei jede Matrix mit einem Elementarteiler $(\lambda - a_i)^q$ korrespondiert.

Beispiel 5. Die Elementarteiler auf dem komplexen Körper von $\lambda I - A$ seien: $\lambda - i, \lambda + i, (\lambda - i)^2, (\lambda + i)^2$.

Die klassische kanonische Form von A ist

$$\begin{bmatrix} \mathbf{i} & 0 & 0 & 0 & 0 & 0 \\ 0 & -\mathbf{i} & 0 & 0 & 0 & 0 \\ 0 & 0 & \mathbf{i} & \mathbf{1} & 0 & 0 \\ 0 & 0 & \mathbf{0} & \mathbf{i} & 0 & 0 \\ 0 & 0 & 0 & 0 & -\mathbf{i} & \mathbf{1} \\ 0 & 0 & 0 & 0 & \mathbf{0} & -\mathbf{i} \end{bmatrix}$$

Aus Satz **IV** folgt:

V. Eine n-quadratische Matrix A ist dann und nur dann ähnlich zu einer Diagonalmatrix, wenn die Elementarteiler von $\lambda I - A$ lineare Polynome sind, d. h., dann und nur dann, wenn das Minimalpolynom von A das Produkt verschiedener linearer Polynome ist.

Siehe Aufgaben 2–4.

EINE REDUKTION ZUR RATIONALEN KANONISCHEN FORM. Um diese Diskussion über kanonische Formen abzuschließen, wird gezeigt, daß eine Reduktion einer beliebigen n-quadratischen Matrix zu ihrer rationalen kanonischen Form durchgeführt werden kann, ohne – zumindest theoretisch – vorherige Kenntnis über die invarianten Faktoren von $\lambda I - A$ zu haben. Eine etwas unterschiedliche Behandlung dieses Themas kann man in Dickson, L. E., *Modern Algebraic Theories,* Benj. H. Sanborn, 1926 finden. Einige Verbesserungen bezüglich der Rechenaspekte wurden in Browne, E. T., *American Mathematical Monthly,* vol. 48 (1940) durchgeführt.

Wir werden die folgenden Definitionen brauchen:

Wenn A eine n-quadratische Matrix und X ein n-Vektor auf F ist, und wenn $g(\lambda)$ das normierte Polynom in $F[\lambda]$ von minimalem Grad derart ist, daß $g(A) \cdot X = 0$ gilt, dann sagt man bezüglich A, der Vektor X **gehört** zu $g(\lambda)$.

Wenn bezüglich A der Vektor X zu $g(\lambda)$ mit dem Grad p gehört, dann heißen die linear unabhängigen Vektoren $X, AX, A^2X, \ldots, A^{p-1}X$, eine Folge mit X als ihr **erstes Glied**.

Beispiel 6. Es sei $A = \begin{bmatrix} 2 & -6 & 3 \\ 1 & -3 & 1 \\ 1 & -2 & 0 \end{bmatrix}$. Die Vektoren $X = [1, 0, 0]'$ und $AX = [2, 1, 1]'$ sind linear unabhängig, während $A^2X = X$ ist. Dann gilt $(A^2 - I)X = 0$, und X gehört zu dem Polynom $\lambda^2 - 1$. Für $Y = [1, 0, -1]'$ gilt $AY = [-1, 0, 1]' = -Y$; demgemäß gilt $(A + I)Y = 0$ und Y gehört zu dem Polynom $\lambda + 1$.

Wenn $m(\lambda)$ das Minimalpolynom einer n-quadratischen Matrix A ist, dann gilt $m(A) \cdot X = 0$ für jeden n-Vektor X. Demgemäß kann keine Folge in ihrer Länge größer als der Grad von $m(\lambda)$ sein. Für die Matrix von Beispiel 6 ist $\lambda^2 - 1$ das Minimalpolynom.

Es sei S die rationale kanonische Form der n-quadratischen Matrix A auf F. Dann existiert eine nichtsinguläre Matrix R auf F derart, daß

(26.6) $$R^{-1}AR = S = \operatorname{Diag}(C_j, C_{j+1}, \ldots, C_n)$$

gilt, wobei aus Bequemlichkeitsgründen $C(f_i)$ in **(26.2)** durch C_i ersetzt wurde. Wir werden annehmen, daß C_i die Begleitmatrix des invarianten Faktors

$$f_i(\lambda) = \lambda^{s_i} + c_{i,s_i}\lambda^{s_i-1} + \ldots + c_{i2}\lambda + c_{i1}$$

die Form

$$C_i = \begin{bmatrix} 0 & 0 & 0 & \ldots & 0 & -c_{i1} \\ 1 & 0 & 0 & \ldots & 0 & -c_{i2} \\ 0 & 1 & 0 & \ldots & 0 & -c_{i3} \\ \ldots & \ldots & \ldots & \ldots & \ldots & \ldots \\ 0 & 0 & 0 & \ldots & 0 & -c_{i,s_i-1} \\ 0 & 0 & 0 & \ldots & 1 & -c_{is_i} \end{bmatrix}$$

hat.

Aus **(26.6)** erhalten wir

(26.7) $$AR = RS = R\,\mathrm{Diag}(C_j, C_{j+1}, \ldots, C_n)$$

Es sei R derart in Spaltenblöcke $R_j, R_{j+1}, \ldots, R_n$ aufgeteilt, daß R_i und C_i, $(i = j, j+1, \ldots, n)$ dieselbe Anzahl von Spalten haben. Aus **(26.7)** erhalten wir

$$AR = A[R_j, R_{j+1}, \ldots, R_n] = [R_j, R_{j+1}, \ldots, R_n]\,\mathrm{Diag}(C_j, C_{j+1}, \ldots, C_n)$$
$$= [R_j C_j, R_{j+1}C_{j+1}, \ldots, R_n C_n]$$

und

$$AR_i = R_i C_i, \quad (i = j, j+1, \ldots, n)$$

Bezeichne die s_i Spaltenvektoren von R_i mit $R_{i1}, R_{i2}, \ldots, R_{is_i}$ und bilde das Produkt

$$R_i C_i = [R_{i1}, R_{i2}, \ldots, R_{is_i}]\,C_i = [R_{i2}, R_{i3}, \ldots, R_{is_i}, -\sum_{k=1}^{s_i} R_{ik}c_{ik}]$$

Weil

$$AR_i = A[R_{i1}, R_{i2}, \ldots, R_{is_i}] = [AR_{i1}, AR_{i2}, \ldots, AR_{is_i}] = R_i C_i$$

gilt, erhalten wir

(26.8) $$R_{i2} = AR_{i1}, \quad R_{i3} = AR_{i2} = A^2 R_{i1}, \quad \ldots, \quad R_{is_i} = A^{s_i-1}R_{i1}$$

und

(26.9) $$-\sum_{k=1}^{s_i} c_{ik}R_{ik} = AR_{is_i}$$

Setzt man aus **(26.8)** in **(26.9)** ein, erhalten wir

$$-\sum_{k=1}^{s_i} c_{ik}A^{k-1}R_{i1} = A^{s_i}R_{i1}$$

oder

(26.10) $$(A^{s_i} + c_{is_i}A^{s_i-1} + \ldots + c_{i2}A + c_{i1}I)R_{i1} = 0$$

Wegen der obigen Definition von C_i kann man **(26.10)** schreiben als

(26.11) $$f_i(A)\cdot R_{i1} = 0$$

Es sei R_{i1} durch X_i so bezeichnet, daß **(26.11)** zu $f_i(A)\cdot X_i = 0$ wird; dann gehört der Vektor X_i zu dem invarianten Faktor $f_i(\lambda)$, weil $X_i, AX_i, A^2X_i, \ldots, A^{s_i-1}X_i$ linear unabhängig sind. Demgemäß bestehen die Spaltenvektoren von R_i aus den Vektoren der Folge mit X_i, zu $f_i(\lambda)$ gehörig, als erstes Glied.

Zusammenfassend: Die n linear unabhängigen Spalten von R, **(26.2)** genügend, bestehen aus $n - j + 1$ Folgen

$$X_i, AX_i, \ldots, A^{s_i-1}X_i \quad (i = j, j+1, \ldots, n),$$

deren erste Glieder zu den entsprechenden invarianten Faktoren $f_j(\lambda), f_{j+1}(\lambda), \ldots, f_n(\lambda)$ gehören und deren Längen der Bedingung $0 < s_j \leqq s_{j+1} \leqq \ldots \leqq s_n$ genügen.

Wir erhalten:

VI. Für eine gegebene n-quadratische Matrix A auf F gilt:

(i) Es sei X_n das erste Glied einer Folge $\mathcal{C}_n$ der größten Länge für alle n-Vektoren auf F;

(ii) Es sei X_{n-1} das erste Glied einer Folge $\mathcal{C}_{n-1}$ der größten Länge (jedes ihrer Glieder ist linear unabhängig von den vorhergehenden Gliedern und denen von $\mathcal{C}_n$) für alle n-Vektoren auf F, die linear unabhängig von den Vektoren von $\mathcal{C}_n$ sind;

(iii) Es sei X_{n-2} das erste Glied einer Folge $\mathcal{C}_{n-2}$ der größten Länge (jedes ihrer Glieder ist linear unabhängig von den vorhergehenden Gliedern und denen von $\mathcal{C}_n$ und $\mathcal{C}_{n-1}$) für alle n-Vektoren auf F, die linear unabhängig von den Vektoren von $\mathcal{C}_n$ und $\mathcal{C}_{n-1}$ sind;

usw. Dann ist für

$$R = [X_j, AX_j, \ldots, A^{s_j-1}X_j;\ X_{j+1}, AX_{j+1}, \ldots, A^{s_{j+1}-1}X_{j+1};\ \ldots;\ X_n, AX_n, \ldots, A^{s_n-1}X_n]$$

$R^{-1}AR$ die rationale kanonische Form von A.

Beispiel 7. Es sei $A = \begin{bmatrix} 1 & 1 & 1 \\ 1 & 2 & 2 \\ 1 & 3 & 2 \end{bmatrix}$. Nimm $X = [1, 0, 0]'$; dann sind $X, AX = [1, 1, 1]', A^2X = [3, 5, 6]'$ linear unabhängig, während $A^3X = [14, 25, 30]' = 5A^2X - X$ gilt. Demgemäß gilt $(A^3 - 5A^2 + I)X = 0$, und X gehört zu $f_3(\lambda) = m(\lambda) = \lambda^3 - 5\lambda^2 + 1 = \phi(\lambda)$. Nimmt man

$$R = [X, AX, A^2X] = \begin{bmatrix} 1 & 1 & 3 \\ 0 & 1 & 5 \\ 0 & 1 & 6 \end{bmatrix},$$

finden wir

$$R^{-1} = \begin{bmatrix} 1 & -3 & 2 \\ 0 & 6 & -5 \\ 0 & -1 & 1 \end{bmatrix}, \qquad AR = [AX, A^2X, A^3X] = \begin{bmatrix} 1 & 3 & 14 \\ 1 & 5 & 25 \\ 1 & 6 & 30 \end{bmatrix}$$

und

$$R^{-1}AR = \begin{bmatrix} 0 & 0 & -1 \\ 1 & 0 & 0 \\ 0 & 1 & 5 \end{bmatrix} = S.$$

Hier ist A nichtderogatorisch mit dem auf dem rationalen Körper irreduziblen Minimalpolynom $m(\lambda)$. Jeder 3-Vektor auf diesem Körper gehört zu $m(\lambda)$ (siehe Aufgabe 11) und ist erstes Glied einer Folge der Länge drei. Die Matrix R mit den Vektoren einer beliebigen Folge als Spaltenvektoren ist derart, daß $R^{-1}AR = S$ gilt.

Beispiel 8. Es sei $A = \begin{bmatrix} 2 & 1 & 3 \\ 1 & 2 & 2 \\ 2 & 2 & 1 \end{bmatrix}$. Nimm $X = [1, -1, 0]'$; dann gilt $AX = X$, und X gehört zu $\lambda - 1$.

Nun kann $\lambda - 1$ nicht das Minimalpolynom $m(\lambda)$ von A sein. Es ist vielmehr ein Teiler von $m(\lambda)$ (siehe Aufgabe 11) und **könnte** eine Ähnlichkeitsinvariante von A sein.

Als nächstes nimm $Y = [1, 0, 0]'$. Die Vektoren $Y, AY = [2, 1, 2]', A^2Y = [11, 8, 8]'$ sind linear unabhängig, während $A^3Y = [54, 43, 46]' = 5A^2Y + 3AY - 7Y$ gilt. Demgemäß gehört Y zu $m(\lambda) = \lambda^3 - 5\lambda^2 - 3\lambda + 7 = \phi(\lambda)$. Das Polynom $\lambda - 1$ ist keine Ähnlichkeitsinvariante; wenn tatsächlich die erste Wahl des Vektors dazu führt, daß es zu einem Polynom gehört, das tatsächlich die Minimalfunktion sein könnte, dann sollte man es als einen falschen Start betrachten. Der Leser möge verifizieren, daß

$$R^{-1}AR = \begin{bmatrix} 0 & 0 & -7 \\ 1 & 0 & 3 \\ 0 & 1 & 5 \end{bmatrix}$$

gilt, wenn $R = [Y, AY, A^2Y] = \begin{bmatrix} 1 & 2 & 11 \\ 0 & 1 & 8 \\ 0 & 2 & 8 \end{bmatrix}$ ist.

Siehe Aufgaben 5–6.

AUFGABEN MIT LÖSUNGEN

1. Beweise: Die Matrix $C_p(p)$ von **(26.4)** hat $\{p(\lambda)\}^q$ als ihre einzige nichttriviale Ähnlichkeitsinvariante.

Es sei $C_q(p)$ von der Ordnung s. Der Minor des Elementes in der letzten Zeile und ersten Spalte von $\lambda I - C_q(p)$ ist ± 1, so daß der größte gemeinsame Teiler aller $(s-1)$-quadratischen Minoren von $\lambda I - C_q(p)$ gleich 1 ist. Dann sind $1, 1, \ldots, 1, f_s(\lambda)$ die invarianten Faktoren von $\lambda I - C_q(p)$. Aber es gilt $f_s(\lambda) = \{p(\lambda)\}^q$, weil

$$\phi(\lambda) = |\lambda I - C_q(p)| = |\lambda I - C(p)|^q = \{p(\lambda)\}^q$$

ist.

2. Die kanonische Form (*a*) ist die von den Sätzen **I** und **II**; für den nichttrivialen invarianten Faktor und Elementarteiler gilt $\lambda^4 + 4\lambda^3 + 6\lambda^2 + 4\lambda + 1$. Die kanonische Form von Satz **III** ist (*b*).

$$(a)\quad \begin{bmatrix} 0 & 1 & 0 & 0 \\ 0 & 0 & 1 & 0 \\ 0 & 0 & 0 & 1 \\ -1 & -4 & -6 & -4 \end{bmatrix} \qquad (b)\quad \begin{bmatrix} -1 & 1 & 0 & 0 \\ 0 & -1 & 1 & 0 \\ 0 & 0 & -1 & 1 \\ 0 & 0 & 0 & -1 \end{bmatrix}$$

3. Die kanonische Form (*a*) ist die von Satz **I**, die invarianten Faktoren sind $\lambda + 2, \lambda^2 - 4, \lambda^3 + 3\lambda^2 - 4\lambda - 12$, und die Elementarteiler sind $\lambda + 2, \lambda + 2, \lambda + 2, \lambda - 2, \lambda - 2, \lambda + 3$. Die kanonische Form beider Sätze **II** und **III** ist (*b*).

$$(a)\quad \begin{bmatrix} -2 & 0 & 0 & 0 & 0 & 0 \\ 0 & 0 & 1 & 0 & 0 & 0 \\ 0 & 4 & 0 & 0 & 0 & 0 \\ 0 & 0 & 0 & 0 & 1 & 0 \\ 0 & 0 & 0 & 0 & 0 & 1 \\ 0 & 0 & 0 & 12 & 4 & -3 \end{bmatrix} \qquad (b)\quad \begin{bmatrix} -2 & 0 & 0 & 0 & 0 & 0 \\ 0 & -2 & 0 & 0 & 0 & 0 \\ 0 & 0 & -2 & 0 & 0 & 0 \\ 0 & 0 & 0 & 2 & 0 & 0 \\ 0 & 0 & 0 & 0 & 2 & 0 \\ 0 & 0 & 0 & 0 & 0 & -3 \end{bmatrix}$$

4. Die kanonische Form (*a*) ist die von Satz **III**. Auf dem rationalen Körper sind $\lambda + 2, \lambda + 2, (\lambda^2 + 2\lambda - 1)^2, (\lambda^2 + 2\lambda - 1)^3$ die Elementarteiler, und die invarianten Faktoren sind

$$(\lambda + 2)(\lambda^2 + 2\lambda - 1)^2, \qquad (\lambda + 2)(\lambda^2 + 2\lambda - 1)^3 .$$

Die kanonische Form von Satz **I** ist (*b*) und die von Satz **II** ist (*c*).

$$(a)\quad \begin{bmatrix} -2 & 0 & 0 & 0 & 0 & 0 & 0 & 0 & 0 & 0 & 0 & 0 \\ 0 & -2 & 0 & 0 & 0 & 0 & 0 & 0 & 0 & 0 & 0 & 0 \\ 0 & 0 & 0 & 1 & 0 & 0 & 0 & 0 & 0 & 0 & 0 & 0 \\ 0 & 0 & 1 & -2 & 1 & 0 & 0 & 0 & 0 & 0 & 0 & 0 \\ 0 & 0 & 0 & 0 & 0 & 1 & 0 & 0 & 0 & 0 & 0 & 0 \\ 0 & 0 & 0 & 0 & 1 & -2 & 0 & 0 & 0 & 0 & 0 & 0 \\ 0 & 0 & 0 & 0 & 0 & 0 & 0 & 1 & 0 & 0 & 0 & 0 \\ 0 & 0 & 0 & 0 & 0 & 0 & 1 & -2 & 1 & 0 & 0 & 0 \\ 0 & 0 & 0 & 0 & 0 & 0 & 0 & 0 & 0 & 1 & 0 & 0 \\ 0 & 0 & 0 & 0 & 0 & 0 & 0 & 0 & 1 & -2 & 1 & 0 \\ 0 & 0 & 0 & 0 & 0 & 0 & 0 & 0 & 0 & 0 & 0 & 1 \\ 0 & 0 & 0 & 0 & 0 & 0 & 0 & 0 & 0 & 0 & 1 & -2 \end{bmatrix}$$

$$(b)\quad \begin{bmatrix} 0 & 1 & 0 & 0 & 0 & 0 & 0 & 0 & 0 & 0 & 0 & 0 \\ 0 & 0 & 1 & 0 & 0 & 0 & 0 & 0 & 0 & 0 & 0 & 0 \\ 0 & 0 & 0 & 1 & 0 & 0 & 0 & 0 & 0 & 0 & 0 & 0 \\ 0 & 0 & 0 & 0 & 1 & 0 & 0 & 0 & 0 & 0 & 0 & 0 \\ -2 & 7 & 0 & -10 & -6 & 0 & 0 & 0 & 0 & 0 & 0 & 0 \\ 0 & 0 & 0 & 0 & 0 & 0 & 1 & 0 & 0 & 0 & 0 & 0 \\ 0 & 0 & 0 & 0 & 0 & 0 & 0 & 1 & 0 & 0 & 0 & 0 \\ 0 & 0 & 0 & 0 & 0 & 0 & 0 & 0 & 1 & 0 & 0 & 0 \\ 0 & 0 & 0 & 0 & 0 & 0 & 0 & 0 & 0 & 1 & 0 & 0 \\ 0 & 0 & 0 & 0 & 0 & 0 & 0 & 0 & 0 & 0 & 1 & 0 \\ 0 & 0 & 0 & 0 & 0 & 0 & 0 & 0 & 0 & 0 & 0 & 1 \\ 0 & 0 & 0 & 0 & 0 & 2 & -11 & 12 & 17 & -14 & -21 & -8 \end{bmatrix}$$

(c)
$$\begin{bmatrix} -2 & 0 & 0 & 0 & 0 & 0 & 0 & 0 & 0 & 0 & 0 & 0 \\ 0 & -2 & 0 & 0 & 0 & 0 & 0 & 0 & 0 & 0 & 0 & 0 \\ 0 & 0 & 0 & 1 & 0 & 0 & 0 & 0 & 0 & 0 & 0 & 0 \\ 0 & 0 & 0 & 0 & 1 & 0 & 0 & 0 & 0 & 0 & 0 & 0 \\ 0 & 0 & 0 & 0 & 0 & 1 & 0 & 0 & 0 & 0 & 0 & 0 \\ 0 & 0 & -1 & 4 & -2 & -4 & 0 & 0 & 0 & 0 & 0 & 0 \\ 0 & 0 & 0 & 0 & 0 & 0 & 0 & 1 & 0 & 0 & 0 & 0 \\ 0 & 0 & 0 & 0 & 0 & 0 & 0 & 0 & 1 & 0 & 0 & 0 \\ 0 & 0 & 0 & 0 & 0 & 0 & 0 & 0 & 0 & 1 & 0 & 0 \\ 0 & 0 & 0 & 0 & 0 & 0 & 0 & 0 & 0 & 0 & 1 & 0 \\ 0 & 0 & 0 & 0 & 0 & 0 & 0 & 0 & 0 & 0 & 0 & 1 \\ 0 & 0 & 0 & 0 & 0 & 0 & 1 & -6 & 9 & 4 & -9 & -6 \end{bmatrix}$$

5. Es sei $A = \begin{bmatrix} -2 & 3 & 3 & -1 & -6 & -2 \\ 1 & 0 & -1 & 0 & 2 & 1 \\ 1 & -2 & 0 & 1 & 2 & 0 \\ 1 & 1 & -1 & -1 & 2 & 1 \\ 1 & -2 & -1 & 1 & 3 & 1 \\ 1 & 0 & -1 & 0 & 2 & 0 \end{bmatrix}$. Nimm $X = [1, 0, 0, 0, 0, 0]'$.

Dann sind $X, AX = [-2, 1, 1, 1, 1, 1]'$, $A^2X = [1, 0, -1, 0, 0, -1]'$, $A^3X = [-3, 1, 1, 1, 1, 2]'$ linear unabhängig, während $A^4X = [1, 0, -2, 0, 0, -2]' = 2A^2X - X$ gilt; X gehört zu $\lambda^4 - 2\lambda^2 + 1$. Versuchsweise wollen wir $m(\lambda) = \lambda^4 - 2\lambda^2 + 1$ annehmen und schreiben X_6 für X.

Der Vektor $Y = [0, 0, 0, 1, 0, 0]'$ ist linear unabhängig von den Gliedern der Folge, die durch X_6 angeführt wird, und $AY = [-1, 0, 1, -1, 1, 0]'$ ist linear unabhängig von Y und den Gliedern der Folge. Nun ist $A^2Y = Y$ so, daß Y zu $\lambda^2 - 1$ gehört. Weil die zwei Polynome die vollständige Menge der nichttrivialen invarianten Faktoren darstellen, schreiben wir X_5 für Y. Wenn

$$R = [X_5, AX_5, X_6, AX_6, A^2X_6, A^3X_6] = \begin{bmatrix} 0 & -1 & 1 & -2 & 1 & -3 \\ 0 & 0 & 0 & 1 & 0 & 1 \\ 0 & 1 & 0 & 1 & -1 & 1 \\ 1 & -1 & 0 & 1 & 0 & 1 \\ 0 & 1 & 0 & 1 & 0 & 1 \\ 0 & 0 & 0 & 1 & -1 & 2 \end{bmatrix} \quad \text{gilt, ist} \quad R^{-1}AR = \begin{bmatrix} 0 & 1 & 0 & 0 & 0 & 0 \\ 1 & 0 & 0 & 0 & 0 & 0 \\ 0 & 0 & 0 & 0 & 0 & -1 \\ 0 & 0 & 1 & 0 & 0 & 0 \\ 0 & 0 & 0 & 1 & 0 & 2 \\ 0 & 0 & 0 & 0 & 1 & 0 \end{bmatrix}$$

die rationale kanonische Form von A.

Beachte: Der Vektor $Z = [0, 1, 0, 0, 0, 0]'$ ist von den Gleichungen der Folge, die von X_6 angeführt wird, linear unabhängig, und $AZ = [3, 0, -2, 1, -2, 0]'$ ist linear unabhängig von Z und den Gliedern der Folge. Gleichwohl gilt $A^2Z = [-1, 1, 0, 0, 0, 1]' = -AX_6 + A^3X_6 + Z$; dann ist $(A^2 - 1)(Z - AX_6) = 0$ und $W = Z - AX_6 = [2, 0, -1, -1, -1, -1]'$ gehört zu $\lambda^2 - 1$. Verwendet man diesen Ausdruck für X_5, können wir eine andere Matrix R bilden, mit der man die rationale kanonische Form erhalten kann.

6. Es sei $A = \begin{bmatrix} -2 & -1 & -1 & -1 & 2 \\ 1 & 3 & 1 & 1 & -1 \\ -1 & -4 & -2 & -1 & 1 \\ -1 & -4 & -1 & -2 & 1 \\ -2 & -2 & -2 & -2 & 3 \end{bmatrix}$. Nimm $X = [1, 0, 0, 0, 0]'$.

Dann sind $X, AX = [-2, 1, -1, -1, -2]$, $A^2X = [1, 1, -1, -1, 0]'$ linear unabhängig, während $A^3X = [-1, 2, -2, -2, 0]' = 2A^2X - 3X$ gilt, und X gehört zu $\lambda^3 - 2\lambda^2 + 3$. Wir wollen versuchsweise annehmen, daß dieses das Minimalpolynom $m(\lambda)$ ist, und kennzeichnen X wie X_5.

Wenn man in A die vierte Spalte von der ersten subtrahiert, erhalten wir $[-1, 0, 0, 1, 0]'$; folglich gilt $AY = -Y$, wenn $Y = [1, 0, 0, -1, 0]'$ ist, und Y gehört zu $\lambda + 1$. Wenn man wiederum die vierte Spalte von A von der dritten subtrahiert, erhalten wir $[0, 0, -1, 1, 0]'$; folglich gilt $AZ = -Z$ wenn $Z = [0, 0, 1, -1, 0]'$ ist, und Z gehört zu $\lambda + 1$. Weil Y, Z und die Glieder der Folge, geführt von X_5, **linear unabhängig** sind, kennzeichnen wir Y als X_4 und Z als X_3. Wenn

$$R = [X_3, X_4, X_5, AX_5, A^2X_5] = \begin{bmatrix} 0 & 1 & 1 & -2 & 1 \\ 0 & 0 & 0 & 1 & 1 \\ 1 & 0 & 0 & -1 & -1 \\ -1 & -1 & 0 & -1 & -1 \\ 0 & 0 & 0 & -2 & 0 \end{bmatrix} \quad \text{gilt, ist} \quad R^{-1}AR = \begin{bmatrix} -1 & 0 & 0 & 0 & 0 \\ 0 & -1 & 0 & 0 & 0 \\ 0 & 0 & 0 & 0 & -3 \\ 0 & 0 & 1 & 0 & 0 \\ 0 & 0 & 0 & 1 & 2 \end{bmatrix}$$

die rationale kanonische Form von A.

ERGÄNZUNGSAUFGABEN

7. Für jede der Matrizen (a)–(h) von Aufgabe 9, Kapitel 25, schreibe die kanonische Matrix der Sätze **I**, **II** und **III** auf dem rationalen Körper auf. Kann eine dieser Matrizen durch die Erweiterung des Zahlenkörpers geändert werden?

Teilantwort: (a) **I**, $\begin{bmatrix} 0 & 1 & 0 \\ 0 & 0 & 1 \\ 6 & -11 & 6 \end{bmatrix}$; **II**, **III**, Diag (1, 2, 3)

(b) **I**, **II**, **III**, $\begin{bmatrix} 0 & 1 & 0 \\ 0 & 0 & 1 \\ 0 & 0 & 0 \end{bmatrix}$

(e) **I**, $\begin{bmatrix} 0 & 0 & 0 \\ 0 & 0 & 1 \\ 0 & 0 & 4 \end{bmatrix}$; **II**, **III**, $\begin{bmatrix} 0 & 0 & 0 \\ 0 & 0 & 0 \\ 0 & 0 & 4 \end{bmatrix}$

(f) **I**, $\begin{bmatrix} -1 & 0 & 0 & 0 \\ 0 & 0 & 1 & 0 \\ 0 & 0 & 0 & 1 \\ 0 & 0 & 1 & 0 \end{bmatrix}$; **II**, **III**, $\begin{bmatrix} 0 & 0 & 0 & 0 \\ 0 & -1 & 0 & 0 \\ 0 & 0 & -1 & 0 \\ 0 & 0 & 0 & 1 \end{bmatrix}$

(g) **I**, $\begin{bmatrix} 0 & 0 & 0 & 0 \\ 0 & 0 & 1 & 0 \\ 0 & 0 & 0 & 1 \\ 0 & 0 & -1 & -2 \end{bmatrix}$; **II**, $\begin{bmatrix} 0 & 0 & 0 & 0 \\ 0 & 0 & 0 & 0 \\ 0 & 0 & 0 & 1 \\ 0 & 0 & -1 & -2 \end{bmatrix}$; **III**, $\begin{bmatrix} 0 & 0 & 0 & 0 \\ 0 & 0 & 0 & 0 \\ 0 & 0 & -1 & 1 \\ 0 & 0 & 0 & -1 \end{bmatrix}$

(h) **I**, $\begin{bmatrix} 2 & 0 & 0 & 0 & 0 \\ 0 & 0 & 1 & 0 & 0 \\ 0 & 2 & 1 & 0 & 0 \\ 0 & 0 & 0 & 0 & 1 \\ 0 & 0 & 0 & 2 & 1 \end{bmatrix}$; **II**, **III**, Diag (2, 2, 2, −1, −1)

8. Welches sind die Bedingungen dafür, (a) daß die kanonische Formen der Sätze **I** und **II** identisch sind? (b) daß die kanonischen Formen der Sätze **II** und **III** identisch sind? (c) daß die kanonische Form von Satz **II** diagonal ist?

9. Identifiziere die kanonische Form $\begin{bmatrix} 0 & 0 & 0 \\ 0 & 0 & 1 \\ 0 & 0 & 0 \end{bmatrix}$. Überprüfe das Ergebnis mit der Antwort von Aufgabe 8(*b*).

10. Es habe die nichtsinguläre Matrix A nichttriviale invariante Faktoren (*a*) $\lambda + 1, \lambda^3 + 1, (\lambda^3 + 1)^2$, (*b*) $\lambda^2 + 1, \lambda^4 + 5\lambda^2 + 4, \lambda^6 + 6\lambda^4 + 9\lambda^2 + 4$. Schreibe die kanonischen Formen der Sätze **I**, **II** und **III** auf dem rationalen Körper und die von Satz **IV** auf.

Antwort: (*a*)

I.
$$\begin{bmatrix} -1 & 0 & 0 & 0 & 0 & 0 & 0 & 0 & 0 & 0 \\ 0 & 0 & 1 & 0 & 0 & 0 & 0 & 0 & 0 & 0 \\ 0 & 0 & 0 & 1 & 0 & 0 & 0 & 0 & 0 & 0 \\ 0 & -1 & 0 & 0 & 0 & 0 & 0 & 0 & 0 & 0 \\ 0 & 0 & 0 & 0 & 0 & 1 & 0 & 0 & 0 & 0 \\ 0 & 0 & 0 & 0 & 0 & 0 & 1 & 0 & 0 & 0 \\ 0 & 0 & 0 & 0 & 0 & 0 & 0 & 1 & 0 & 0 \\ 0 & 0 & 0 & 0 & 0 & 0 & 0 & 0 & 1 & 0 \\ 0 & 0 & 0 & 0 & 0 & 0 & 0 & 0 & 0 & 1 \\ 0 & 0 & 0 & 0 & -1 & 0 & 0 & -2 & 0 & 0 \end{bmatrix}$$

II.
$$\begin{bmatrix} -1 & 0 & 0 & 0 & 0 & 0 & 0 & 0 & 0 & 0 \\ 0 & -1 & 0 & 0 & 0 & 0 & 0 & 0 & 0 & 0 \\ 0 & 0 & 0 & 1 & 0 & 0 & 0 & 0 & 0 & 0 \\ 0 & 0 & -1 & -2 & 0 & 0 & 0 & 0 & 0 & 0 \\ 0 & 0 & 0 & 0 & 0 & 1 & 0 & 0 & 0 & 0 \\ 0 & 0 & 0 & 0 & -1 & 1 & 0 & 0 & 0 & 0 \\ 0 & 0 & 0 & 0 & 0 & 0 & 0 & 1 & 0 & 0 \\ 0 & 0 & 0 & 0 & 0 & 0 & 0 & 0 & 1 & 0 \\ 0 & 0 & 0 & 0 & 0 & 0 & 0 & 0 & 0 & 1 \\ 0 & 0 & 0 & 0 & 0 & 0 & -1 & 2 & -3 & 2 \end{bmatrix}$$

III.
$$\begin{bmatrix} -1 & 0 & 0 & 0 & 0 & 0 & 0 & 0 & 0 & 0 \\ 0 & -1 & 0 & 0 & 0 & 0 & 0 & 0 & 0 & 0 \\ 0 & 0 & -1 & 1 & 0 & 0 & 0 & 0 & 0 & 0 \\ 0 & 0 & 0 & -1 & 0 & 0 & 0 & 0 & 0 & 0 \\ 0 & 0 & 0 & 0 & 0 & 1 & 0 & 0 & 0 & 0 \\ 0 & 0 & 0 & 0 & -1 & 1 & 0 & 0 & 0 & 0 \\ 0 & 0 & 0 & 0 & 0 & 0 & 0 & 1 & 0 & 0 \\ 0 & 0 & 0 & 0 & 0 & 0 & -1 & 1 & 1 & 0 \\ 0 & 0 & 0 & 0 & 0 & 0 & 0 & 0 & 0 & 1 \\ 0 & 0 & 0 & 0 & 0 & 0 & 0 & 0 & -1 & 1 \end{bmatrix}$$

IV.
$$\begin{bmatrix} -1 & 0 & 0 & 0 & 0 & 0 & 0 & 0 & 0 & 0 \\ 0 & -1 & 0 & 0 & 0 & 0 & 0 & 0 & 0 & 0 \\ 0 & 0 & -1 & 1 & 0 & 0 & 0 & 0 & 0 & 0 \\ 0 & 0 & 0 & -1 & 0 & 0 & 0 & 0 & 0 & 0 \\ 0 & 0 & 0 & 0 & \alpha & 0 & 0 & 0 & 0 & 0 \\ 0 & 0 & 0 & 0 & 0 & \alpha & 1 & 0 & 0 & 0 \\ 0 & 0 & 0 & 0 & 0 & 0 & \alpha & 0 & 0 & 0 \\ 0 & 0 & 0 & 0 & 0 & 0 & 0 & \beta & 0 & 0 \\ 0 & 0 & 0 & 0 & 0 & 0 & 0 & 0 & \beta & 1 \\ 0 & 0 & 0 & 0 & 0 & 0 & 0 & 0 & 0 & \beta \end{bmatrix}$$
wobei gilt: $\alpha, \beta = \frac{1}{2}(1 \pm i\sqrt{3})$.

11. Beweise: Wenn bezüglich einer n-quadratischen Matrix A der Vektor X zu $g(\lambda)$ gehört, dann teilt $g(\lambda)$ das Minimalpolynom $m(\lambda)$ von A.
Hinweis: Nimm das Gegenteil an und betrachte $m(\lambda) = h(\lambda) \cdot g(\lambda) + r(\lambda)$.

12. In Beispiel 6 zeige man, daß X, AX und Y linear unabhängig sind, und dann reduziere man A zu ihrer rationalen kanonischen Form.

13. In Aufgabe 6:

(*a*) Nimm $Y = [0, 1, 0, 0, 0]'$, linear unabhängig von der Folge, die von X_5 angeführt wird, und erhalte $X_4 = Y - (3A - 2I)X_5$, das zu $\lambda + 1$ gehört.

(*b*) Nimm $Z = [0, 0, 1, 0, 0]'$, linear unabhängig von X_4 und der Folge, die von X_5 angeführt wird, und erhalte $X_3 = Z - X_5$, das zu $\lambda + 1$ gehört.

(*c*) Berechne $R^{-1}AR$ unter der Verwendung der Vektoren X_3 und X_4 von (*b*) und (*a*), um R zu bilden.

14. Für jede der Matrizen A von Aufgabe 9(*a*)–(*h*), Kapitel 25, gib R derart an, daß $R^{-1}AR$ die rationale kanonische Form von A ist.

15. Löse das System linearer Differentialgleichungen

$$\begin{cases} \dfrac{dx_1}{dt} = 2x_1 + x_2 + x_3 + x_4 + t \\ \dfrac{dx_2}{dt} = 4x_1 + 2x_2 + 3x_3 \\ \dfrac{dx_3}{dt} = -6x_1 - 2x_2 - 3x_3 - 2x_4 \\ \dfrac{dx_4}{dt} = -3x_1 - x_2 - x_3 - 2x_4 \end{cases},$$

wobei die x_i die unbekannten Funktionen der reellen Variablen t sind.

Hinweis: Es sei $X = [x_1, x_2, x_3, x_4]'$, definiere $\dfrac{dX}{dt} = \left[\dfrac{dx_1}{dt}, \dfrac{dx_2}{dt}, \dfrac{dx_3}{dt}, \dfrac{dx_4}{dt}\right]'$ und schreibe das System als

$$\text{(i)} \qquad \frac{dX}{dt} = \begin{bmatrix} 2 & 1 & 1 & 1 \\ 4 & 2 & 3 & 0 \\ -6 & -2 & -3 & -2 \\ -3 & -1 & -1 & -2 \end{bmatrix} X + \begin{bmatrix} t \\ 0 \\ 0 \\ 0 \end{bmatrix} = AX + H$$

um. Weil die nichtsinguläre lineare Transformation $X = RY$ das System **(i)** in

$$\frac{dY}{dt} = R^{-1}ARY + R^{-1}H$$

überführt, wähle man R so, daß $R^{-1}AR$ die rationale kanonische Form von A ist. Der elementare 4-Vektor E_1, der zu $\lambda^3 - \lambda$ gehört, ist erstes Glied der Folge $X_1 = E_1, AX_1, A^2X_1$, während E_4 zu $X_2 = E_4 - X_1 + 2AX_1$ führt, das zu $\lambda + 1$ gehört. Nun kommt man mit

$$R = [X_1, AX_1, A^2X_1, X_2] = \begin{bmatrix} 1 & 2 & -1 & 3 \\ 0 & 4 & -2 & 8 \\ 0 & -6 & 4 & -12 \\ 0 & -3 & 2 & -5 \end{bmatrix}$$

zu

$$\frac{dY}{dt} = \begin{bmatrix} 0 & 0 & 0 & 0 \\ 1 & 0 & 1 & 0 \\ 0 & 1 & 0 & 0 \\ 0 & 0 & 0 & -1 \end{bmatrix} Y + \begin{bmatrix} t \\ 0 \\ 0 \\ 0 \end{bmatrix} = \begin{bmatrix} t \\ y_1 + y_3 \\ y_2 \\ -y_4 \end{bmatrix}$$

Dann gelten

$$Y = \begin{bmatrix} C_1 + \frac{1}{2}t^2 \\ C_2e^t + C_3e^{-t} - t \\ -C_1 + C_2e^t - C_3e^{-t} - \frac{1}{2}t^2 - 1 \\ C_4e^{-t} \end{bmatrix} \quad \text{und} \quad X = RY = \begin{bmatrix} 2C_1 + C_2e^t + 3(C_0 + C_4)e^{-t} + t^2 - 2t + 1 \\ 2C_1 + 2C_2e^t + 2(3C_3 + 4C_4)e^{-t} + t^2 - 4t + 2 \\ -4C_1 - 2C_2e^t - 2(5C_3 + 6C_4)e^{-t} - 2t^2 + 6t - 4 \\ -2C_1 - C_2e^t - 5(C_3 + C_4)e^{-t} - t^2 + 3t - 2 \end{bmatrix}$$

SACHWORTREGISTER